报告编写组组长　杨朝飞

副　　组　　长　赖晓东（环境保护部政策法规司副处长）

吴　为（新华社媒体治霾在行动组委会秘书长）

肖英峰（中国产业发展促进会主任）

成　　　　　员　杨姝影（环保部政策研究中心）

邵颖慧（运城市环境保护局空港分局）

张慧敏（中国工业环保促进会主任）

蔡紫晔（中国工业环保促进会干部）

吕　端（中国产业促进会干部）

梁　蓓（中国产业促进会干部）

韩　冰（新华社媒体治霾在行动组委会副秘书长）

“治霾在行动”研究报告

杨朝飞　杜跃进　等编著

中国环境出版社・北京

图书在版编目（CIP）数据

“治霾在行动”研究报告/杨朝飞等编著.—北京：中国环境出版社，2015.5
ISBN 978-7-5111-2321-3

Ⅰ. ①治… Ⅱ. ①杨… Ⅲ. ①空气污染—污染防治—研究报告—中国 Ⅳ. ①X51

中国版本图书馆CIP数据核字（2015）第063528号

出 版 人 王新程
责任编辑 李卫民
责任校对 尹 芳
封面设计 宋 瑞

出版发行 中国环境出版社
（100062 北京市东城区广渠门内大街16号）
网 址：http://www.cesp.com.cn
电子邮箱：bjgl@cesp.com.cn
联系电话：010-67112765（编辑管理部）
010-67112735（环评与监察图书出版中心）
发行热线：010-67125803 010-67113405（传真）
印 刷 北京市联华印刷厂
经 销 各地新华书店
版 次 2015年5月第1版
印 次 2015年5月第1次印刷
开 本 787×960 1/16
印 张 28
字 数 450千字
定 价 45.00元

治霾贵在持续，我们还在路上

2014 年 12 月 9 日至 11 日召开的中央经济工作会议指出我国已经进入经济新常态。会议专门将资源环境纳入新常态中进行考量，并提出了重要论断："从资源环境约束看，过去能源资源和生态环境空间相对较大，现在环境承载能力已经达到或接近上限，必须顺应人民群众对良好生态环境的期待，推动形成绿色低碳循环发展新方式。"这一论断是对环境形势作出的最新最准确的判断。

环境形势严峻，是广泛的共识。早在 2007 年，根据国务院的部署，中国工程院和当时的环保总局联合组织 300 多名院士，开展了"中国环境宏观战略研究"。这项历经 3 年的研究取得的一项重大成果就是，将我国环境形势概括为四句话：总体尚未遏制、局部有所改善、形势依然严峻、压力继续增大。

这一判断和基于这一判断的政策建议等研究成果，对当时和随后一段时间内，国家关于环境保护的决策发挥了积极的影响，包括全国第七次环保大会、国务院在"十二五"期间出台的一系列文件，都充分运用了这一研究成果。

我有幸作为具体组织者，全程参与了该项研究。特别是对于环境形势的争论，至今想来，仍历历在目。认识到环境形势严峻性，并非要否定环境保护取得的伟大成就，而是直面问题、迎面而上。这次中央经济工作会议再次彰显了党中央的勇气和决心。

说起环境形势的严峻性，我们脑海里不由涌现的一个例证，就是

2013年初那场遍布大江南北的雾霾。正是这场雾霾，让许多人突然警醒：原来环境问题已经如此迫切，就在每个人的身边，直接影响着每一天的生产生活。更为严重的是，面对雾霾，健康可能成为奢侈品，尤其对于下一代。

雾霾是发展与环境之间矛盾的一个缩影，也为公众切实感受和认真审视环境问题提供了一个“不美好”的契机。在公众的直接推动下，政府、社会组织、媒体等各方面都迅速行动起来，掀起了一场轰轰烈烈的“治霾行动”。其标志性事件是，2013年9月国务院出台《大气污染防治行动计划》、2014年4月全国人大常委会通过新修订的《环境保护法》。

2014年全国“两会”，李克强总理发出了环境保护的最强音：向污染宣战。之后全国各界的行动更为迅速、有力，利用各种资源、采用各种手段、发挥各种力量，投入到这项事关我国可持续发展、事关子孙后代生存和健康的攻坚战之中。

也正是这场战斗，加快催生了中国工业环保促进会（以下简称促进会）。在一些老领导的直接关怀和推动下，在民政部、发改委、环保部、工信部等部门的支持下，由我和几位环保战线的“老战友”牵头，2013年以来一直在谋划和筹备促进会的成立。

2014年5月，经国务院批准成立、民政部注册登记，促进会应运而生。我们将促进会的定位明确为：由我国产业界、环保界、金融界、科技界和学术界等各方有志人士，自愿发起成立的国家级、综合性的社会团体。

促进会以“保护环境，造福人类”为宗旨，以“促进生产过程清洁化，实现产业发展生态化”为指导，坚持“会员为根、服务为本”的理念，致力于环保技术产业化推进，务实于工业企业的绿色发展，专注于产业经济的生态化建设，努力推进我国国民经济的持续稳定健康发展。

担任促进会会长后，我深感沉甸甸的责任在肩，时刻督促自己加快前行步伐。在组织促进会的日常工作之余，我总想着在“治霾行动”

中能够发挥促进会的独特作用，从一个新的视角观察和分析这场战斗，提供一些哪怕是微不足道但是切实可行的思路和建议。

这样的想法与新华社的同志不谋而合，共同努力下有了这本《“治霾在行动”研究报告》。报告力图全面梳理各方面这一两年来的努力和成效，分析存在的问题和成因，提出了政策建议。报告显示，“治霾行动”的成绩是显著的，但是在发展理念、法治环境、市场机制等方面还需要更多努力。当然由于水平有限、时间仍嫌仓促等原因，报告还存在许多不完善之处，也希望读者予以指正。

向污染宣战，是一项艰辛的事业。艰辛并不在于资金、技术、人才等方面存在巨大的障碍，而在于理念和机制方面还存在着不容忽视却又被忽视的许多问题。在理念方面，主要是应当树立起实事求是的态度和气静平和的心态，“治霾行动”切忌浮躁、切忌短期行为冲击正常的环境治理。一位英国的环保专家说，在实践中特别要注意把解决当前紧迫的环境问题与解决好长远的经济发展和环境治理问题有机地统筹结合起来。那些与长远的经济发展和治理污染目标相矛盾、相抵触的措施与做法，即使可以在短期内产生明显的效果也不要草率实施推广，以保持目标实施过程的连贯性，避免短期行为对实现长期目标的不良冲击与影响。在治理机制方面，应当是建立以法制和市场为主要内容的长效机制，切忌鲁莽强硬的行政措施、切忌运动式的执法方式冲击经济发展和环境保护的正常秩序。我们不赞成牺牲环境换取经济发展，我们也同样反对那些依靠伤及合法民事权利的方式、大规模关闭污染企业换取环境质量的改善。因为无偿的大规模关闭污染企业，虽然完全能够大幅度减轻环境污染的压力，取得立竿见影的环境效果，但是这种做法并不是环保与经济协调发展的治本之策，是不得人心的，是不可持续的。

向污染宣战，是一场持久战。“治霾行动”，号角吹响至今不过一年有余，我们依然在治理与探索、行动与思考的路上前行。与出发时的不安、急躁相比，我们更加清醒地认识了“治霾行动”的困难和挑战，认识了污染的问题及其成因。我们更有信心，也更清醒、更理性、更理智地认识到，一定不能使用产生问题的办法去解决问题，必须要通过释放改革的巨大红利，洗涤现行不合理的制度和机制，清除“治霾行动”的种种政策性的灰霾障碍，为人民享受可持续的蓝天净气构建高效利民的机制体制。如果一味延用“产生问题的办法去解决问题”的话，即使可以暂时风光无限，也依然终将一事无成，愧对百姓。

谨以此为序。

中国工业环保促进会会长　杨朝飞

2015年1月31日

目　录

第一章　中国大气污染防治的行动与进展

第二章 重点区域大气污染防治进展

第四章　中国大气污染主要问题的成因分析

第五章 加快中国大气污染治理的对策建议

第六章 创新驱动下中国企业的治霾路径

附 录

第一章　中国大气污染防治的行动与进展

近年来，雾霾等大气环境污染成为“热点”，党中央国务院和地方政府高度重视，动员政府各部门、企业和社会各界，协力推进“治霾行动”，取得积极成效。特别是企业、公众、媒体和科技工作者等社会各方面都充分发挥了应有的作用，成为这一行动取得实效的重要保障。

一、多元主体共同推进“治霾行动”

（一）政府的关键举措

2012年2月，根据国务院要求，环保部和国家质检总局联合发布新的《环境空气质量标准》，这被认为是打响了“治霾行动”的发枪令。

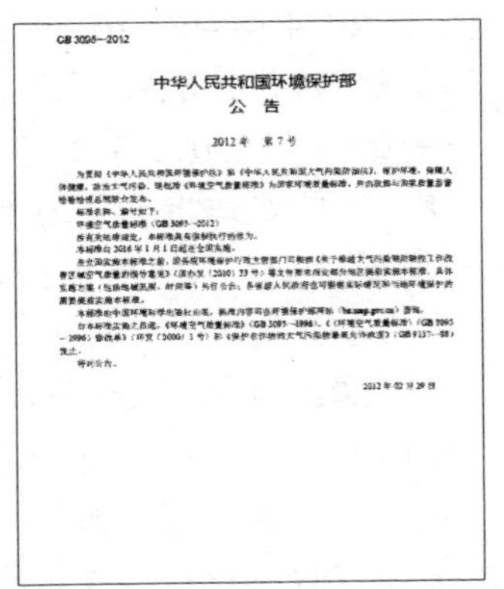

GB 3095—2012

中华人民共和国环境保护部

公　告

2012年　第7号

标准名称、编号如下：

环境空气质量标准（GB 3095—2012）

本标准自2016年1月1日起在全国实施。

特此公告。

2012年02月29日

ICS 13.040.20

Z 50

GB

中华人民共和国国家标准

GB 3095—2012

环境空气质量标准

Ambient air quality standards

2012-02-29 发布　　2016-01-01 实施

环境保护部
国家质量监督检验检疫总局　发布

同年10月，经国务院批复同意，环保部、国家发改委、财政部联合发布《重点区域大气污染防治“十二五”规划》。该规划将北京市、天津市、河北省、山西省、辽宁省、上海市、江苏省、浙江省、福建省、山东省、湖北省、湖南省、广东省、重庆市、四川省、陕西省、甘肃省、宁夏回族自治区、新疆维吾尔自治区人民政府等19个省（自治区、直辖市）纳入大气污染防治的重点区域，“治霾行动”全面铺开并逐步加速。

2013年9月10日，这是“治霾行动”的关键节点。当日，国务院颁布《大气污染防治行动计划》(国发〔2013〕37号，以下简称《大气十条》)。

2014年1月，受国务院委托，环保部与全国31个省(自治区、直辖市)人民政府签署了《大气污染防治目标责任书》，明确了各地空气质量改善目标和重点工作任务。其中，北京、天津、河北确定了$PM_{2.5}$年均浓度下降25%的目标。

2014年3月，李克强总理在《政府工作报告》中宣告：“我们要像对贫困宣战一样，坚决向污染宣战”；并就大气污染治理提出了具体部署：“以雾霾频发的特大城市和区域为重点，以细颗粒物($PM_{2.5}$)和可吸入颗粒物(PM_{10})治理为突破口，抓住产业结构、能源效率、尾气排放和扬尘等关键环节，健全政府、企业、公众共同参与新机制，实行区域联防联控，深入实施大气污染防治行动计划。今年要淘汰燃煤小锅炉5万台，推进燃煤电厂脱硫改造1 500万千瓦、脱硝改造1.3亿千瓦、除尘改造1.8亿千瓦，淘汰黄标车和老旧车600万辆，在全国供应国四标准车用柴油。”

(中国民主法制出版社出版的新《环境保护法》单行本)

2014年4月24日，全国人大常委会通过新修订的《环境保护法》，同日，习近平主席签发第9号主席令颁布，于2015年1月1日起施行。该法律被寄予厚望，一些媒体将其称为“史上最严环保法”，认为将对“治霾行动”、《大气污染防治法》的修订起到重要指导和推动作用。

2014年4月30日，经国务院同意，国务院办公厅印发《大气污染防治行动计划实施情况考核办法》，强化了对省(区、市)政府大气治理工作的约束。许多地方政府根据《大气十条》要求和地方实际，制订了更为具体的实施方案或者细则，一些地方切实取得了可喜的成效。

2014年11月26日，国务院常务会议审议通过《中华人民共和国大气污染防治法(修订草案)》，并决定草案经进一步修改后提请全国人大常委会审议。

2014年12月22日上午，第十二届全国人大常委会第十二次会议初次审议了《中华人民共和国大气污染防治法(修订草案)》。

（二）社会组织的活动表现

目前，我国各级民政部门登记的环境保护相关社会组织有 6 000 多个。其中，在民政部登记的有 36 个，在省级民政部门登记的有 300 多个，在设区的市级民政部门登记的有 700 多个，其余在县级民政部门登记。这些社会组织广泛活跃在野生动植物保护、水资源保护、湿地保护、珍稀物种保护、沙漠化防治、环境污染治理等领域。

环保非政府组织在“治霾行动”中的表现令人欣喜。它们依靠独特的技术能力，在数据收集、分析、宣传，为公众参与构建活动平台和提供资金、技术支撑，联通公众意见与政府决策等方面，发挥了独特作用。广为社会关注的是，随着新修订的《环境保护法》的实施，社会组织提起环境公益诉讼可能成为“治霾行动”的新动力。

1. 社会组织推动和监督政府部门信息公开

近几年来，环保部门环境信息公开应该说取得了长足进步，但是与公众的期待还存在差距。对此，一些社会组织针对政府信息公开，提出调研分析报告。

例如，自 2009 年以来，公众环境研究中心（IPE）与国际自然资源保护协会（NRDC）联合其他环境社会组织，对全国 113 个城市的污染源监管信息公开状况进行评价，并发布了相关报告。

（来源：IPE 官方网站）

2014 年 6 月 9 日，公众环境研究中心与自然资源保护协会发布 120 城市污染源信息公开指数评价结果：上百个重点城市的监管信息仍

（来源：绿行齐鲁行动研究中心网站）

待进一步公开，但中国在污染源数据实时公开和环评报告全文公开方面取得重大突破。

其中，污染源监管信息公开指数（PITI，即Pollution Information Transparency Index），是从系统性、及时性、完整性、用户友好性四个方面考察各个城市环保部门的环境信息公开现状。

再如，2014 年 8 月 25 日，民间环保组织绿行齐鲁行动研究中心在济南发布了《信息公开助力环境改善——2013—2014 年度山东省污染源监管信息公开指数（PITI）评价报告》。特别值得指出的是，为了让山东省 17 地市环保局能够了解到本市具体得失分情况，该组织分别为 17 市“私人定制”了具体得分情况“明白纸”，分别寄送给相应环保局参考。

2. 社会组织督促排污企业强化治污责任

工业企业是雾霾治理的主要责任主体。国家对企业开展治污、安装并有效使用在线监测、主动信息公开等方面提出了明确要求。一些社会组织对企业落实这些要求的情况进行了跟踪、调研、分析，并发布了相关报告。

例如，2014 年 1 月 14 日，公众环境研究中心、中国人民大学环境政策与环境规划研究所 、阿拉善SEE 生态协会、自然之友、环友科技、自然大学等多家环保组织，共同发布了《蓝天路线图》大气污染调研二期报告。报告显示：华北地区的山东、河北等地，尚有一批大型火电、钢铁等高耗能企业污染物排放严重超标。其中有些企业甚至在当地已经处于严重污染之时，仍然超标排放。

3. 社会组织调研雾霾成因

在政府部门、科研机构积极推进颗粒物源解析的同时，一些社会组织利用自身独特优势，通过广泛的走访、调研，从另一个角度提出了关于雾霾成因的看法，引起全社会和公众的高度关注。

例如，2014 年 4 月 21 日，绿行齐鲁、天津绿领、磐石能源与环境研究所、中国空气观察河北志愿者小组、北京水源保护基金会五家环保非政府组织在北京联合发布《推进“公众监管”，助力华北治霾——“华北煤问题”首期调研报告》。这些组织从 2013 年 8 月起，历经半年多时间，对北京、天津及山东省、河北省的 10 个城市的控煤情况进行了调研。其采用的不过是数据分析、实地走访、信息公开申请等“所有普通公众都能够做到”的方式。下一步，五家环保组织将共同发起“好空气保卫侠”行动，发展更多的“好空气保卫志愿者”，一起调查、举报、监督身边的空气污染问题，形成强大的“公众监管”民间行动网络。

4. 社会组织分析治霾趋势，提出相关政策建议

一些社会组织结合《大气十条》和地方政府提出的有关“治霾”举措，对大气污染削减的可达性等趋势进行独立评估和分析，并提出有针对性的政策建议，是相对独立的看法，具有一定参考意义。

例如，2014 年 9 月，美国能源基金会北京办事处和清华大学等单位，联合发布了《京津冀能否实现 2017 年 $PM_{2.5}$ 改善目标》的研究报告。研究表明：“研究结合国务院《大气污染防治行动计划》，以及京津冀地区地方发布的大气污染防治行动计划，将具体治理措施参数化，构建了 2012 年以及 2017 年京津冀地区大气污染排放清单，并运用 CMAQ 空气质量模型，定量评估了现有的大气污染防治措施实施对京津冀地区 $PM_{2.5}$ 浓度的削减效果。模拟结果表明，北京市、天津市和河北省 $PM_{2.5}$ 年均浓度将由 2013 年的 88.3 $\mu g/m^3$、112.7 $\mu g/m^3$、112.9 $\mu g/m^3$ 分别降至 2017 年的 65.8 $\mu g/m^3$、91.6 $\mu g/m^3$、96.3 $\mu g/m^3$，相应降幅分别为 25.6%、18.7%、14.7%。”

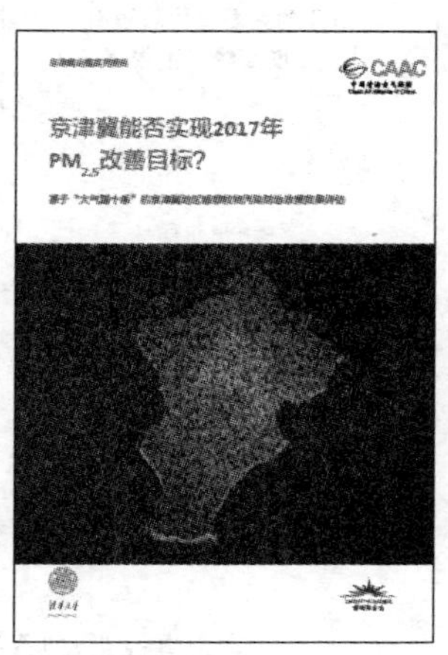

（来源：美国能源基金会北京办事处网站：http://www.efchina.org/Reports-zh/report-20140925-zh）

再如，能源基金会等组织还先后发布《“大气国十条”中煤炭总量控制政策的协同碳减排效应分析》《北京 $PM_{2.5}$ 与冬季采暖热源的关系及治理措施项目成果报告》等相关研究报告。前一研究表明：“实施煤炭消费控制，不但可以推动空气质量的改善，还可以非常有效地减少温室气体的排放。煤炭替代方案不同，

（来源：美国能源基金会北京办事处网站：http://www. efchina.org/Reports-zh/report-20140922-zh）

带来的协同减少二氧化碳排放量的效果也会有差别，所以各地在设计替代方案时，可综合考虑碳减排效果，增大协同效益。”

后一研究表明：“减少 NO_x 排放量是治理城市 $PM_{2.5}$ 的关键，而热电联产‘煤改气’措施并不能显著降低 NO_x 排放量，反而会大幅增加天然气用量，造成用气矛盾，因此不宜作为治理大气污染的有效措施来大范围推广。农村的一次 $PM_{2.5}$ 排放总量远高于城市地区大型锅炉的排放水平，因此，农村应该作为北京市 $PM_{2.5}$ 减排的重要突破点之一，给予相应的重视，具体措施可以通过用型煤锅炉或生物质锅炉替代土暖气，这能有效减少农村地区的一次 $PM_{2.5}$ 排放。”

社会组织的意见越来越得到政府有关方面的重视，在立法、政策制定和实施、环境执法监管等方面，社会组织参与面越来越广、介入程度越来越深。

（来源：美国能源基金会北京办事处网站：http://www.efchina.org/Reports-zh/report-20140827-zh）

一个典型案例是在新《环保法》立法过程中，环保 NGO 等社会组织主动参与、献计献策，提出意见和建议。特别是关于公益诉讼主体问题，在社会组织积极呼吁以及新闻媒体和其他各方的协调努力下，推动从《环境保护法》（修订草案）第二稿的只局限于中华环保联合会及其分支，到最终拓展到在设区以上的市民政部门登记的环保组织。

5. 社会组织提起公益诉讼

新《环保法》从法律上确定了社会组织对污染企业提起公益诉讼的权利。这是社会组织参与治霾等环境保护的重要突破口和增长点。国家司法机构和有关部门也明确支持环境公益诉讼。环保部 2014 年 12 月联合最高人民法院、民政部发布了《关于贯彻实施环境民事公益诉讼制度的通知》，全力支持社会组织发起环境公益诉讼。

2015 年 1 月 6 日，最高人民法院发布了《关于审理环境民事公益诉讼案件适用法律若干问题的解释》，并于同日举办了新闻发布会。最高人民法院及其环境资源审判庭、民政部国家民间组织管理局、环保部政策法规司等单位负责人出席新闻发布会并答记者问。

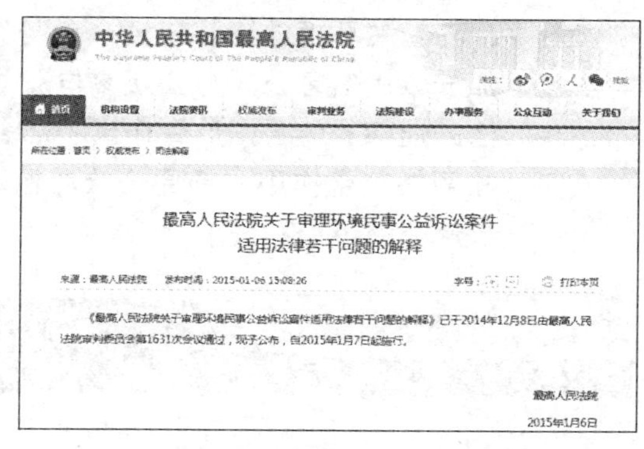

中华人民共和国最高人民法院

首页　机构设置　法院资讯　权威发布　审判业务　法院建设　办事服务　公众互动　关于我们

最高人民法院关于审理环境民事公益诉讼案件
适用法律若干问题的解释

来源：最高人民法院　发布时间：2015-01-06 15:08:26

《最高人民法院关于审理环境民事公益诉讼案件适用法律若干问题的解释》已于2014年12月8日由最高人民法院审判委员会第1631次会议通过，现予公布，自2015年1月7日起施行。

最高人民法院

2015年1月6日

许多环保组织加强了相关技术和人员储备，组织各种调查研究，为深入参与公益诉讼做好准备。例如，在阿里巴巴公益基金会的支持下，自然之友近日发起成立“环境公益诉讼支持基金”，对各地发现案源并拟提起环境公益诉讼的社会组织进行资助，提高民间环保组织的诉讼能力。

（来源：http://www.court.gov.cn/zixun-xiangqing-5449.html）

一些地方已经出现了一些典型案例。

例如，2014 年 12 月 29 日，江苏省高级人民法院就社会组织——泰州市环保联合会提起的公益诉讼案件作出终审判决：被告常隆农化等 6 家企业因违法处置废酸污染水体，应当赔偿环境修复费用 1.6 亿余元。

2015 年 1 月 1 日起，随着新《环保法》生效，环保组织如中华环保联合会、自然之友等已经向人民法院提起相关案件的环境公益诉讼。有多起公益诉讼已被人民法案受理。

（三）公众的参与监督

《大气十条》明确要求，大气污染防治要“广泛动员社会参与”。要积极开展多种形式的宣传教育，普及大气污染防治的科学知识。加强大气环境管理专业人才培养。倡导文明、节约、绿色的消费方式和生活习惯，引导公众从自身做起、从点滴做起、从身边的小事做起，在全社会树立起“同呼吸、共奋斗”的行为准则，共同改善空气质量。

新《环保法》将"公众参与"作为环保工作的基本原则，专门增加一章"信息公开与公众参与"。国务院办公厅《关于加强环境监管执法的通知》就公众监督作出了部署：充分发挥"12369"环保举报热线和网络平台作用，畅通公众环保表达渠道，鼓励社会组织、公民依法提起公益诉讼和民事诉讼。

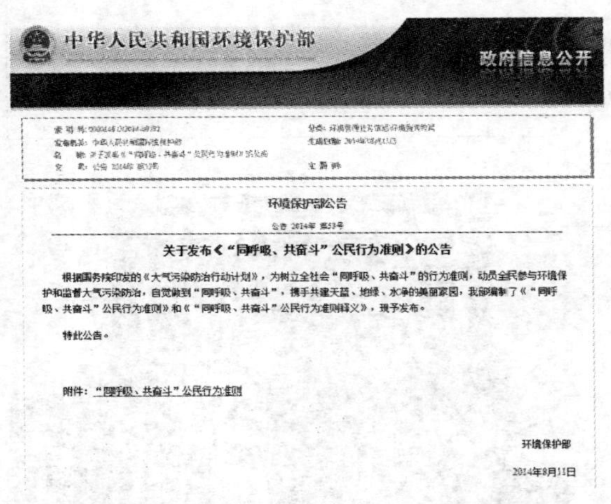
中华人民共和国环境保护部

政府信息公开

环境保护部公告

公告 2014年 第53号

关于发布《"同呼吸、共奋斗"公民行为准则》的公告

根据国务院印发的《大气污染防治行动计划》，为树立全社会"同呼吸、共奋斗"的行为准则，动员全民参与环境保护和监督大气污染防治，自觉做到"同呼吸、共奋斗"，携手共建天蓝、地绿、水净的美丽家园，我部编制了《"同呼吸、共奋斗"公民行为准则》和《"同呼吸、共奋斗"公民行为准则释义》，现予发布。

特此公告。

附件："同呼吸、共奋斗"公民行为准则

环境保护部

2014年8月11日

（来源：环保部网站）

2014年6月，环保部办公厅印发《关于推进环境保护公众参与的指导意见》，明确了公众参与的重点领域，包括环境法规和政策制定、环境决策、环境监督、环境影响评价、环境宣传教育等。

2014年8月，环保部公告《"同呼吸、共奋斗"公民行为准则》（以下简称《准则》），成为引导公众参与"治霾行动"的关键性文件。

《准则》的内容具体针对大气污染问题，重点选择影响突出、有代表性的公民行为作为核心内容。同时，在表述上注意简洁明了，易记易行，对象上兼顾城市与农村居民，注重突出公众在日常生活中与大气污染防治相关的行为规范。《准则》内容定位于引导、倡导、呼吁，注重涵盖公民的知情权、监督权和参与权，倡导公民履行保护大气的义务。

《准则》共有8条内容，分别是：关注空气质量、做好健康防护、减少烟尘排放、坚持低碳出行、选择绿色消费、养成节电习惯、举报污染行为、共建美丽中国。

（来源：环保部网站）

环保部还发布了《准则》的宣传海报。

知情是参与的前提条件。为帮助公众了解雾霾的基本科学常识，以更好保护自身和参与治霾

行动，环保部还组织编写了《公众防护 $PM_{2.5}$ 科普宣传册》。

（来源：环保部网站）

在地方层面，公众参与有了更多法律上、手段措施上的保障。

例如，河北省人大常委会 2014 年 11 月 28 日正式通过了《河北省环境保护公众参与条例》（以下简称《条例》），这是全国首部专门针对环境保护公众参与的地方性法规，将于 2015 年 1 月 1 日起正式施行。《条例》规定，公众参与环境保护，依法享有获取环境信息，对环境决策、行政许可以及环境执法表达意见和建议，对环境违法行为和环境保护工作中不依法履行职责的行为进行举报，寻求行政或者司法救济、提起环境公益诉讼等权利。

一些地方还鼓励公众举报环境违法行为。如山东省菏泽市出台《环境违法行为有奖举报暂行办法》，公众实名举报最高可获 2 万元奖励。甘肃省兰州市规定在 2014—2015 年冬季大气污染防治期间，任何市民均可向 12345 民情通服务热线投诉举报污染大气环境的违法行为。投诉内容一经查实，即给予举报人 20 元手机话费奖励。

公众也积极从身边的日常行为改进入手，为治霾行动添砖加瓦。

首先，绿色出行理念日益得到公众拥护和认可。

许多报道指出，由于空气污染、拥挤等原因，越来越多的公众意识到，机动车所带来的出行便利体验正在下降，相反其造成的对健康、时间、心境等方面的损害不断凸显。因此，绿色出行、低碳出行，多乘坐公共交通工具、少开一天车等口号逐渐融入了人们的实际行动中。

例如，北京从 2012 年起就倡导每年 9 月为绿色出行月，得到越来越多民众的赞成和参与。

2013 年 9 月至 12 月，首都文明办等单位举行了“绿色出行达人”专题活动。2014 年 1 月公布了步行达人 300 名、骑行达人 200 名、公交达人 300 名、驾驶达人 200 名。

（截屏自首都文明办网站）

（来源：首都文明办网站）

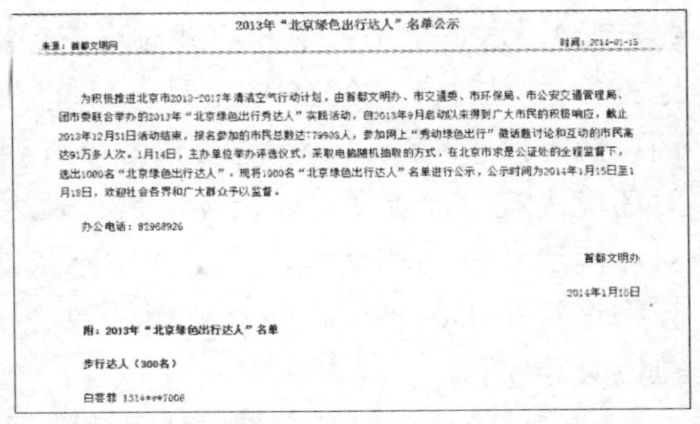

2013年“北京绿色出行达人”名单公示

来源：首都文明网　　时间：2014-01-15

为积极推进北京市2013-2017年清洁空气行动计划，由首都文明办、市交通委、市环保局、市公安交通管理局、团市委联合举办的2013年“北京绿色出行秀达人”实践活动，自2013年9月启动以来得到广大市民的积极响应，截止2013年12月31日活动结束，报名参加的市民总数达79905人，参加网上“秀动绿色出行”微话题讨论和互动的市民高达91万多人次。1月14日，主办单位举办评选仪式，采取电脑随机抽取的方式，在北京市求是公证处的全程监督下，选出1000名“北京绿色出行达人”。现将1000名“北京绿色出行达人”名单进行公示，公示时间为2014年1月15日至1月18日，欢迎社会各界和广大群众予以监督。

办公电话：82968926

首都文明办

2014年1月15日

附：2013年“北京绿色出行达人”名单

步行达人（300名）

白芸菲 1314***7008

（来源：首都文明办网站）

另据媒体报道，2014年11月APEC期间，北京市民争做“绿色出行达人”。虽然受调休等因素影响，全市整体出行客流量下降，但选择轨道交通、地面公交和公共自行车等出行方式的客流量不降反升，就意味着更多市民选择绿色出行方式。

绿色出行，从我做起。您选择绿色出行的初衷是什么？

选项	票数	比例
减轻环境污染：	2541/5877	43.24%
缓解交通拥堵：	1252/5877	21.30%
增强身体素质：	1180/5877	20.08%
优化出行效率：	904/5877	15.38%

（来源：首都文明办网站）

公众对绿色出行的认识不断在深化。首都文明办的一项调查显示，减轻环境污染是最主要的动力。

其次，公众主动推进绿色消费，减少消费环节可能造成的雾霾等环境污染。

例如，公众主动少放鞭炮。2014年春节期间，《郑州晚报》开展了调查，结果显示“七成市民选择不放炮或少放炮，雾霾的影响已经成为民众选择是否燃放烟花爆竹的主因”。媒体报道，除夕当天，北京、上海等城市均出现了烟花爆竹销售量和燃放量下降、空气污染情况好于预期的趋势。

再如，2013年以来，民间掀起了在外就餐时自觉采取“光盘”行动的热潮，按需点菜，吃不完打包带走。一些年轻人吃完饭后照张“光盘”相片，上传微信与朋友分享的做法成为时尚。“节约光荣、浪费可耻”的理念逐渐深入人心。

再次，青少年环保意识提升。

特别值得令人欣喜的是，青少年对于绿色消费的自愿自觉行动更多更丰富，成效凸显。例如，许多环保主题的活动越来越受大学生欢迎。既有“光盘行动”、水果贺卡等宣传节约的活动，也有“学长的火炬”、图书漂流、旧物换种子、塑料瓶换绿植，以及“环保服装秀”、旧物利用创意大赛等围绕回收再利用的活动，在学生中产生了非常好、非常深远的影响。

甚至许多小学生都意识到个人消费等行为对雾霾的影响，提出从我做起的倡议。例如，江苏省靖江市城北小学少先队大队长薛诗瑶通过学校红领巾广播向全校队员发出“向雾霾说不，从我做起”的倡议书：

1. 绿色出行，减少污染。	出行时如果路途较远，尽可能乘坐公交，路途较近，尽可能骑自行车或步行，和爸爸妈妈共同培养绿色出行的习惯。
2. 文明过节，少放鞭炮。	大家在春节期间不放或少放烟花爆竹，身体力行为营造一个安全、健康、环保、祥和的春节贡献自己的一份力量。
3. 爱护环境，从小事做起。	平时在生活中厉行节约、杜绝浪费，出门购物尽可能自带购物袋，尽量使用再生材料制成的、可多次长期使用的商品，拒绝过度包装，减少使用一次性纸杯、一次性木筷和餐盒等，自觉进行环保宣传，影响带动更多的人积极参与环保活动。

城北小学孩子们摆成“不”字，意为“对雾霾说不”

（http://www.jsjjw.cn/tongyong/educate/2013-12/26/content_294549.html）

津南实验小学闫慧文同学的《我们的环境友好型家园》作品获得了大赛小学组特等奖
（来源：天津市环保局网站）

环保部宣教中心组织了“我们的环保行为——2014 年金鹰全国中小学环保绘画大赛”，一些中小学生充分表达了自身对于环保的理解。

二、法治成为长效“治霾”的关键

法治是治国理政的基本方式，是治霾治污的根本之策。充分运用法治思维和法治方式，推进大气环境治理，是这一轮国家行动的显著特征，也是建立治霾长效机制的关键。

（一）《大气污染防治行动计划》

《大气污染防治行动计划》（以下简称《大气十条》）虽然形式上只是国务院出台的法规性文件，但是通篇贯穿了法治思维、生态文明等重要理念。

在《大气十条》出台之前，中央政治局常委会的两次会议精神为其指明了方向。一次是 2013 年 5 月 24 日，中共中央政治局就大力推进生态文明建设进行第六次集体学习。习近平总书记发表重要讲话，着重指出：“只有实行最严格的制度、最严密的法治，才能为生态文明建设提供可靠保障。”另一次是中央政治局常委会专门听取《大气十条》汇报，习近平总书记做了重要讲话。中央政治局的高度重视和坚强领导，使得全社会对《大气十条》的实施充满了期待和信心。

2013 年 9 月 10 日，国务院正式颁布《大气十条》，作为当前和今后一个时期内全国大气污染防治工作的行动指南。《大气十条》提出，经过五年努力，使全国空气质量总体改善，重污染天气较大幅度减少；京津冀、长三角、珠三角等区域空气质量明显好转。力争再用五年或更长时间，逐步消除重污染天气，全国空气质量明显改善。具体指标是：到 2017 年，全国地级及以上城市可吸入颗粒物浓度比 2012 年下降 10% 以上，优良天数逐年提高；京津冀、长三角、珠三角等区域细颗粒物浓度分别下降 25%、20%、15% 左右，其中北京市细颗粒物年均浓度控制在 60 微克 / 立方米左右。

（来源：中央政府网站）

为实现以上目标，《行动计划》确定了十项具体措施：

（1）加大综合治理力度，减少多污染物排放。全面整治燃煤小锅炉，加快重点行业脱硫、脱硝、除尘改造工程建设。综合整治城市扬尘和餐饮油烟污染。加快淘汰黄标车和老旧车辆，大力发展公共交通，推广新能源汽车，加快提升燃油品质。

（2）调整优化产业结构，推动经济转型升级。严控高耗能、高排放行业新增产能，加快淘汰落后产能，坚决停建产能严重过剩行业违规在建项目。

（3）加快企业技术改造，提高科技创新能力。大力发展循环经济，培育壮大节能环保产业，促进重大环保技术装备、产品的创新开发与产业化应用。

（4）加快调整能源结构，增加清洁能源供应。到 2017 年，煤炭占能源消费总量比重降到 65% 以下。京津冀、长三角、珠三角等区域力争实现煤炭消费总量负增长。

（5）严格投资项目节能环保准入，提高准入门槛，优化产业空间布局，严格限制在生态脆弱或环境敏感地区建设“两高”行业项目。

（6）发挥市场机制作用，完善环境经济政策。中央财政设立专项资金，实施以奖代补政策。调整完善价格、税收等方面的政策，鼓励民间和社会资本进入大气污染防治领域。

（7）健全法律法规体系，严格依法监督管理。国家定期公布重点城市空气质量排名，建立重污染企业环境信息强制公开制度。提高环境监管能力，加大环保执法力度。

（8）建立区域协作机制，统筹区域环境治理。京津冀、长三角区域建立大气污染防治协作机制，国务院与各省级政府签订目标责任书，进行年度考核，严格责任追究。

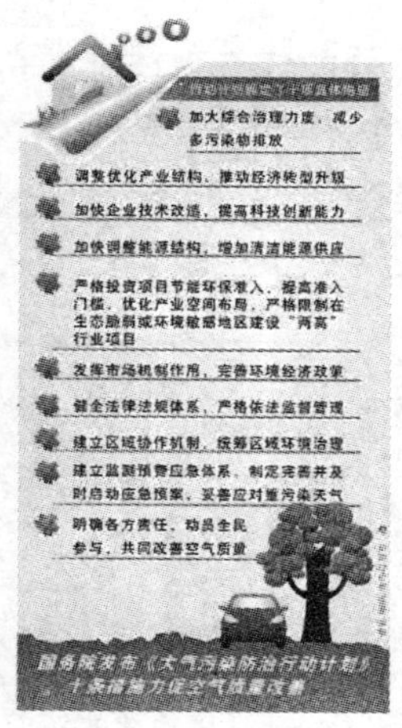

（来源：中央政府网站）

（9）建立监测预警应急体系，制定完善并及时启动应急预案，妥善应对重污染天气。

（10）明确各方责任，动员全民参与，共同改善空气质量。

李克强总理指出，《大气十条》是生态文明建设的重要举措，提出明确的落实要求：一要积极调整能源结构；二要大幅提高煤炭清洁利用水平；三要切实落实环境污染防治责任。总理强调，冰冻三尺非一日之寒，治理雾霾也非一日之功。一定要让群众感到，我们决心大、措施硬，雷声大、雨点急，只要坚持不懈做下去，一定能收到实实在在的成效。

张高丽副总理指出，必须采取稳、准、狠的措施，重拳出击、重点治污，把环境治理同经济结构调整、创新驱动发展结合起来，努力实现环境效益、经济效益和社会效益的多赢。

（二）新《环保法》

这将成为环境法治历史上的浓墨一笔。历经三年半调研、起草和反复修改，经两届人大的四次审议之后，2014 年 4 月 24 日，十二届全国人大常委会第八次会议表决通过新修订的《环保法》。同日，国家主席习近平签署第 9 号主席令，予以公布。新《环保法》将于 2015 年 1 月 1 日起施行。

全国人大常委会表决《〈环境保护法〉修订草案》
（摘自《中国人大》2014 年第 9 期）

张德江委员长在 4 月 24 日的闭幕会上，发表了题为《要宣传好贯彻好实施好新修订的环保法》的重要讲话。讲话中明确指出，“环境保护法是环境领域的基础性、综合性法律”；对宣传好贯彻好实施好这部法律，提出了明确要求。

国内外新闻媒体对新《环保法》的通过进行了广泛报道和高度赞誉，例如称之为“史上最严环保法”、环境立法史上的又一里程碑（《人民日报》）、新《环保法》“令人振奋”（英国广播公司）、打造“绿色中国”更强大的利器（《澳门日报》）、遏制污染的“有力新武器”（彭博新闻社）、迈出“治污之战”坚实一步（美国《华尔街日报》）、世界上最好的环保法之一（英国《金融时报》），等等。

最严格的法律尚需最严格的执行

全国人大常委会机关刊物《中国人大》2014年5月1日出版的第9期封面和总编絮语，围绕“最严环保法向污染宣战”、“最严格的法律尚需最严格的执行”等主题（来源：全国人大网站）

新《环保法》的实施，必将对治霾治污行动发挥重要的规范、引导、促进、保障作用，突出体现在：

（1）完善制度。新增了生态保护红线、污染物总量控制、排污许可、政策环评和规划环评等重要制度，进一步完善了环境标准监测等制度规定。

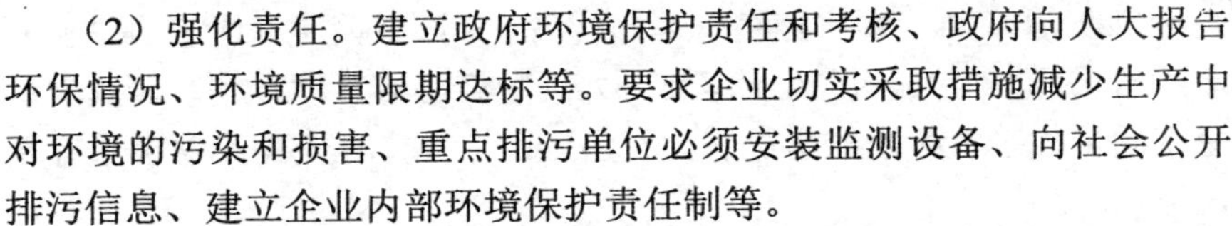
（2）强化责任。建立政府环境保护责任和考核、政府向人大报告环保情况、环境质量限期达标等。要求企业切实采取措施减少生产中对环境的污染和损害、重点排污单位必须安装监测设备、向社会公开排污信息、建立企业内部环境保护责任制等。

（3）公众参与。以信息公开保障公众的环境知情权、参与权，保护公众举报监督，社会组织可以提起公益诉讼等。

（4）强化处罚。包括按日连续处罚、查封扣押、关闭停业、违规项目停建罚款、移送行政拘留等。

其中，特别是针对环境违法企业法律责任的严厉规定，广受社会的关注和好评，被认为是解决“守法成本高、违法成本低”顽疾的有效药方。

（三）环境责任考核制度

正如一些专家指出的，在中国，治污首先要治官。一些地方政府重经济发展轻环境保护的决策行为，被认为是导致雾霾等严重污染问题的重要根源，而且对环境执法构成了很大的阻碍，在很大程度上激发了企业违法排污的“勇气”。如何管住地方政府，使得《大气十条》和国家生态文明的有关决策能够顺利落地，得到有效实施，成为一个必须破解的紧迫课题。

为此，国家采取了“组合拳”进行有力破题：

（1）2013 年 6 月，习近平总书记在全国组织工作会议上发表重要讲话，强调：“要改进考核方法手段，既看发展又看基础，既看显绩又看潜绩，把民生改善、社会进步、生态效益等指标和实绩作为重要考核内容，再也不能简单以国内生产总值增长率来论英雄了。”

（2）2013 年 12 月，中央组织部印发《关于改进地方党政领导班子和领导干部政绩考核工作的通知》，明确要求：“把生态文明建设作为考核评价的重要内容”，加大环境保护等指标的权重，“防止和纠正以高投入、高排放、高污染换取经济增长速度”，对拍脑袋决策、拍胸脯蛮干造成生态严重破坏的，“要记录在案，视情节轻重，给予组织处理或党纪政纪处分，已经离任的也要追究责任”。

（3）2014 年 3 月 30 日，经国务院同意，国务院办公厅印发了《大气污染防治行动计划实施情况考核办法》(以下简称《考核办法》)，对各省（区、市）人民政府落实《大气污染防治行动计划》情况，从空气质量改善目标完成情况和大气污染防治重点任务完成情况进行全面考核。

作为《大气十条》重要配套政策性文件,《考核办法》明确了实行《大气十条》的责任主体与考核对象,明确了考核内容、考核方式、考核程序、奖惩措施等，标志着我国最严格大气环境管理责任与考核制度的正式确立。

《考核办法》以空气质量改善为核心，强化绩效考核，兼顾工作评估；使得考核结果既能客观反映空气质量改善效果，与人民群众对环境质量的直观感受更加契合，又要有利于发挥各地治污的主观能动性，彰显各地贯彻落实《大气十条》的努力程度；以空气质量改善目标完成情况作为评定地方考核通过与否的判据，以大气污染防治重点任务完成情况作为评价地方工作努力程度的依据。

按照《考核办法》规定，考核的内容主要包括两个方面，实施双百分制（表 1-1）。

表 1-1《考核办法》规定的内容

考核要点	关键指标	其他指标或备注
一是空气质量改善目标完成情况	复合型大气污染严重的京津冀及周边 6 省（区、市）、长三角 3 省（区、市）、珠三角区域、重庆市考核 $PM_{2.5}$ 年均浓度下降程度	其他省（区、市）考核 PM_{10} 年均浓度下降程度
二是大气污染防治重点任务完成情况进展	1. 产业结构调整优化 2. 清洁生产 3. 煤炭管理与油品供应 4. 燃煤小锅炉整治 5. 工业大气污染治理 6. 城市扬尘污染控制 7. 机动车污染防治 8. 建筑节能与供热计量 9. 大气污染防治资金投入 10. 大气环境管理等	共计 29 项子指标

2014 年 8 月，环保部、发展改革委、工业和信息化部、财政部、住房城乡建设部、能源局六部门联合印发《大气污染防治行动计划实施情况考核办法（试行）实施细则》，明确和细化了《大气十条》年度考核各项指标的定义、考核要求和计分方法，对空气质量改善目标完成情况、大气污染防治重点任务完成情况分别评分。

（四）《大气污染防治法》修订

现行《大气污染防治法》制定于 1987 年，并于 1995 年、2000 年先后做过两次修改，距今已 14 年未做修改。

2014 年 10 月 29 日，在十二届全国人大常委会第十一次会议上，全国人大沈跃跃副委员长代表执法检查组向会议作了关于检查《大气污染防治法》实施情况的报告，重点报告了贯彻实施法律的主要做法和成效、存在的主要问题。检查组建议，各级政府要落实责任，努力形成防治大气污染工作合力；突出重点，依法推进大气污染防治工作；强化执法监管，确保法律制度有效实施；完善政策措施，科学推动大气污染防治工作；加快法律修改进程，完善大气污染防治法律制度，进一步提高对大气污染防治工作重要性、紧迫性和艰巨性的认识，依法推动大气污染防治工作向纵深发展。

2013年以来，国家对该法进行第三次修改。2014年9月10日，国务院法制办曾经公开《大气污染防治法（修订草案征求意见稿）》，向公众进行为期一个月的意见征求。

2014年11月26日召开的国务院常务会议审议通过《大气污染防治法（修订草案）》。

2014年12月23日，第十二届全国人民代表大会常务委员会第十二次会议上，环保部部长周生贤受国务院委托，对《中华人民共和国大气污染防治法（修订草案）》作了说明，重点介绍了草案主要修改和增加的内容（表1-2）。

表1-2 《大气污染防治法》（修订草案）主要增加和修订的内容

要点和范围	具体增加和修改内容	对应的章节、条款
政府的环境保护责任	1. 建立大气环境保护目标责任制和考核评价制度，对地方人民政府及其有关部门进行考核 2. 要求不达标的城市编制限期达标规划，采取措施限期达标	第四条、第十一条
排放总量控制和排污许可	1. 将排放总量控制和排污许可由"两控区"扩展到全国 2. 明确分配总量指标、发放排污许可证的原则和程序 3. 对超总量和未完成达标任务的地区实行区域限批，并约谈主要负责人	第十四条、第十五条、第十六条
重点领域大气污染防治	1. 在燃煤、工业方面，明确国家采取措施逐步降低煤炭消费比重，细化对多种污染物的协同控制措施 2. 在机动车方面，强化对新生产机动车、在用机动车、油品质量环保达标的监督管理 3. 加强了建筑施工、物料运输等方面的扬尘污染防治措施	第四章
重点区域大气污染防治	要求建立区域大气污染联防联控机制，规定重点区域应当制订联合防治行动计划： 1. 提高产业准入标准 2. 实行煤炭消费等量或者减量替代 3. 在规划环评会商、联动执法、信息共享等方面建立起区域协作机制	增加一章（第五章），专述重点区域大气污染联合防治

要点和范围	具体增加和修改内容	对应的章节、条款
重污染天气的预警和应对	规定可能发生重污染天气时 1. 有关地方政府应当适时发出预警 2. 依据预警等级启动应急响应 3. 可以采取责令有关企业停产限产、限制部分机动车行驶等应对措施	增加一章（第六章），专述重污染天气应对
法律责任	1. 对无证、超标、超总量、监测数据作假等污染违法行为，规定了没收违法产品和违法所得、处以罚款、责令停产整治、行政拘留以及责令停业、关闭等行政处罚 2. 对受到罚款处罚拒不改正的实行按日计罚	第七章

2014 年 12 月 26 日，全国人大常委会分组审议了《大气污染防治法》修订草案。

常委会组成人员认为：目前修订草案对于大气污染的法律责任规定还不够细化，处罚力度还要进一步加强，尤其要明确对地方政府和环保部门的追责与处罚。

从 2014 年 12 月 30 日至 2015 年 1 月 29 日，《中华人民共和国大气污染防治法（修订草案）》在全国人大网站上向全社会公开征求意见。

三、经济手段成为“治霾”重要动力

2013 年 11 月，十八届三中全会通过的《关于全面深化改革若干重大问题的决定》强调指出，使市场在资源配置中发挥决定性作用，在加快生态文明建设方面也要求：“加快自然资源及其产品价格改革，全面反映市场供求关系、资源稀缺程度、生态损害成本和修复效益”。

历史和现实都表明，就如同三中全会《决定》要求的，建立和完善有利于环境保护的市场机制，把隐形的环境成本“显性化”，把外部的环境成本内部化，形成环境损害成本合理负担机制，激发企业等市场主体强化环境保护的内在动力，是解决好中国环境问题的关键一招。

近年来，国家在推进治霾等污染防治行动中，进一步加快了相关市场机制的建立和完善。

（一）财政投入

2013年年底，中央财政安排了50亿元资金，支持北京、天津、河北、山东等省市治理大气污染。

2014年中央财政安排大气污染防治专项资金100亿元，主要用于支持京津冀及周边、长三角、珠三角地区开展大气污染。专项资金不按项目安排，采取切块的方式下达。主要运用领域是：对重点区域大气污染治理制定行业能效、排污强度标准，激励达标企业；完善购买新能源汽车的补贴政策，加大力度淘汰黄标车和老旧汽车；大力支持节能环保核心技术攻关和相关产业发展。

同时，国家安排环保专项资金2.4亿元，支持乌鲁木齐、兰州、银川大气治理；下达资金2亿元，奖励兰州大气污染防治。

针对可再生能源等与大气污染防治紧密相关的行业，国家也加大了财政支持力度。财政部、国家发改委、国家能源局先后于2011年11月发布《可再生能源发展基金征收使用管理暂行办法》、2012年3月发布《可再生能源电价附加补助资金管理暂行办法》，对风力发电、生物质能发电（包括农林废弃物直接燃烧和气化发电、垃圾焚烧和垃圾填埋气发电、沼气发电）、太阳能发电、地热能发电和海洋能发电等进行财政补助。

（二）绿色税收

国内外经验表明，税收是直接影响和调整市场价格信号，规范和调整企业环境行为的最有力措施之一，也是促进大气污染防治的重要手段。近年来，我国加快了相关税收制度"绿色化"改革进程，取得了积极成效。

2014年4月，税务总局的消息称，据不完全统计，2008年至2012年5年间，全国企业享受资源综合利用所得税优惠约100亿元，享受环境保护、节能节水设备购置抵免企业所得税优惠约70亿元，享受环

表 1-3　企业所得税优惠目录与治霾相关的内容

目录	相关内容
《环境保护专用设备企业所得税优惠目录（2008 年版）》	大气污染防治专用设备：湿法脱硫专用喷嘴、湿法脱硫专用除雾器、袋式除尘器、型煤锅炉
《环境保护、节能节水项目企业所得税优惠目录（试行）》	节能减排技术改造：钢铁行业干式除尘技术改造项目、有色金属行业干式除尘净化技术改造项目、燃煤电厂烟气脱硫技术改造项目
《资源综合利用企业所得税优惠目录（2008 年版）》	废气综合利用：焦炉煤气，化工、石油（炼油）化工废气，发酵废气、火炬气、炭黑尾气；转炉煤气、高炉煤气、火炬气及除焦煤炉以外的工业炉气

境保护、节能节水项目所得税优惠约 50 亿元。

"绿色税收"的具体内容包括：

（1）推进排污费改税。三中全会《决定》对此作出了明确部署："推进环境保护费改税。"《大气十条》也明确要求：研究起草环境税法草案。

排污费开征 30 多年来，在筹集我国污染治理资金、推动企业治污等方面发挥了积极作用。但是，作为一项收费制度，因存在征收刚性不足，对不同企业征收力度不一、容易出现协议收费而导致不公平、滋生腐败，以及用途上难以得到有效监管等问题，而受到诟病。将排污费改为环境保护税，立足于依靠税收在征收管理和使用上的规范性和强制力，充分反映企业对环境造成污染和损害应付的成本，从而对企业污染排放行为构成强有力的制约，激发企业加快技术进步、减少污染物排放的动力。根据 2014 年 11 月十二届全国人大常委会第十一次会议的有关消息，环境保护税法已列入十二届全国人大常委会立法规划和国务院 2014 年立法计划；财政部会同环保部、国家税务总局积极推进环境保护税立法工作，已形成环境保护税法（草案稿）并报送国务院。

（2）实施企业所得税环保优惠政策。《大气十条》要求：符合税收法律法规规定，使用专用设备或建设环境保护项目的企业以及高新技术企业，可以享受企业所得税优惠。

2008 年 1 月 1 日起施行的《企业所得税法》及其实施条例规定：对企业购置并实际运行环境保护专用设备的，按购置额的 10% 予以抵扣企业所得税；对企业实施符合条件的环境保护项目的所得，予以"前三年免税，再三年减半征收”优惠；对企业开展符合条件的资源综合利用行为的所得，减按90%计税。为实施这些优惠措施，财政部、税务总局等部门印发了《环境保护专用设备企业所得税优惠目录（2008年版）》《环境保护、节能节水项目企业所得税优惠目录（试行）》《资源综合利用企业所得税优惠目录（2008年版）》。这些目录中都涉及大气污染防治设备、项目、资源利用行为（表1-3）。

（3）调整燃油等方面的消费税。消费税是我国对部分商品专门征收的税种，主要目标是抑制这些商品的消费。

涉及大气污染防治的消费税政策调整包括两个方面。一方面，汽油、柴油等燃油消费税的调整。2008年以来，先后四次提高了汽油、柴油消费税（表1-4）。

表1-4 汽油、柴油消费税调整（2008—2014）

调整时间	政策文件	提高后的汽油消费税单位税额/（元/升）	提高后的柴油消费税单位税额/（元/升）
2008年12月	财政部、税务总局《关于提高成品油消费税税率的通知》	1.0 （调整前：0.2）	0.8 （调整前：0.1）
2014年11月	财政部、税务总局《关于提高成品油消费税的通知》	1.12	0.94
2014年12月	财政部、税务总局《关于进一步提高成品油消费税的通知》	1.4	1.1
2015年1月	财政部、税务总局《关于继续提高成品油消费税的通知》	1.52	1.2

财政部指出，2014年11月至2015年1月连续两次提高成品油消费税单位税额，目的在于进一步加大力度，遏制大气污染、促进资源节约和推动绿色发展。提高成品油消费税的新增收入，将其纳入一般公共预算统筹安排，主要用于治理环境污染、应对气候变化，促进节约能源，鼓励新能源汽车发展（详见专栏1-1）。

专栏 1-1

财政部税政司 国家税务总局货物与劳务税司有关负责人就调整成品油消费税政策答记者问

2015 年 1 月 12 日 来源：税政司

1. 问：国家为什么连续调整成品油消费税政策？

答：当前我国防治大气污染、促进资源节约利用和转变发展方式面临的形势十分严峻。适当提高成品油消费税，有利于合理引导消费需求，促进节约利用石油资源，减少大气污染物排放，加快推进能源生产和消费方式变革。从 2014 年 11 月 28 日以来，国家连续三次提高成品油消费税，为缓解对居民生活和经济运行的负面影响，都是选择油价下行时推出，提税不涨价，提税与降价同步进行，兼顾了宏观调控需要和社会承受能力。

2. 问：这次提高成品油消费税的新增收入主要用于哪些方面？

答：提高成品油消费税后形成的新增收入，继续纳入一般公共预算统筹安排，积极支持以下方面：一是支持治理环境污染、应对气候变化。安排大气污染防治专项资金，重点支持京津冀及周边、长三角、珠三角治理雾霾。支持重点流域城镇污水处理管网设施建设，提高污水处理能力。支持具有重要饮水功能的水质良好湖泊及其相连的河流、地下水等水系保护等。二是促进节约能源，鼓励新能源发展。支持节能环保产业发展，加快可再生能源开发利用，促进新能源汽车推广应用。

3. 问：国家是否继续落实相关补贴政策？

答：2006 年国家建立了对部分困难群体和公益性行业的成品油价格补贴机制。2009 年实施成品油价格和税费改革，进一步完善了上述补贴机制。国家将在充分发挥价格机制的市场调节作用的同时，完善和落实对困难群体和公益性行业的补贴政策。

（网址：http://szs.mof.gov.cn/zhengwuxinxi/zhengcejiedu/201501/t20150112_1178932.html）

另一方面，三中全会《决定》要求：研究将严重污染环境的产品纳入消费税征收范围。《大气十条》也明确要求：研究将部分“两高”行业产品纳入消费税征收范围。

此外，国务院 2012 年、2013 年批转国家发改委《关于 2012 年深化经济体制改革重点工作的意见》《关于 2013 年深化经济体制改革重点工作的意见》都提出，要将严重污染环境的产品纳入消费税征收范围。2014 年 4 月 30 日，国务院批转发改委《关于 2014 年深化经济体制改革重点任务的意见》再次强调指出：“改革完善消费税制度，抑制高耗能、高污染产品消费。”

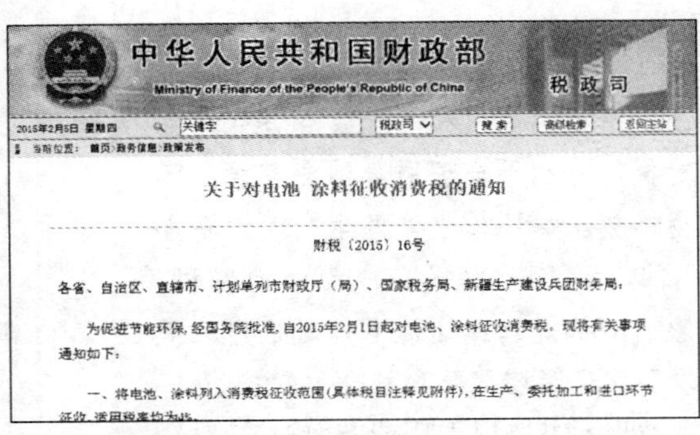
中华人民共和国财政部
Ministry of Finance of the People's Republic of China
税政司
2015年2月5日 星期四
当前位置：首页›政务信息›政策发布

关于对电池 涂料征收消费税的通知

财税〔2015〕16号

各省、自治区、直辖市、计划单列市财政厅（局）、国家税务局、新疆生产建设兵团财务局：

为促进节能环保，经国务院批准，自2015年2月1日起对电池、涂料征收消费税，现将有关事项通知如下：

一、将电池、涂料列入消费税征收范围（具体税目注释见附件），在生产、委托加工和进口环节征收，适用税率均为4%。

（来源：财政部网站）

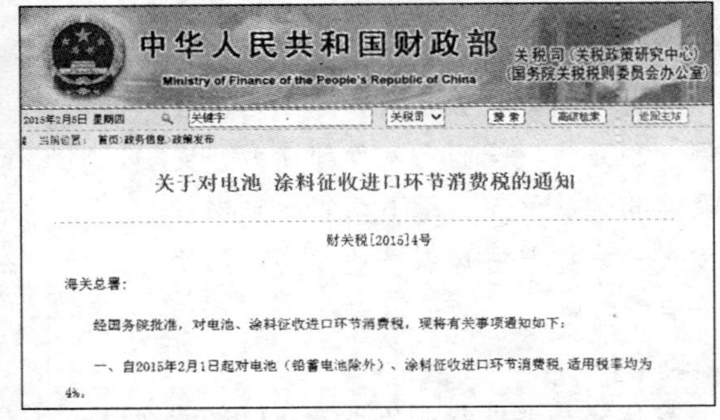
中华人民共和国财政部
Ministry of Finance of the People's Republic of China
关税司（关税政策研究中心）
（国务院关税税则委员会办公室）
2015年2月5日 星期四
当前位置：首页›政务信息›政策发布

关于对电池 涂料征收进口环节消费税的通知

财关税[2015]4号

海关总署：

经国务院批准，对电池、涂料征收进口环节消费税，现将有关事项通知如下：

一、自2015年2月1日起对电池（铅蓄电池除外）、涂料征收进口环节消费税，适用税率均为4%。

（来源：财政部网站）

2015 年 1 月 26 日，财政部、税务总局联合发布《关于对电池涂料征收消费税的通知》；三天之后的 29 日，两部门又发布《关于对电池 涂料征收进口环节消费税的通知》。

根据这两个通知，自 2015 年 2 月 1 日起，对电池、涂料产品征收消费税，包括进口环节消费税。

其中，涂料行业是挥发性有机物（Volatile Organic Compounds，VOC）排放的重要行业，对涂料产品征收消费税对限制高污染涂料产品的生产、消费具有重要引导作用。为实现区别化，对施工状态下挥发性有机物含量低于 420 克 / 升 (含) 的涂料免征消费税。

（4）增值税资源综合利用优惠政策。《大气十条》要求：完善资源综合利用税收政策。

目前，国家对于与大气污染防治关系较为密切的风力发电、光伏发电实行增值税即征即退 50%，对大型水电企业销售自产电力产品，在一定时期内实行增值税超税负即征即退政策；此外，对企业销售自产再生水、以废旧轮胎为原料生产的胶粉及污水处理、垃圾处理、污泥处理处置劳务等，予以免征增值税或增值税即征即退政策。

这一优惠政策，有效地促进了一些企业在大气等方面的污染治理。2014 年 4 月 10 日，《人民日报》题为《我国将加快环境保护税立

法　推动环境保护费改税》的报道中举了两个相关例子：

上海环城再生能源有限公司：2014 年投入到污水处理和烟气排放设备改造方面的资金将超过 6 000 万元，但因为享受了资源综合利用减免增值税的优惠政策，2012 年至 2013 年减免增值税 720 多万元，大大减轻了经营压力。

山东沂州水泥集团总公司：在 2013 年享受到了资源综合利用增值税即征即退税款 1 873.76 万元，公司立即决定用退税并追加部分资金上马了生料辊压机节能、回转窑烟气脱硝、除尘系统改造等节能减排工程，使粉尘、氮氧化物等污染排放大大降低。

关于资源综合利用增值税优惠政策与环境保护的有机融合，还有两个动态值得关注：

- 2014 年 4 月，财政部、税务总局印发《关于享受资源综合利用增值税优惠政策的纳税人执行污染物排放标准有关问题的通知》，明确要求：纳税人享受资源综合利用产品及劳务增值税退税、免税政策的，其污染物排放必须达到相应的污染物排放标准。对未达到相应的污染物排放标准的纳税人，自发生违规排放行为之日起，取消其享受资源综合利用产品及劳务增值税退税、免税政策的资格，且三年内不得再次申请。纳税人自发生违规排放行为之日起已申请并办理退税、免税的，应予追缴。
- 2014 年 6 月，财政部、税务总局印发了《资源综合利用产品及劳务增值税优惠政策目录（征求意见稿）》，将该政策与企业环境行为直接有机挂钩。例如，征求意见稿规定，享受该税收优惠的条件包括：不属于环保部《环境保护综合名录》中的“高污染、高环境风险”产品或重污染工艺；企业污染物排放符合污染物排放标准，且未因违反《中华人民共和国环境保护法》等环境保护法律法规受到刑事处罚或者县级及以上环保部门警告及以上行政处罚。

（5）资源税从价计征改革。资源税的征收有利于抑制石油、天然气、煤炭等资源的过度使用，减少相应的大气等污染排放。但是，2011 年之前，我国对资源税实行从量计征方式，按照资源使用的数量定额征收，不能随着资源的市场价格进行调整，对资源使用行为的调节作用较为有限。近年来，我国推进资源税从价计征改革，即根据资源的销售额实行定率征收，强化了其调节作用。

- 2010年6月，国务院批准在新疆启动资源税从价计征改革试点，财政部、税务总局印发《新疆原油 天然气资源税改革若干问题的规定》，原油、天然气资源税实行从价计征，税率为5%。
- 2011年9月，国务院对《中华人民共和国资源税暂行条例》进行了修订。增加了从价定率的资源税计征办法，对原油、天然气资源税由从量计征改为从价计征，并相应提高了原油、天然气的税负水平，税率为5%～10%，这次改革暂按5%的税率征收。
- 2014年10月9日，经国务院同意，财政部、税务总局联合印发《关于实施煤炭资源税改革的通知》，确定煤炭的资源税税率幅度为2%～10%，具体适用税率由省级财税部门在上述幅度内，报省级人民政府拟定。
- 2014年10月9日，经国务院同意，财政部、税务总局联合印发《关于调整原油、天然气资源税有关政策的通知》，本着“清费正税”原则，将原油、天然气矿产资源补偿费费率降为零，相应将资源税适用税率由5%提高至6%。

具体见表1-5。

表1-5 陆上油气田企业原油、天然气资源税综合减征率和实际征收率

序号	油气田企业	所在省份	综合减征率	实际征收率
1	大庆油田有限责任公司	内蒙古 黑龙江 新疆	0.78%	5.22%
2	中国石油天然气股份有限公司辽河油田分公司	内蒙古 辽宁 海南	1.44%	4.56%
3	中国石油天然气股份有限公司吉林油田分公司	吉林	1.03%	4.97%
4	中国石油天然气股份有限公司大港油田分公司	天津 河北	0.82%	5.18%
5	中国石油天然气股份有限公司华北油田分公司	河北 山西 内蒙古	1.09%	4.91%
6	中国石油天然气股份有限公司冀东油田分公司	河北	0.26%	5.74%
7	中国石油天然气股份有限公司浙江油田分公司	江苏 四川 云南	2.4%	3.60%
8	南方石油勘探开发有限责任公司	广东 广西 海南	0	6%

序号	油气田企业	所在省份	综合减征率	实际征收率
9	中国石油天然气股份有限公司西南油气田分公司	重庆 四川	0.68%	5.32%
10	中国石油天然气股份有限公司长庆油田分公司	山西 内蒙古 陕西 甘肃 宁夏	1.09%	4.91%
11	中国石油天然气股份有限公司玉门油田分公司	甘肃	0.04%	5.96%
12	中国石油天然气股份有限公司青海油田分公司	甘肃 青海	0.40%	5.60%
13	中国石油天然气股份有限公司新疆油田分公司	新疆	0.44%	5.56%
14	中国石油天然气股份有限公司塔里木油田分公司	新疆	0.05%	5.95%
15	中国石油天然气股份有限公司吐哈油田分公司	甘肃 新疆	0.53%	5.47%
16	中国石油化工股份有限公司胜利油田分公司	山东 新疆	1.44%	4.56%
17	中国石油化工股份有限公司中原油田分公司	内蒙古 山东 河南	1.2%	4.80%
18	中国石油化工股份有限公司河南油田分公司	河南	1.57%	4.43%
19	中国石油化工股份有限公司江汉油田分公司	湖北 重庆	0.61%	5.39%
20	中国石油化工股份有限公司江苏油田分公司	江苏 安徽	0.34%	5.66%
21	中国石油化工股份有限公司西北油田分公司	新疆	2.16%	3.84%
22	中国石油化工股份有限公司西南油气分公司	广西 四川 贵州 云南	1.2%	4.80%
23	中国石油化工股份有限公司华东分公司	江苏 重庆	0.97%	5.03%
24	中国石油化工股份有限公司华北分公司	内蒙古 陕西 甘肃 宁夏	1.2%	4.80%
25	中国石油化工股份有限公司东北油气分公司	吉林 辽宁	0.53%	5.47%
26	中国石油化工股份有限公司中原油田普光分公司	四川	2.4%	3.60%
27	中国石油化工股份有限公司河南油田分公司新疆勘探开发中心	新疆	0	6%

此外，对一些矿产资源的开采，虽然仍采用从量计征，但是提高了税率。例如，分别从2007年2月、2010年5月、2011年4月起，提高了焦煤、耐火黏土和萤石、稀土矿的资源税税率标准；2013年12月，财政部、税务总局印发《关于调整岩金矿石等品目资源税税额标准的通知》，提高了岩金矿石、磷铁矿、盐的资源税。

（6）车船税和车辆购置税促进机动车减排。机动车是一些地区雾霾的重要来源之一，抑制机动车的过度、不合理保有和使用需要政策组合拳。除了上述的提高燃油消费税，车船税和车辆购置税也从不同角度“各司其职”，发挥积极调节作用。

- 2011年2月，全国人大常委会通过新《车船税法》；同年11月，国务院颁布《车船税法实施条例》。新的车船税制度对占比87%的2.0升（含）以下乘用车按排气量分7档征税；对占比约为10%的2.0升至2.5升（含）乘用车税额幅度略有提高，对占比不到3%的2.5升以上乘用车税额幅度有较大提高；新增“游艇”子税目。同时，对节约能源的车船减半征税，对使用新能源的车船免税。

下面列举北京市和安徽省的《车船税税目税额表》（表1-6和表1-7）。

- 2012年3月，经国务院批准，财政部、税务总局联合印发《关于节约能源使用新能源车船税政策的通知》，规定自2012年1月1日起，对节约能源的车船，减半征收车船税；对使用新能源的车船，免征车船税。对于减免车船税的节约能源、使用新能源车船，由财政部、国家税务总局、工业和信息化部通过联合发布《节约能源使用新能源车辆（船舶）减免车船税的车型（船型）目录》实施管理。
- 2014年8月1日，经国务院批准，财政部、国家税务总局、工业和信息化部联合发布《关于免征新能源汽车车辆购置税的公告》，规定：自2014年9月1日至2017年12月31日，对购置的新能源汽车免征车辆购置税，主要包括纯电动汽车、插电式（含增程式）混合动力汽车、燃料电池汽车等，具体由工业和信息化部（以下简称工信部）、国家税务总局通过发布《免征车辆购置税的新能源汽车车型目录》实施管理。2014年8月27日，工信部和税务总局联合发布了《免征车辆购置税的新能源汽车车型目录》（第一批），自2014年9月1日起开始实施。

表 1-6　北京市《车船税税目税额表》

税目			计税单位	年基准税额	备注
乘用车〔按发动机汽缸容量（排气量）分档〕	1.0 升（含）以下的		每辆	300 元	核定载客人数 9 人（含）以下
	1.0 升以上至 1.6 升（含）的			420 元	
	1.6 升以上至 2.0 升（含）的			480 元	
	2.0 升以上至 2.5 升（含）的			900 元	
	2.5 升以上至 3.0 升（含）的			1 920 元	
	3.0 升以上至 4.0 升（含）的			3 480 元	
	4.0 升以上的			5 280 元	
商用车	**客车**	中型客车	每辆	960 元	核定载客人数 9 人以上，20 人以下，包括电车
		大型客车	每辆	1 140 元	核定载客人数大于或者等于 20 人，包括电车
	货车		整备质量每吨	96 元	包括半挂牵引车、三轮汽车和低速载货汽车等
挂车			整备质量每吨	48 元	按照货车税额的 50% 计算
其他车辆	专用作业车		整备质量每吨	96 元	不包括拖拉机
	轮式专用机械车			96 元	
摩托车			每辆	120 元	
船舶	机动船舶	净吨位不超过 200 吨的	净吨位每吨	3 元	拖船、非机动驳船分别按照机动船舶税额的 50% 计算
		净吨位超过 200 吨但不超过 2 000 吨的		4 元	
		净吨位超过 2 000 吨但不超过 10 000 吨的		5 元	
		净吨位超过 10 000 吨的		6 元	
	游艇	艇身长度不超过 10 米的	艇身长度每米	600 元	
		艇身长度超过 10 米但不超过 18 米的		900 元	
		艇身长度超过 18 米但不超过 30 米的		1 300 元	
		艇身长度超过 30 米的		2 000 元	
		辅助动力帆艇		600 元	

表 1-7 安徽省《车船税税目税额表》

征税对象	纳税义务人	税目			计税单位	年税额标准	备注	纳税期限
在中华人民共和国境内属于《中华人民共和国车船税法》所附《车船税税目税额表》规定的车辆、船舶。	车辆、船舶的所有人或管理人，即在我国境内拥有车船的单位和个人。	乘用车〔按发动机汽缸容量（排气量）分档〕	1.0升（含）以下的		每辆	180元	核定载客人数9人(含)以下	按年申报，分月计算，纳税人应当一次性缴清全年应纳税款。自行申报纳税的纳税人，其纳税期限为每年12月31日前；由扣缴义务人代收代缴机动车车船税的，车船税的纳税期限为纳税人购买机动车第三者责任强制保险的当日。
			1.0升以上至1.6升(含)的			300元		
			1.6升以上至2.0升(含)的			360元		
			2.0升以上至2.5升(含)的			660元		
			2.5升以上至3.0升(含)的			1 200元		
			3.0升以上至4.0升(含)的			2 700元		
			4.0升以上的			3 900元		
		商用车	客车	中型		480元	包括电车	
				大型		540元	包括电车	
			货车		整备质量每吨	80元	包括半挂牵引车、三轮汽车和低速载货汽车等	
		挂车				按照货车税额的50%计算		
		其他车辆	专用作业车			80元	不包括拖拉机	
			轮式专用机械车			80元		
		摩托车			每辆	60元		
		船舶	机动船舶	净吨位不超过200吨的	每吨	3元	拖船、非机动驳船按照机动船舶税额的50%计算	

征税对象	纳税义务人	税目			计税单位	年税额标准	备注	纳税期限
在中华人民共和国境内属于《中华人民共和国车船税法》所附《车船税税目税额表》规定的车辆、船舶。	车辆、船舶的所有人或管理人，即在我国境内拥有车船的单位和个人。			净吨位超过200吨但不超过2 000吨的		4元		
				净吨位超过2 000吨但不超过10 000吨的		5元		
				净吨位超过10 000吨的		6元		
			游艇	艇身长度不超过10米	每米	600元		
				艇身长度超过10米但不超过18米		900元		
				艇身长度超过18米但不超过30米的		1 300元		
				艇身长度超过30米的		2 000元		
				辅助动力帆艇		600元		

免征车辆购置税的新能源汽车车型目录（第一批）

一、纯电动汽车

（一）乘用车

序号	汽车生产企业名称	车辆型号	通用名称	纯电动续驶里程（km）	整车整备质量（kg）	动力蓄电池组总质量（kg）	动力蓄电池组总能量（kWh）	备注
1	安徽江淮汽车股份有限公司	HFC7000AEV	和悦 iEV	152	1200	223	19	
2	北京汽车股份有限公司	BJ7000B3D1-BEV	EV200	160	1370	285	26	
3		BJ7000C7H1-BEV	绅宝 EV	170	1760	375	38	
4		BJ7000C7H3-BEV	绅宝 EV	170	1760	341	38	
5		BJ5021XXYV3R1-BEV	威旺 307EV	150	1640	454	38	
6	比亚迪汽车工业有限公司	QCJ7006BEVF	比亚迪 e6	322	2360/2380	750	63	
7		QCJ7007BEV	腾势	253	2090	550	48	
8	东风汽车有限公司	DFL7000B2BEV	启辰 e30	175	1494	273	24	
9	东南(福建)汽车工业有限公司	DN7000MBEV	V3 菱悦纯电动轿车	80	1330	260	20	
10	奇瑞汽车股份有限公司	SQR7000BEVS184	瑞麒 M1 EV	80	1060	235	15	
11		SQR7000BEVJ00	奇瑞 eQ	151	1128	256	22	
12	上海汽车集团股份有限公司	CSA7000BEV	荣威 E50	120	1080	235	18	
13	上海通用汽车有限公司	SGM7001EV	Springo	152	1385	265	21	
14	四川汽车工业股份有限公司	SQJ6452BEV	-	120/200	1630	500/550	32/45	
15	浙江吉利汽车有限公司	SMA7000BEV	康迪纯电动轿车	150	1160	300/310	21	
16		SMA7001BEV	康迪纯电动轿车	150	1200	300/310	21	
17	重庆长安汽车股份有限公司	SC7005EV	E30	120	1610	380	32/29	

（来源：工信部网站）

（三）排污收费

1982 年 2 月由国务院发布并于同年 7 月 1 日开始实施的《征收排污费暂行办法》建立“超标排污费”征收制度，排污费在全国范围内全面征收。直至 2003 年 1 月，国务院颁布《排污费征收使用管理条例》，确立“排污即收费”原则，排污费不再以超标为征收条件（超标作为违法行为，应通过罚款或更为严厉的措施予以处罚）。

目前，国家明确通过立法推进环境保护费改税。鉴于环境保护税立法还需要一定的过程，在立法期间，加快完善排污收费制度不仅能够更有力调整企业污染排放行为，也将通过收费的实践为立法奠定更坚实基础。

完善排污收费政策，一个关键的支点是收费标准。20 世纪 90 年代，国家制定的排污收费标准是按照当时的经济技术条件，综合考虑污染治理的边际成本、污染物排放后造成的环境损害代价等因素后确定的。当时确定的具体标准为：污水中的化学需氧量等污染物每污染当量 1.4 元，废气中的二氧化硫等污染物每污染当量 1.2 元。但是，鉴于当时的经济条件，为避免对企业经营活动造成过大影响，国家决定按照标准的一半对企业征收。因此，2003 年 2 月，由当时的国家发展计划委员会、财政部、国家环保总局、国家经贸委联合发布《排污费征收标准管理办法》，规定污水、废气排污费按排污者排放污染物的种类、数量以污染当量计征，每一污染当量征收标准为 0.7 元、0.6 元。

这一标准实行了十余年，单纯考虑物价的上涨情况，该标准也低于企业治理污染物应付出的成本。这就导致在一定的范围内，出现了企业宁愿多缴费也不愿治污的不合理现象。从一般公众的角度观察排污费，更可能认为排污费的主要功能是筹集资金而非促进治污。加上一些地方政府或财政部门将排污费的收入与环保部门的人员办公经费预算直接挂钩，导致少数基层环保部门陷入“以费养人、养人收费”的怪圈，“吃排污费”的恶名如影相随。

因此，提高排污费征收标准势在必行。近年来，一些地方迈出了调整收费的步伐，但是幅度都比较小。2013 年的大面积雾霾，直接促进了北京、天津等地率先启动收费标准的重大变革。

1. 北京

2013 年 12 月，北京市发改委、财政局、环保局联合发布《关于二氧化硫等四种污染物排污收费标准有关问题的通知》（以下简称《通知》），确定二氧化硫、氮氧化物、化学需氧量排污收费标准调整为每公斤[①] 10 元，氨氮排污收费标准调整为每公斤 12 元。这是当时国家标准的 14 倍以上。

同时，《通知》规定，根据污染物排放情况同时实施阶梯式差别化排污收费政策：污染物实际排放值低于规定排放标准 50% 的（含 50%），按收费标准减半计收排污费；污染物实际排放值在规定排放标准的 50% ～ 100%（含 100%）的，按收费标准计收排污费；污染物实际排放值超过规定排放标准的，按收费标准加倍计收排污费。

2. 天津

2014 年 3 月 31 日，天津市发改委、财政局、环保局联合发布《关于调整二氧化硫等 4 种污染物排污费征收标准的通知》，确定二氧化硫每公斤征收标准为 6.30 元；氮氧化物每公斤征收标准为 8.50 元；化学

① 1 公斤 =1 千克。

需氧量每公斤征收标准为7.50元；氨氮每公斤征收标准为9.50元。这是当时国家排污费标准的10倍以上。

同时，为鼓励低标准、惩罚超标准排放，增强企业治污减排的积极性，实行多达7层次的阶梯式差别收费标准（表1-8）。

表1-8 阶梯式差别收费标准（天津）

序号	4种主要污染物排放浓度	排污费收费标准
1	在规定排放标准90%～100%（含100%）	按收费标准计收
2	污染物排放浓度在规定排放标准80%～90%（含90%）	按收费标准的90%计收
3	污染物排放浓度在规定排放标准70%～80%（含80%）	按收费标准的80%计收
4	污染物排放浓度在规定排放标准60%～70%（含70%）	按收费标准的60%计收
5	污染物排放浓度在规定排放标准50%～60%（含60%）	按收费标准的50%计收
6	低于规定标准50%（含50%）	按收费标准40%计收
7	污染物排放浓度超过规定排放标准的	按收费标准加1倍计收排污费

3. 全国范围内排污费"提标"

2014年9月1日，国家发改委、财政部和环保部联合发布《关于调整排污费征收标准等有关问题的通知》（以下简称《通知》），在全国范围内开展排污费"提标"工作。

《通知》要求：一是2015年6月底前，各省（区、市）价格、财政和环保部门要将废气中的二氧化硫和氮氧化物排污费征收标准调整至不低于每污染当量1.2元，将污水中的化学需氧量、氨氮和五项主要重金属（铅、汞、铬、镉、类金属砷）污染物排污费征收标准调整至不低于每污染当量1.4元。

二是实行差别收费政策，建立约束激励机制：企业污染物排放浓度值高于国家或地方规定的污染物排放限值，或者企业污染物排放量高于规定的排放总量指标的，按照各省（区、市）规定的征收标准加一倍征收排污费；同时存在上述两种情况的，加二倍征收排污费；企业生产工艺装备或产品属于《产业结构调整指导目录（2011年本）（修正）》规定的淘汰类的，也要按照各省（区、市）规定的征收标准加一倍征收排污费；企业污染物排放浓度值低于国家或地方规定的污染物排放限值 50% 以上的，减半征收排污费。

4. 上海

2014 年 12 月，上海市响应国家要求，由上海市环保局发布消息称，经市政府同意，决定对部分污染物排污费征收标准进行适当调整，具体调整方案如下：

（1）逐步提高四个主要污染物排污收费标准。从 2015 年 1 月 1 日起，按照“先低后高、分步实施”的原则，于 2015 年、2017 年和 2019 年分三步，逐步将二氧化硫、氮氧化物、化学需氧量和氨氮 4 个主要污染物排污收费标准由 1.26 元 / 千克、1.26 元 / 千克、1.00 元 / 千克、1.25 元 / 千克，调整到 8 元 / 千克、9 元 / 千克、5 元 / 千克、6 元 / 千克，逐步向治理成本靠拢。

（2）提高五项重金属收费标准并全部收费。将污水中的 5 个重金属污染物（铅、汞、铬、镉、类金属砷）的收费标准调整为每污染当量 1.4 元，并全部纳入收费范围。

（3）实行差别化收费政策，建立约束激励机制。为鼓励低浓度排放，惩罚超标准排放，将按照排放浓度高低实施阶梯式收费政策，鼓励企业在达标排放的前提下进一步提高污染治理水平。同时，为加快淘汰落后产能，将对列入国家和本市产业结构调整名录中的限制类、淘汰类装置（含产品、设备、生产线、工艺、产能等）实施差别化收费，与本市差别电价政策的实施范围和对象保持一致，形成政策聚焦。其中，淘汰类装置按排污收费标准的 2 倍计收排污费。

（四）绿色价格

李克强总理多次强调指出，价格是最为有效的市场信号。要形成有利于环境保护的价格体系，一方面要通过“绿色税收”和排污费改革，另一方面就要通过财政补贴等方式直接促进有利于环保的行为，这就是绿色价格政策。

1. 脱硫脱硝除尘价格补贴

近年来，国家推进脱硫脱硝除尘价格补贴，目前的补贴标准是：脱硫电价 1.5 分 / 千瓦时，脱硝电价 1 分 / 千瓦时，除尘电价 0.2 分 / 千瓦时。

自从 2007 年启动以来，这项政策对激励企业治理二氧化硫、氮氧化物、烟尘粉尘等大气污染物，治霾治污作用较为显著。

截至 2014 年 11 月底，全国 1.9 亿千瓦燃煤机组实施脱硝和除尘改造，9 576 万千瓦燃煤机组脱硫设施实施增容改造；1.1 万平方米钢铁烧结机安装烟气脱硫设施，1.9 亿吨新型干法水泥熟料产能安装脱硝设施。全国脱硫机组装机已占火电总装机容量 90% 以上，燃煤电厂二氧化硫减排量占全社会二氧化硫减排量的 75% 以上。

- 2007 年 5 月，国家发改委和国家环保总局发布《燃煤发电机组脱硫电价及脱硫设施运行管理办法》(试行)，规定：燃煤机组按照国家要求安装脱硫设施后，其上网电量执行在现行上网电价基础上每千瓦时加价 1.5 分钱的脱硫加价政策。同时，针对一些企业脱硫设施投运不充分，"时开时停"等问题，规定：(一) 脱硫设施投运率在 90% 以上的，扣减停运时间所发电量的脱硫电价款。(二) 投运率在 80%～90%的，扣减停运时间所发电量的脱硫电价款并处 1 倍罚款。(三) 投运率低于 80%的，扣减停运时间所发电量的脱硫电价款并处 5 倍罚款。
- 2011 年 11 月，国家发改委出台燃煤发电机组试行脱硝电价政策，对北京、天津、河北、山西、山东、上海、浙江、江苏、福建、广东、海南、四川、甘肃、宁夏 14 个省 (区、市) 符合国家政策要求的燃煤发电机组，上网电价在现行基础上每千瓦时加价 8 厘钱，用于补偿企业脱硝成本。
- 2013 年 1 月，国家发改委发布《关于扩大脱硝电价政策试点范围有关问题的通知》，自 2013 年 1 月 1 日起将脱硝电价试点范围由现行 14 个省 (自治区、直辖市) 的部分燃煤发电机组，扩大为全国所有燃煤发电机组。脱硝电价标准为每千瓦时加价 8 厘钱。发电企业执行脱硝电价后所增加的脱硝资金暂由电网企业垫付，今后择机在销售电价中予以解决。

- 2013 年 8 月，国家发改委发布《关于进一步疏导环保电价矛盾的通知》，提高了脱硝电价，并首次实施除尘电价。《通知》规定：对脱硝、除尘排放达标并经环保部门验收合格的燃煤发电企业，电网企业自验收合格之日起分别支付脱硝、除尘电价每千瓦时 1 分钱和 0.2 分钱。
- 2014 年 3 月 28 日，国家发改委、环保部联合发布《燃煤发电机组环保电价及环保设施运行监管办法》（以下简称《办法》）对燃煤发电机组新建或改造环保设施实行环保电价加价政策。环保电价加价标准由国家发改委制定和调整。

同时规定，对燃煤电厂不正常运行环保设施或不按照规定的标准排放的，将没收相应的环保电价款；超过限值 1 倍及以上的，处 5 倍以下罚款。对发电企业采取弄虚作假等手段导致在线监测等数据失实的，要从重处罚。《办法》自 2014 年 5 月 1 日起实施，2007 年发布的《燃煤发电机组脱硫电价及脱硫设施运行管理办法（试行）》同时废止。

2. 其他绿色价格政策

除了脱硫脱硝除尘电价之外，还有一些绿色价格政策，都将对治霾产生积极影响。

（1）促进落后产能退出的价格政策。对电解铝行业实行阶梯电价；2014 年又对立窑水泥生产企业生产用电实行更严格的差别电价政策，每千瓦时加价 0.4 元。

（2）促进海上风电发展的价格政策。确定 2017 年以前投运的潮间带风电项目、近海风电项目含税上网电价分别为每千瓦时 0.75 元、0.85 元。

（3）对电动汽车充换电设施用电实行扶持性电价政策。要求地方按照确保电动汽车使用成本显著低于燃油（或燃气）汽车使用成本原则，积极降低运营成本，合理制定充换电服务费。

（五）绿色金融

早在 1991 年春天，邓小平视察上海时高度评价浦东新区在开发中实施“金融先行”的做法。他说：“金融很重要，是现代经济的核心。

金融搞好了，一着棋活，全盘皆活。”我国治霾是在社会主义市场经济条件下推进的，自然必须全面发挥金融手段对大气污染治理的关键支点作用。

市场经济是信用经济，信用更是现代金融的前提和保障。在大气污染治理领域，企业等市场主体的环境信用是绿色金融得以实施的基础。

《大气十条》对绿色金融及环境信用提出了明确要求：完善绿色信贷和绿色证券政策，将企业环境信息纳入征信系统。引导银行业金融机构加大对大气污染防治项目的信贷支持。探索排污权抵押融资模式，拓展节能环保设施融资、租赁业务。严格限制环境违法企业贷款和上市融资。

1. 环境信用机制建设提速

新《环保法》专门就环境信用作出了规定，要求环保部门和其他监管部门“应当将企业事业单位和其他生产经营者的环境违法信息记入社会诚信档案，及时向社会公布违法者名单”。

近年来，在国家社会信用体系建设的框架下，企业环境信用评价逐步发挥应有作用。国务院建立社会信用体系建设部际联席会议制度统筹推进信用体系建设，公布实施《征信业管理条例》，一批信用体系建设的规章和标准相继出台。在这些工作的基础上，2014 年 6 月 14 日，国务院印发《社会信用体系建设规划纲要（2014—2020 年）》（以下简称《规划纲要》）。

《规划纲要》就“环境保护和能源节约领域信用建设”作出了较为全面的部署，重点任务包括：建立企业环境行为信用评价制度，定期发布评价结果，并组织开展动态分类管理，根据企业的信用等级予以相应的鼓励、警示或惩戒。完善企业环境行为信用信息共享机制，加强与银行、证券、保险、商务等部门的联动。

而《规划纲要》颁布之前，2013 年 12 月，在总结长三角、广东等地实践基础上，环保部、国家发改委、人民银行、银监会就联合发布了《企业环境信用评价办法（试行）》。开展企业环境信用评价，是环保部门提供的一项公共服务，通过企业环境信用等级这一直观的方式，不仅可向公众披露企业环境行为实际表现，方便公众参与环境监督；还可以帮助银行等市场主体了解企业的环境信用和环境风险，作为其审查信贷等商业决策的重要参考；同时，相关部门、工会和协会可以在行政许可、公共采购、评先创优、金融支持、资质等级评定、安排和拨付有关财政补贴专项资金中，充分应用企业环境信用评价结果，共同构建环境保护“守信激励”和“失信惩戒”机制，解决环保领域“违法成本低”的不合理局面。

2. 绿色信贷不断深化

结合环境信用，环保部门与银行业金融机构协力实施和深化绿色信贷。

最新的一个动向是：2014 年 12 月 9 日上午，中国人民银行征信中心与环保部政策法规司、国家税务总局稽查局、国家外汇管理局管理检查司、中国出口信用保险公司、中信证券公司、国泰君安证券公司、海通证券公司、国家电网上海市电力公司 8 家单位在北京签署信息采集合作文件，标志着人民银行征信系统在信用信息交换共享方面迈出新步伐，将进一步推动我国社会信用体系建设。与征信系统共享环境执法信息是落实国家“绿色信贷”政策的重要部分，有利于环保部门更好地开展环境执法工作，对社会信用体系建设如何有效实施信息共享、降低建设成本具有重要借鉴意义。

3. “绿色保险”试点逐步加速

环境污染责任保险（简称环责险）是以市场手段应对环境污染风险、保障污染受害者合法权益的主要方式，也是强化高环境风险企业投产之后的事中监管的重要机制。2006 年以来，国务院多次出台相关文件明确要求建立环责险制度，开展环境污染强制责任保险试点。2007 年，原国家环保总局会同保监会联合发布《关于环境污染责任保险工作的指导意见》，启动试点工作。2013 年，两部门在总结前期 6 年试点经验基础上，又联合发布《关于开展环境污染强制责任保险试点工作的指导意见》。从 2007 年至 2014 年，投保环责险的企业已经超过 2.5 万家次，保险公司提供的风险保障金累计超过 600 亿元。

2014 年 12 月 4 日，环保部发布一批环责险投保企业名单，包括 22 个省（自治区、直辖市）的近 5 000 家企业，涉及重金属、石化、危险化学品、危险废物处置、电力、医药、印染等行业，包括不少排放大气污染物的企业。

4. 绿色证券改革调整

2001 年，国家环保总局发布《关于做好上市公司环保情况核查工作的通知》。2003 年，又发布《关于对申请上市的企业和申请再融资的上市企业进行环境保护核查的通知》，对冶金、化工、石化、煤炭、火电、建材、造纸、酿造、制药、发酵、纺织、制革和采矿业等重污染行业的企业申请上市或者申请再融资，进行环保核查，结果提供给证监会作为上市审核的重要条件。

上市环保核查工作开展十余年来，各级环保部门督促上市公司完善环境管理制度、建立环保持续改进机制，解决了一大批复杂环境问题，提升了企业自身环保水平，得到社会各方面肯定。

2014 年 10 月 19 日，环保部发布《关于改革调整上市环保核查工作制度的通知》，同日起，全国环保系统停止受理及开展上市环保核查工作。但同时要求，上市公司应按照有关法律要求及时、完整、真实、准确地公开环境信息，并按《企业环境报告书编制导则》（HJ 617—2011）定期发布企业环境报告书。

可见，下一步绿色证券政策措施将是：通过引导和规范上市企业环境信息公开，来约束上市公司环境行为，督促其更好履行环境保护社会责任。

（来源：环保部网站）

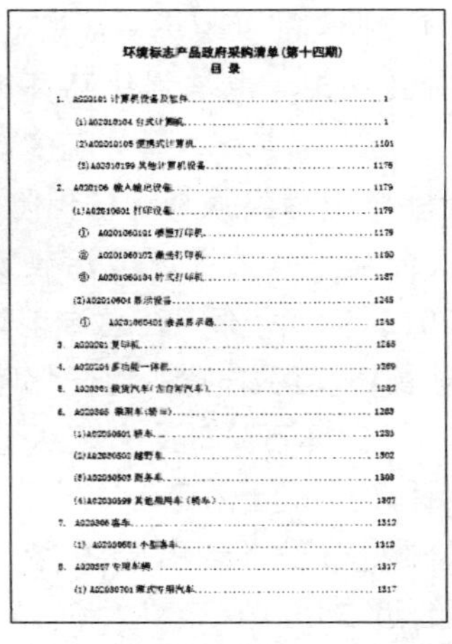

环境标志产品政府采购清单(第十四期)

目录

（来源：环保部网站）

（六）绿色采购

我国于 2003 年颁布实施《政府采购法》，明确提出了政府采购要有利于环境保护的要求。2006 年 11 月，国家环保总局和财政部联合发布《关于环境标志产品政府采购实施的意见》和首批《环境标志产品政府采购清单》，于 2007 年 1 月 1 日起首先在

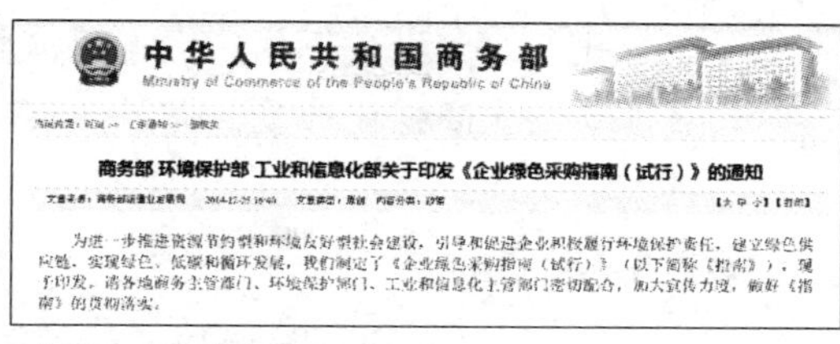

（来源：商务部网站）

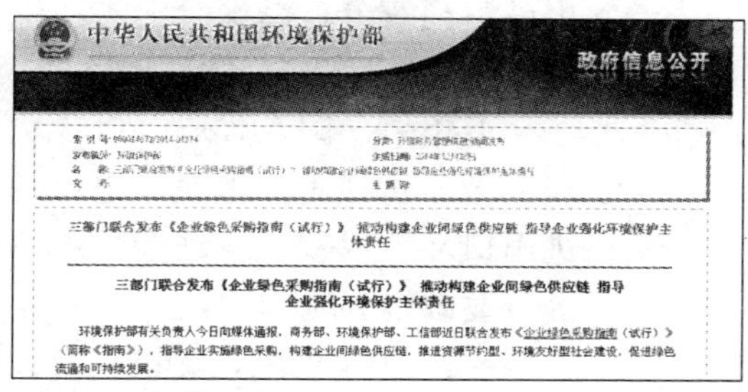

（来源：环保部网站）

中央一级预算单位和省级（含计划单列市）预算单位实行，2008 年 1 月 1 日起全面实施。

此后，环保部、财政部联合对“环境标志产品政府采购清单”先后进行了 14 次调整。2014 年 7 月，公布了调整后的第十四期清单。

2014 年 12 月，商务部、环境保护部、工业和信息化部联合发布《企业绿色采购指南（试行）》（以下简称《指南》），指导企业实施绿色采购，构建企业间绿色供应链，推进资源节约型、环境友好型社会建设，促进绿色流通和可持续发展。

《指南》的主要内容包括：一是明确绿色采购的理念和主要指导原则，推动企业将环境保护的要求融入采购全过程，努力实现经济效益与环境效益兼顾。二是引导、规范企业绿色采购全流程。包括引导企业树立绿色采购理念、制定绿色采购方案，加强产品设计、生产、包装、物流、使用、回收利用等各环节的环境保护，更多采购绿色产品、绿色原材料和绿色服务，并根据供应商的环境表现采取区别化的采购措施等内容。三是有效发挥政府部门和行业组织的指导、规范作用。推动建立绿色采购和供应链的管理体系、宣传机制、信息平台和数据等，为企业绿色采购提供保障和支撑。

《指南》提出了许多有针对性、可操作性的措施。主要有提出了建议企业避免采购的产品“黑名单”，包括被列入环境保护部制定的《环境保护综合名录》中的“高污染、高环境风险”产品等。供应商被评定为环保诚信企业或者环保良好企业的，对其产品可优先选购；对于被评定为环保不良企业的供应商，避免采购其产品。同时，建议企业在采购合同中作出绿色约定：一方面对有重大环境违法行为的供应商，采购商可以降低采购份额、暂停采购或者终止采购合同；供应商隐瞒环保违法行为，给采购商造成损失的，采购商有权依法维护其权益；另一方面，采购商可以通过适当提高采购价格、增加采购数量、缩短付款期限等方式，对“绿色”供应商予以激励。通过市场机制的激励和约束作用，推动供应商强化环境保护，切实减少环境污染、降低环境风险。

（七）绿色贸易

《大气十条》对涉及大气污染防治的进出口贸易明确要求：一是禁止进口高灰分、高硫分的劣质煤炭，限制高硫石油焦的进口。二是完善“两高”行业产品出口退税政策。

近年来，国家采取了以环境保护优化进出口结构的措施，取得积极成效。包括出口退税、出口关税、进口关税和进口环节税等在内的进出口环节税收“绿色化”，成为抑制重污染产品出口、鼓励进口替代的重要政策手段。

- 2007 年以来，为降低“高污染、高环境风险”产品大量出口带来的巨大环境代价，国家先后取消了 400 多种相关产品的出口退税（主要是增值税）。
- 2013 年 1 月 1 日起，我国对涉及民生环保的 780 多种进口商品实施低于最惠国税率的年度进口暂定税率，包括高岭土、云母片、钨、铁、锑等能源资源性产品，以及船舶压载水处理设备用过滤器、动车组用胶囊等有利于节能减排的环保产品。
- 2014 年 1 月 1 日起，我国继续以暂定税率的形式对各类矿砂、煤炭、钢坯、化肥、铁合金等 300 种产品征收出口关税，出口税率在 2% ～ 40%。这将有力限制这些高污染、高耗能产品的出口，降低对我国环境的压力。
- 2014 年 1 月 1 日起，我国对 760 多种进口商品实施低于最惠国税率的年度进口暂定税率，平均优惠幅度达 60%。其中，新增液压隔离式储能器用胶囊等有利于促进节能减排的产品，天然牧草等支农惠农产品以及音频生命探测仪等有利于改善民生的产品。

四、标准和技术成为“治霾”重要保障

（一）新《环境空气质量标准》

目前，我国现行有效的关于大气环境质量的标准有 4 件（表 1-9）。

表 1-9 大气环境质量标准

标准名称	标准编号	发布时间	实施时间
《环境空气质量标准》	GB 3095—2012	2012-2-29	2016-1-1
《乘用车内空气质量评价指南》	GB/T 27630—2011	2011-10-27	2012-3-1
《室内空气质量标准》	GB/T 18883—2002	2002-11-19	2003-3-1
《保护农作物的大气污染物最高允许浓度》	GB 9137—88	1998-4-30	1998-10-1

其中最重要的是环保部和国家质检总局于 2012 年 2 月 29 日联合发布的新的《环境空气质量标准》。

新的《环境空气质量标准》强调以保护人体健康为首要目标，调整了环境空气功能区分类方案，进一步扩大了人群保护范围。

（1）调整了污染物项目及限值，增设了 $PM_{2.5}$ 平均浓度限值和臭氧八小时平均浓度限值。

（2）收紧了 PM_{10} 等污染物的浓度限值，收严了监测数据统计的有效性规定，将有效数据要求由原来的 50% ～ 75% 提高至 75% ～ 90%。

（3）更新了二氧化硫、二氧化氮、臭氧、颗粒物等污染物项目的分析方法，增加了自动监测分析方法。

（4）明确了标准分期实施的规定，规定不达标的大气污染防治重点城市应当依法制定并实施达标规划。

环保部副部长吴晓青对媒体表示：由于我国还是一个发展中国家，经济技术发展水平决定了 PM_{10}、$PM_{2.5}$ 等污染物的限值目前仅能与发展中国家空气质量标准普遍采用的世卫组织第一阶段目标值接轨。从这个意义上说，新标准仅仅与世界“低轨”相接，要正确实现与世界卫生组织（WHO）提出的指导值接轨，我们国家还将有更长的路要走。

为与这个标准配套，环保部同时发布了《环境空气质量指数（AQI）技术规定》与《关于实施〈环境空气质量标准〉(GB 3095—2012)的通知》。

其中，《关于实施〈环境空气质量标准〉（GB 3095—2012）的通知》规定了新标准的分期实施要求：2012 年在京津冀、长三角、珠三角等重点区域以及直辖市和省会城市，2013 年在 113 个环境保护重点城市和环保模范城市，2015 年在所有地级以上城市，2016 年 1 月 1 日起在全国实施。

2012年5月，环保部办公厅印发《空气质量新标准第一阶段监测实施方案》，规定：按照环保部确定的实施新标准的“三步走”方案，第一阶段要在京津冀、长三角、珠三角等重点区域以及直辖市和省会城市开展新的《环境空气质量标准》新增指标（$PM_{2.5}$、CO、O_3等）监测。京津冀、长三角、珠三角等重点区域，要做到“三个率先”，即率先实施环境空气质量新标准，率先争取早日和国际接轨，率先使监测结果和人民群众感受相一致。

2013年3月，环保部办公厅印发《空气质量新标准第二阶段监测实施方案》。第二阶段要在国家环保重点城市、模范城市在内共116个城市449个监测点位，按《环境空气质量标准》开展监测，并发布空气质量实时监测结果；并要求启动区域空气质量自动监测站和京津冀、长三角、珠三角共3个区域空气质量预警中心建设工作。

2014年5月7日，环保部办公厅印发《空气质量新标准第三阶段监测实施方案》。第三阶段要在除第一、二阶段已实施城市以外的所有地级及以上城市，按新的《环境空气质量标准》开展监测，并发布空气质量实时监测结果。包括177个地级及以上城市共552个国控城市空气质量监测点位，其中：48个城市171个点位已于2013年投资建设，129个城市381个点位于2014年投资建设。

（二）大气污染物排放标准

《大气十条》要求制定大气污染物特别排放限值的25项重点排放标准。截至2014年5月，环保部已完成20项，包括全部火电、钢铁、锅炉、水泥行业和部分有色、化工行业。我国现行有效的大气污染物排放标准有60余件（截至2014年12月，见表1-10）。

其中，针对部分大气污染重点行业的排放标准的制定与实施，值得特别关注。

（1）2012年6月，环保部发布7项钢铁工业污染物排放系列标准。

目前，我国钢铁行业污染物排放量大。“十二五”期间，国家要求钢铁行业全面实施烧结脱硫，二氧化硫排放总量要下降39%，达到吨钢排放量低于1千克的国际先进水平。但是2012年年初，国家有关部门对部分地区组织开展了烧结脱硫核查工作。结果表明：钢铁企业的烧结脱硫工作不容乐观，全行业的综合脱硫率仅为47.3%，许多脱硫设施建设不规范，部分设施低质低价，全国有25台脱硫设施2011年的综合脱硫率为0、减排量为0，被倒扣了减排量，还有一些企业的脱硫设施甚至要推倒重建。

表1-10　大气污染物排放标准

标准名称	标准编号	发布时间	实施时间
《锅炉大气污染物排放标准》	GB 13271—2014	2014-05-16	2014-07-01
《锡、锑、汞工业污染物排放标准》	GB 30770—2014	2014-05-16	2014-07-01
《非道路移动机械用柴油机排气污染物排放限值及测量方法(中国第三、四阶段)》	GB 20891—2014	2014-05-16	2015-10-01
《城市车辆用柴油发动机排气污染物排放限值及测量方法（WHTC工况法)》	HJ 689—2014	2014-1-16	2015-1-1
《电池工业污染物排放标准》	GB 30484—2013	2013-12-27	2014-3-1
《砖瓦工业大气污染物排放标准》	GB 29620—2013	2013-9-17	2014-1-1
《轻型汽车污染物排放限值及测量方法(中国第五阶段)》	GB 18352.5—2013	2013-9-17	2018-1-1
《电子玻璃工业大气污染物排放标准》	GB 29495—2013	2013-3-14	2013-7-1
《炼焦化学工业污染物排放标准》	GB 16171—2012	2012-6-27	2012-10-1
《铁合金工业污染物排放标准》	GB 28666—2012	2012-6-27	2012-10-1
《轧钢工业大气污染物排放标准》	GB 28665—2012	2012-6-27	2012-10-1
《炼钢工业大气污染物排放标准》	GB 28664—2012	2012-6-27	2012-10-1
《炼铁工业大气污染物排放标准》	GB 28663—2012	2012-6-27	2012-10-1
《钢铁烧结、球团工业大气污染物排放标准》	GB 28662—2012	2012-6-27	2012-10-1
《铁矿采选工业污染物排放标准》	GB 28661—2012	2012-6-27	2012-10-1
《火电厂大气污染物排放标准》	GB 13223—2011	2011-7-29	2012-1-1
《摩托车和轻便摩托车排气污染物排放限值及测量方法（双怠速法)》	GB 14621—2011	2011-5-12	2011-10-1
《稀土工业污染物排放标准》	GB 26451—2011	2011-1-24	2011-10-1
《钒工业污染物排放标准》	GB 26452—2011	2011-4-2	2011-10-1
《平板玻璃工业大气污染物排放标准》	GB 26453—2011	2011-4-2	2011-10-1
《橡胶制品工业污染物排放标准》	GB 27632—2011	2011-10-27	2012-1-1
《陶瓷工业污染物排放标准》	GB 25464—2010	2010-9-27	2010-10-1
《铝工业污染物排放标准》	GB 25465—2010	2010-9-27	2010-10-1

标准名称	标准编号	发布时间	实施时间
《铅、锌工业污染物排放标准》	GB 25466—2010	2010-9-27	2010-10-1
《铜、镍、钴工业污染物排放标准》	GB 25467—2010	2010-9-27	2010-10-1
《镁、钛工业污染物排放标准》	GB 25468—2010	2010-9-27	2010-10-1
《硝酸工业污染物排放标准》	GB 26131—2010	2010-12-30	2011-3-1
《硫酸工业污染物排放标准》	GB 26132—2010	2010-12-30	2011-3-1
《非道路移动机械用小型点燃式发动机排气污染物排放限值与测量方法（中国第一、二阶段）》	GB 26133—2010	2010-12-30	2011-3-1
《煤层气（煤矿瓦斯）排放标准（暂行）》	GB 21522—2008	2008-4-2	2008-7-1
《电镀污染物排放标准》	GB 21900—2008	2008-6-25	2008-8-1
《合成革与人造革工业污染物排放标准》	GB 21902—2008	2008-6-25	2008-8-1
《储油库大气污染物排放标准》	GB 20950—2007	2007-6-22	2007-8-1
《加油站大气污染物排放标准》	GB 20952—2007	2007-6-22	2007-8-1
《煤炭工业污染物排放标准》	GB 20426—2006	2006-9-1	2006-10-1
《水泥工业大气污染物排放标准》	GB 4915—2004	2004-12-29	2005-1-1
《饮食业油烟排放标准（试行）》	GB 18483—2001	2001-11-12	2002-1-1
《工业炉窑大气污染物排放标准》	GB 9078—1996	1996-3-7	1997-1-1
《炼焦炉大气污染物排放标准》	GB 16171—2012	1996-3-7	1997-1-1
《大气污染物综合排放标准》	GB 16297—1996	1996-4-12	1997-1-1
《恶臭污染物排放标准》	GB 14554—93	1993-8-6	1994-1-15
《重型车用汽油发动机与汽车排气污染物排放限值及测量方法（中国Ⅲ、Ⅳ阶段）》	GB 14762—2008	2008-4-2	2009-7-1
《摩托车污染物排放限值及测量方法（工况法，中国第Ⅲ阶段）》	GB 14622—2007	2007-4-3	2008-7-1
《轻便摩托车污染物排放限值及测量方法（工况法，中国第Ⅲ阶段）》	GB 18176—2007	2007-4-3	2008-7-1
《非道路移动机械用柴油机排气污染物排放限值及测量方法（中国Ⅰ、Ⅱ阶段）》	GB 20891—2007	2007-4-3	2007-10-1
《汽油运输大气污染物排放标准》	GB 20951—2007	2007-6-22	2007-8-1
《摩托车和轻便摩托车燃油蒸发污染物排放限值及测量方法》	GB 20998—2007	2007-7-19	2008-7-1
《车用压燃式发动机和压燃式发动机汽车排气烟度排放限值及测量方法》	GB 3847—2005	2005-5-30	2005-7-1

标准名称	标准编号	发布时间	实施时间
《装用点燃式发动机重型汽车曲轴箱污染物排放限值》	GB 11340—2005	2005-4-15	2005-7-1
《装用点燃式发动机重型汽车燃油蒸发污染物排放限值》	GB 14763—2005	2005-4-15	2005-7-1
《车用压燃式、气体燃料点燃式发动机与汽车排气污染物排放限值及测量方法（中国Ⅲ、Ⅳ、Ⅴ阶段）》	GB 17691—2005	2005-5-30	2007-1-1
《点燃式发动机汽车排气污染物排放限值及测量方法（双怠速法及简易工况法）》	GB 18285—2005	2005-5-30	2005-7-1
《轻型汽车污染物排放限值及测量方法（中国Ⅲ、Ⅳ阶段）》	GB 18352.3—2005	2005-4-15	2007-7-1
《三轮汽车和低速货车用柴油机排气污染物排放限值及测量方法（中国Ⅰ、Ⅱ阶段）》	GB 19756—2005	2005-5-30	2006-1-1
《摩托车和轻便摩托车排气烟度排放限值及测量方法》	GB 19758—2005	2005-5-30	2005-7-1
《车用点燃式发动机及装用点燃式发动机汽车排气污染物排放限值及测量方法》	GB 14762—2002	2002-11-18	2003-1-1
《农用运输车自由加速烟度排放限值及测量方法》	GB 18322—2002	2002-1-4	2002-7-1
《车用压燃式发动机排气污染物排放限值及测量方法》	GB 17691—2001	2001-4-16	2001-4-16
《轻型汽车污染物排放限值及测量方法（Ⅰ）》	GB 18352.1—2001	2001-4-16	2001-4-16

对此，这次发布的 7 项标准具有鲜明特点：①以标准系列加强环境管理。覆盖了从铁矿采选、烧结、焦化、炼铁、铁合金、炼钢和轧钢等排放环节的全过程环境控制，增强了标准的可操作性，形成了一个系统的钢铁工业污染物排放标准体系。②污染物项目设置更加科学、全面。考虑主要污染物总量与行业特征污染物控制要求，钢铁工业系列排放标准增加了总氮、总磷、总铅、总铬、总汞等 14 项水污染物指标，其中 11 项为重金属和有毒污染物项目，以及二噁英、氮氧化物等 5 项大气污染物指标。③提高了污染物项目的控制要求。新标准均大幅收严了烟尘、二氧化硫和化学需氧量的排放限值，新增了氮氧化物等

污染物的排放限值，针对环境敏感地区制定了更严格的水和大气污染物的特别排放限值。④是明确了分步实施新标准的管理要求。对新建企业要求自2012年10月1日起实施新标准，对现有企业设置了过渡期，要求在2015年1月1日达到新建企业的污染控制水平。

关于新标准将产生的作用，环保部副部长吴晓青特别指出，新标准的实施将大幅降低烟粉尘的排放量，特别是可吸入颗粒物和细颗粒物的排放量，极大促进城市环境空气质量的改善。“十二五”期间，钢铁企业的烧结烟气将全面脱硫，钢铁行业二氧化硫排放总量有望比2010年下降30%～40%。

（2）2013年12月，环保部发布《水泥工业大气污染物排放标准》（GB 4915—2013）。

据统计，我国水泥工业颗粒物（PM）排放占全国排放量的15%～20%，二氧化硫（SO_2）排放占全国排放量的3%～4%，氮氧化物（NO_x）排放占全国排放量的8%～10%，属污染控制的重点行业。国家有关文件规定：2015年水泥行业NO_x排放量控制在150万吨，淘汰水泥落后产能3.7亿吨；对新型干法窑降氮脱硝，新、改、扩建水泥生产线综合脱硝效率不低于60%；在大气污染防治重点地区，对水泥行业实施更加严格的特别排放限值。

对此，此次发布的新标准重点提高了颗粒物、NO_x的排放控制要求。根据除尘脱硝技术的进步，新标准将PM排放限值由原标准的50 mg/m^3（水泥窑等热力设备）、30 mg/m^3（水泥磨等通风设备）收严至30 mg/m^3、20 mg/m^3；将NO_x排放限值由800 mg/m^3收严到400 mg/m^3。同时，新标准在原有污染物控制项目（PM、SO_2、NO_x、氟化物）的基础上增加了氨（NH_3）和汞（Hg）控制项目。

初步测算表明，实施新标准将使水泥工业颗粒物排放量在目前200万～250万吨基础上，削减约77万吨，削减率达到30.8%～38.5%；NO_x排放将在目前190万～220万吨基础上削减约98万吨，削减44.5%～51.6%。

（3）2014年5月30日，环保部发布锅炉、有色、生活垃圾焚烧、非道路移动机械四项污染物排放新标准。

新修订的《锅炉大气污染物排放标准》增加了燃煤锅炉氮氧化物和汞及其化合物的排放限值，规定了大气污染物特别排放限值，取消了按功能区和锅炉容量执行不同排放限值的规定，以及燃煤锅炉烟尘初始排放浓度限值，提高了各项污染物排放控制要求，同时规定环境影响评价文件要求严于本标准或地方标准时，按照批复的环境影响评价文件执行。执行新标准后，颗粒物将削减 66 万吨，二氧化硫将削减 314 万吨。

新修订的《生活垃圾焚烧污染控制标准》（GB 18485—2014）扩大了标准适用范围，规定了一氧化碳既作为运行工况指标也作为污染控制指标，明确了烟气排放在线监控要求以及焚烧炉启、停炉和事故排放要求，进一步提高了污染控制要求，其中二噁英类控制限值采用国际上最严格的 0.1ngTEQ/m^3。通过实施新标准，生活垃圾焚烧产生的氮氧化物可减排 25%，二氧化硫可减排 62%，二噁英类可减排 90%。

新制定的《锡、锑、汞工业污染物排放标准》规定新建企业污染物排放限值接近发达国家的标准要求，特别排放限值达到国际领先或先进水平。现有企业实施并达到新标准中的新建企业限值后，二氧化硫（SO_2）、化学需氧量（COD_{Cr}）、氨氮（NH_3-N）年排放量将分别削减 41%、47% 和 57%，废气中各类重金属的削减率均在 65% 以上。

《非道路移动机械用柴油机排气污染物排放限值及测量方法 (中国第三、四阶段)》加严了污染物的排放限值，进一步完善了检测方法，增加了 560kW 以上柴油机的控制要求和后处理系统的贵金属检测要求，修订了检测用基准柴油的技术要求等。新标准实施后，非道路移动机械用柴油机的排气污染物排放水平进一步降低，第三阶段单机氮氧化物减排在 30% ～ 45%，第四阶段单机颗粒物减排 50% ～ 94%。

（三）大气污染防治技术

《大气十条》专门提出要强化科技研发和推广，包括：加强灰霾、臭氧的形成机理、来源解析、迁移规律和监测预警等研究，为污染治理提供科学支撑。加强大气污染与人群健康关系的研究。支持企业技术中心、国家重点实验室、国家工程实验室建设，推进大型大气光化学模拟仓、大型气溶胶模拟仓等科技基础设施建设等。

我国在大气环境领域加大了科技投入，已取得一批重要的研究成果，为大气污染物减排、新空气质量标准的修订与实施等提供了重要的科技支撑。

2013 年 9 月，环保部以 2013 年第 59 号公告形式，发布《环境空气细颗粒物污染综合防治技术政策》。其中，“防治工业污染”部分提出：应将排放细颗粒物和前体污染物排放量较大的行业作为工业污染源治理的重点，包括：火电、冶金、建材、石油化工、合成材料、制药、塑料加工、表面涂装、电子产品与设备制造、包装印刷等。

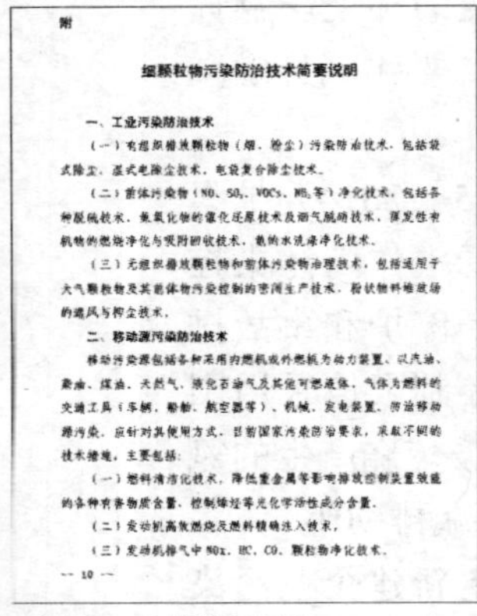

附

细颗粒物污染防治技术简要说明

一、工业污染防治技术

（一）有组织排放颗粒物（烟、粉尘）污染防治技术，包括袋式除尘、湿式电除尘技术、电袋复合除尘技术。

（二）前体污染物（NO、SO_2、VOCs、NH_3等）净化技术，包括各种脱硫技术、氮氧化物的催化还原技术及烟气脱硝技术、挥发性有机物的燃烧净化与吸附回收技术、氨的水洗涤净化技术。

（三）无组织排放颗粒物和前体污染物治理技术，包括适用于大气颗粒物及其前体物污染控制的密闭生产技术、粉状物料堆放场的通风与抑尘技术。

二、移动源污染防治技术

移动污染源包括各种采用内燃机或外燃机为动力装置、以汽油、柴油、煤油、天然气、液化石油气及其他可燃液体、气体为燃料的交通工具（车辆、船舶、航空器等）、机械、发电装置。防治移动源污染，应针对其使用方式、目前国家污染防治要求，采取不同的技术措施，主要包括：

（一）燃料清洁化技术，降低重金属等影响排放控制装置效能的各种有害物质含量，控制烯烃等光化学活性成分含量。

（二）发动机高效燃烧及燃料精确注入技术。

（三）发动机排气中NOx、HC、CO、颗粒物净化技术。

— 10 —

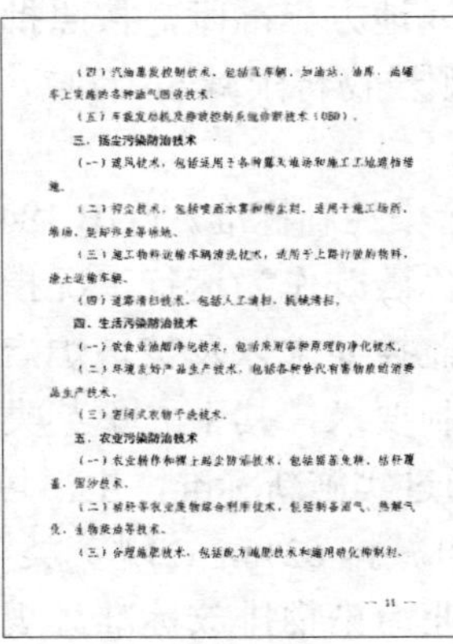

（四）汽油蒸发控制技术，包括在车辆、加油站、油库、油罐车上实施的各种油气回收技术。

（五）车载发动机及排放控制系统诊断技术（OBD）。

三、扬尘污染防治技术

（一）遮风技术，包括适用于各种露天堆场和施工工地遮挡措施。

（二）抑尘技术，包括喷洒水雾和抑尘剂，适用于施工场所、堆场、装卸作业等场地。

（三）施工物料运输车辆清洗技术，适用于上路行驶的物料、渣土运输车辆。

（四）道路清扫技术，包括人工清扫、机械清扫。

四、生活污染防治技术

（一）饮食业油烟净化技术，包括采用各种原理的净化技术。

（二）环境友好产品生产技术，包括各种替代有害物质的消费品生产技术。

（三）密闭式衣物干洗技术。

五、农业污染防治技术

（一）农业耕作和裸土起尘防治技术，包括留茬免耕、秸秆覆盖、固沙技术。

（二）秸秆等农业废物综合利用技术，包括制备沼气、热解气化、生物柴油等技术。

（三）合理施肥技术，包括配方施肥技术和施用硝化抑制剂。

— 11 —

（来源：环保部网站）

2013 年 10 月，环保部启动实施《清洁空气研究计划》。针对大气治理科技研究“底数不清、机理不明、技术不足”的瓶颈，整合资源、集中力量进行联合攻关，为消除重污染天气，加速重点区域、重点城市空气质量达标和持续改善的进程，维护公众健康和生态安全提供全面的科技保障。

（1）研究内容分“大气污染源国家法规排放清单及减排支撑技术研究”、“空气质量管理决策支持技术体系研究”、“大气污染防控监管技术体系研究”和“重点区域清洁空气科技工程”四大主题。

（2）关注的重点问题：针对 $PM_{2.5}$、臭氧及其健康与生态效应等区域性环境问题，建立适合我国国情的国家空气质量管理体系，构建国家层次的空气质量监测与预警体系，建立相应的空气质量评价体系。

（3）关注的重点区域：首先研究京津冀及周边、长三角、珠三角（含港澳）“三区”复合污染问题及其控制方案，实现重点示范区域内的大气 $PM_{2.5}$、臭氧浓度显著降低，灰霾和光化学烟雾现象明显减少，为推进其他区域的大气污染防治工作提供科技支撑。

（4）关注的重点污染源：选择火电、交通、钢铁、有色、石化、水泥、化工等行业重点污染源，根据其环境影响及技术经济特征，筛选特征污染物和优先控制污染物，研究重点污染源的大气污染物源头削减、过程控制及末端治理综合方案。

（5）关注的关键污染物：研究二氧化硫、氮氧化物、挥发性有机物、$PM_{2.5}$、氨（NH_3）、黑炭、重金属（Hg、Pb 等）、多环芳烃（PAHs）等关键污染物的源清单、影响机理及最佳控制措施，提出实现主要污染物的质量目标与总量指标的技术途径。

2014 年 10 月 30 日，环保部公布了《2014 年国家鼓励发展的环境保护技术目录（工业烟气治理领域）》。目录所列的技术是已经工程实践证明，技术指标先进、治理效果可靠、经济可行的成熟技术。

从研究成效上看，环保部每年发布年度国家环保科技成果登记表（表 1-11），涉及大量的大气污染防治技术。

其中涌现出一些优秀成果。环保部发布的《关于发布 2014 年度环境保护科学技术奖获奖项目的公告》中，涉及大气污染防治的技术获奖项目见表 1-12。

2014 年 3 月，科技部与环保部在组织实施《蓝天科技工程“十二五”专项规划》的基础上，对大气污染防治方面的科研成果及应用情况进行了全面梳理和筛选评估，联合编制形成了《大气污染防治先进技术汇编》（以下简称《技术汇编》）并予以发布。

《技术汇编》汇集了 89 项关键技术及 130 余项相应案例成果，涵盖电站锅炉烟气排放控制、工业锅炉及煤窑锅炉排放控制、典型有毒有害工业废气净化、机动车尾气排放控制、居室及公共场所典型空气污染物净化、无组织排放源控制、大气复合污染检测模拟与决策支持、清洁生产八个领域的关键技术。

表 1-11　2013 年度国家环保科技成果登记表（大气污染防治技术部分）

登记号	成果名称	完成单位
20130002	空气重金属在线监测系统	杭州富铭环境科技有限公司
20130009	第 16 届广州亚运会环境质量监测与预警技术和保障措施研究	广州市环境监测中心站
20130014	基于污染减排的 37 项环境标志标准的研究与应用	环保部环境认证中心
20130019	小麦玉米秸秆等有机废弃物专用快速腐熟剂的研发与应用	北京世纪阿姆斯生物技术股份有限公司
20130020	重污染城市环境空气质量达标管理关键技术研究	中国环境科学研究院
20130029	广州市机动车排气污染防治措施环境效益研究	广州市环境监测中心站
20130032	污泥水热干化技术	北京机电院高技术股份有限公司

登记号	成果名称	完成单位
20130035	工业锅炉烟气尿素法SCR脱硝技术装备	北京西山新干线除尘脱硫设备有限公司
20130039	空气污染导致人体健康损失的研究	山东大学
20130045	高温烟气湿度、氧量的测量及其准确性探讨	中国环境监测总站
20130058	上海市降水降尘中持久性毒害污染物调查与对策研究	上海市环境监测中心
20130059	江苏省环境污染物质快速监测方法与规范研究	江苏省环境监测中心
20130061	节能型总挥发性有机物类废气治理装置	苏州苏净环保工程有限公司
20130064	固定式汽柴一体化机动车尾气遥感监测系统	中国科学技术大学
20130066	工业污染减排潜力分析及技术选择研究	清华大学
20130072	长三角区域环境一体化管理技术体系研究	南京大学
20130073	环境质量在线监测质控措施自动化关键技术的研发与应用	中山市环境监测站
20130077	气载放射性污染物长距离迁移辐射后果评价软件	环保部核与辐射安全中心
20130078	山地区域空气质量监测点位布设技术研究	重庆市环境监测中心
20130081	湿法脱硫燃煤电厂排气、飞灰和脱硫产物中汞的排放研究	中国环境监测总站
20130085	国家环境功能区划关键技术与应用研究	环保部环境规划院
20130088	城市总体规划技术方法与典型案例评估	大连市环境科学设计研究院
20130090	工业过程中N_2O和含氟温室气体的减排潜力研究	环保部环境保护对外合作中心
20130091	国际公约下的行业减排方案研究	环保部环境保护对外合作中心
20130095	区域空气质量集成展示与实况发布技术研究及应用	广东省环境监测中心
20130102	基于资源环境承载能力的全国重点行业类型区划及其准入方案研究	环保部环境工程评估中心
20130105	恶臭污染源解析技术及预警系统研究	天津市环境保护科学研究院
20130110	NH_3/CO_2螺杆复叠制冷系统	烟台冰轮股份有限公司
20130117	深圳市光污染状况调查及优化分布	深圳市环境监测中心站

登记号	成果名称	完成单位
20130118	环保档案信息资源共享框架构建关键技术与示范研究	环保部信息中心
20130119	深圳市环境空气自动监测系统优化布点规划研究	深圳市环境监测中心站
20130122	污染源自动监控信息交换机制与技术研究	环保部信息中心
20130124	国家第五阶段车用汽、柴油有害物质控制标准和控制途径研究	中国环境科学研究院
20130126	冶金行业污染源达标评估和动态管理技术研究	中国环境科学研究院
20130127	重点领域环境监测技术体系研究	中国环境监测总站

表 1-12 涉及大气污染防治的技术获奖项目

获奖等级	项目名称	完成单位
一等奖	燃煤电厂烟气催化脱硝关键技术研发及应用	清华大学、北京国电龙源环保工程有限公司、江苏龙源催化剂有限公司、重庆远达催化剂制造有限公司、四川华铁钒钛科技股份有限公司
二等奖	城市空气污染指数（API）改进和完善研究	中国环境科学研究院、广州市环境监测中心站、乌鲁木齐市环境监测中心站
	汽车尾气净化技术研究及示范应用	中国环境科学研究院、贵州黄帝车辆净化器有限公司、中国汽车技术研究中心
	长三角大气复合污染前体物排放清单与空气质量保障关键技术研究	上海市环境科学研究院
	燃煤电站 $PM_{2.5}$ 控制关键技术研制与工程示范	浙江菲达环保科技股份有限公司
三等奖	固定污染源烟气低浓度颗粒物手工采样技术、设备及质控方法研究	中国环境监测总站、青岛崂山电子仪器总厂有限公司、湖北省环境监测中心站
	燃煤机组烟气脱硝实时监控及信息管理系统	江苏方天电力技术有限公司
	碳素生产沥青烟气捕集治理技术研究及推广应用	索通发展股份有限公司

《技术汇编》中的技术是在科研成果凝练基础上，经专家评估评审和征求有关方面意见后形成的，可为国家、地方以及企业等不同层面的大气污染防治工作提供技术支持和参考。

在科研机构建设和能力保障方面，一直以来，国家大力推进重点环境实验室建设。据环保部 2014 年 3 月公布的名单，涉及大气污染防治的重点实验室见表 1-13 和表 1-14。

表 1-13 通过验收并命名的重点实验室（与大气污染防治相关）

序号	实验室名称	依托单位	批准文号	批准时间
1	国家环境保护恶臭污染控制重点实验室	天津市环境保护科学研究院	环发〔2002〕128 号	2002 年 9 月 12 日
2	国家环境保护化学品生态效应与风险评估重点实验室	中国环境科学研究院	环函〔2003〕259 号	2003 年 9 月 19 日
3	国家环境保护城市空气颗粒物污染防治重点实验室	南开大学	环函〔2007〕138 号	2007 年 4 月 23 日
4	国家环境保护环境与健康重点实验室	华中科技大学、中国辐射防护研究院	环函〔2007〕491 号	2007 年 12 月 20 日
5	国家环境保护二噁英污染控制重点实验室	中日友好环境保护中心	环函〔2008〕61 号	2008 年 2 月 13 日
6	国家环境保护卫星遥感重点实验室	中国科学院遥感应用研究所、环保部卫星环境应用中心	环函〔2011〕255 号	2011 年 9 月 20 日
7	国家环境保护环境光学监测技术重点实验室	中国科学院合肥物质科学研究院	环函〔2011〕298 号	2011 年 10 月 28 日
8	国家环境保护大气有机污染物监测分析重点实验室	沈阳市环境监测中心站	环函〔2008〕136 号	2008 年 7 月 11 日

表 1-14　批准建设的重点实验室（与大气污染防治相关）

序号	实验室名称	依托单位	批准文号	批准时间
1	国家环境保护环境规划与政策模拟重点实验室	环保部环境规划院	环函〔2012〕73 号	2012 年 3 月 28 日
2	国家环境保护区域空气质量监测重点实验室	广东省环境监测中心	环函〔2012〕137 号	2012 年 5 月 29 日
3	国家环境保护重金属污染监测重点实验室	湖南省环境监测中心站	环函〔2012〕229 号	2012 年 9 月 12 日
4	国家环境保护辐射环境监测重点实验室	浙江省辐射环境监测站	环函〔2012〕268 号	2012 年 10 月 15 日
5	国家环境保护环境影响评价数值模拟重点实验室	环保部环境工程评估中心	环函〔2012〕331 号	2012 年 12 月 7 日
6	国家环境保护环境监测质量控制重点实验室	中国环境监测总站	环函〔2013〕7 号	2013 年 1 月 10 日
7	国家环境保护大气复合污染来源与控制重点实验室	清华大学	环函〔2013〕34 号	2013 年 2 月 16 日
8	国家环境保护机动车污染控制与模拟重点实验室	中国环境科学研究院	环函〔2013〕275 号	2013 年 12 月 6 日
9	国家环境保护污染物计量和标准样品研究重点实验室	中日友好环境保护中心	环函〔2014〕44 号	2014 年 3 月 14 日

环保部 2014 年 2 月公布了国家环境保护工程技术中心名单。涉及大气污染防治的工程技术中心见表 1-15 和表 1-16。

表 1-15　通过验收并命名的工程技术中心

序号	工程技术中心名称	依托单位	批准文号	批准时间
1	工业烟气控制工程技术中心	武汉安全环保研究院	环发〔2002〕125 号	2002 年 9 月 3 日
2	清洁煤炭与矿区生态恢复工程技术中心	中国矿业大学	环函〔2007〕26 号	2007 年 1 月 18 日
3	有色金属工业污染控制工程技术中心	中南大学、湖南省环境保护科学研究院	环函〔2009〕38 号	2009 年 2 月 13 日
4	工业资源循环利用工程技术中心	云南亚太环境工程设计研究有限公司、昆明理工大学	环函〔2010〕62 号	2010 年 2 月 10 日

表 1-16 批准建设的工程技术中心

序号	工程技术中心名称	依托单位	批准文号	批准时间
1	钢铁工业污染防治工程技术中心	中国中冶建筑研究总院有限公司（中国京冶工程技术有限公司）	环函〔2010〕64号	2010年2月10日
2	工业污染源监控工程技术中心	太原罗克佳华工业有限公司	环函〔2010〕196号	2010年7月2日
3	技术管理与评估工程技术中心	清华大学	环函〔2010〕229号	2010年7月27日
4	燃煤大气污染控制工程技术中心	浙江大学	环函〔2010〕328号	2010年11月4日
5	监测仪器工程技术中心	聚光科技（杭州）股份有限公司	环函〔2011〕22号	2011年2月12日
6	垃圾焚烧处理与资源化工程技术中心	重庆钢铁集团环保投资有限公司	环函〔2011〕41号	2011年3月2日
7	燃煤工业锅炉节能与污染控制工程技术中心	山西蓝天环保设备有限公司	环函〔2011〕324号	2011年11月28日
8	工业炉窑烟气脱硝工程技术中心	江苏科行环保科技有限公司	环函〔2013〕73号	2013年4月19日
9	国家环境保护汞污染防治工程技术中心	中国科学院高能物理研究所	环函〔2014〕36号	2014年2月25日

（四）“治霾”相关环保产业

《大气十条》明确规定：“着力把大气污染治理的政策要求有效转化为节能环保产业发展的市场需求，促进重大环保技术装备、产品的创新开发与产业化应用。扩大国内消费市场，积极支持新业态、新模式，培育一批具有国际竞争力的大型节能环保企业，大幅增加大气污染治理装备、产品、服务产业产值，有效推动节能环保、新能源等战略性新兴产业发展。鼓励外商投资节能环保产业。”

2014年4月23日，环保部、国家发改委、国家统计局联合发布《2011年全国环境保护相关产业状况公报》。公报指出：2011年，大气污染治理产品共112类，生产单位1 589个，销售收入894.1亿元，销售利润88.6亿元。

目前，我国对环保产业的支持措施包括：

（1）财政支持。《国务院关于加快发展节能环保产业的意见》（国发〔2003〕30 号）提出，加大中央预算内投资和中央财政节能减排专项资金对节能环保产业的投入，继续安排国有资本经营预算支出支持重点企业实施节能环保项目。地方各级政府加大对节能环保重大工程和技术装备研发推广的投入力度。落实相关支持政策，推动粉煤灰、煤矸石、建筑垃圾、秸秆等资源综合利用产品的应用。

（2）税收支持。《财政部、国家税务总局关于资源综合利用及其他产品增值税政策的通知》（财税〔2008〕156 号）提出，调整和完善部分资源综合利用产品的增值税政策，与大气污染防治相关的主要包括：对销售以工业废气为原料生产的高纯度二氧化碳产品等自产货物实行增值税即征即退的政策；销售以煤矸石、煤泥、石煤、油母页岩为燃料生产的电力和热力等自产货物实现的增值税实行即征即退 50%的政策；对销售自产的综合利用生物柴油实行增值税先征后退政策。

（3）价格支持。《循环经济促进法》规定，对利用余热、余压、煤层气以及煤矸石、煤泥、垃圾等低热值燃料的并网发电项目，价格主管部门按照有利于资源综合利用的原则确定其上网电价。《国务院关于加快发展节能环保产业的意见》提出，加快制定实施鼓励余热余压余能发电及背压热电、可再生能源发展的上网和价格政策。

（4）绿色采购。《国务院关于加快发展节能环保产业的意见》提出，完善政府强制采购和优先采购制度，扩大政府采购节能环保产品范围，不断提高节能环保产品采购比例。政府普通公务用车要优先采购 1.8 升（含）以下燃油经济性达到要求的小排量汽车和新能源汽车，择优选用纯电动汽车，研究对硒鼓、墨盒、再生纸等再生产品以及汽车零部件再制造产品的政府采购支持措施。鼓励政府机关、事业单位采取购买服务的方式，提高能源、水等资源利用效率，降低使用成本。

（5）绿色信贷。《国务院关于加快发展节能环保产业的意见》提出，支持融资性担保机构加大对符合产业政策、资质好、管理规范的节能环保企业的担保力度。支持符合条件的节能环保企业发行企业债券、中小企业集合债券、短期融资券、中期票据等债务融资工具。选择资质条件较好的节能环保企业，开展非公开发行企业债券试点。鼓励和引导民间投资和外资进入节能环保领域。

2014 年 12 月 27 日，《国务院办公厅关于推行环境污染第三方治理的意见》（国办发〔2014〕69 号，以下简称《意见》）印发，部署改革创新治污模式，吸引和扩大社会资本投入，促进环境服务业发展。

《意见》指出，环境污染第三方治理（以下简称第三方治理）是推进环保设施建设和运营专业化、产业化的重要途径，是促进环境服务业发展的有效措施。要以环境公用设施、工业园区等领域为重点，以市场化、专业化、产业化为导向，营造有利的市场和政策环境，改进政府管理和服务，健全第三方治理市场，不断提升我国污染治理水平。

《意见》提出的主要目标是：到 2020 年，环境公用设施、工业园区等重点领域第三方治理取得显著进展，污染治理效率和专业化水平明显提高，社会资本进入污染治理市场的活力进一步激发。环境公用设施投资运营体制改革基本完成，高效、优质、可持续的环境公共服务市场化供给体系基本形成；第三方治理业态和模式趋于成熟，涌现一批技术能力强、运营管理水平高、综合信用好、具有国际竞争力的环境服务公司。

五、监管执法成为“治霾重器”

（来源：中国政府网）

国务院有关部门采取联合执法、交叉执法、区域执法等方式，加大对重点区域执法监管。最高人民法院和部分地方人民法院成立了环境资源审判庭，加大环境司法力度。

（一）《关于加强环境监管执法的通知》

2014 年 11 月 12 日，国务院办公厅印发《关于加强环境监管执法的通知》（以下简称《通知》）。

《通知》提出了五个方面的要求：一是严格依法保护环境，推动监管执法全覆盖。二是对各类环境违法行为“零容忍”，加大惩治力度。三是积极推行“阳光执法”，严格规范和约束执法行为。四是明确各方职责任务，营造良好执法环境。五是增强基层监管力量，提升环境监管执法能力。

媒体专门对《通知》提出的“监管时间表”进行了梳理。

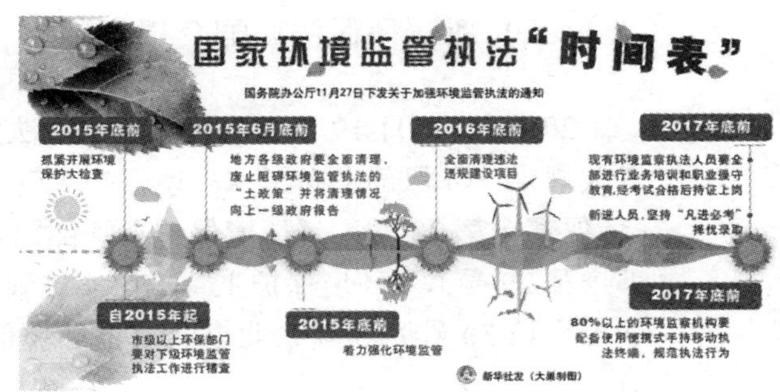

（来源：中国政府网）

环保部有关负责人也专门对《通知》做了解读。

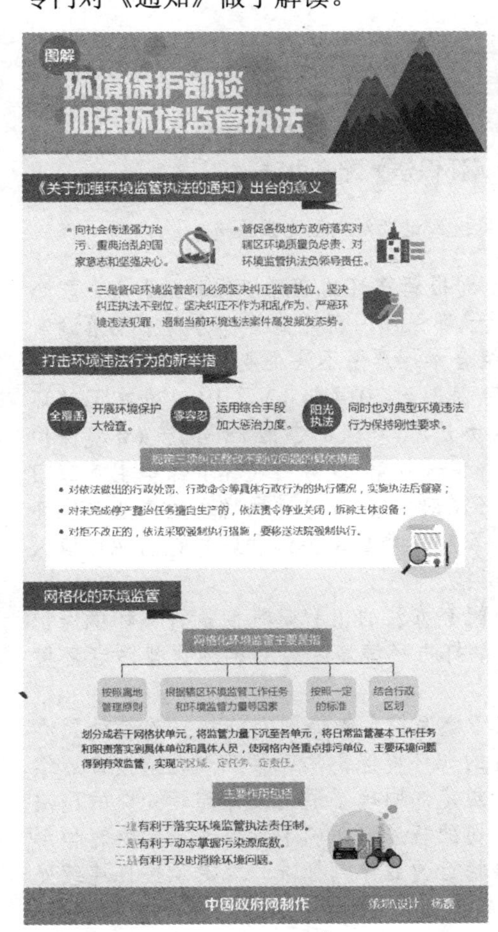

（来源：中国政府网）

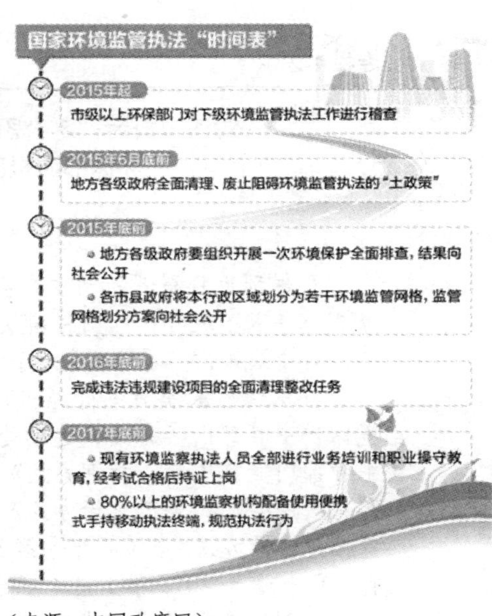

（来源：中国政府网）

（二）新《环保法》配套规章

2014年12月19日，为强化环保执法监管，根据新《环境保护法》有关规定，环保部发布了《环境保护主管部门实施按日连续处罚办法》（环保部令第28号）、《环境保护主管部门实施查封、扣押办法》（环保部令第29号）、《环境保护主管部门实施限制生产、停产整治办法》（环保部令第30号）和《企业事业单位环境信息公开办法》（环保部令第31号）。

4个配套办法和新修订的《环境保护法》一道于2015年1月1日起实施。

专栏1-2

对违法排污“零容忍”打“组合拳”严惩不法企业 环保部通报新《环保法》配套办法

2015-01-09《中国环境报》记者刘晓星北京报道

环保部近日召开新闻发布会，通报新修订的《环境保护法》4个配套办法，要求各级环保部门将新法赋予环保部门新的监管权力和手段落到实处，对违法排污“零容忍”，打“组合拳”严惩不法企业。

环保部有关负责人介绍说，环保部于2014年12月19日发布了《环境保护主管部门实施按日连续处罚办法》（环保部令第28号）、《环境保护主管部门实施查封、扣押办法》（环保部令第29号）、《环境保护主管部门实施限制生产、停产整治办法》（环保部令第30号）和《企业事业单位环境信息公开办法》（环保部令第31号）。4个配套办法和新修订的《环境保护法》一道于2015年1月1日起实施。

环保部有关负责人指出，4个配套办法的出台是贯彻执行《环境保护法》、促进环保部门依法行政、重拳打击环境违法行为和强化排污者环境保护主体责任的迫切需要。

环保部有关负责人介绍说，《环境保护主管部门实施按日连续处罚办法》共四章二十二条，围绕新修订的《环境保护法》第五十九条按日连续处罚“违法排污”、“拒不改正”的规定，明确了适用按日连续处罚的违法行为种类，规范了实施按日连续处罚的程序，明确了责令改正的内容和形式，确定了拒不改正违法排放污染物行为的评判标准，规定了按日连续处罚的计罚方式，明确了按日连续处罚制度与其他相关环保制度的并用关系。

《环境保护主管部门实施查封、扣押办法》共四章二十五条，主要解决一线环境执法人员“不会用、不敢用”查封扣押手段的问题，在规范权力运行的同时，也能有效降低乱用、滥用查封扣押措施带来的执法风险，围绕新修订的《环境保护法》第二十五条“违法排污”、“造成或者可能造成严重污染”的，可以对“造成污染物排放的设施、设备”实施查封扣押的规定，主要明确了查封扣押的定义、适用范围、具体对象、实施程序及监督检查等。《环境保护主管部门实施限制生产、停产整治办法》共四章二十二条，围绕新修订的《环境保护法》第六十条“超标超总量”排污的环境违法行为可以采取“限制生产”、“停产整治”和“停业关闭”的规定，主要明确了限制生产、停产整治和报请政府关闭的适用情形，细化了限制生产、停产整治的实施程序，加大限制生产、停产整治的监管力度。《企业事业单位环境信息公开办法》共十八条，既满足了公众对企业环境信息的基本需求，又兼顾了企业的信息公开能力，坚持原则性与可操作性相结合，重点解决了“谁公开”、“公开什么”、“如何公开”、“如何监督”，即信息公开范围、内容、方式、监督4个问题。

（三）全国执法监管成效

据统计，2014年第三季度，各地环保部门的环境行政处罚工作取得了良好的成效。全国共处罚环境违法案件11 114件，处罚金额48 345.63万元。环保部门与公安机关联合打击环境污染犯罪衔接机制愈加完善，全国各级环保部门累计向公安机关移交涉嫌环境污染犯罪案件371件。2014年前三季度，环保部门向公安机关移送涉嫌环境违法犯罪案件1 232件，接近2013年的2倍。

从全年看，2014年全国各地查处环保违法企业10万余家次，挂牌督办案件2 177件，罚款达20多亿元。环保部2014年分8批公开226件重点案件查处情况，对3省（区）和7个城市政府实施约谈。

各地则通过开展大气环境执法专项行动，曝光了一批环境违法企业，对违法行为形成了有力震慑。各地人大通过执法检查、听取工作报告、开展询问和专题调研等方式，积极推动大气污染防治工作深入开展。

（四）地方特色做法

各地方政府也采取了一些有特色并取得积极成效的做法，举例如下：

- 北京市从 2014 年 3 月以来，每月开展一次大气专项执法周活动。
- 河北省在省市县三级设立环保警察队伍，辽宁等地开展环保与公安部门联动执法，提高执法效力。
- 天津市建立了网格化环境监管体系。
- 山西组织省市县三级人大联动开展执法检查。

一些地方环境监管处罚也取得了新成效。

例如，山东省一方面对第三方监测进行了试点；另一方面加强了对企业监测工作的严格监管。据报道，2014 年，共查处企业破坏或干扰自动监控设施、监测数据弄虚作假案件 15 起（企业名单见表 1-17）。对这 15 家企业，山东省环保厅实施了顶额罚款、通报、扣减环保补助、限批等行政处罚。同时建立了环保、公安联动查处机制，将符合移交条件的 13 起案件移交公安部门处理，对涉案的 15 名责任人处以 5 日至 15 日的行政拘留处罚。

表 1-17 山东省 2014 年查处的企业破坏或干扰自动监控设施、监测数据弄虚作假案件

序号	企业名称	违法情节
1	泰山阳光集团有限公司莱芜电力分公司	擅自修改监测参数
2	临沂市蒙阴鑫源热电有限公司	采样探头长期堵塞
3	济宁盛发焦化有限公司	擅自修改监测参数
4	临沂沂州焦化有限公司	擅自修改监测参数
5	新泰正大热电有限公司	擅自修改监测参数
6	东营华泰化工集团有限公司	擅自在采样系统连接稀释管线
7	沂水热电有限公司	擅自修改监测参数
8	山东北金集团焦化有限公司	擅自修改监测参数
9	山东鲁城水泥有限公司	擅自在采样系统连接稀释装置
10	日照佳苑食品有限公司	模拟监测数据
11	滨州天鸿热电有限公司	擅自修改监测参数
12	山东莒州水泥有限公司	擅自在采样系统连接稀释管线
13	荣成市邱家水产有限公司热电厂	擅自修改监测参数

序号	企业名称	违法情节
14	聊城阳谷森泉热电有限公司	擅自修改监测参数
15	费县圣凯热电有限公司	远程模拟数据

第二章　重点区域大气污染防治进展

一、国家对重点区域大气污染防治的要求

当前，我国大气污染呈现明显的区域性特征。以可吸入颗粒物（PM_{10}）、细颗粒物（$PM_{2.5}$）为特征污染物的区域性大气环境问题日益突出，损害人民群众身体健康，影响社会和谐稳定。

在京津冀、长三角、珠三角等地区，大气污染不再局限于单个城市内，城市间大气污染变化过程呈现明显的同步性。

针对这一问题，国家在法律法规政策文件中，对重点区域大气污染防治工作提出了一系列要求。

（一）《大气十条》中的"治霾"重点区域

国务院《大气十条》在奋斗目标中要求：经过五年努力，实现"京津冀、长三角、珠三角等区域空气质量明显好转"；在具体指标中要求：到2017年，京津冀、长三角、珠三角等区域细颗粒物浓度分别下降25%、20%、15%左右，其中北京市细颗粒物年均浓度控制在60微克/米^{3}左右。

这是国家对这些重点区域大气污染防治提出的明确方向，也是这些地区政府应该努力达到的目标。

《大气十条》在具体措施中还提出以下要求：

（1）京津冀、长三角、珠三角等区域要于2015年年底前基本完成燃煤电厂、燃煤锅炉和工业窑炉的污染治理设施建设与改造，完成石化企业有机废气综合治理。

（2）2015年年底前，京津冀、长三角、珠三角等区域内重点城市全面供应符合国家第五阶段标准的车用汽、柴油。

（3）到2015年，淘汰2005年年底前注册营运的黄标车，基本淘汰京津冀、长三角、珠三角等区域内的500万辆黄标车。

（4）京津冀、长三角、珠三角等区域力争实现煤炭消费总量负增长，通过逐步提高接受外输电比例、增加天然气供应、加大非化石能源利用强度等措施替代燃煤。

（5）京津冀、长三角、珠三角等区域新建项目禁止配套建设自备燃煤电站。

（6）到2015年，新增天然气干线管输能力1 500亿米^{3}以上，覆盖京津冀、长三角、珠三角等区域。

（7）京津冀区域城市建成区、长三角城市群、珠三角区域要加快现有工业企业燃煤设施天然气替代步伐；到2017年，基本完成燃煤锅炉、工业窑炉、自备燃煤电站的天然气替代改造任务。

（8）京津冀、长三角、珠三角等区域，新建高耗能项目单位产品（产值）能耗要达到国际先进水平。

（9）在东部、中部和西部地区实施差别化的产业政策，对京津冀、长三角、珠三角等区域提出更高的节能环保要求。

（10）京津冀、长三角、珠三角区域以及辽宁中部、山东、武汉及其周边、长株潭、成渝、海峡西岸、山西中北部、陕西关中、甘宁、乌鲁木齐城市群等“三区十群”中的47个城市，新建火电、钢铁、石化、水泥、有色、化工等企业以及燃煤锅炉项目要执行大气污染物特别排放限值。

（11）在环境执法到位、价格机制理顺的基础上，中央财政统筹整合主要污染物减排等专项，设立大气污染防治专项资金，对重点区域按治理成效实施“以奖代补”；中央基本建设投资也要加大对重点区域大气污染防治的支持力度。

（12）建立京津冀、长三角区域大气污染防治协作机制，由区域内省级人民政府和国务院有关部门参加，协调解决区域突出环境问题，组织实施环评会商、联合执法、信息共享、预警应急等大气污染防治措施，通报区域大气污染防治工作进展，研究确定阶段性工作要求、工作重点和主要任务。

（13）到2014年，京津冀、长三角、珠三角区域要完成区域、省、市级重污染天气监测预警系统建设。

（14）京津冀、长三角、珠三角等区域要建立健全区域、省、市联动的重污染天气应急响应体系。

（二）新《环保法》规定的联防联控制度

新《环保法》第二十条规定：“国家建立跨行政区域的重点区域、流域环境污染和生态破坏联合防治协调机制，实行统一规划、统一标准、统一监测、统一的防治措施。”

国家建立这一法律制度的主要背景和考虑包括：

（1）我国区域污染防治联防联控取得积极的工作经验。近年来，我国成功开展了北京奥运会、上海世博会、广州亚运会三大盛会空气质量保障工作，取得有益经验。2010 年，国务院就发布了《关于推进大气污染联防联控工作改善区域环境质量的指导意见》，提出建立大气污染联防联控机制。特别是 2012 年以来，国家在京津冀、长三角、珠三角等区域推进的联防联控成效不断凸显。总结这些经验可以发现，联防联控是治理污染和其他污染的重要措施之一。

（2）联防联控也存在一些问题，亟待从法律等层面予以解决。主要包括：缺乏开展区域联防联控的法律依据；偏重于对传统大气污染物的防控，对臭氧、灰霾等新兴污染问题的规定滞后；没有把区域联防联控上升到保证环境安全的高度，制度建设缺乏系统性和全局性。

（3）日美等国家联防联控经验值得借鉴。美国 1970 年发布的《清洁空气法》规定美国环保局有权制定“大气质量控制区域”，1990 年修订时对州之间空气污染物输送的管理制度进行了强化；2005 年，美国环保局又出台《州际清洁空气条例》，重点解决一定区域内细颗粒物和臭氧污染问题。特别值得指出的是，美国空气质量的达标区、非达标区是以单项污染物为依据划分的，同一区域可能既是一种污染物的达标区，同时又是另一种污染物的非达标区，因此可以采取有针对性的措施。日本实行区域重点污染物总量控制制度，其中特别重视保障区域内所有受影响群体的参与。日本相关法律规定，居民有权要求环保部门对污染源进行调查并公布调查结果，有权要求政府部门对可能造成环境损害的开发计划、建设项目、污染源采取限制性措施，有权要求设立由居民代表组成的公害监督委员会。

（4）我国实现联防联控制度的关键之一在于“统一”。“区域”是基于环境或者生态整体性而自然形成的，其天然分布不受行政区划的限制，而是往往横跨多个行政区域。针对区域雾霾等污染问题，必须基于大气等环境要素的整体性采取相应的措施。因此，必须在区域中制定统一的规划、实施相同的标准和监测手段，以保障整个区域环境保护能够起到相同的作用。

（三）其他相关要求

目前，正在进行修订的《大气污染防治法（修订草案）》增加一章（第五章），专述重点区域大气污染联合防治。要求建立区域大气污染联防联控机制，规定重点区域应当制定联合防治行动计划，提高产业准入标准，实行煤炭消费等量或者减量替代，并在规划环评会商、联动执法、信息共享等方面建立起区域协作机制。

此外，2010 年 5 月，国务院办公厅转发了由环保部、发改委等九部委制定的《关于推进大气污染联防联控工作改善区域空气质量的指导意见》（以下简称《意见》），这是第一个专门针对大气污染联合防治的综合性政策文件。

- 《意见》在管理思路上取得新突破。树立了“五统一”的指导思想，即区域联防联控实行“统一规划、统一监测、统一监管、统一评估、统一协调”；并确定了开展大气污染联防联控工作的重点区域，即京津冀、长三角和珠三角地区，同时要求推进辽宁中部、山东半岛、武汉及其周边、长株潭、成渝、台湾海峡西岸的大气污染联防联控工作。
- 《意见》还为大气污染区域防控目标列出了时间表。到 2015 年，将建立起比较完善的大气污染联防联控机制，使主要大气污染物排放总量显著下降。重点区域内所有城市空气质量达到或好于国家二级标准，酸雨、灰霾和光化学烟雾污染明显减少。
- 随后，全国各地都开始了对大气污染联防联控机制的积极探索。京津冀区域大气污染联防联控规划编制工作首先正式启动，标志着区域联动共同防治大气污染迈出了实质性的一步。陕西、四川、江苏、云南等地也纷纷在省（自治区）内不同城市之间开始实践。

二、京津冀及周边地区"治霾"进展

京津冀及周边地区（包括北京市、天津市、河北省、山西省、内蒙古自治区、山东省）是我国大气污染最严重的区域。为加快这一地区大气污染治理，国家和这些地区采取了一系列措施。

（一）行动细则及配套政策

在《大气十条》公布之后10余天，2013年9月17日，环保部、国家发改委、工信部、财政部、住房城乡建设部、国家能源局就联合发布了《京津冀及周边地区落实大气污染防治行动计划实施细则》（以下简称《实施细则》），作为落实《大气十条》的重要配套文件。

《实施细则》提出，经过五年努力，京津冀及周边地区空气质量明显好转，重污染天气较大幅度减少。力争再用五年或更长时间，逐步消除重污染天气，空气质量全面改善。

《实施细则》从六个方面提出了25项重点任务，这六个方面是：一是实施综合治理，强化污染物协同减排；二是统筹城市交通管理，防治机动车污染；三是调整产业结构，优化区域经济布局；四是控制煤炭消费总量，推动能源利用清洁化；五是强化基础能力，健全监测预警和应急体系；六是加强组织领导，强化监督考核。

2014年7月25日，环保部印发《京津冀及周边地区重点行业大气污染限期治理方案》（以下简称《方案》），决定在京津冀及周边地区开展电力、钢铁、水泥、平板玻璃行业大气污染限期治理行动。《方案》明确要求：京津冀及周边地区492家企业、777条生产线或机组全部建成满足排放标准和总量控制要求的治污工程，设施建设运行和污染物去除效率达到国家有关规定，二氧化硫、氮氧化物、烟粉尘等主要大气污染物排放总量均较2013年下降30%以上。

《方案》提出，各地要成立四个行业大气污染限期治理工作领导小组，负责治理行动的推进实施；要严格考核问责，将各地和企业集团四个行业大气污染限期治理情况纳入主要污染物总量减排和大气污染防治行动计划实施情况考核范畴。2015 年 1 月，逐一核查电力、钢铁、平板玻璃项目完成情况；2015 年 7 月，逐一核查水泥项目完成情况。对未按要求落实的，依据《"十二五"主要污染物总量减排考核办法》等规定予以处罚，考核结果纳入政府绩效和企业业绩管理。向社会公告不达标企业名单，按《环境保护法》的规定实施按日连续处罚。

2014 年 9 月 24 日，工信部、国家发改委、科技部、财政部、环保部、住房城乡建设部、国家能源局联合印发《京津冀公交等公共服务领域新能源汽车推广工作方案》(以下简称《方案》)。《方案》主要针对北京、天津、河北城市群（石家庄（含辛集)、唐山、秦皇岛、邯郸、保定（含定州)、邢台、廊坊、衡水、沧州、承德、张家口）在公交等公共服务领域新能源汽车的推广。

《方案》提出的污染治理目标是：通过在公交等公共服务领域推广新能源汽车，初步建立公交等公共交通服务领域新能源汽车推广应用格局，逐步构建绿色公共交通体系，推进环境空气质量持续改善，到 2015 年年底，实现当年节油 13 万吨，降低二氧化碳排放 18.5 万吨，从公共交通领域改善京津冀地区空气质量。《方案》对京津冀的车辆推广规模、充电设施建设提出了目标，并具体落实到北京、天津、河北省。《方案》要求充分发挥财政部、科技部、工信部、国家发改委等四部委新能源汽车推广应用工作机制的作用，建立京津冀三省市间畅通有效的协调机制。

（二）协作小组及工作机制

根据《京津冀及周边地区落实大气污染防治行动计划实施细则》，2013 年 9 月京津冀及周边地区大气污染防治协作小组成立，北京市、天津市、河北省以及国家发改委、工信部等为成员单位。2013 年 10 月协调小组召开第一次会议，建立了京津冀及周边地区大气污染联防联控工作机制。

协作小组的主要任务是：研究协调解决区域内突出环境问题，并组织实施环评会商、联合执法、信息共享、预警应急等大气污染防治措施；通报区域大气污染防治工作进展，研究确定阶段性工作要求、工作重点与主要任务。

同时，国家还将大气污染防治等生态环境保护作为“京津冀协同发展领导小组”的重要工作内容。生态环境保护与京津冀交通一体化、产业协同发展作为三个率先突破重点领域，由国家发改委牵头专门制定了工作方案。国家要求，京津冀地区要着力推进绿色循环低碳发展，加强生态环境保护，发挥重点治理工程带动作用，节约集约利用资源，形成区域良好生态格局。

2014 年 6 月，京津冀及周边地区大气污染防治协作小组办公室印发《京津冀及周边地区大气污染联防联控 2014 年重点工作》。主要工作部署包括五个方面：

（1）成立区域大气污染防治专家委员会。组织开展区域大气污染成因溯源、传输转化、来源解析等基础性研究，掌握区域大气污染的成因规律，进一步提高区域大气污染治理的科学性和针对性，科学指导区域大气污染治理工作。

（2）统一行动，共同治理区域重点污染源。优先共同控制重点行业氮氧化物和挥发性有机物的排放，实施区域内燃煤电厂、水泥厂及大型燃煤锅炉脱硝治理工程，治理区域内原煤散烧面源污染，推进区域内重点石化企业挥发性有机物综合治理；加大机动车污染治理力度，加快区域机动车油品质量升级，力争在 2015 年实现京津冀全面供应符合国五标准的汽、柴油；进一步加大区域内黄标车和老旧机动车的淘汰力度；加快新能源车推广应用，在公交、配送、环卫、出租等公共领域优先安排；加强城市步行和自行车交通系统建设。

（3）加强联动，同步应对解决区域共性问题。建立协作小组工作网站，共享区域空气质量监测、污染源排放、气象数据、治理技术成果、管理经验等信息；搭建空气质量预报预警平台，会同气象部门建立区域空气重污染预警会商机制，针对区域空气重污染天气，共同启动应急联动机制；共同组织开展区域内大范围的联动执法、同步执法行动，壮大执法声势，对违法行为形成区域性的高压打击态势。建立联合宣传机制，通过媒体共同宣传区域大气污染治理的进展和成效；普及大气污染防治知识，引导公众参与，自觉践行绿色生活模式。

（4）研究制定公共政策，促进区域空气质量改善。按照国务院有关部门统一规定，研究并制订新的排污收费标准，推进企业自觉治污；在京津冀地区率先实施国家大气污染物特别排放限值；制定企业环保技改经济鼓励政策，引导现有企业实施大气污染治理技术改造；研究控制机动车使用强度的经济政策；研究制定老旧机动车强制报废政策，降低机动车污染排放；研究推进建筑领域节能减排；启动区域空气质量达标规划编制，明确大气环境承载能力红线。

(5)共同做好2014年APEC会议空气质量保障。各省区市共同行动，制定会议期间空气质量保障工作方案，细化相关污染减排措施，细化相关公共引导政策，并共同组织实施，全力保障会议期间良好的空气质量。

2014年10月24日，张高丽副总理出席京津冀及周边地区大气污染防治协作小组第三次会议并讲话。他指出，六省区市和各部门各单位要以高度的责任感、紧迫感和使命感，不折不扣地做好亚太经合组织会议空气质量保障工作。一分部署，九分落实。六省区市都认真做了空气质量保障工作方案，现在关键是要实打实、硬碰硬抓好落实，切实完成既定的各项任务。他提出了具体要求：一是要坚决抓好以电力、冶金、建材、石化、焦化等行业为重点的工业企业停产限产，减少污染排放；二是坚决抓好施工工地停工，严控扬尘污染；三是坚决抓好机动车管理，加强进京车辆环保管理，倡导“绿色出行”；四是坚决及时启动应急减排措施，有效应对可能遇到的极端不利气象条件；五是坚决查处违法排污行为，加大监督检查力度，确保各项保障措施落到实处。

2014年12月，由北京市牵头组建的京、津、冀、晋、鲁、内蒙古六省区市机动车排放控制工作协调小组成立。该“协调小组”是京津冀及周边地区大气污染防治协作机制工作的进一步深化，为六省区机动车排放污染监管搭建了统一平台。借助这一平台，将率先在全国实现跨区域机动车排放超标处罚、机动车排放监管数据共享、新车环保一致性区域联合抽查等，使区域机动车污染减排更富实效。协调小组联络办公室设在北京市机动车排放管理中心，津、冀、晋、鲁、内蒙古分别设立本地区联络办公室；为有针对性地开展工作，分别成立新车排放管理及抽查、在用车排放管理及处罚、老旧车淘汰及在用车数据交换3个业务分组。

协调小组的首要工作就是建立全国首个跨区域机动车排放污染监管协调机制，搭建京津冀晋鲁内蒙古机动车排放污染监管平台。这一平台的搭建，将有助于解决长期以来各地机动车排放标准不统一、监管数据不共享、异地执法难等问题。平台建立后将发挥多方面效用：

（1）逐步实现机动车排放业务监管数据共享，搭建区域机动车排放污染防治监管电子系统，将京津冀机动车排放监管信息联网并进行综合应用，系统评估机动车减排效果；

（2）在监管数据共享的基础上，在全国率先尝试突破省区市限制，互传违法违规车辆信息，进行跨区域的机动车超标处罚联合执法，在信息共享平台建成之前，将通过各地区定期互相通报异地车辆违法信息的方式执行异地处罚；

（3）在销售市场联合开展新车环保一致性抽查工作，开展区域机动车污染排放联防联控的平台，北京周边地区准备利用北京市机动车排放管理中心的排放实验室，开展新车一致性和在用车符合性抽查工作。

（三）各地实施方案

1. 北京

2013 年 9 月 12 日，在国务院《大气十条》发布后仅两天，北京市政府就公布了《北京市 2013—2017 年清洁空气行动计划》（以下简称《计划》）。《计划》将大气污染防治目标分解到各区县：

- 怀柔区、密云县、延庆县空气中的细颗粒物年均浓度下降 25% 以上，控制在 50 μg/m^3 左右；
- 顺义区、昌平区、平谷区空气中的细颗粒物年均浓度下降 25% 以上，控制在 55 μg/m^3 左右；
- 东城区、西城区、朝阳区、海淀区、丰台区、石景山区空气中的细颗粒物年均浓度下降 30% 以上，控制在 60 μg/m^3 左右；
- 门头沟区、房山区、通州区、大兴区和北京经济技术开发区空气中的细颗粒物年均浓度下降 30% 以上，控制在 65 μg/m^3 左右。

《计划》提出了八大污染减排工程：源头控制减排工程、能源结构调整减排工程、机动车结构调整减排工程、产业结构优化减排工程、末端污染治理减排工程、城市精细化管理减排工程、生态环境建设减排工程、空气重污染应急减排工程。

《计划》提出一系列相关措施，例如，要进一步健全完善本市大气污染防治的法规体系，积极推进《北京市大气污染防治条例》的立法工作。

再如，进一步健全完善本市大气污染防治的法规体系，积极推进《北京市大气污染防治条例》的立法工作，调整二氧化硫、氮氧化物排污收费标准；逐步实施挥发性有机物、工地扬尘、经营性餐饮油烟排污费征收。严格依法征收排污费，做到应收尽收。

2. 天津

2013 年 9 月 28 日，《天津市清新空气行动方案》（以下简称《方案》）颁布实施。《方案》提出的目标是：到 2017 年，空气质量明显好转，全市重污染天气较大幅度减少，优良天数逐年提高，$PM_{2.5}$ 年均浓度比 2012 年下降 25%。各区县同步落实空气质量改善目标，$PM_{2.5}$ 年均浓度比 2012 年下降 25%。

《方案》提出了十条 66 项具体措施：①加大综合治理，减少污染排放；②优化产业结构，促进转型升级；③加快企业改造，推动绿色发展；④调整能源结构，增加清洁能源；⑤严格环保准入，优化产业布局；⑥发挥市场作用，完善环境政策；⑦健全法规体系，严格依法监管；⑧建立预警体系，实施应急响应；⑨明确治理职责，倡导全民参与；⑩加强组织领导，实施责任考核。

3. 河北

2013 年 9 月 6 日，中共河北省委、河北省人民政府联合发布《河北省大气污染防治行动计划实施方案》（以下简称《方案》）。《方案》提出了较为全面的具体目标：

（1）到 2017 年，全省细颗粒物浓度比 2012 年下降 25% 以上。首都周边及大气污染较重的石家庄、唐山、保定、廊坊和定州、辛集细颗粒物浓度比 2012 年下降 33%，邢台、邯郸下降 30%，秦皇岛、沧州、衡水下降 25% 以上，承德、张家口下降 20% 以上。

（2）到 2017 年，全省煤炭消费量比 2012 年净削减 4 000 万吨。

（3）到 2014 年，提前一年完成国家下达的“十二五”落后产能淘汰任务（淘汰水泥落后产能 6 100 万吨以上，淘汰平板玻璃产能 3 600 万重量箱）。到 2017 年，全省钢铁产能削减 6 000 万吨；全部淘汰 10 万千瓦以下常规燃煤机组。2016 年、2017 年，制定范围更宽、标准更高的落后产能淘汰政策，重点行业排污强度下降 30% 以上。

（4）二氧化硫、氮氧化物、颗粒物和挥发性有机物排放总量大幅度削减。到2015年，新建和改造燃煤机组、钢铁烧结机完成脱硫治理、拆除旁路；燃煤电厂、水泥等行业完成脱硝治理；燃煤电厂、水泥、钢铁等行业完成除尘升级改造治理；石化行业完成有机废气综合治理。到2017年，有机化工、医药、表面涂装、塑料制品、包装印刷等重点行业开展挥发性有机物综合治理。

（5）到2014年，各设区市和省直管县（市）城市建成区全面实施“黄标车”限行。到2015年，全部淘汰2005年年底前注册营运的黄标车。到2017年，全部淘汰黄标车。

（6）到2014年，所有加油站、储油库、油罐车完成油气回收治理。

（7）在2013年年底前，全省供应符合国家第四阶段标准的车用汽油；到2014年年底前，全省供应符合国家第四阶段标准的车用柴油；到2015年年底前，全省供应符合国家第五阶段标准的车用汽、柴油。

（8）到2017年，全省完成80%具备改造价值的老旧住宅供热计量及节能改造。

《方案》提出了八条40项具体任务：①加大工业企业治理力度，减少污染物排放。②深化面源污染治理，严格控制扬尘污染。③强化移动源污染防治，减少机动车污染排放。④加快淘汰落后产能，推动产业转型升级。⑤加快调整能源结构，强化清洁能源供应。⑥严格节能环保准入，优化产业空间布局。⑦加快企业技术改造，提高科技创新能力。⑧建立监测预警应急体系，妥善应对重污染天气。

《方案》还提出了10项保障措施。例如，结合国家修订《环境保护法》和《大气污染防治法》，尽快修订《河北省环境保护条例》和《河北省大气污染防治条例》。

再如，要切实完善有利于改善大气环境的经济政策。包括适时提高排污收费标准，将挥发性有机物纳入排污费征收范围。符合税收法律法规规定，使用专用设备或建设环境保护项目的企业以及高新技术企业，可以享受企业所得税优惠。落实鼓励秸秆综合利用的税收优惠政策。加大对工业环保技改的贴息。协调推进属地排污、属地纳税体制。深化节能环保投融资体制改革，鼓励民间资本和社会资金进入大气污染防治领域。引导银行业金融机构加大对大气污染防治项目的信贷支持，探索排污权抵押融资模式，拓展节能环保设施融资、租赁业务。

对涉及民生的“煤改气”、“黄标车”和老旧车辆淘汰、轻型载货车替代低速货车等加大政策支持力度，对重点行业清洁生产示范工程给予引导性资金支持。

4. 山西

2013 年 10 月 16 日，山西省人民政府印发《山西省落实大气污染防治行动计划实施方案》（以下简称《方案》）。《方案》提出的目标是：到 2017 年，全省空气质量明显好转，重污染天气较大幅度减少，优良天数逐年提高；11 个设区市可吸入颗粒物浓度比 2012 年下降 10% 以上，全省细颗粒物浓度比 2012 年下降 20% 左右。力争再用五年或更长时间，逐步消除重污染天气，空气质量全面改善。

《方案》提出了十条 40 项具体措施：①实施综合治理，强化污染物协同减排。②统筹城市交通管理，防治机动车污染。③调整产业结构，优化区域经济布局。④加快调整能源结构，推动能源利用清洁化。⑤加快企业技术改造，提高科技创新能力。⑥强化基础能力，健全监测预警和应急体系。⑦发挥市场机制作用，完善环境经济政策。⑧健全法律法规体系，严格依法监督管理。⑨分解目标任务，强化监督考核。⑩明确政府、企业和社会责任，动员全民参与环境保护。

2014 年 3 月 5 日，山西省人民政府又印发了《山西省大气污染防治 2014 年行动计划》（简称《计划》）。2014 年的工作目标是：全省空气质量有所好转，重污染天气有所减少；全省 11 个设区市可吸入颗粒物、细颗粒物浓度分别比 2013 年下降 2% 以上、4% 左右。《计划》部署了 2014 年内 20 项必须完成的 10 项任务，并分解到具体厅局。

例如，山西省环保厅牵头负责 8 项任务，包括：淘汰建成区 10 蒸吨以下燃煤锅炉、茶浴炉 1 000 台；完成电力企业新建、改造脱硫设施 1 089 万千瓦、新建脱硝设施 580 万千瓦、改造除尘设施 1 033 万千瓦的治理任务；完成钢铁企业 2 100 米 ^{2} 烧结机脱硫设施建设任务等。

再如，由商务厅负责 2014 年年底前全面供应国四车用柴油，由公安厅淘汰黄标车及老旧车 4.4 万辆。

5. 内蒙古

2013 年 12 月，内蒙古自治区人民政府印发《关于贯彻落实大气污染防治行动计划的意见》。工作目标是：经过五年努力，全区空气质量明显改善，重污染天气大幅减少，优良天数逐年提高；到2017年，全区地级城市细颗粒物浓度比2012年下降10%左右。部署了严格产业和环境准入等16项重点任务，以及加强组织领导等6项保障措施。

2014年8月18日，自治区政府办公厅印发《内蒙古自治区2014年度大气污染防治实施计划》（以下简称《计划》）。提出的2014年工作目标是：全区细颗粒物年均浓度与2013年相比下降3.3%。其中，呼和浩特市、包头市、赤峰市、乌海市细颗粒物年均浓度与2013年相比下降4%；其他8个盟市细颗粒物年均浓度与2013年相比下降3%。全区重污染天数与2013年相比下降4.5%。

值得指出的是，《计划》中提出了一些有针对性、可操作性强的保障措施。

例如，完善政策措施方面，明确提出在2014年，自治区将制定出台《内蒙古自治区大气污染防治管理办法》，进一步完善地方大气污染防治相关法律法规。要认真执行烟气脱硫、脱硝、除尘电价补贴政策，引导企业对现有污染治理设施尽快进行提标改造；完善排污许可证制度，所有排污企业和单位都要依法申请领取排污许可证，结合企业实际，将特征污染物也要纳入排污许可证的范围内，并严格限定各种污染物的排放量；完善排污收费政策，适当提高收费标准。

再如，严格考核奖惩方面，提出在2014年，自治区将制定《内蒙古自治区大气污染防治工作考核细则》，将大气污染防治实施情况和环境空气质量改善情况纳入自治区对各盟市的目标绩效考核体系。从2015年起，将对各盟市上一年度实施情况进行考核，考核结果将向社会公布，并交由干部主管部门，按照党政领导班子和领导干部考核评价相关规定，作为对领导班子和领导干部综合考核评价的重要依据。考核不合格的，将对盟市政府及相关部门主要领导和分管领导实行问责。自治区将及时发布盟市空气质量状况，每月公布盟市空气质量排名，对连续3个月排名垫底的盟市，将约谈盟市人民政府有关负责人。

6. 山东

2013年7月17日，山东省人民政府印发了《山东省2013—2020年大气污染防治规划》（以下简称《规划》）。分3期提出了工作目标：

第一期目标（2013—2015 年）：大气污染治理初见成效，全省环境空气质量相比 2010 年改善 20% 以上。完成“十二五”期间国家下达的总量减排任务，到 2015 年，全省二氧化硫、氮氧化物排放量比 2010 年分别减少 14.9% 和 16.1%，控制在 160.1 万吨和 146.0 万吨以内；工业烟（粉）尘、挥发性有机物排放量比 2010 年分别减少 30%、18%，控制在 49.4 万吨和 67.3 万吨以内。

第二期目标（2016—2017 年）：全省环境空气质量持续改善，比 2010 年改善 35% 左右。

第三期目标（2018—2020 年）：全省环境空气质量基本达标，比 2010 年改善 50% 左右。

《规划》部署了 6 个方面 25 项重点任务：①积极调整能源结构，②大力调整产业结构；③深化重点行业污染治理；④加强扬尘综合整治；⑤加强机动车排气污染防治；⑥加强绿色生态屏障建设；恢复受损生态环境。

《规划》项目总投资约 9 000 亿元。其中，一期规划（2013—2015 年）的重点工程项目共 18 大类，估算所需投资 3 955 亿元。

《规划》还提出：要加快制定《山东省大气污染防治条例》、《山东省建筑扬尘污染控制技术规范》，发布并实施《山东省区域性大气污染物综合排放标准》及 5 项地方行业标准。要求各级财政将监测、监管等能力建设及执法监督经费纳入预算予以保障，并设立大气污染防治专项资金，优先支持列入规划和行动计划的污染治理项目。采取“以奖代补”等方式，对按时完成大气污染治理任务、环境空气质量改善显著的城市给予奖励。建立政府引导、社会参与的投融资渠道，鼓励和引导金融机构加大对大气污染防治项目的信贷支持。

（四）京津冀具体举措

1. 北京

（1）举措一：强化环境法治

2014 年 1 月 22 日，北京市第十四届人民代表大会第二次会议审议通过了修订后的《北京市大气污染防治条例》（以下简称《条例》），自

2014 年 3 月 1 日起施行。《条例》经历了三次审议修改，最终确定了“降低大气中的细颗粒物 ($PM_{2.5}$) 浓度”这一大气治污目标。

《条例》分为总则、共同防治、重点污染物排放总量控制、固定污染源污染防治、机动车和非道路移动机械排放污染防治、扬尘污染防治、法律责任等章节。其中法律责任有 40 条，大约占了 1/3，体现出北京市严防严治、重拳治污的决心。特别是加大了罚款额度，最高可达 50 万元，并规定屡犯不改可以加倍处罚、上不封顶，还增加了停工、停产、查封设施、拆除等强制手段。

北京市规定每个月的第一周为“大气污染专项执法周”，检查全市污染企业的大气污染排放情况。

2014 年 3 月，《北京市大气污染防治条例》生效，北京市组织开展了“零点行动”、“3 月大气专项执法周”等系列执法行动。“大气条例”第一案违法单位——北京宏翔鸿热力公司，就是因在北京市环保局“零点行动”中被检测出大气污染物排放超标，从而被罚款 10 万元。全市有 78 家单位拟由环保部门立案处罚。违法行为最多的是锅炉烟气超标排放，有 35 家，占 44.9%；其次是煤堆料堆等未采取防扬尘措施 26 家，占 33.3%；此外，还有一些单位是因为治理设施不正常运行、无废气治理设施、未使用清洁能源、配套环保设施未验收即投入使用等受罚。

2014 年前 4 个月，北京全市环境监察执法部门共检查各类污染源单位 20 235 家次，立案处罚环境违法行为 652 起，处罚金额 1 455.51 万元。其中，大气环境类违法行为立案处罚 500 起，处罚金额 1 076.16 万元，占总数的 3/4 左右。这与 2013 年同期相比，处罚数量是 2013 年的一倍，处罚金额是 2013 年的两倍。

2014 年 9 月 19 日，北京市环保局发布消息指出，《北京市大气污染防治条例》实施半年来，取得积极成效：

①环境违法成本明显变大。半年来，全市环保执法部门依据该条例处罚 645 起、处罚金额 1 486.48 万元，分别是去年同期大气类处罚的 1.6 倍和 4 倍，单笔平均处罚金额由去年同期的 0.92 万元提高到目前的 2.3 万元，增长了 1.5 倍，有效改善了“守法成本高、违法成本低”的状况。

②违法行为整改速度相对变快。从对违法单位复查情况来看，整改缓慢和拒不整改的很少，受罚单位迫于“二次违法加倍处罚”的威慑力，普遍加快整改速度，基本按时限要求予以改正。

③能源和产业结构调整增速。通过严厉打击燃煤锅炉和经营性燃煤使用环境违法行为，迫使以前持观望态度的单位实施清洁能源改造加快，一批铸锻造、家具制造、防水卷材等落后行业调整退出步伐加快。

（2）举措二：强化政府责任考核

2014 年 11 月 28 日，北京市人民政府办公厅印发《北京市 2013—2017 年清洁空气行动计划实施情况考核办法（试行）》（以下简称《办法》）。对国家考核本市落实《大气十条》情况采取部门负责制。《办法》规定：

①对因任务未完成或落实不力，造成考核扣分的市政府有关部门给予通报，并由市监察局向责任部门下发《监察建议书》，责令整改；问题严重的，按照有关规定追究相关负责人的责任。

②对年度考核不合格的区县政府，由市环保局会同组织部门、监察机关约谈区县政府及其相关部门有关负责人，提出整改意见，予以督促。对年度考核不合格的区县，视情况实施环保区域限批，禁止建设除民生工程和节能减排项目以外的新增大气污染物排放项目，取消授予的环境荣誉称号和评优、评先资格。

③对未通过终期考核的区县政府、市政府有关部门，要加大问责力度，必要时由市政府领导约谈主要负责人；问题严重的，由干部主管部门按程序进行组织调整。

（3）举措三：强化工业污染防治

工业污染防治主要包括三方面措施：一是严控增量，对不符合首都功能定位的工业企业不再批准。二是产业结构调整，调整退出现有的高污染产业，淘汰污染工艺和设备。三是末端深化污染治理，也就是环保技改工程。

目前北京市已通过提高排污收费标准、高污染行业差别化资源价格等措施，增加企业排污成本；通过调整退出资金奖励、环保技改资金奖励等措施，降低企业治污成本。

特别是大幅提升排污收费标准，多排加倍计费、少排减半征收，已在北京拉开序幕，排污收费的标准逐步接近污染物的实际治理成本。2014 年 1 月 1 日起，北京市率先在全国大幅提高二氧化硫、氮氧化物、化学需氧量、氨氮四项主要污染物收费标准，调整后的标准为原标准的 14 ～ 15 倍，为全国最高水平。征收的排污费资金纳入财政预算，全部专项用于环境污染防治。

北京市发布了《北京市新增产业的禁止和限制目录》。全面禁止建设钢铁、水泥、炼焦、有色等高耗能、高污染项目。发布实施了《北京市工业污染行业、生产工艺调整退出及设备淘汰目录》，2014 年实现铸锻、建材、化工、包装及印刷等行业共 392 家污染企业关停退出，超额完成年度关停 300 家的任务。用先进标准引领企业环保升级，目前北京市水泥工业大气污染物排放标准、燃煤电厂锅炉排放标准严格程度已经超过欧盟标准。

(4）举措四：强化扬尘污染治理

环保、城建、城管等部门各司其职，共同推进扬尘污染治理。针对建筑开复工面积大（每年 2 亿米^2）、施工工地多（约 4 000 个）的情况，加强城市精细化管理和监管执法，集中整治施工扬尘、道路遗撒等污染。全市 1 200 多个施工工地已安装视频监控系统。6 000 余辆改造更新密闭化渣土运输车辆正式投入使用。

严格落实“六个必查”和“三个不许进、两个不准出”的管控措施，加强施工过程中的扬尘管理，督促施工单位落实扬尘控制措施，向建筑从业企业推广建筑垃圾运输规范和绿色施工标准。深入推行“事前布控、非现场执法、联合执法”三项措施与“宣传告知、录像取证、约谈告诫、签订责任书、组织联合执法”五步工作法等 5 项 15 条工作措施，挤压违法空间，高限处罚店外经营露天烧烤及为露天烧烤提供场地的违法行为，重点查处屡教不改的无照游商和露天烧烤经营人员。

(5）举措五：强化燃煤污染治理

①燃煤锅炉改造加速实施。2014 年全市燃煤锅炉改造工程完成 6 595 蒸吨，实现了市级以上工业开发区基本无燃煤锅炉；东城区和西城区完成了 2 万户“煤改电”工程。

②加快燃气热电中心建设。西南、东南、西北燃气热电中心已投运，2014 年 7 月份高井燃煤机组全面关停，11 月份京能电厂两台燃煤机组停机备用。

③实施高污染燃料禁燃区建设，亦庄开发区已率先建成无煤区，2015 年核心区将实现无煤化，城六区将基本实现无燃煤锅炉。

④城乡结合部和农村地区“减煤换煤”工程稳步推进。据初步统计，2014 年全市煤炭消费总量降到 1 900 万吨以下，比 2013 年减少

260多万吨。

（6）举措六：强化机动车污染治理

①实施机动车总量控制（图2-1）。2014年将小汽车控制指标由24万辆调整为15万辆，其中2万辆为新能源车。

②继续加大老旧机动车淘汰力度。全年淘汰老旧车47.6万辆，提前完成国家下达的39.1万辆任务指标，在全国率先完成了黄标车的淘汰。

③积极推广新能源车和清洁能源车。印发《北京市电动汽车推广应用行动计划（2014—2017年）》，截至2014年10月底已配置示范应用新能源小客车指标1.5万个。

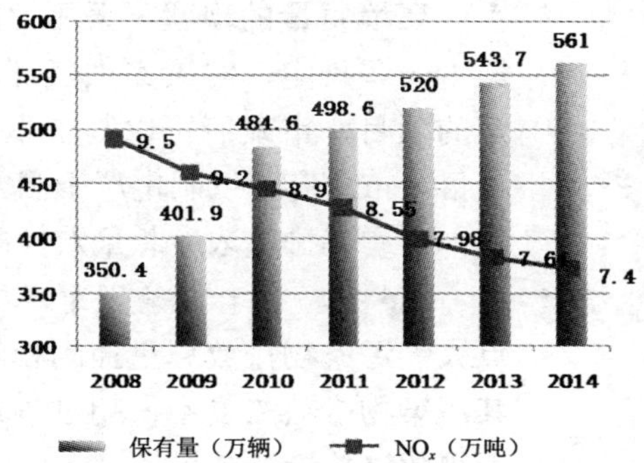

图2-1　北京市近年来机动车保有量及氮氧化物排放量

来源：北京市环保局网站

④严格排放标准和油品标准。2014年年底，新增重型柴油车将全部实施五阶段标准，实现了与欧盟现行标准的全面接轨。另外，进一步扩大部分机动车禁行范围。

2. 天津

（1）举措一：出台大气污染防治条例

天津市十六届人大三次会议审议通过了《天津市大气污染防治条例》（以下简称《条例》），于2015年3月1日起正式施行。

新《条例》共十一章、九十七条，主要规定七个方面内容，一是明确防治目标和政府责任；二是建立大气污染共同防治制度；三是强化大气污染物排放浓度与总量双控制；四是突出重点领域大气污染防治；五是健全重污染预警与应急机制；六是建立大气污染防治区域协作机制；七是完善法律责任规定。

一些重要“亮点”如下：

①完善规划标准

各种建设项目增加，都涉及环境承载能力。为此，实行大气污染防治，各级政府要从规划入手。《条例》第十条规定，市环保部门应当会同有关部门组织编制大气污染防治规划，纳入全市环境保护规划，报市政府批准后公布实施。区县政府应当制定大气环境治理措施和阶段性达标方案。为了更严格地控制大气污染物排放，需要根据天津市大气环境质量的现状，采用比国家标准更加严格的地方标准。《条例》第十一条规定，对国家大气环境质量标准和污染物排放标准中未作规定的项目，市政府可以制定本市地方标准；对国家标准中已作规定的项目，市政府可以制定严于国家标准的地方标准。

②实行排放浓度总量双控制

《条例》第十二条规定，本市实行大气污染物排放浓度控制和重点大气污染物排放总量控制相结合的管理制度。向大气排放污染物的，其污染物排放浓度不得超过规定的排放标准；排放重点大气污染物的，不得超过总量控制指标。

③调整产业结构

扬尘、燃煤、机动车、工业生产是天津市的主要大气污染源，而燃煤又主要集中在工业生产领域。《条例》第十三条规定，天津市发展改革部门应当会同有关部门，严格执行国家有关产业结构调整的规定和准入标准，禁止新建、扩建高污染工业项目。天津市工业和信息化部门应当会同有关部门，严格执行国家有关淘汰落后产品、工艺、设备的规定。

④严格单位排污责任

防治大气污染必须从源头上治理，严格落实排污单位的责任。《条例》第十七条至第二十一条和第二十三条，对加强源头治理作出了具体规定。一是排污单位必须建立健全大气污染防治和污染物排放管理责任制度，明确单位负责人和相关人员的责任。二是新建改建扩建向大气排放污染物的建设项目，应当依法进行环境影响评价，其中排放重点大气污染物的项目应当取得重点大气污染物排放指标。未依法进行环境影响评价的建设项目，不得开工建设。三是建设项目配套建设的大气污染防治设施，必须与主体工程同时设计、同时施工、同时投入使用；大气污染防治设施未经验收合格的，主体工程不得投入生产或者使用。四是排污单位必须保证大气污染防治设施正常使用，拆除、停用必须事先申报并获得批准。五是禁止通过偷排、篡改或者伪造监测数据等逃避监管的方式，排放大气污染物。六是排污单位必须严格履行监测义务，按规定向社会公开监测数据。

⑤严格排污收费

排污费是国家为强化环境污染防治而设立的行政事业性收费项目。《条例》第二十一条规定，向大气排放污染物的企业事业单位和其他生产经营者，应当按照规定缴纳排污费，其目的是利用经济杠杆倒逼企业减排，减少大气污染物排放。天津市从2014年7月1日起执行新的排污费标准，大幅提高对二氧化硫、氮氧化物等大气污染物的排污费征收标准，并实施阶梯式差别收费，多排放多缴费，少排放少缴费。

⑥公布重点排污单位

大气污染源在线自动监测设施是环保部门加强环境实时监管的有力武器。《条例》第二十四条规定，根据环境容量、排污单位排放污染物种类、数量和浓度等因素，国家和天津市环保部门确定大气污染物重点排污单位。天津市环保部门应当向社会公布重点排污单位名录，以便于公众监督。同时，要求大气污染物重点排污单位必须安装使用与环保部门联网的在线自动监测设施，并保持正常运行、监测数据准确。在线自动监测的有效数据，可以作为环境执法的依据。

⑦扩大公众参与

防治大气污染需要广泛吸收公众参与，群防群治。《条例》第二十四条至第二十八条对保障公众参与大气污染防治的知情权、参与权和监督权作了规定。

政府有关部门要公开重点排污单位名录，公开依法查处的违法行为和处罚结果，并记入市场主体信用信息公示系统。排污单位应当如实公开排放大气污染物种类和数量等环境保护信息，接受公众监督。

任何公民、法人和其他组织对大气污染违法行为，都有权进行举报。对查证属实的，给予奖励。任何公民、法人和其他组织发现政府及其有关部门不依法履行大气环境监督管理职责的，可以向其上级机关或者监察机关举报。

接受举报的机关应当对举报人的相关信息予以保密，并保护举报人的合法权益。在法律责任中规定，对接到举报或者其他部门移送违法案件不依法查处或者泄露举报人信息的，对责任人员依法给予行政处分；构成犯罪的，依法追究刑事责任。

任何公民、法人和其他组织都有依法保护大气环境的义务，提倡公众绿色出行，优先选择公共交通等出行方式，鼓励使用清洁能源机动车，减少机动车排放污染。

⑧提高罚款的数额标准

《条例》对30种违法行为，在责令改正的同时处以罚款，而且罚款数额成倍提高，比如原来超标排污行为是处1万元以上10万元以下罚款，《条例》将其提高到处以10万元以上100万元以下罚款。

⑨增加按日连续处罚

这是新《环保法》规定的一项史上最严厉的处罚，并且授权地方性法规可以增加按日连续处罚的行为种类。《条例》第九十一条规定了六类违法行为，责令改正后仍不改正的，从次日起按日连续处罚，包括：超标排放和超总量排放大气污染物的，通过偷排等逃避监管方式排放大气污染物的，未依法取得排污许可证排放的，施工现场未采取防治扬尘污染措施的，施工现场搅拌混凝土或者现场搅拌砂浆未配备降尘防尘装置的，存放煤炭等易产生扬尘的散体物料堆场未采取封闭等措施的（详见专栏2-1）。

⑩约谈和曝光

《条例》第九十二条规定，对处以按日连续处罚的企业事业单位和其他生产经营者，自决定按日连续处罚之日起七日内，由环境保护行政主管部门或者作出行政处罚决定的行政部门约谈其主要负责人，并向社会曝光，向社会公开约谈情况、整改措施及结果。

⑪ 依照国家法律处以拘留

新《环境保护法》规定，尚不构成犯罪的由公安机关处以拘留。《条例》第九十三条重申了这些行为，即建设项目未依法进行环境影响评价，被责令停止建设，拒不执行的；未取得排污许可证排放大气污染物，被责令停止排污，拒不执行的；通过偷排等逃避监管方式排放大气污染物的。《刑法》规定了污染环境罪、环境监管失职罪，构成犯罪的，依照《刑法》规定追究其刑事责任。

专栏 2-1

常见的违法行为及处罚标准

其中，属于按日连续处罚范畴的，处罚数额为一天的标准。

（1）工厂冒黑烟：10 万～100 万元

如果工厂的大烟囱向天空冒黑烟、黄烟，也就是向大气超标排放污染物的，由环境保护行政主管部门责令限期改正，并按照《条例》处十万元以上一百万元以下罚款。

（2）偷排污染物：10 万～100 万元

通过偷排、篡改或者伪造监测数据、以逃避现场检查为目的的临时停产、非紧急情况下开启排放旁路、不正常运行大气污染防治设施等逃避监管的方式排放大气污染物的，由环境保护行政主管部门责令限期改正，并处十万元以上一百万元以下罚款。

（3）汽车“墨斗鱼”200 元～2 000 元

机动车超标排放污染物（含机动车排放黑烟）的，由环境保护行政主管部门处 200 元以上 2 000 元以下罚款。

（4）饭馆没油烟净化：5 000 元～5 万元

饮食服务经营单位未按照有关规定安装、使用油烟净化设施，超标排放油烟的，处 5 000 元以上 5 万元以下罚款。

（5）洗染店不装防污设施：2 000 元～2 万元

服装干洗和机动车维修经营单位未按照有关规定设置异味和废气处理装置等污染防治设施并保持正常使用，影响周边环境的，处 2 000 元以上 2 万元以下罚款。

（6）露天烧烤：200 元～2 000 元

露天焚烧落叶、枯草或者在政府划定区域外的公共场所露天烧烤食品的，由城市管理综合行政执法机关责令停止违法行为，可以处 200 元以上 2 000 元以下罚款。

（7）露天烧秸秆：200 元～2 000 元

露天焚烧秸秆的，由环境保护行政主管部门责令停止违法行为，可以处 200 元以上 2 000 元以下罚款。

（8）工地没围挡：1 万～10 万元

施工现场未采取设置围挡、苫盖、道路硬化、喷淋、冲洗等防治扬尘污染措施，或者未使用专用车辆密闭运输散装、流体物料的，由建设、交通运输、水务行政主管部门按照各自职责，处1万元以上10万元以下罚款。

（9）混凝土搅拌不防尘：1万～5万元

在施工工地进行现场混凝土搅拌，或者在施工现场设置砂浆搅拌机未配备降尘防尘装置的，由建设、交通运输、水务行政主管部门按照各自职责，处1万元以上5万元以下罚款。

（10）煤堆不苫盖：1万～10万元

存放煤炭、煤矸石、煤渣、煤灰、矿粉、砂石、灰土等易产生扬尘的散体物料堆场，未采取密闭贮存、设置围挡或者防风抑尘网等有效措施防止扬尘的，或者装卸物料未采取密闭或者喷淋等方式的，由环境保护行政主管部门处1万元以上10万元以下罚款。

（2）举措二：大力推进“五控”工程

2014年以来，根据《天津市清新空气行动方案》，深化“543”工作思路，即强化“五控”治理、综合运用“四种”手段、实现“三无”管理。重点实施控煤、控尘、控车、控工业污染和控新建项目污染“五控”工程，取得初步成效，并提出了2015年工作任务。

①“控煤”方面：完成陈塘热电90万千瓦燃气发电机组建设工程、75座燃煤供热锅炉改燃并网及71座工业燃煤设施的改燃或关停。

2015年，将改燃、并网或关停180座燃煤锅炉，彻底关停陈塘庄热电厂76.5万千瓦煤电机组，实现减煤约500万吨；推广40万台先进民用炉具，严格使用优质煤，实现散煤洁净化替代200万吨；推进6家燃煤电厂煤电机组达到燃气电厂排放标准，清洁用煤达1 000万吨以上。

②“控尘”方面：实施“工地围挡、堆料苫盖、车辆冲洗、地面硬化、土方湿法作业”五个百分百扬尘控制要求，完成390个工业企业堆场扬尘整治及1 527家餐饮服务场所油烟治理，中心城区和环城四区机扫水洗作业率已达65%。

2015年，将坚持“五个百分之百”的控尘要求，中心城区和重点地区道路实现机扫水洗全覆盖，完成天津港散货物流中心等重点区域扬尘污染综合整治，实施电力企业等重点行业堆场密闭化改造。

③“控车”方面：淘汰17.7万辆黄标车和老旧车辆，投运清洁能源汽车及纯电动公交车和通勤客车1 019辆，完成3座大型充电站建

设。交管和环保部门联合抽查过路机动车辆尾气。环保部门通过尾气遥感检测车发现尾气超标车辆后，交警部门会在路口拦下司机，处以50～200元的罚款，同时录入车辆信息限期整改。同时，推动新能源汽车的使用。天津市海泰充电站已运行两年多，在此充电的纯电动公交车累计行驶里程510.2万公里①，替代燃油消耗约1 900吨，减少二氧化碳排放4 779吨。全市公交集团有纯电动车290辆，插电式混合动力公交车299辆，总行驶路程800多万公里，运送乘客1 600多万人次。

2015年将全部淘汰剩余10.5万辆黄标车，4月1日起实施国五排放标准，建设机动车尾气遥测路边示范站。

④"控工业污染"方面：开展重点行业脱硫、脱硝及除尘治理工作，全市20万千瓦以上火电机组已全部完成治理并达到特别排放限值要求。对97家占全市工业燃煤量90%的重点企业安装了大气污染源自动监测设施。

2015年，坚持治理和转型升级并重，力争用2年时间将钢铁行业烟粉尘排放强度由4.62公斤/吨钢降至3公斤/吨钢左右，完成石化、化工、表面涂装等行业挥发性有机物对标治理，并推行泄漏检测与修复技术。淘汰关闭生产经营粗放、存在污染的企业120家，搬迁或关停外环线周边及以内区域污染和危化企业5家。

⑤"控新建项目污染"方面：淘汰140万吨炼铁（烧结）、229万吨水泥落后产能，对34家污染和危化企业实施搬迁或关停，对1.2万家存在"散、弱、低、粗、污"问题的中小企业实施转型升级，完成既有建筑节能改造1 700万米^2，新建绿色建筑1 200万米^2。

2015年，将坚持增项目、减排放，严格落实国家大气污染物特别排放限值要求，对新改扩建项目的二氧化硫、氮氧化物、烟粉尘和挥发性有机物排放总量实行2倍量替代。

（3）举措三：提高排污费征收标准

2014年3月31日，天津市发改委、财政局、环保局联合发布《关于调整二氧化硫等4种污染物排污费征收标准的通知》，确定二氧化硫每公斤征收标准为6.30元；氮氧化物每公斤征收标准为8.50元；化学需氧量每公斤征收标准为7.50元；氨氮每公斤征收标准为9.50元。这是当时国家排污费标准的10倍以上。

同时，为鼓励低标准、惩罚超标准排放，增强企业治污减排的积

① 1公里=1千米。

极性，实行多达 7 层次的阶梯式差别收费标准（详见表 2-1）。

表 2-1 阶梯式差别收费标准（天津）

序号	4 种主要污染物排放浓度	排污费收费标准
1	在规定排放标准的 90% ～ 100%（含 100%）	按收费标准计收
2	在规定排放标准的 80% ～ 90%（含 90%）	按收费标准的 90% 计收
3	在规定排放标准的 70% ～ 80%（含 80%）	按收费标准的 80% 计收
4	在规定排放标准的 60% ～ 70%（含 70%）	按收费标准的 60% 计收
5	在规定排放标准的 50% ～ 60%（含 60%）	按收费标准的 50% 计收
6	低于规定标准的 50%（含 50%）	按收费标准的 40% 计收
7	超过规定排放标准的	按收费标准加 1 倍计收排污费

（4）举措四：推进联合执法

天津市环保局分别与北京市环保局、河北省环保厅签订《跨区域环境联合执法工作制度（暂行）》，确定了合作互信、属地负责、联手互动、预防为主的联合执法原则，明确了联合执法的主要内容，建立了联合执法的工作机制。

3. 河北

（1）举措一：推进重大行业和项目污染治理

从 2013 年 9 月起，河北省对大气污染物排放量占全省 60% 的钢铁、水泥、电力、玻璃四大行业开展污染治理攻坚行动。钢铁、电力、水泥、玻璃四大行业煤炭消耗量占全省的 53%、二氧化硫排放量占 65%、氮氧化物占 60.2%、烟粉尘占 61%，四大行业的污染治理对河北省环境改善举足轻重。

为此，河北省专门印发了《河北省钢铁水泥电力玻璃行业大气污染治理攻坚行动方案》，确定 606 个重点治理项目。2014 年以来，河北省四大行业污染治理投入达 30 多亿元。截至 2014 年 11 月底，已有 528 个工程项目达到了竣工和完成标准，占 87.13%。

2013 年年底至 2014 年 11 月，河北省已分两批集中拆除了 23 家钢铁企业的高炉 26 座、转炉 19 座，共压减炼铁产能 1 127 万吨、炼钢产能 829 万吨。

环保部印发的《京津冀及周边地区重点行业大气污染限期治理方

案》中，涉及河北省的有 674 个重点治理项目，截至 2014 年 11 月底，已有 414 个工程项目达到了竣工和完成标准，占 61.42%。项目完成率为 100% 的有 3 个市，分别是沧州、定州、辛集。项目完成率超过 80% 的有 2 个市，为邢台和衡水。项目完成率超过 60% 的有 3 个市，为石家庄、秦皇岛、邯郸。项目完成率不足 60% 的有 5 个市，分别是保定、唐山、承德、廊坊、张家口。

（2）举措二：扶持治霾科技和产业发展

为治理大气污染，河北省不断强化科技支撑，除从中央财政争取专项资金 62.2 亿元外，河北省政府还设立了 8 亿元大气污染防治专项资金，为科学治霾提供了有力资金支持。在 2014 年项目安排和明年预算中，投入科技资金 1 亿多元，布局和实施 60 多项重大技术研发和成果转化项目。

2014 年 5 月，河北省发布消息称，3 年内将实施燃煤锅炉改造、黄标车治理等 12 类大气污染治理项目，其中需要社会投资 4 237 亿元，需要政府性投资 616 亿元。具体目标包括：到 2015 年，河北省新建和改造的燃煤机组、钢铁烧结机将完成脱硫治理，燃煤电厂、水泥厂将完成脱硝治理，燃煤电厂、水泥、钢铁等行业将完成除尘升级改造治理，石化行业将完成有机废气综合治理。到 2017 年，有机化工、医药、表面涂装、塑料制品、包装印刷等重点行业将开展挥发性有机物综合治理。

（3）举措三：减少农村燃煤对大气的污染

河北省农村年耗煤约 4 000 万吨，其中用于农户炊事、采暖 2780 万吨，农业生产如蔬菜大棚、畜禽养殖等 890 多万吨，乡镇机关企事业单位采暖约 330 万吨。

针对这一问题，河北省计划通过实施农村能源清洁开发利用工程，到 2017 年年底，实现农村燃煤清洁利用和替代 90% 以上，年减少二氧化碳排放 6 696 万吨、二氧化硫 50 万吨、粉尘 50 万吨。今年将在 15 个试点县启动农村能源清洁开发利用工程，通过散煤清洁利用和新型能源替代，减少农村燃煤污染。2014 年，省级投入资金 6.5 亿元统筹用于工程建设，根据不同项目要求制定了具体补贴政策，吸引社会资金参与工程建设。

其中，邢台市工作经验被环保部通报推广。

2014 年 12 月，环保部专门通报了河北省邢台市治理大气的做法和成效。由于偏重的产业结构，邢台市空气质量排名长期处于全国74个城市后十名。为摆脱落后局面，邢台市委、市政府将大气污染防治工作列入中心工作，采取“不讲客观，拒绝理由，自我加压，主动作为，铁腕治理，有情服务”的政策措施，截至2014年11月底，$PM_{2.5}$、PM_{10}、SO_2的浓度分别较去年同期下降12.7%、14.7%、31.3%；二级及以上优良天数超过去年全年优良天数43天。

通报指出，邢台市财政投入资金近千万元作为型煤价格补贴，100万元用于污染举报奖励。实施了重点行业污染治理攻坚行动，累计投入资金29.3亿元，对全市2572家有大气污染物排放的工业企业实施全面达标治理。实施“污染入刑”，对企业违法行为高限处罚，按照最严格的排放标准限期整改，采取停产治理、顶格罚款、刑事拘留相关责任人等措施。2013年至今，共查处违法企业533家，关停取缔318家，查处涉嫌环境犯罪案件81起，移送司法机关36人。

（五）“APEC”蓝

1. 超前部署，提出保障方案

早在2013年国务院发布《大气十条》后，京津冀及周边地区、国家相关部委就着手部署2014年APEC空气质量保障相关工作。

2014年初，京津冀及周边地区大气污染防治协作机制就把APEC空气质量保障列入重点工作计划。北京市与周边省区市积极配合，共同研究编制《APEC会议空气质量保障方案》(以下简称《保障方案》)。10月24日，张高丽副总理出席京津冀协作机制第三次会议，审议通过了该方案。

环保部于2014年10月份利用无人机对京津冀地区进行巡查，共飞行11架次。10月20日至25日，环保部派出16个督察组，对京津冀及周边地区24个重点城市保障方案的部署情况进行专项督察。

2014年11月3日，北京、天津、河北、山西、内蒙古、山东6省区市按要求启动实施保障方案。

2. 各地相应，实施全面保障

（1）北京

会议期间，全市所有工地全部停工，强化道路吸冲扫频次，全市扬尘排放总量下降70%至80%；老旧机动车淘汰更新、单双号限行、公车停驶、部分非道路机械停止使用等，这些措施使机动车排放的污染物也大幅下降，光是颗粒物和氮氧化物就减少了58%和44%；会前完成一批重点行业污染治理和环保技改工程，调整退出375家高污染企业，会议期间累计停限产462家工业企业，共削减挥发性有机物排放量37%。

（2）天津

实施451家土石方作业工地停工，确保中心城区及滨海新区核心区主干道路每日机扫、隔日水洗1次，其他区县政府所在地主要道路每日清扫保洁1次。

实施20%机动车限行。自11月2日起，联合开展了保障APEC会议机动车超标排放专项检查。截至11月11日，共出动执法人员784人（次），遥感筛查车辆37 889辆，抽检2 076辆，劝返进京大、中型货车826辆，处罚尾气超标153辆。

要求9家燃煤电厂和75家重点工业企业在达标排放基础上，各项污染物排放量再减少30%；对不能稳定达标或未完成治理设施改造的企业，会议期间一律停产。

为应对在会议期间先后遇到的两次极端不利气象过程，天津市除提前关停计划内的6套机组外，额外关停1套30万千瓦机组，在运的18套机组全面加大喷氨量和燃用低硫煤，其中9套机组实现超低排放；21家VOCs排放重点企业关停或加强治理，1 953家企业实行限产限排措施，5 903个各类工地全部停工。实施每日3时～24时单双号机动车限行，每天停驶机动车达140多万辆。

（3）河北

会议期间，河北省有8个设区市和两个省直管市启动了Ⅰ级重污染天气应急减排措施，共有2 000多家企业停产、1 900多家企业限产、1 700多处工地停工。

为应对在会议期间极端不利气象过程，河北省政府于11月7日发布紧急通知，要求全省所有电力企业实施50%限产；所有钢铁、焦化、水泥、玻璃等行业全部暂时停产；所有工业企业涉VOC排放工序在保证生产安全情况下进行停产。

此外，为应对会议期间极端不利气象过程，各级环保部门加大夜查、巡查和突击检查工作力度，增加环保督察人员和检查频次，除重点企业外，对其他排放量较大的企业也安排人员驻厂监管。由于各地、各部门采取强有力的果断措施，确保了北京市空气质量依然良好。

（4）其他省份

山东、河南等省也发布紧急通知，加大电力、钢铁"高架源"和VOCs排放企业的减排力度。山东济南等6市停止所有建筑、道路、拆迁工地的施工作业，停止除保障群众基本生活必需之外的一切向大气排放污染物的生产活动。

3. 全力以赴，付出较大经济代价

经环保部初步测算，6省区市在会议期间实际停产企业9298家，限产企业3 900家，停工工地4万余处，分别是《保障方案》规定的3.6倍、2.1倍、7.6倍。

据石家庄市政府初步统计，APEC会议期间，石家庄"关、停、限"企业总产值减少124.2亿元，利税减少17.6亿元，利润减少12.6亿元。

2014年11月，华尔街日报刊文《中国经济为APEC蓝付出多大代价？》，从经济的角度分析了APEC给中国带来的影响，称APEC措施已经对短期增长产生了巨大的负面效应，11月总体工业增加值同比增速可能会从9月份的8%降至7%～7.4%。根据瑞士信贷(Credit Suisse)估计，这种措施已经影响到了中国钢产量的1/4、水泥产量的13%、工业产出的3%，进而可能对中国11月份工业增加值增速产生0.2～0.4个百分点的拖累。

4. 总结评估，取得预期效果

2014年12月17日，北京市环保局发布了APEC空气质量保障措施效果评估结果。评估结果显示：

①会议期间全市$PM_{2.5}$平均质量浓度为43 μg/m³，由于共同采取了会期保障措施，$PM_{2.5}$质量浓度下降了26.5 μg/m³。其中，本市减排措施对$PM_{2.5}$质量浓度削减19.8 μg/m³左右，区域污染传输减少贡献6.8 μg/m³左右。

②采取会议期间保障措施与不采取措施相比，全市分别削减二氧化硫（SO_2）、氮氧化物（NO_x）、可吸入颗粒物（PM_{10}）、细颗粒物（$PM_{2.5}$）

和挥发性有机物（VOCs）排放约 39.2%、49.6%、66.6%、61.6% 和 33.6%，平均削减 50% 左右。

③除周边实施工业停限产、机动车单双号行驶等临时性减排措施发挥减排效益外，本地减排效果主要得益于以下几个方面：一是得益于机动车限行与管控，二是得益于燃煤和工业企业停限产，三是得益于工地停工，四是得益于加强全市道路保洁，五是得益于调休放假。

天津市也发布了相关评估结论：

①监测数据显示，11 月 1 日～11 月 11 日，天津市 6 项大气污染物中，SO_2 质量浓度 27 μg/m^3，同比下降 59.1%；NO_2 质量浓度 57 μg/m^3，同比下降 17.4%；PM_{10} 质量浓度 110 μg/m^3，同比下降 26.7%；$PM_{2.5}$ 质量浓度 75 μg/m^3，同比下降 23.5%。

②据初步测算，全市二氧化硫、氮氧化物、颗粒物排放量较去年同期分别减少 2 168 吨、5 413 吨、5 384 吨，同比下降 40%、70% 和 42%。特别是自气象条件转差的 11 月 8 日起，经初步估算，与 10 月底的重污染过程相比，全市空气中主要污染物浓度下降了约 50%。

三、长三角地区“治霾”进展

（一）协作机制

为加强长三角区域大气污染联防联控，经国务院同意，建立由长三角三省一市和国家八部委组成的长三角区域大气污染防治协作机制，于 2014 年 1 月 7 日正式启动，并在上海召开第一次工作会议。会议明确了“协商统筹、责任共担、信息共享、联防联控”的协作原则，明确五项具体职能：

（1）协调推进党中央、国务院关于大气污染防治的方针、政策和重要部署在长三角区域的贯彻落实；

（2）研究长三角区域涉及大气污染防治的重大问题；

（3）推进长三角区域大气污染防治联防联控工作，通报交流区域大气污染防治工作进展和大气环境质量状况，协调解决区域突出大气环境问题；

（4）推动长三角区域在节能减排、污染排放、产业准入和淘汰等方面环境标准的逐步对接统一；

（5）推进落实长三角区域大气环境信息共享、预报预警、应急联动、联合执法和科研合作。建立起"会议协商、分工协作、共享联动、科技协作、跟踪评估"五个工作机制。

会议强调，近期要着重抓好几方面的协作和联合行动：

（1）严控燃煤消耗总量，加快能源结构优化调整，大力推进中小燃煤锅炉清洁能源替代；

（2）严控产能过剩，加快污染企业结构调整和高标准治理；

（3）加强交通污染治理，加快落实油品升级，推广清洁能源车应用，全面淘汰黄标车；

（4）加强扬尘污染控制，对建设工地、道路保洁、渣土运输、堆场作业落实扬尘控制规范措施；

（5）通过法律、技术、经济等多种措施推进秸秆禁烧工作；

（6）加强大气重污染预警应急联动，做好空气重污染预警和应急预案的对接，建立环境、气象数据共享长效机制，加快建成长三角区域大气污染预测预报体系；

（7）加快推进大气污染防治政策和标准的逐步对接，优先推进油品标准、机动车污染排放标准、重点污染源排放标准实施的对接；

（8）推动大气污染的第三方治理，构建开放统一的环境服务市场；

（9）加强科技协作，共同组织开展区域大气污染成因溯源和防治政策措施等重大问题的联合研究；

（10）根据《大气污染防治目标责任书》要求，做好责任分解落实，加强跟踪评估和考核，确保各项措施落到实处。

2014年12月1日，协作机制召开第二次工作会议。

会议认为，2014年各项工作取得良好开端：

（1）重点治理任务有效实施，主要体现在燃煤电厂污染治理全面落实，燃煤锅炉和炉窑清洁能源替代取得较快进展，黄标车和老旧车辆淘汰力度进一步加大，工业污染治理加快推进，秸秆禁烧和综合利用得到明显加强。

（2）以区域大气污染防治协作机制为平台，共同协商制订工作方案，成功保障南京青奥会环境质量。

（3）其他协作重点工作有序落实，出台《长三角区域空气重污染应急联动工作方案》；启动和加强区域空气质量预测预报体系和区域环境气象预报预警体系建设；启动“区域大气污染源解析”和“大气质量改善关键措施”两项区域大气重点科研项目；开展车、船等区域大气重点问题调研和重点行业排放标准对接的前期沟通。

会议在总结2014年工作的基础上，形成《长三角区域大气污染防治协作2015年重点工作建议》。具体共分三方面：

（1）进一步加大一批重点治理工作的力度。根据国家要求和区域特点，聚焦煤炭消费总量控制和清洁能源替代、煤电节能减排升级与改造、工业结构调整和污染治理、机动车污染防治、秸秆和扬尘污染治理五个方面。其中，清洁能源替代方面，上海将全面完成燃煤中小工业锅炉窑炉淘汰，江苏、浙江、安徽基本完成城市建成区10蒸吨以下锅炉淘汰。电力污染减排方面，在全面达到现行燃煤电厂排放标准的基础上，推进一批超低排放改造示范项目。工业污染防治方面，实施以控制大气主要污染物为重点的污染企业结构调整和综合治理。机动车污染防治方面，形成《2015年区域黄标车异地协同监管方案》，上海、江苏、浙江全面淘汰黄标车，安徽基本淘汰2005年以前注册的黄标车。秸秆治理方面，在巩固禁烧成果基础上，深入推进综合利用，力争区域火点数进一步下降。扬尘控制方面，推广装配式建筑源头减尘，落实绿色施工、文明施工精细化控尘。另外，要全力做好2015年冬2016年春可能出现重污染天气的应急联动工作。

（2）共同探索启动一批治理难点工作。非道路移动机械、港口船舶，都是具有区域特色的重点污染来源，但又是全国性难点，长三角应加快启动、先行先试，在《船舶污染防治建议》和《非道路移动机械污染防治建议》中提出近中期的工作思路和建议，2015年启动。

（3）继续加强区域政策对接和技术协作。按照中央的要求和部署，在强化污染治理的同时，加强规划与法规标准对接、政策协同和技术合作。

（二）各地实施方案

1. 上海

2013年11月7日，上海市人民政府印发《上海市清洁空气行动计划（2013—2017）》（以下简称《计划》）。其目标是：到2017年，重污染天气大幅减少，空气质量明显改善，细颗粒物（$PM_{2.5}$）年均浓度比2012年下降20%左右。

《计划》部署了六个方面重点任务：优化能源结构，深化燃煤污染防治；加快产业结构调整，加强工业污染防治；积极发展绿色交通，加大机动车船污染控制力度；规范建设行业管理，提升污染防治水平；强化农业污染治理，减少面源排放；推进社会生活源整治，加快挥发性有机物等污染治理。

明确了六个方面的保障措施：加强组织领导，严格责任追究；健全法规标准，提升行为底线；加大执法力度，严格日常监管；加大全社会投入力度，强化政策引领；完善能力建设，强化科技支撑；发动市民参与，加强区域协作。

2. 江苏

2014年1月6日，江苏省人民政府印发《江苏省大气污染防治行动计划实施方案》。提出的目标是：经过5年努力，全省空气质量明显好转，重污染天数控制在较低水平；到2017年，各省辖市细颗粒物（$PM_{2.5}$）浓度比2012年下降20%左右。

具体举措包括十条49项重点任务：深化产业结构调整，推进大气污染源头防治；强化工业污染治理，削减大气污染物排放总量；控制煤炭消费总量，着力优化能源结构；大力发展绿色交通，深入治理机动车尾气污染；全面控制城乡污染，开展多污染物协同治理；强化科技支撑作用，努力提高科学治理水平；提升监控预警能力，切实保障公众环境权益；完善政策制度体系，全面提升大气污染防治保障能力；加强区域联防联控，完善大气污染防治责任体系；同呼吸共奋斗，合力推进"蓝天工程"。

其中提出，构建以环境质量改善为核心的目标责任考核体系，对省辖市人民政府年度"蓝天工程"计划完成情况进行考核。2015年，进行中期评估，并依据评估情况调整治理任务。2017年，对实施方案及各地实施细则完成情况进行终期考核。考核和评估结果经省人民政府同意后，向社会公布并送交干部主管部门，按照《关于建立促进科学发展的党政领导班子和领导干部考核评价机制的意见》《江苏省市县党政主要领导干部环保工作实绩考核暂行办法》等规定，将考核和评估结果作为领导班子、领导干部综合考核评价的重要依据。

3. 浙江

2013 年 12 月 31 日，浙江省人民政府印发《浙江省大气污染防治行动计划（2013—2017 年）》。提出的工作目标是：通过五年时间的努力，全省环境空气质量明显改善，重污染天气大幅减少；到 2017 年，全省细颗粒物（$PM_{2.5}$）浓度在 2012 年基础上下降 20% 以上。

明确了六方面 27 项具体任务：调整能源结构，防治机动车污染，治理工业污染，调整产业布局与结构，整治城市扬尘和烟尘，控制农村废气污染。

提出了九个方面的保障措施。其中包括：

（1）严格实施《环境空气质量管理考核办法》，考核结果作为当地政府领导班子政绩评价的重要依据，并与建设项目审批以及财政资金奖惩结合，考核结果要公开发布，接受公众监督。2015 年省政府对本行动计划实施情况进行中期评估，对推进工作不力、没有完成阶段性任务的有关政府负责人实行约谈。

（2）修订《浙江省大气污染防治条例》，制订《浙江省重点工业行业挥发性有机废气污染物排放标准》等地方排放标准。研究制订高耗能、高污染和资源性行业准入条件和产业准入目录。制订实施餐饮油烟、工地及道路扬尘、矿山粉尘等管理规范。

（3）创新有利于大气污染防治的财政、物价、信贷、用地等政策措施，实施二氧化硫、氮氧化物及烟粉尘减排电价，完善天然气价格政策，有效推进节能环保和清洁能源利用。各级财政要加大投入，对脱硫脱硝工程、火电清洁化改造、燃煤锅炉淘汰、煤改气、有机废气污染治理、黄标车淘汰、机动车油改气、“两高”行业企业退出等给予引导性资金支持。

4. 安徽

2013 年 12 月 30 日，安徽省人民政府印发《安徽省大气污染防治行动计划实施方案》。提出的目标是：到 2017 年，全省空气质量总体改善，重污染天气较大幅度减少，优良天数逐年提高，可吸入颗粒物（PM_{10}）平均浓度比 2012 年下降 10% 以上（各市大气污染防治目标任务详见附件）。力争到 2022 年或更长时间，基本消除重污染天气，全省空气质量明显改善。

部署了五个方面 27 项措施：加强工业大气污染治理，强化城市大气污染防治，推动机动车污染防治，加快产业结构调整，调整优化能源结构。

提出了六个方面 13 项保障措施。其中包括：

（1）安徽省政府与各市人民政府签订大气污染防治目标责任书，将可吸入颗粒物指标作为经济社会发展的约束性指标。省政府制定考核办法，对各市大气污染防治工作情况实施年度考核，考核结果经省政府同意后向社会公布，并交干部主管部门作为对领导班子和领导干部综合考核评价的重要依据。对未通过年度考核的，由省环保部门会同组织、监察等部门约谈市政府及其相关部门负责人，提出督促整改意见。对因工作不力、履职缺位等导致未能有效应对重污染天气的，以及干预、伪造监测数据和没有完成年度目标任务的，省监察部门要依法依纪追究有关单位和人员的责任，省环保部门要对有关地区和企业实施建设项目环评限批，取消有关环境保护荣誉称号。

（2）科学运用规划、投资、产业等措施，建立健全节能环保投融资机制。鼓励民间资本、社会资本投入大气污染防治，引导金融机构加大防治项目信贷支持。探索排污权抵押融资模式，拓展节能环保设施融资、租赁业务。扩大政府采购节能环保产品范围，提高节能环保产品采购比例。各级财政要加大环保投入，支持大气污染治理，加大涉及民生的"煤改气"项目、黄标车和老旧车辆淘汰、轻型载货车替代低速货车、环保能力建设等政策支持力度，将空气质量监测站点建设、运行和监管经费纳入各级财政预算，对重点行业清洁生产示范工程给予引导性资金支持。省财政统筹整合主要污染物减排等专项，设立大气污染防治专项资金，加大省级基本建设投资对大气污染防治的投入。

（三）各地主要举措

1. 上海

（1）举措一：强化环境法治

新修订的《上海市大气污染防治条例》（以下简称《条例》）已由上海市第十四届人民代表大会常务委员会第十四次会议于 2014 年 7 月

25日修订通过，自2014年10月1日起施行。

一些重点内容和特点包括：

①从制度设计上，更加强调源头防治。《条例》从2个方面强化源头防治，分别是调整能源结构（控总量）、降低燃煤和化石能源比例（清洁能源替代）与优化产业结构（如《条例》规定的污染严重的产业要求列入淘汰目录、工业相应园区集中等）。

②提高了处罚力度。规定了按日计罚、双罚制、查封扣押、停产限产、停电措施、移送公安实施行政拘留等措施。《条例》在不违背上位法的前提下，大幅提高罚款限额，如将无证排污这一严重污染大气环境的行为的罚款幅度提高到5万元以上50万元以下。此外，还规定了按日连续处罚制度。该条例规定"双罚制"。即对违法单位进行罚款的同时，还要对单位负责人和直接责任人进行处罚。此外，为进一步提高执法效率，有效打击环境违法行为，《条例》对明显违法的行为，如无组织排放，机动船、锅炉、窑炉冒黑烟等，规定可直接实施行为罚，即相关单位或者个人只要从事违法行为，即可进行处罚。

《上海市大气污染防治条例》施行后，全市首例"按日计罚"的违法企业是上海森库木业有限公司。该公司于2014年10月11日被检查发现其一台5吨锅炉使用废木材及木皮边角料等作为燃料，存在严重的"冒黑烟"违法行为。10月23日，市环境监察总队对其作出罚款人民币2.5万元的行政处罚决定，并责令该公司立即停止冒黑烟的违法行为，明确告知其如拒不改正，将"按日计罚"。然而10月27日，市环境监察总队再次对该企业进行督察时，发现其未履行整改措施，冒黑烟现象依旧。环保部门对其拒不改正的违法行为立案查处，自责令改正文书送达之日的次日（10月25日）起至再次发现违法行为之日（10月27日）止计算罚金，即处罚7.5万元（2.5万元 ×3日）。该企业已被送达行政处罚听证告知书。按照《条例》有关规定，如该单位依然拒不改正，将按法律规定对其再次实施"按日计罚"。

上海市还组织开展了"百日环保执法大检查"，2014年10月至11月间，全市出动6 500多人次，立案查处170多家违法单位

（2）举措二：完善治霾工作体制机制

上海已建成市区两级由52个自动监测站构成、涵盖$PM_{2.5}$等6项指标的空气质量监测网，2014年8月底所有区县实现空气质量分区实

时发布；《空气重污染专项应急预案》纳入全市突发公共事件应急管理体系；上海市环保局与上海市公安局首次启用警航直升机开展秸秆禁烧巡查，实现警航空中巡查与环保地面核查相结合的"天地一体"式排查，快速发现、快速处置，极大提高了环境执法震慑力和警示作用。

上海市政府在全国率先出台了《关于加快推进本市环境污染第三方治理的指导意见》和试点工作方案，加快推动"谁污染、谁治理"向"谁污染、谁付费、第三方治理"深化。充分发挥长三角区域大气污染防治协作小组的作用，主动加强协调，加强区域大气污染防治的联动协作，形成市区县联动、各部门联防、区域协作的大气环境治理的合力。

上海市党委政府负责，切实承担起责任，同时形成全社会参与的格局。《上海市清洁空气行动计划》所明确的119项治理任务，责任分工明确，推进机制有明确考核评比，每个月都有报告。制定并实施《上海市大气污染防治条例》，这也是上海"史上最严"、目前全国省会城市中最严的环保法规，这一法规大幅度提高了罚款限额，确立按日连续处罚制度，对大气污染追究个人责任。环保部门将环境违法企业"黑名单"与"企业信贷"和企业评奖评优等政策措施相挂钩，环境违法的企业，在企业商业贷款、企业评奖评优中将受到严格限制，有些领域实行环保"一票否决"。

（3）举措三：强化重点领域污染治理

工业系统采取八大举措推进大气污染防治工作。

①严格产业准入。创新运用"负面清单"管理新模式，完善调整淘汰约束标准，编制出台了全国首份《上海产业结构调整负面清单及能效指南（2014版）》，重点指向"压和减"，发布涉及化工、钢铁、有色、建材、机械等12个行业共386项淘汰限制类生产工艺、装备、产品指导目录，倒逼企业加快调整；同时，发布《上海工业及生产性服务业指导目录和布局指南（2014版）》，重点指向"新和增"，严格产业准入。

②稳步推进产业结构调整。截至2014年9月底，全市实施产业结构调整项目476项（其中危化企业调整项目12项，黏土砖瓦34项），已完成全年目标的95%，90%以上项目属于"负面清单"或"三高一低"行业范围，超过半数对大气污染防治有直接贡献，减少能源消费量27万吨。"十二五"以来，共调整淘汰落后项目2 875项（其中危化企业调整项目253项）。

③加快推进锅炉清洁能源替代。这项工作是2014年市政府实事工程第一项第一件，有关部门克服企业成本大幅增加、观望情绪浓重的困难，采取切实措施，一区一培训对接、一企一策、一锅炉一方案，扎实推进。截至2014年10月底，全市共完成燃煤（重油）锅炉清洁能源替代1 097台（锅炉918台、窑炉179台），已完成全年计划的94%。

④广泛推行清洁生产。截至2014年9月底，全市共完成清洁生产评估205家，完成验收94家，共实施清洁生产无/低费方案945项，中/高费方案118项。累计实施清洁生产无/低费方案4 558项、中/高费方案645项，节约标煤近42万吨，减排二氧化碳97万吨、COD 822吨、二氧化硫6 835吨、粉尘766吨。

⑤大力推进清洁发电与绿色调度。通过优化高效燃煤机组替代低效燃煤机组发电调度方案，要求并网发电机组选用高热值低灰分的优质煤发电，安排环保、低污染的天然气机组替代低效燃煤机组发电，2013年全年高效机组替代低效机组基数发电量15.48亿千瓦时，为本市减少发电消耗标准煤量达6.12万吨。此外，开展电厂煤堆场安装密闭料仓试点，研究启动电厂煤堆场封闭改造方案，将有利于减少粉尘。

⑥推进绿色产业园区创建与分布式光伏示范应用。建立绿色产业园区评价体系，推进漕河泾、桃浦、临港、金桥等园区开展绿色产业园区试点，开展绿色照明、绿色建筑、分项计量、废弃物逆向物流体系等示范工程建设。加快推进分布式光伏示范应用，按照“梳理一批、推动一批、储备一批”的思路，对接了106个项目，约300MW。

⑦加快推广新能源汽车示范应用。对接国家推广应用要求，明确部门分工责任，分行业、分领域推进，做好政策配套，加大宣传力度。截至2014年10月底，全市今年已推广新能源车6 091辆，新建了465个充电设施。

⑧做好工业行业空气重污染应急预案。制定了本市工业行业空气重污染应急工作方案，形成“一套预案体系、一份响应措施企业名单、一项工作机制、一项联动机制”的应急工作格局，涉及27个行业643家企业，并于10月24日开展了工业行业空气重污染应急演练，落实了上海马拉松赛事临时应急保障措施。

能源领域重点强化能源结构优化和分散燃煤整治，按照到2015年基本取消工业中小燃煤锅炉目标，2014年以来全市已完成了1 000多台燃煤（重油）锅炉和窑炉的清洁能源替代或调整关停任务。

交通领域积极推进机动车污染防治，截至2014年10月完成12.9万辆黄标车和老旧车的淘汰，新增新能源公交车1 400余辆。

建设领域强化绿色建筑推广和环保防尘规范化管理，建设工程扬尘污染在线监测系统累计安装80余套，完成60家混凝土搅拌站的绿色环保改造。

农业领域制定了秸秆综合利用实施方案，优化补贴政策和落实机制。

生活领域重在解决影响群众的突出污染问题，在黄浦、长宁、闸北、松江等区探索开展了餐饮油烟的第三方治理和监控。

2. 江苏

2012年，江苏省火电、水泥、钢铁等重点行业产能稳居全国前三，单位地区生产总值能耗高于北京、广东、上海和浙江，约为美国的3倍、欧盟的4倍、日本的8倍；单位国土面积煤炭消耗量高于山东、河北、浙江、广东；近10年来江苏省城市化发展迅速，机动车保有量增长了406%，施工工地面积增长了5倍。总体上，治霾面临重大挑战。

（1）举措一：推进环境法治建设

《江苏省大气污染防治条例》（以下简称《条例》）由江苏省第十二届人民代表大会第三次会议于2015年2月1日通过，自2015年3月1日起施行。

该条例被一些媒体称为最严“条例”。

首先是加强了对大气污染重点行业企业污染排放的监管，严惩无证排放、超标排放、违规排放以及监测数据弄虚作假等违法行为，实行按日计罚制度。

其次是赋予相关执法手段，执行机关可以对符合法定情形的造成污染物排放的设施、设备采取查封、扣押措施，人民法院在执行中可以在一定条件下对违法者采取停水、停电措施。

第三，加大对负责人的处罚，实施双罚制。除对单位进行处罚外，还可以对单位主要负责人和直接负责人员处1万～10万元的罚款，对无证排污被责令禁止排污拒不停止排污的，对其直接负责的主管人员和其他直接负责人员依法予以拘留。

《条例》规定，设区的市、县（市）人民政府可以根据大气污染防治的需要和经济社会发展规划、市规划合理控制机动车保有量，限制市区摩托车的保有量。采取控制机动车保有量的措施，必须公开征求公众意见，经同级人大常委会审议后，实施30日前向社会公告。

《条例》规定 :“禁止在城市主次干道两侧、居民居住区以及公园、绿地内管理维护单位指定的烧烤区域外露天烧烤食品。”如果违反规定露天烧烤食品，将由设区的市、县（市）人民政府确定的行政主管部门责令改正，处500～2 000元罚款。

《条例》规定 : 排污单位应当按照国家有关规定缴纳排污费，增加了“排污费应当专款专用”的内容。在工业大气污染防治的章节中，新增规定 :“禁止使用列入淘汰名录的高污染工艺设备。”

（2）**举措二 : 推进重点领域污染物治理**

减煤是江苏省近年来关注的重点。以3年内实现用煤总量下降为目标，通过实施煤炭消费总量控制方案和目标责任管理办法，开展燃煤小锅炉环境综合整治，划定高污染燃料禁燃区，加快发展核电、风电、生物质能、太阳能等清洁能源，江苏省的能源结构正逐步调整并转型。2014年，江苏省海上风电和分布式光伏规模位居全国前列，非化石能源消费比重达到7.7%，较2012年提高了1.5个百分点。

提高工业排放标准，化解过剩产能、淘汰落后产能。江苏省2014年将完成全省所有火电、钢铁企业的除尘提标改造，实现公用燃煤大机组脱硝全覆盖，力争提前一年完成国家下达的二氧化硫减排任务。2013年，江苏省已经淘汰落后钢铁产能210万吨、水泥产能292万吨，关闭工业企业977家。到2017年，将压缩钢铁产能700万吨、水泥产能1 000万吨、平板玻璃产能300万标准箱。

控燃主要是加强秸秆综合利用。2014年，江苏省正结合燃煤锅炉整治，推进煤炭消费总量控制，鼓励秸秆收集、加工和使用，规范秸秆能源贮运、生产制造、燃料使用等各环节，因地制宜利用秸秆发展生物质发电和固体成型燃料，推进燃煤锅炉采用生物质成型燃料、清洁能源等替代燃煤。目前，海安县已有企业发展形成了收储—打包—固化成型—烧锅炉—供汽一条龙的秸秆利用产业链。未来，秸秆燃料化利用的模式将在全省进一步推广。

从2012年开始，江苏省就展开了针对重点区域、重点行业、重点问题的挥发性有机污染物调查和治理工作，全省共调查VOCs排放企业 1 452 家，2013 年完成了 116 项 VOCs 治理工程，2014 年还将完成化工原料制造、印刷包装、电子产品制造等重点行业的 VOCs 治理项目 532 个。以常州市为例，2012 年，常州市在江苏省率先建立了全市 SO_2、NO_x、PM_{10}、$PM_{2.5}$、VOCs 等 8 类大气污染物排放清单。目前常州市正就 $PM_{2.5}$ 的来源进行解析研究，已完成了 4 次采样和分析，正在完成相应的技术报告。

2014 年内江苏省将淘汰 30 万辆黄标车，同时在全省推广使用 1 万辆新能源公交车。2014 年年底前，江苏省车用柴油将全面升级到国Ⅳ标准，新登记注册的轻型汽油车提高到国Ⅴ标准。

目前，江苏约有 5 亿平方米的建筑工地正同时施工，降尘是江苏大气污染防治的着力点之一。江苏正开展建设施工扬尘“双百日”集中整治行动，所有市区建筑工地实施封闭施工、道路硬化。征收工地扬尘排污费，也是江苏省运用经济手段推动大气污染治理的重要举措。南京市、苏州市、徐州市、无锡市已就此开展了试点工作。江苏省还将修订施工扬尘排污费征收管理办法，完善扬尘防控长效机制。

专栏 2-1

“盐城好空气”的做法

2014 年，盐城城市空气质量当之无愧地成为全省第一：环境空气综合污染指数全省最低；优良天数全省最高；$PM_{2.5}$ 平均浓度全省最低，并且是全省唯一低于 60 微克/立方米的城市；特别是 9 月份，盐城在环保部公布的全国 74 个重点城市环境空气质量综合指数排名中列第 4 位，仅次于海口、舟山、拉萨，是江苏历史最好名次。

盐城市有三个关键做法：能源转方式、工地控扬尘、秸秆禁焚烧。2014 年，盐城标煤排放不到 1 000 万吨，新能源发电已占全市用电量 13%，2015 年占比要争取达到 20%，这在全国都是鲜见的。为了抓好秸秆禁烧，盐城大力推广秸秆还田。秸秆还田的前提是田块要大。为此，盐城在不改变土地所有权、经营权的情况下，创新探索“多家一田”，推掉田埂，改为画线分界，从而实现连片深耕还田。同时，在禁烧重点区域安装 600 多个高清摄像头，实行全方位自动巡航监控。2014 年，盐城是江苏唯一未被环保部和省环保厅通报的城市。

3. 浙江

浙江省政府把加大雾霾治理力度列入十方面为民实事。省政府强调，大气污染防治要“调、治、控”联动。

要突出“调”字，重点是调能源结构和产业结构。要想方设法发展天然气、光伏太阳能等清洁能源，加快输气管网建设，严格实行燃煤总量控制；积极实施城区工业区的改造，积极淘汰落后产能。

要突出“治”字，重点是治理工业废气和机动车废气。要治理黑烟囱、脱硫脱硝，减少细颗粒物及有机废气污染；加快公交车、出租车的天然气改造，积极推广新能源汽车，划定高污染车禁行区。

要突出“控”字，重点是控制城市扬尘烟尘和农村废气污染。城市化带来的环保问题，要从规划入手，对城市布局进行优化；要通过市场化手段，实现秸秆资源化和还田。

2014 年 5 月 13 日，经浙江省政府同意，浙江生态省建设工作领导小组办公室印发《2014 年浙江省大气污染防治实施计划》，提出：设区城市环境空气质量（AQI）优良率达到 69% 以上。

2014 年，浙江省大气污染联防联控架构全面形成。主要表现在：实施大气污染防治行动计划和 6 大专项行动，成立大气污染防治工作领导小组，制定大气重污染应急预案。工业废气治理逐步深化。烟气治理工程加速推进，挥发性有机废气治理全面展开。淘汰燃煤锅炉 3 353 台，完成燃煤机组烟气清洁排放改造 9 台。机动车污染防治力度空前加大。淘汰黄标车及老旧车 38.15 万辆，超额完成年度任务。县以上城市建成区基本划定限行区。城乡废气有效治理。设区市本级主干道机械化清扫率达 99.5%，秸秆综合利用率达 83%。

浙江省强化环境执法监管。2014 年立案查处环境违法案件 9 916 件，行政罚款 4.73 亿元，行政拘留 541 人，刑事拘留 1 464 人，向公安部门移送环境违法犯罪案件 1 036 件。

2015 年，将全面推进大气污染防治六个专项工作：

一是优化产业布局，县以上城市建成区基本完成大气重污染企业关停搬迁。

二是调整能源结构，加快淘汰燃煤小锅炉，创建高污染燃料禁燃区，实现县以上城市供气管网全覆盖；加快推进脱硫脱硝工程和除尘设施建设，加大火电机组超低排放清洁化改造力度。

三是加强机动车排气污染防治，基本淘汰黄标车，年底前全面供应国Ⅴ标准车用汽柴油。

四是深化工业废气治理，加快石化行业VOCs污染整治，完成电力、钢铁、水泥、平板玻璃行业大气污染限期治理。

五是加强城市和农村烟粉尘治理。

六是强化建筑工地和道路清扫扬尘管理，县以上城市城区全面开展餐饮油烟治理；深入推进秸秆综合利用，着力减少秸秆焚烧。

浙江省将继续积极参与长三角联防联控。健全完善省际合作机制，加强区域政策对接和技术协作。启动机动车异地协作监管和非道路移动机械污染治理，研究探索船舶港口大气污染联合防治。

4. 安徽

（1）举措一：推进依法治霾

2015年1月31日，安徽省十二届人大四次会议高票表决通过《安徽省大气污染防治条例》（以下简称《条例》），于3月1日起施行。

从草案起草到最终表决通过，《条例》历经七轮修改完善，广泛征求民意、集纳民智，充分发挥代表的立法主体作用，共有499名省人大代表书面提出意见750余条；拓宽社会各方面参与立法途径，公开征集起草和修改意见建议400多条。

《条例》分为九章一百零二条，明确了大气污染防治监督管理的一般规定，在区域和城市大气污染防治、工业大气污染防治、机动车船大气污染防治、扬尘污染防治以及其他大气污染防治等方面提出详细的治理规范标准，并明确责任主体，确保《条例》能够真正落到实处。

一些重要“亮点”包括：

①向源头控制延伸

条例从调整产业政策、产业布局等方面强化了大气污染的源头防控。要求实行高耗能、高污染和资源性行业准入目录制度、大气污染物排放量等量削减替代制度，通过减量置换获得大气污染物排放总量指标的建设项目，在置换的排放量未削减完成前，不得投入试生产。《条例》还要求依据主体功能区规划，合理确定本省重点产业发展布局、结构和规模。

大气环境标准是行使大气环境监督管理和执法的依据。《条例》授权省政府可以制定和发布严于国家标准的本省大气环境质量标准，可以执行大气污染物特别排放限值。

②多污染源全过程监管

造成大气污染的污染源众多，《条例》不仅对工业和移动源废气排放、扬尘，以及秸秆焚烧等多污染源防治进行规范，还以排污许可制度为主线，对排污实行全过程监管，并分别设专章针对区域和城市、工业、机动车船及其他大气污染防治予以规定。

其中，对于城市大气污染防治，《条例》要求将大气通道、建筑物高度等纳入城市总体规划，在城市规划区内禁止新建大气污染严重的建设项目，已建的应当搬迁、改造。针对安徽省实际，《条例》还要求城市建成区应当在国家规定的期限内淘汰每小时10蒸吨以下燃煤锅炉，禁止新建每小时20蒸吨以下燃煤锅炉，城镇建成区不再新建每小时10蒸吨以下燃煤锅炉。

对于农业生产、群众生活造成的污染，《条例》授权设区的市和县级人民政府划定秸秆禁燃区域，授权市、县人民政府规定烟花爆竹禁售、禁放或限售、限放的区域和时间，划定禁止露天烧烤区域。《条例》还禁止在居民住宅楼、有关商住综合楼内新建、改建、扩建产生油烟、异味、废气的饮食服务项目。

③提高违法成本

针对违法成本低、守法成本高的问题，《条例》普遍采用停业、停产整治、关闭、拆除等相对严厉的治本措施。对于拒不改正违法行为的企事业单位，《条例》规定“按日处罚”，对于严重违法行为将追究治安和刑事责任。

《条例》还明确了政府及有关部门承担行政责任的行为和种类，对直接负责的主管人员和其他直接责任人员作出记过、记大过、降级的规定；造成严重后果的，给予撤职或开除处分，并明确主要负责人应当引咎辞职。

此外，《条例》规定：省人民政府根据实际需要，与长三角区域以及其他相邻省建立区域重污染天气应急联动机制、沟通协调机制，探索建立防治机动车排气污染、禁止秸秆露天焚烧等区域联动执法机制，建立大气环境质量信息共享机制，开展大气污染防治科学技术交流与合作。

同时要求，省人民政府应当在合肥经济圈、皖江城市带、沿淮城市群等区域，建立大气污染和生态破坏联合防治协调机制，实行联防联控。

（2）举措二：分领域重点推进

2014 年 5 月 9 日，安徽省大气污染防治联席会议办公室集中公布 4 个工作方案，分别针对燃煤小锅炉、混凝土搅拌站、油气、矿山环境污染。

①燃煤小锅炉污染整治

各市全面淘汰建成区燃煤小锅炉，2014 年年底前完成 10 蒸吨及以下的生活燃煤小锅炉淘汰任务，2015 年年底前，完成同类别工业燃煤小锅炉淘汰任务，对 10 蒸吨以上各类燃煤锅炉完成污染治理设施建设或改造升级；2014 年年 6 月底之前，各市划定并公告高污染燃料禁燃区。

②混凝土搅拌站环境综合整治

年底前完成现有搅拌站污染防治改造任务。对已建的确需迁出的搅拌站限期于年底前完成搬迁。新、迁、扩、改建搅拌站应当避开环境敏感区，远离居民聚居区，布局在当地主导风向的下风向。

③油气污染治理

年底前完成全省现有储油库、加油站和油罐车油气污染治理；新、改、扩建的须同步实施治理。对未按时完成治理的，环保部门将限期改正；未经环保部门验收通过的，商务部门不予通过成品油零售经营资格年度审核，交通运输部门不予通过油罐车年度审验。

④矿山环境整治

年底前全省矿山全面落实除尘抑尘措施；对不符合环保审批造成严重污染或生态破坏的、存在严重环境安全隐患且不具备整改条件的、达不到环境整治要求的矿山，一律依法予以关闭。

（3）举措三：加大治霾财政投入

安徽省获得首批中央补助资金 5 亿元。同时，2014 年安徽省新设省级大气污染防治和秸秆禁烧及综合利用等大气污染防治专项资金近 11 亿元，全年总资金量约 16 亿元。

全省已下达的大气污染防治类专项资金 11.7 亿元中，主要包括秸秆禁烧省级奖补资金 11.4 亿元，水泥脱硝设施补助 0.3 亿元。目前，相关部门正在制定大气污染防治资金管理办法、黄标车淘汰奖补资金管理办法，加强专项资金管理。

合肥市也加大了治霾投入，2014 年，市本级预算安排用于大气污染防治等方面的资金达 4 亿元，较去年增长 32.6%。具体支出方向包括：

①继续加大节能减排投入，预算安排 7 700 万元，主要用于支持企业节能技改、支持推广新技术和新产品、淘汰落后产能以及集中供热企业减排奖励等，同时创新财政资金扶持方式，支持战略性新兴产业和现代服务业发展。

②促进公交事业优先发展，2014 年计划投入 725 万元改造冒黑烟公交车 150 台；安排新能源汽车市级补贴资金 4 512 万元、电池租赁费 3 600 万元，支持新能源汽车推广与应用。

③推进农村环境综合整治，安排秸秆禁烧和综合利用专项经费 4 000 万元，用于重点禁烧区秸秆禁烧补助；安排农村环境整治专项资金 2 000 万元，用于环卫设施建设、环卫设备购置补贴、县（市）农村生活垃圾收集、转运、处理补贴及考核奖励。

④预算安排 1.54 亿元，用于造林重点工程和县区绿化大会战奖补，促进生态环境持续改善。

四、珠三角“治霾”进展

根据国家发改委《珠江三角洲地区改革发展规划纲要（2008—2020 年）》，珠江三角洲是指以广东省的广州、深圳、珠海、佛山、江门、东莞、中山、惠州和肇庆市为主体，辐射泛珠江三角洲区域。

与其他重点地区不同的是，珠三角所在区域都属于广东省内，是地市级区域联防联控的典型地区。在全国率先建立了大气污染联防联控领导机制——珠三角区域大气污染防治联席会议，成立了区域大气环境质量科学研究中心，印发实施《广东省珠江三角洲大气污染防治办法》和《广东省珠江三角洲清洁空气行动计划》。

（一）“治霾”行动计划和方案

（1）2010 年 2 月，经广东省人民政府同意，广东省环境保护厅、省发展和改革委员会、经济和信息化委员会、省公安厅、省财政厅、省质量技术监督局联合发布《广东省珠江三角洲清洁空气行动计划》。

1）总体目标

探索一条具有广东特色的区域大气污染防治新路子，构建世界先进的典型城市群大气复合污染综合防治体系，实现“一年打好基础，三年初见成效，十年明显改善”区域空气污染治理目标，使珠三角地区空气环境质量得到明显改善。

2）主要任务

以严格环境准入为前提，以改善能源结构为根本，以多污染物联合减排为主线，以机动车污染控制为突破口，全面推进大气污染综合防治。

（2）2013 年 2 月，经广东省人民政府同意，广东省环境保护厅、省发展和改革委员会、经济和信息化委员会、省公安厅、省财政厅、省质量技术监督局联合发布《广东省珠江三角洲清洁空气行动计划——第二阶段（2013—2015 年）空气质量持续改善实施方案》。

1）主要目标

①空气质量持续改善目标。到 2015 年，珠三角地区各城市 SO_2 年均质量浓度不超过 60 μg/m^3，NO_2 年均质量浓度基本不超过 40 μg/m^3，PM_{10} 年均质量浓度不超过 70 μg/m^3，区域 O_3 和 $PM_{2.5}$ 污染形势得到初步遏制；到 2020 年，珠三角地区区域各项空气质量指标与 2015 年相比继续改善，环珠三角地区空气质量力争达到新标准要求。

②主要污染物排放控制目标。全面完成污染物减排任务，实现主要大气污染物排放总量显著下降。到 2015 年，珠三角二氧化硫、氮氧化物排放总量分别相比 2010 年削减 16%、18% 以上；重点行业现役源挥发性有机物和工业烟粉尘排放量相比 2010 年削减 18% 和 8% 以上。

2）主要任务

①严格环境准入，减少大气污染物新增排放量。

②调整和优化能源结构，控制区域煤炭消费总量。

③深化工业污染源治理，实施多污染物协同控制。

④全面开展工业 VOCs 排放治理，加大生活 VOCs 控制力度。

⑤遏制城市扬尘污染，控制有毒有害及其他大气污染物。

⑥强化机动车污染防治，推动交通行业污染控制。

3）重点工程

①清洁能源工程。包括冷热电三联供、热电联产、LNG 接收站建设、

天然气电厂扩建等清洁能源利用项目，以及珠三角重点工业园区集中供热改造工程。

②治污减排工程。包括电力行业脱硫、脱硝和高效除尘治理项目；工业锅炉污染综合整治项目；平板玻璃、陶瓷行业污染整治项目；水泥行业降氮脱硝项目；典型行业 VOCs 治理项目。

③绿色交通工程。包括珠三角各地黄标车淘汰、车用油品供应、环保标志发放、环保定期检测和黄标车限行等。

④清新城市工程。包括城市饮食服务业和扬尘污染防治项目。

⑤蓝天数字工程。包括区域空气质量监测网络建设、污染源在线监测系统建设、空气质量预报预警能力建设等。

（3）2014 年 2 月 7 日，广东省政府发布《广东省大气污染防治行动方案（2014—2017 年）》。

1）工作目标（珠三角）

到 2017 年，力争珠三角区域细颗粒物年均浓度在全国重点控制区域率先达标，珠三角地区各城市二氧化硫、二氧化氮和可吸入颗粒物年均浓度达标；珠三角区域细颗粒物年均浓度比 2012 年下降 15% 左右，臭氧污染形势有所改善；与 2012 年细颗粒物年均浓度相比，广州、佛山（含顺德区）、东莞市下降 20%，深圳、中山、江门、肇庆市下降 15%；珠海、惠州市细颗粒物年均浓度不超过 35 微克 / 立方米。

2）重点工作任务

一是深化工业源治理，推进脱硫脱硝工作。二是削减挥发性有机物，着力控制臭氧污染。三是发展绿色交通，减少移动机械设备污染排放。四是强化面源整治，控制扬尘和有毒气体排放。五是严格环境准入，控制大气污染物增量。六是优化产业布局，引导产业集聚发展。七是发展绿色经济，淘汰压缩污染产能。八是调整能源结构，增加清洁能源供应。九是加大环境执法力度，提升环保监管效能。

3）保障措施

一是完善协调和预警应急机制，二是完善地方性法规和技术标准体系，三是完善环境经济政策，四是完善全社会参与机制。

例如，要求及时修订《广东省排污许可证管理办法》，加快推进《广东省大气污染防治条例》制订工作；加快修订广东省大气污染物排放限值标准，制订低硫散煤及制品、涂料、油墨等产品中有害物质的限量标准，明确生物质成型燃料大气污染物排放标准和重点行业挥发性有机物排放标准；省和各地级以上市统筹安排污染防治资金，采取“以奖代补”、“以奖促防”、“以奖促治”等形式，支持开展大气污染防治工作；从2014年起，由省环境保护厅每月定期公布各地级以上城市的空气质量状况及排名，全省所有国控、省控空气质量监测站点实时向社会公众发布空气质量信息。

（二）建立协作机制

2008年10月，广东省政府办公厅就印发《关于建立珠江三角洲区域大气污染防治联席会议的通知》，建立珠江三角洲区域大气污染防治联席会议制度。

2010年2月，印发了《珠江三角洲区域大气污染防治联席会议议事规则》（以下简称《规则》）。《规则》规定：珠江三角洲区域大气污染防治联席会议以分管副省长为第一召集人，第二召集人为省人民政府分管副秘书长和省环境保护厅主要负责人，成员包括珠江三角洲地区九个地级以上市政府主管市长，以及省环境保护厅、发展改革委、经济和信息化委、科技厅、公安厅、财政厅、住房城乡建设厅、交通运输厅、农业厅、物价局、工商局、海洋渔业局、质监局、广东银监局、人民银行广州分行、南方电监局、广东省气象局、广东海事局等27个单位有关负责人。

联席会议下设区域大气质量科学研究中心，科学研究中心设在广东省环境科学研究院。

《规则》对联席会议及环保厅、研究中心的职责予以明确：

珠江三角洲区域大气污染防治联席会议议事范围包括：
（一）检查区域内大气污染防治规划实施情况，组织考核区域内各级人民政府大气污染防治工作；
（二）定期通报区域内大气污染防治规划实施进展、大气环境质量、重大建设项目等情况；
（三）协调解决跨地市行政区域大气污染纠纷；
（四）协调各地、各部门建立区域统一的环境保护政策。

广东省环境保护厅负责联席会议的日常工作，包括：
（一）协助联席会议统一协调珠江三角洲区域大气污染防治工作；
（二）指导、协调和监督珠江三角洲区域大气污染整治计划实施；
（三）负责编制年度工作报告并提交联席会议审议；
（四）向省领导和联席会议成员汇报工作进展情况；
（五）负责与成员单位联络；
（六）承办省委、省政府交办的其他事项。

区域大气质量科学研究中心负责为联席会议提供大气污染防治决策的科学支撑，包括：
（一）编制大气污染物排放总量控制目标和各城市大气污染削减总量分配方案；
（二）编制区域大气污染治理计划，提供和推荐大气污染控制技术方案，统一技术标准；
（三）为联席会议起草大气污染防治政策（或地方法规）备选草案；
（四）跟踪及评估政策执行情况，及时给联席会议提供反馈意见和修正措施；
（五）进行区域大气质量预测模型研究，逐步建立区域内重大空气污染事件预警机制；
（六）指导建立和完善区域大气质量自动监控体系；
（七）定期召开技术研讨会和交流会，并向联席会议提交最新研究成果和相关建议；
（八）负责建立专家咨询制度，邀请国内外大气污染防治的知名专家，组成专家咨询组，为珠江三角洲区域大气污染防治决策和管理提供咨询意见和建议；
（九）承办联席会议及召集人交办的其他事项。

（三）环境法治建设

《广东省珠江三角洲大气污染防治办法》（以下简称《办法》）于2009年2月27日广东省人民政府第十一届27次常务会议通过，自2009年5月1日起施行。

《办法》专门就区域联合治理和一些重点行业污染治理作出了规定：

第五条　省人民政府建立区域大气污染防治联防联控监督协作机制，采取以下措施对区域内大气污染防治实施监督： （一）检查区域内大气污染防治规划实施情况，组织考核区域内各级人民政府大气污染防治工作； （二）定期通报区域内大气污染防治规划实施进展、大气环境质量、重大建设项目等情况； （三）协调解决跨地市行政区域大气污染纠纷； （四）协调各地、各部门建立区域统一的环境保护政策。
第六条　省人民政府环境保护主管部门应当建立符合区域大气污染特征的大气环境质量监测评价体系，建设区域大气环境质量监测网络体系，监测点位应当覆盖城市区域、城市道路两侧和清洁背景地区。 地级以上市环境保护主管部门应当按照国家和省的规定建立和完善大气环境监测网络，设立大气环境质量和大气污染源自动在线监测系统。 省人民政府气象主管部门应当开展对影响大气污染物输送、扩散和变化的天气气候条件现状的评估，建立区域灰霾天气监测、预测、预警体系。
第八条　省人民政府对区域内排放二氧化硫、氮氧化物、挥发性有机物、可吸入颗粒物等主要大气污染物实施总量控制制度。
第九条　地级以上市人民政府应当对公交车、出租车、公务车新车登记提前执行国家下一阶段机动车排放标准，配套淘汰国家第二阶段排放标准以下在用公交车、出租车的经济补偿政策；鼓励其他车辆新车登记提前执行国家下一阶段机动车排放标准。 对机动车实行环保标志管理。禁止大气污染物排放超标的机动车上路行驶。 机动船行驶时不得超过国家规定的排放标准。
第十一条　区域内不再规划布点新建燃煤燃油电厂。
第十二条　淘汰挥发性有机物含量高的油漆、涂料产品；鼓励生产和销售挥发性有机物含量低的杀虫气雾剂、洗涤剂、胶黏剂、发胶等产品。 汽车制造、汽车维修、石化、家具制造加工、制鞋、印刷、电子、服装干洗等行业应当按照有关技术规范治理无组织排放挥发性有机物。

2014年11月，广东省人民政府办公厅印发《广东省大气污染防治目标责任考核办法》，明确对全省各地级以上市及顺德区考核PM_{10}年均浓度改善情况，同时对广州、深圳、珠海、佛山、惠州、东莞、中山、江门、肇庆、河源、茂名、汕尾、阳江、湛江及顺德区15个市（区）考核$PM_{2.5}$年均浓度改善情况。

除空气质量改善目标完成情况，第二大类考核指标为“大气污染防治重点任务完成情况”，包括产业结构调整优化、清洁生产、煤炭管理与油品供应、高污染燃料工业小锅炉整治、工业大气污染治理、城市扬尘污染控制、机动车污染防治、建筑节能、大气污染防治资金投入和大气环境管理 10 项指标。

2015 年 1 月，广东省环保厅、省发改委、省经信委等 5 个省直部门联合印发了《广东省大气污染防治目标责任考核办法实施细则》（以下简称《细则》）。

《细则》要求，2017 年，广州、东莞、佛山和顺德区 $PM_{2.5}$ 年均浓度比 2013 年下降 20% 左右，深圳、江门、中山和肇庆 $PM_{2.5}$ 年均浓度下降 15% 左右，惠州和珠海 $PM_{2.5}$ 年均浓度下降 8% 左右。《细则》中看到，降幅要求最大的 4 个地市（区）是 2013 年 $PM_{2.5}$ 年均浓度在省内较大的地区，其中 2013 年浓度最高的佛山为 55 μg/m^3。《细则》还明确：2015 年珠三角各地市和顺德区基本淘汰黄标车。

深圳市环境立法也取得积极进展。

目前，深圳已制定了全国治理目标最严格的《深圳市大气环境质量提升计划》，在环保法律法规及规章方面，深圳充分利用经济特区立法权，结合本市产业结构及实际情况，出台了《深圳经济特区环境保护条例》《深圳经济特区机动车排气污染防治条例》等一系列法律法规规定，规范大气污染防治工作，2014 年还印发实施了《深圳市大气污染应急预案》。

深圳市提出，推进大气污染防治立法，争取在 2015 年正式颁布实施。2014 年已经启动了《深圳市大气污染防治条例》立法前期工作，将尽快形成条例草案报请市人大常委会审议，通过特区立法加强深圳大气污染防治工作，并结合深圳实际探索大气污染防治的新路径和新举措。

（四）重点领域治理

汽车尾气、燃煤源、工业源是珠三角 $PM_{2.5}$ 的主要来源，初步结果显示三者贡献分别为 28%、21% 和 17%。

1. 强化机动车尾气治理

广东省作为我国经济增长最快的地区之一，机动车保有量以及车用汽、柴油的消耗量在全国各省中居首位。2013 年广东省汽车保有量为 1 184 万辆，成品油销量约为 2 825.83 万吨，其中汽油 1 250.26 万吨，柴油 1 575.57 万吨。

机动车排气是广东省大气污染的主要来源之一。广东省一直致力于逐步提升车用燃油品质。2009 年制定了粤Ⅳ车用汽油标准；2010 年 8 月 1 日起广州全面供应符合粤Ⅳ标准的车用汽油；截至 2014 年 1 月 1 日，全省已全面供应符合粤Ⅳ标准的车用汽油。

广东省力争 2014 年年底前珠三角地区供应粤Ⅴ车用汽油，2015 年 6 月底前，全省全面供应粤Ⅴ车用汽油和国Ⅴ车用柴油。2014 年年底前，全省加油站、储油库、油罐车以及化工企业储罐区完成油气回收治理。

此外，广东省还将大力实施新能源汽车推广应用示范工程，广州、深圳市每年新增公交车中，新能源与清洁能源车辆比例力争达到 60% 以上，力争今年内珠三角提前实施国家机动车第五阶段排放标准。

2014—2015 年，广东省里将下拨 7 个亿支持珠三角锅炉污染治理和黄标车淘汰，各市要配套营运黄标车淘汰补贴资金，逐步扩大“黄标车”限行范围。

广州市分别从 2014 年 1 月和 7 月起，全面推广使用了国Ⅳ标准车用柴油和国Ⅴ标准车用汽油，较国家标准要求的全国统一推广使用时间分别提前了 1 年和 3 年半。此外，2014 年全年共推广应用新能源汽车 3 000 多辆，位居全国三十多个试点城市前列。

在黄标车上，广州也从 2013 年的 423 平方公里限行区域提高到 528 平方公里，占全市建成区面积的 52%，限行范围覆盖全市。除了限行外，目前全市共有 78 个电子警察抓拍执法点开展黄标车限行非现场执法，2014 年共执法黄标车违章行驶行为 5.89 万宗，并出台政策奖励黄标车提前淘汰，从 5 000 元到 3 万元不等。2014 年 12 月 15 日—2015 年 1 月 20 日，共有 4 043 辆黄标车提前报废，较往年同期增加 200% 以上。

2. 狠抓能源结构调整

到 2017 年煤炭占全省能源消费比重下降到 36% 以下，运行核电机组装机容量达到 960 千瓦以上，增加天然气供应，推广使用其他清洁能源，到 2017 年非化石能源消费比重提高到 20% 以上。

广州市制定出台了《广州市燃煤电厂“超洁净排放”改造工作方案》，第一阶段将会在2015年7月1日前完成全市10台总装机容量260万千瓦燃煤机组的“超洁净排放”，预计投资约8亿元。完成改造后，与2013年相比，预计每年可减少二氧化硫排放6 831吨，削减比例64%；减少氮氧化物排放4 004吨，削减比例37%；减少烟尘排放量1 826吨，削减比例64%。

2014年年底前，广州市越秀区、海珠区、荔湾区、天河区建成“无燃煤区”；白云、黄埔、花都、番禺、南沙、萝岗、从化、增城大力推进“无燃煤街”。

3. 狠抓工业源污染治理

以锅炉整治为重点，加快完成锅炉污染整治，2014年年底前，全省现役燃煤机组脱硫设施全部取消烟气旁路，2014年，要淘汰落后水泥产能373万吨、铜冶炼1.5万吨，2015年底前，珠三角各市完成10蒸吨/小时高污染锅炉淘汰工作。

（五）科技标准保障

推进VOCs污染防治相关技术标准制定工作。

近年来，广东省在积极落实国家VOCs污染防治工作要求的基础上，于2010年率先发布实施了广东省制鞋、家具制造、印刷、表面涂装（汽车制造业）4个挥发性有机化合物的地方行业排放标准；印发了《珠江三角洲地区及清远市工业挥发性有机化合物（VOC）排放重点监管企业名单》，确定了制鞋、人造板制造、家具制造、印刷、炼油石化、有机化学原料制造、涂料油墨颜料制造、塑料制品、集装箱制造、汽车制造等工业VOCs典型排放行业，建立了珠三角地区及清远市VOCs重点监管企业名录。

2012年，印发实施了《关于珠江三角洲地区严格控制工业企业挥发性有机物（VOCs）排放的意见》，从环境准入、落后产能淘汰、重点源整治、排放监管等多方面提出了控制VOCs排放的综合性政策要求。

2013—2014年，随着国家《挥发性有机物（VOCs）污染防治技术政策》和《大气污染防治行动计划》的印发实施，广东省相继出台了《广东省珠江三角洲清洁空气行动计划—第二阶段(2013—2015年)空气质量持续改善实施方案》《广东省大气污染防治行动方案》，进一步明确了典型行业的VOCs防治技术与治理任务，更新了原珠三角地区及清远市VOCs重点监管企业名录，初步落实开展了VOCs排放的控制管理工作。

2014年7月，广东省在珠三角地区建成了目前我国唯一一个区域大气联防联控技术示范区。珠三角示范区中的立体监测、污染来源解析、污染预警预报等经验和科技成果已应用到国内乃至港澳地区。在示范区成立的珠三角区域空气质量预报预警中心，已可实现7天的趋势性预报，以及7成准确率的3天内短期空气质量预报；未来还计划将空气质量预报覆盖泛珠三角地区乃至港澳，共同开展或发布预报。2015年年底前，广东省所有地市将初步完成$PM_{2.5}$的来源与组成比例的清单。

2014年12月29日，广东省环保厅和广东省气象局联合首次发布珠三角区域空气质量预报：预计30—31日，珠三角地区空气质量以良至轻度污染为主，首要污染物主要为$PM_{2.5}$。1月1日，大气扩散条件略为转好，珠三角大部分地区空气质量以良为主，局部地区可能出现轻度污染，首要污染物为$PM_{2.5}$。今后珠三角空气质量预报信息将每日中午12时前更新发布。当遇到空气重污染情况时，将提高预报发布频次，并根据应急预案要求进行预警。

2014年12月，广东省环保厅向社会公开征求《广东省提前实施第五阶段国家机动车排放标准实施方案（征求意见稿）》的意见。

第三章　目前中国大气污染的形势

一、空气质量状况及特点

（一）2013 年空气质量状况

2014 年 3 月 25 日，环保部发布京津冀、长三角、珠三角区域及直辖市、省会城市和计划单列市等 74 个城市 2013 年度空气质量状况（图 3-1 和表 3-1）。

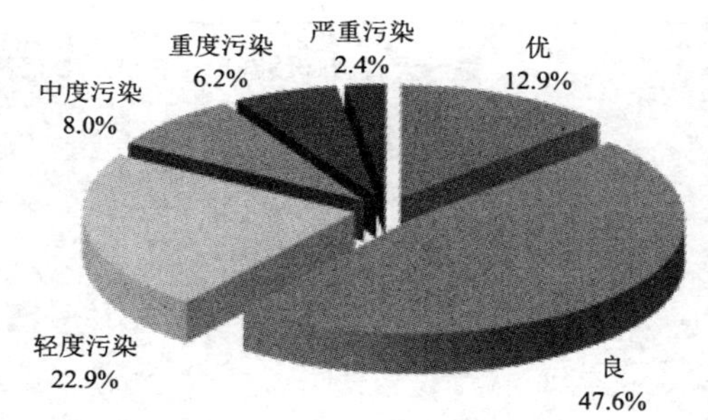

图 3–1　2013 年新标准第一阶段监测实施城市不同空气质量级别天数比例①

（1）74 个城市中，海口、舟山、拉萨 3 个城市各项污染指标年均浓度均达到二级标准，其他 71 个城市存在不同程度超标现象。

（2）空气质量相对较好的前 10 位城市是海口、舟山、拉萨、福州、惠州、珠海、深圳、厦门、丽水和贵阳；空气质量相对较差的前 10 位城市是邢台、石家庄、邯郸、唐山、保定、济南、衡水、西安、廊坊和郑州。

2013 年京津冀区域所有城市

$PM_{2.5}$ 和 PM_{10} 年均浓度全部超标

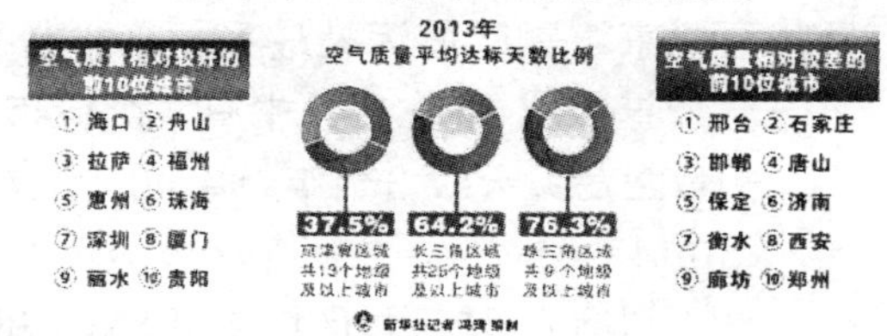

（新华社记者 冯琦 编制；来源：http://www.gov.cn/xinwen/2014-03/25/content_2645778.htm）

（3）从主要污染物浓度分析，74 个城市细颗粒物（$PM_{2.5}$）年均质量浓度为 72 μg/m³，仅拉萨、海

①本章图表如无特别说明，均摘自环保部及中国环境监测总站发布的大气环境质量公报（报告）。

口、舟山 3 个城市达标，达标城市比例为 4.1%；可吸入颗粒物（PM_{10}）年均质量浓度为 118μg/m^3，11 个城市达标，达标城市比例为 14.9%；二氧化氮年均质量浓度为 44μg/m^3，29 个城市达标，达标城市比例为 39.2%。

表 3-1　2013 年重点区域各项污染物达标城市数量

区域	城市总数	SO_2	NO_2	PM_{10}	CO	O_3	$PM_{2.5}$	综合达标
京津冀	13	7	3	0	6	8	0	0
长三角	25	25	10	2	25	21	1	1
珠三角	9	9	5	5	9	4	0	0

北京发布的环境质量公报也显示了严峻的环境形势：

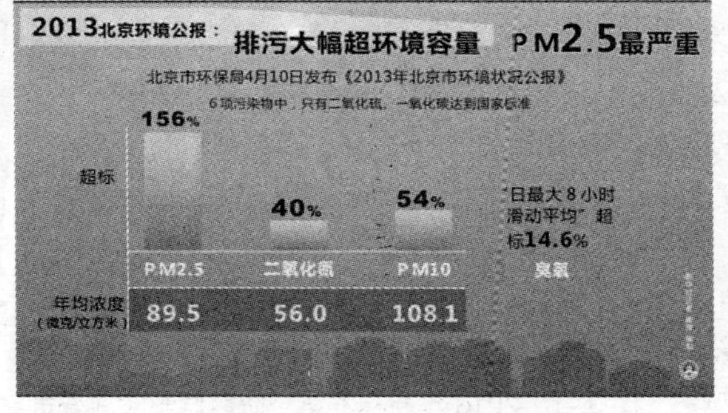

（新华社记者 崔莹 编制；来源：http://www.gov.cn/xinwen/2014-04/10/content_2656960.htm）

（二）2013 年空气质量的特点

环保部环境监测司有关负责人指出，数据分析可以总结出三个特点：

（1）京津冀、长三角、珠三角区域是空气污染相对较重的区域，尤以京津冀区域污染最重。京津冀 13 个城市中，有 11 个城市排在污染最重的前 20 位，其中有 7 个城市排在前 10 位，部分城市空气重度及以上污染天数占全年天数 40% 左右。京津冀区域城市 $PM_{2.5}$ 超标倍数在 0.14 ～ 3.6 倍，长三角区域城市 $PM_{2.5}$ 超标倍数在 0.4 ～ 1.3 倍（舟山市不超标），珠三角区域城市 $PM_{2.5}$ 超标倍数在 0.09 ～ 0.54 倍。

（2）空气污染呈现复合型特征。74 个城市首要污染物是 $PM_{2.5}$，其次是 PM_{10}，臭氧和二氧化氮也有不同程度的超标情况。京津冀、长三角、珠三角区域 5—9 月臭氧超标情况较多，已不容忽视。74 个城市空气质量呈现传统煤烟型污染、汽车尾气污染与二次污染物相互叠加的复合型污染特征。

（3）空气污染呈现明显的季节性特征。城市空气重污染主要集中在第一、四季度，74 个城市 $PM_{2.5}$ 季均质量浓度分别为 96 μg/m^3、93 μg/m^3。第二、三季度 $PM_{2.5}$ 季均质量浓度分别为 56.7 μg/m^3、44.7 μg/m^3。2013 年 1 月和 12 月京津冀、长三角、中东部地区发生了两次大范围空气重污染过程，污染程度重、持续时间长，重污染天数占全年重污染总天数的 53.4%。

（三）2014 年上半年空气质量状况

2014 年 7 月 21 日，环保部发布 2014 年上半年重点区域和 74 个城市空气质量状况。

与去年同期相比，74 个城市总体空气质量有所改善，平均达标天数比例由 58.7% 上升为 60.3%，提高 1.6 个百分点（图 3-2）；$PM_{2.5}$、PM_{10}、SO_2、CO 等污染物浓度均不同程度下降。空气重污染发生的频次、持续的时间和污染的强度均明显降低。

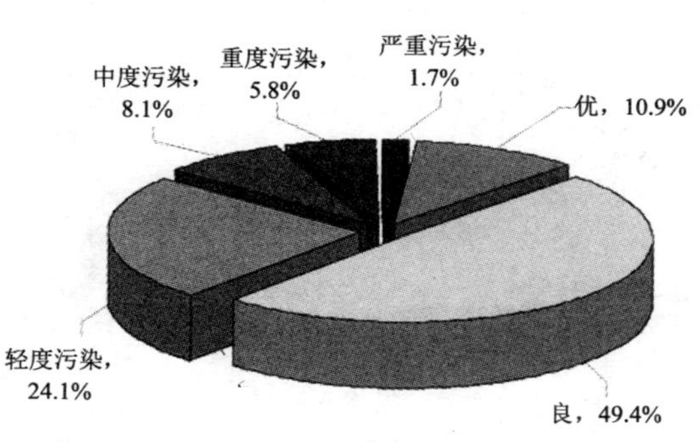

图 3-2　2014 年上半年 74 个城市日空气质量级别分布

（1）京津冀区域空气质量有所改善，13 个城市达标天数比例提高 3.2 个百分点；长三角区域和珠三角区域空气质量达标天数比例比去年略有下降。

（2）74 个城市达标天数比例在 11.7% ～ 97.2%，平均达标天数比例为 60.3%。平均超标天数比例为 39.7%，其中轻度污染占 24.1%，中度污染占 8.1%，重度污染占 5.8%，严重污染占 1.7%。

（3）主要污染物为 $PM_{2.5}$，其次为 PM_{10} 和 O_3。74 个城市 $PM_{2.5}$ 平均质量浓度为 70 μg/m^3，比去年同期下降 7.9%；PM_{10} 平均质量浓度为 115 μg/m^3，比去年同期下降 6.5%；NO_2 平均质量浓度为 44 μg/m^3，与去年同期持平；SO_2 平均质量浓度为 36 μg/m^3，比去年同期下降

16.3%；CO 日均值第 95 百分位数平均质量浓度为 2.2 mg/m^3，比去年同期下降 15.4%；O_3 日最大 8 小时平均值第 90 百分位数平均质量浓度为 142 μg/m^3，比去年同期上升 6.8%。

（4）按照城市环境空气质量综合指数评价，上半年空气质量相对较差的前 10 位城市是邢台、石家庄、保定、唐山、邯郸、衡水、济南、廊坊、西安和天津；空气质量相对较好的前 10 位城市是海口、舟山、拉萨、珠海、深圳、惠州、中山、福州、厦门和丽水。

（四）2014 年 7—11 月空气质量状况

（1）7 月份，74 个城市达标天数比例在 25.8% ～ 100.0%，平均达标天数比例为 73.1%，轻度污染天数比例为 20.4%，中度污染为 5.4%，重度污染为 1.1%，未出现严重污染（图 3-3）。主要污染物为 O_3，其次为 $PM_{2.5}$。

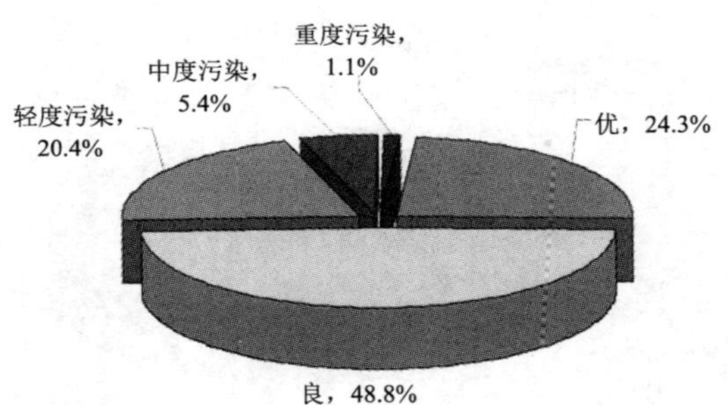

图 3–3　2014 年 7 月 74 个城市日空气质量级别分布

按照城市环境空气质量综合指数评价，7 月份空气质量相对较差的前 10 位城市是唐山、邢台、石家庄、保定、济南、北京、邯郸、天津、廊坊和衡水；空气质量相对较好的前 10 位城市是海口、舟山、拉萨、珠海、丽水、台州、南宁、厦门、福州和江门。

（2）8 月份，74 个城市达标天数比例在 16.7% ～ 100.0%，平均达标天数比例为 80.4%，轻度污染天数比例为 15.9%，中度污染为 3.4%，重度污染为 0.3%，未出现严重污染（图 3-4）。主要污染物为 O_3，其次为 $PM_{2.5}$。

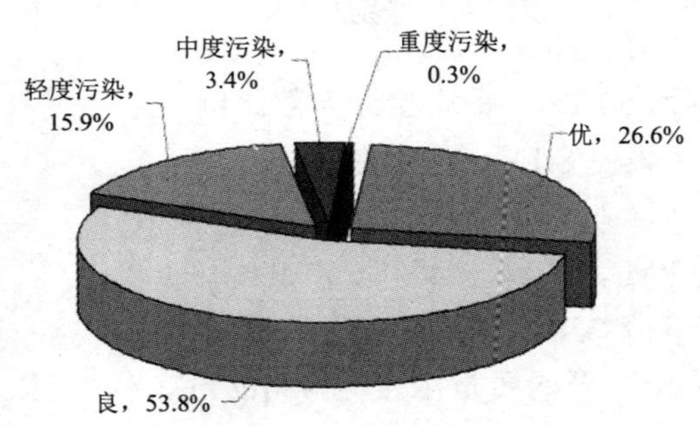

图 3–4　2014 年 8 月 74 个城市日空气质量级别分布

按照城市环境空气质量综合指数评价，8 月份空气质量相对较差的前 10 位城市分别是济南、邯郸、保定、邢台、唐山、衡水、石家庄、廊坊、北京、沈阳和郑州（两市综合指数相同，排名相同）；空气质量相对较好的前10位城市是海口、珠海、中山、江门、舟山、拉萨、深圳、贵阳、台州和惠州。

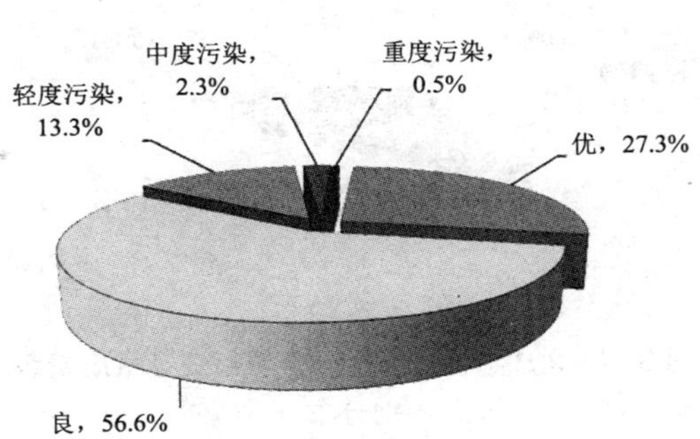

图3-5 2014年9月74个城市日空气质量级别分布

（3）9月份，74个城市达标天数比例在33.3%～100.0%，平均达标天数比例为83.9%，轻度污染天数比例为13.3%，中度污染为2.3%，重度污染为0.5%，未出现严重污染（图3-5）。主要污染物为$PM_{2.5}$，其次是O_3。

按照城市环境空气质量综合指数评价，9月份空气质量相对较差的前10位城市分别是济南、保定、衡水、邢台、唐山、邯郸、北京、乌鲁木齐、廊坊和沈阳；空气质量相对较好的前10位城市分别是海口、舟山、拉萨、盐城、哈尔滨、福州、厦门、贵阳、张家口和惠州。

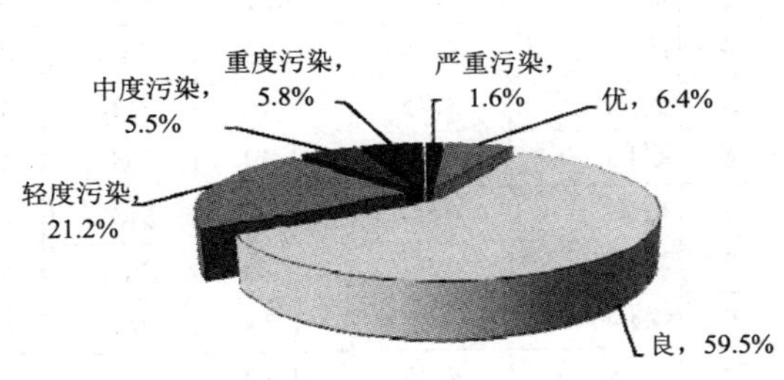

图3-6 2014年10月74个城市日空气质量级别分布

（4）10月份，74个城市达标天数比例在16.1%～100.0%，平均达标天数比例为65.9%，轻度污染天数比例为21.2%，中度污染为5.5%，重度污染为5.8%，严重污染为1.6%（图3-6）。主要污染物为$PM_{2.5}$，其次是O_3。

按照城市环境空气质量综合指数评价，10月份空气质量相对较差的前10位城市分别是邢台、保定、石家庄、长春、邯郸、廊坊、唐山、衡水、沈阳和哈尔滨；空气质量相对较好的前10位城市分别是舟山、拉萨、海口、厦门、福州、台州、张家口、大连、盐城和惠州。

（5）11月份，74个城市达标天数比例在17.2%～100.0%，平均达标天数比例为63.6%，轻度污染天数比例为22.2%，中度污染为8.0%，重度污染为4.6%，严重污染为1.6%（图3-7）。超标天数中以$PM_{2.5}$为

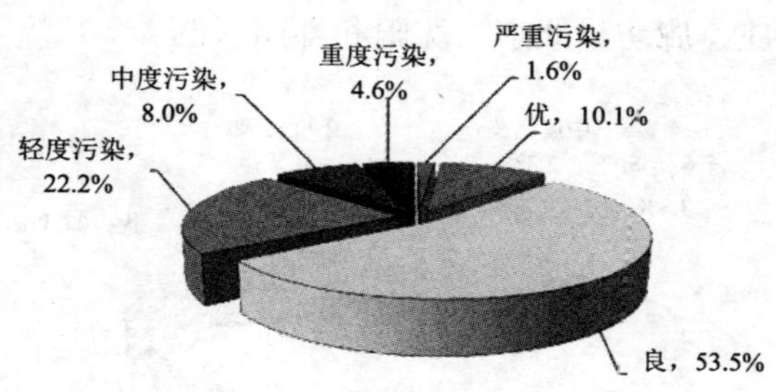

图 3-7 2014 年 11 月 74 个城市日空气质量级别分布

首要污染物的天数最多，其次是 PM_{10}。

按照城市环境空气质量综合指数评价，11 月份空气质量相对较差的前 10 位城市分别是保定、邢台、唐山、沈阳、衡水、哈尔滨、石家庄、郑州、廊坊和邯郸；空气质量相对较好的前 10 位城市分别是海口、舟山、福州、昆明、贵阳、厦门、拉萨、惠州、深圳和台州（表 3-2）。

表 3-2 2014 年 11 月 74 城市排名情况

序号	城市	综合指数	最大指数	主要污染物	序号	城市	综合指数	最大指数	主要污染物
1	海口	2.65	0.69	$PM_{2.5}$	38	宿迁	6.26	1.89	$PM_{2.5}$
2	舟山	3.07	0.77	$PM_{2.5}$	39	镇江	6.30	1.83	$PM_{2.5}$
3	福州	3.70	0.91	$PM_{2.5}$	40	泰州	6.31	2.23	$PM_{2.5}$
4	昆明	3.74	0.96	PM_{10}	41	重庆	6.32	2.57	$PM_{2.5}$
5	贵阳	3.75	1.14	$PM_{2.5}$	42	湖州	6.32	2.11	$PM_{2.5}$
6	厦门	3.96	1.09	$PM_{2.5}$	43	合肥	6.34	271	$PM_{2.5}$
7	拉萨	4.00	1.07	PM_{10}	44	大连	6.35	1.97	$PM_{2.5}$
8	惠州	4.04	1.20	$PM_{2.5}$	45	承德	6.37	1.90	PM_{10}
9	深圳	4.23	1.23	$PM_{2.5}$	46	苏州	6.44	2.03	$PM_{2.5}$
10	台州	4.25	1.37	$PM_{2.5}$	47	呼和浩特	6.58	1.74	PM_{10}
11	张家口	4.46	0.92	SO_2	48	武汉	6.64	2.31	$PM_{2.5}$
12	丽水	4.68	1.49	$PM_{2.5}$	49	兰州	6.78	1.91	$PM_{2.5}$
13	珠海	4.74	1.40	$PM_{2.5}$	50	杭州	6.88	2.29	$PM_{2.5}$
14	中山	4.81	1.37	$PM_{2.5}$	51	青岛	6.94	1.97	$PM_{2.5}$
15	南宁	4.82	1.46	$PM_{2.5}$	52	无锡	6.96	2.26	$PM_{2.5}$
16	乌鲁木齐	4.89	1.54	PM_{10}	53	南京	7.11	2.29	$PM_{2.5}$
17	南昌	4.93	1.60	$PM_{2.5}$	54	长春	7.25	2.31	$PM_{2.5}$
18	上海	4.99	1.46	$PM_{2.5}$	55	绍兴	7.27	2.31	$PM_{2.5}$
19	温州	5.06	1.34	$PM_{2.5}$	56	北京	7.44	2.43	$PM_{2.5}$
20	广州	5.09	1.40	$PM_{2.5}$	57	徐州	7.49	2.11	PM_{10}
21	盐城	5.12	1.54	$PM_{2.5}$	58	西安	7.59	2.46	$PM_{2.5}$

序号	城市	综合指数	最大指数	主要污染物	序号	城市	综合指数	最大指数	主要污染物
22	江门	5.12	1.63	$PM_{2.5}$	59	银川	8.51	2.23	$PM_{2.5}$
23	东莞	5.12	1.37	$PM_{2.5}$	60	沧州	8.56	3.14	$PM_{2.5}$
24	衢州	5.19	1.46	$PM_{2.5}$	61	天津	8.99	3.09	$PM_{2.5}$
25	肇庆	5.41	1.66	$PM_{2.5}$	62	秦皇岛	9.23	2.29	PM_{10}
26	宁波	5.48	1.57	$PM_{2.5}$	63	太原	9.32	2.69	$PM_{2.5}$
27	成都	5.52	1.60	$PM_{2.5}$	64	济南	9.72	2.89	$PM_{2.5}$
28	扬州	5.61	1.63	$PM_{2.5}$	65	邯郸	9.99	3.57	$PM_{2.5}$
29	长沙	5.76	2.06	$PM_{2.5}$	66	廊坊	10.02	3.49	$PM_{2.5}$
30	佛山	5.76	1.54	$PM_{2.5}$	67	郑州	10.06	3.74	$PM_{2.5}$
31	淮安	5.84	2.00	$PM_{2.5}$	68	石家庄	10.08	3.46	$PM_{2.5}$
32	嘉兴	6.03	1.83	$PM_{2.5}$	69	哈尔滨	10.14	3.86	$PM_{2.5}$
33	南通	6.09	1.86	$PM_{2.5}$	70	衡水	10.38	3.63	$PM_{2.5}$
34	金华	6.13	1.77	$PM_{2.5}$	71	沈阳	10.39	3.06	$PM_{2.5}$
35	常州	6.14	1.94	$PM_{2.5}$	72	唐山	11.02	3.37	$PM_{2.5}$
36	连云港	6.15	1.74	PM_{10}	73	邢台	11.19	3.94	$PM_{2.5}$
37	西宁	6.20	2.03	$PM_{2.5}$	74	保定	14.71	5.09	$PM_{2.5}$

（五）2014 年空气质量状况

2015 年 1 月 15 日召开的 2015 年全国环境保护工作会议上，周生贤部长公布了 2014 年三大重点区域省份的 $PM_{2.5}$ 浓度变化情况（表 3-3），同时宣告：2014 年政府工作报告提出的环保量化指标全部完成。

表 3-3 三大重点区域 $PM_{2.5}$ 质量浓度变化情况

区域	省份	2013 年质量浓度 /（μg/m³）	2014 年质量浓度 /（μg/m³）	变化幅度 /%
京津冀地区	北京	89.5	85.9	-4.0
	天津	96	83	-13.5
	河北	108	95	-12.0
长三角地区	上海	62	52	-16.1
	江苏	73	66	-9.6
	浙江	61	53	-13.1
珠三角地区	广东 9 城市	47	42	-10.6

（六）2014 年全年空气质量状况

2015 年 2 月 2 日，环保部网站上公布了《环境保护部发布 2014 年重点区域和 74 个城市空气质量状况》的新闻通报。

（1）66 个城市超标

通报指出，按照《环境空气质量标准》评价，2014 年，京津冀、长三角、珠三角等重点区域和直辖市、省会城市及计划单列市共 74 个城市中，海口、拉萨、舟山、深圳、珠海、福州、惠州和昆明 8 个城市的细颗粒物（$PM_{2.5}$）、可吸入颗粒物（PM_{10}）、二氧化氮（NO_2）、一氧化碳（CO）和臭氧（O_3）等 6 项污染物年均浓度均达标，其他 66 个城市存在不同程度超标现象。

（摘自中国政府网）

（2）最好的前十位和最差的后十位

2014 年空气质量相对较好的前 10 位城市分别是海口、舟山、拉萨、深圳、珠海、惠州、福州、厦门、昆明和中山；

空气质量相对较差的前 10 位城市分别是保定、邢台、石家庄、唐山、邯郸、衡水、济南、廊坊、郑州和天津。

（3）京津冀区域达标情况

京津冀区域 13 个地级及以上城市，空气质量平均达标天数为 156 天，达标天数比例在 21.9% ～ 86.4%，平均为 42.8%。

超标天数中以 $PM_{2.5}$ 为首要污染物天数最多，其次是 PM_{10} 和 O_3。

京津冀区域 $PM_{2.5}$ 年均质量浓度为 93 μg/m^3，12 个城市超标；PM_{10} 年均质量浓度为 158 μg/m^3，13 个城市均超标；SO_2 年均质量浓度为 52 μg/m^3，4 个城市超标；NO_2 年均质量浓度为 49 μg/m^3，10 个城市超标；CO 日均值第 95 百分位质量浓度为 3.5 mg/m^3，3 个城市超标；O_3 日最大8小时均值第90百分位质量浓度为162 μg/m^3，8个城市超标。

北京市达标天数比例为47.1%，与2013年相比下降1.1个百分点，$PM_{2.5}$年均质量浓度为85.9 μg/m^3，与2013年相比下降4.0%。

（4）长三角区域达标情况

长三角区域25个地级及以上城市中，空气质量平均达标天数为254天、达标天数比例在51.6%～94.0%，平均为69.5%。

超标天数中以$PM_{2.5}$为首要污染物天数最多，其次是O_3和PM_{10}。

长三角区域$PM_{2.5}$年均质量浓度为60 μg/m^3，24个城市超标；PM_{10}年均质量浓度为92 μg/m^3，22个城市超标；SO_2年均质量浓度为25 μg/m^3，25个城市均达标；NO_2年均质量浓度为39 μg/m^3，11个城市超标；CO日均值第95百分位质量浓度为1.5 mg/m^3，25个城市均达标；O_3日最大8小时均值第90百分位浓度为154 μg/m^3，10个城市超标。

（5）珠三角达标情况

珠三角区域9个地级及以上城市，空气质量平均达标天数为298天。达标天数比例在70.2%～95.6%，平均为81.6%。

超标天数中以O_3为首要污染物天数最多，其次是$PM_{2.5}$和NO_2。

珠三角区域$PM_{2.5}$年均质量浓度为42 μg/m^3，6个城市超标；PM_{10}年均质量浓度为61 μg/m^3，1个城市超标；SO_2年均质量浓度为18 μg/m^3，9个城市均达标；NO_2年均质量浓度为37 μg/m^3，3个城市超标。CO日均值第95百分位质量浓度为1.5 mg/m^3，9个城市均达标。O_3日最大8小时均值第90百分位质量浓度为156 μg/m^3，4个城市超标。

（6）存在的问题

一是三大重点区域仍是空气污染相对较重区域。京津冀区域13个地级以上城市中，有11个城市排在污染最重的前20位，其中有8个城市排在前10位，区域内$PM_{2.5}$年均浓度平均超标1.6倍以上。

二是复合型污染特征突出。传统的煤烟型污染、汽车尾气污染与二次污染相互叠加，部分城市不仅$PM_{2.5}$和PM_{10}超标，O_3污染也日益凸显。

三是重污染天气尚未得到有效遏制。2014年全国共发生两次（2月和10月）持续时间长、污染程度重的大范围重污染天气过程，重污染天气频发势头没有根本改善。

二、部分地区大气污染源解析结果

（一）环保部印发源解析相关技术指南

大气污染物源排放清单编制和污染源优先控制分级是开展大气污染来源解析的主要方法之一，也是制定大气污染物优化减排方案、环境空气质量达标规划和重污染天气应急预案的重要基础和科学依据。

2014 年 8 月 19 日，环保部以 2014 年第 55 号公告形式发布了《大气细颗粒物一次源排放清单编制技术指南（试行）》等 4 项技术指南。

（1）《大气细颗粒物一次源排放清单编制技术指南（试行）》《大气挥发性有机物源排放清单编制技术指南（试行）》和《大气氨源排放清单编制技术指南（试行）》包括大气一次细颗粒物、挥发性有机物、氨的源排放清单编制工作所涉及的污染源分类分级、排放系数与活动水平数据获取、不确定性分析以及清单的应用与评估等内容。

（2）《大气污染源优先控制分级技术指南（试行）》从常规污染物二氧化硫（SO_2）、氮氧化物（NO_x）与颗粒物对环境质量影响的大小和挥发性有机物（VOCs）对臭氧生成潜势的大小两个方面分别提供污染源分级技术方法，包括污染源清单建立、空气质量模型选取、目标区域 VOCs 成分谱测试与收集、污染物排放对空气质量影响评估、污染源分级指数计算等内容。

环保部有关负责人指出，制定《大气细颗粒物一次源排放清单编制技术指南（试行）》遵循以下原则：

（1）科学实用原则。在确保 $PM_{2.5}$ 源排放清单编制工作的科学性与规范性的同时，增强为污染防治决策服务的针对性和可操作性。

（2）分类指导原则。依据我国当前的行业或产品分类，充分考虑各个行业工艺技术、污染控制技术不同带来的排放特征差异，进行深层次源划分，使 $PM_{2.5}$ 排放源尽可能涵盖潜在的、可能带来排放的活动部门。

（3）因地制宜与循序渐进原则。各地根据自身污染特征、基本条件和污染防治目标，结合社会发展水平与技术可行性，科学选择适合当地实际的源排放清单编制技术路线。随着环境信息资料的完备，不断完善和更新源排放清单。

（二）北京市 $PM_{2.5}$ 来源解析结果

2014 年 4 月，北京市发布 $PM_{2.5}$ 来源解析结果。空气中 $PM_{2.5}$ 主要成分为有机物（OM）、硝酸盐（NO_3^-）、硫酸盐（SO_4^{2-}）、地壳元素和铵盐（NH_4^+）等，分别占 $PM_{2.5}$ 质量浓度的 26%、17%、16%、12% 和 11%（图 3-8）。

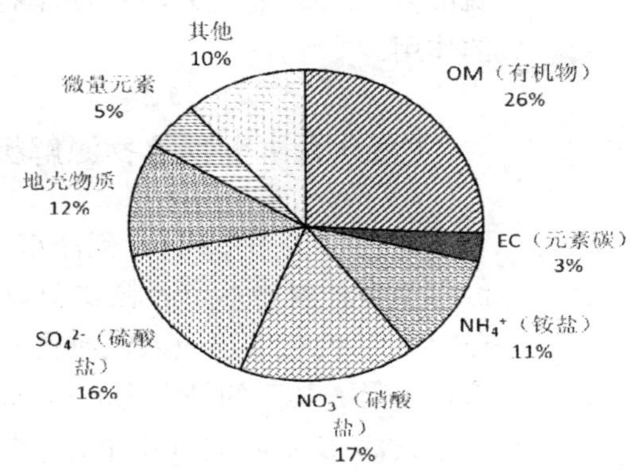

图 3-8　北京市 $PM_{2.5}$ 主要成分

北京市全年 $PM_{2.5}$ 来源中区域传输贡献占 28% ～ 36%，本地污染排放贡献占 64% ～ 72%。在本地污染贡献中，机动车、燃煤、工业生产、扬尘为主要来源，分别占 31.1%、22.4%、18.1% 和 14.3%，餐饮、汽车修理、畜禽养殖、建筑涂装等其他排放约占 $PM_{2.5}$ 的 14.1%（图 3-9）。

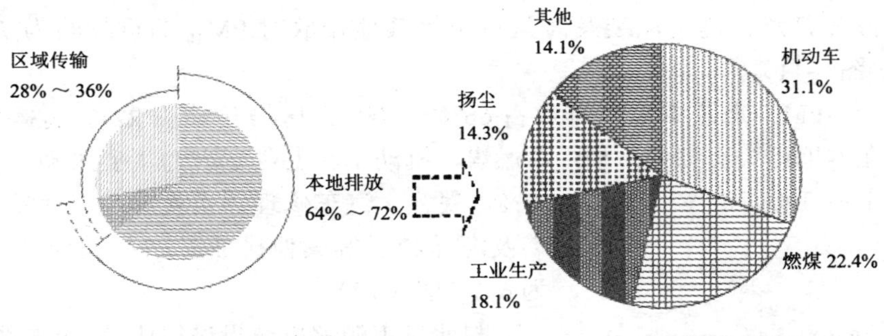

图 3-9　北京市 $PM_{2.5}$ 本地排放主要来源

北京市 $PM_{2.5}$ 成分和来源呈现两个突出特点：

（1）二次粒子影响大，影响不可忽视。$PM_{2.5}$ 中的有机物、硝酸盐、硫酸盐和铵盐主要由气态污染物二次转化生成，累计占 $PM_{2.5}$ 的 70%，是重污染情况下 $PM_{2.5}$ 浓度升高的主导因素。

（2）机动车对 $PM_{2.5}$ 产生综合性贡献。首先，机动车直接排放 $PM_{2.5}$，包括有机物（OM）和元素碳（EC）等；其次，机动车排放的气态污染物（包括挥发性有机物（VOCs）、氮氧化物（NO_x）等）是 $PM_{2.5}$ 中二次有机物和硝酸盐的“原材料”，同时也是造成大气氧化性增强的重要“催化剂”。北京市硝酸盐与硫酸盐的比例在 2003 年是 3 ：5 的关系（硝酸盐 / 硫酸盐 =0.6），现在硝酸盐已超过硫酸盐（硝酸盐 / 硫酸盐 =1.05）；另外，机动车行驶还对道路扬尘排放起到“搅拌器”的作用。

（三）天津市颗粒物源解析结果

2014 年 8 月 22 日，天津市环保局公布了从 2012 年至 2014 年 4 月份两年多开展的本市颗粒物源解析结果，显示扬尘是本市最大污染源，在空气中 PM_{10}（可吸入颗粒物）和 $PM_{2.5}$（细颗粒物）所占比重都高居榜首，紧随其后的是燃煤和机动车排放。

天津市环境空气中 PM_{10} 来源中本地排放占 85% ～ 90%，区域传输占 10% ～ 15%。在本地污染贡献中，扬尘、燃煤、机动车、工业生产为主要来源，分别占 42%、23%、14%、14%，餐饮、汽车修理、畜禽养殖、建筑涂装及海盐粒子等其他排放对 PM_{10} 的贡献约为 7%（图 3-11）。

$PM_{2.5}$ 来源中本地排放占 66% ～ 78%，区域传输占 22% ～ 34%。在本地污染贡献中，扬尘、燃煤、机动车、工业生产为主要来源，分别占 30%、27%、20%、17%，餐饮、汽车修理、畜禽养殖、建筑涂装及海盐粒子等其他排放对 $PM_{2.5}$ 的贡献约为 6%（图 3-10）。

PM2.5
本地来源
北京
机动车 31.1%
燃煤 22.4%
工业生产 18.1%
扬尘 14.3%
其他排放 14.1%
天津
扬尘 30%
燃煤 27%
机动车 20%
工业生产 17%
其他排放 6%

与北京市源解析结果进行比较，见左图。

（四）石家庄市大气污染源解析结果

2014 年 8 月 29 日，石家庄市发布源解析结果。

该市全年环境空气 PM_{10} 来源一部分是区域污染传输，贡献 10% ～ 15%；其余 85% ～ 90% 来自石家庄本地污染。

本地各类污染源排放分担率为：扬尘37.5%，燃煤25.0%，工业生产20.5%，机动车12.5%，其他生物质燃烧、餐饮、农业等占比4.5%。

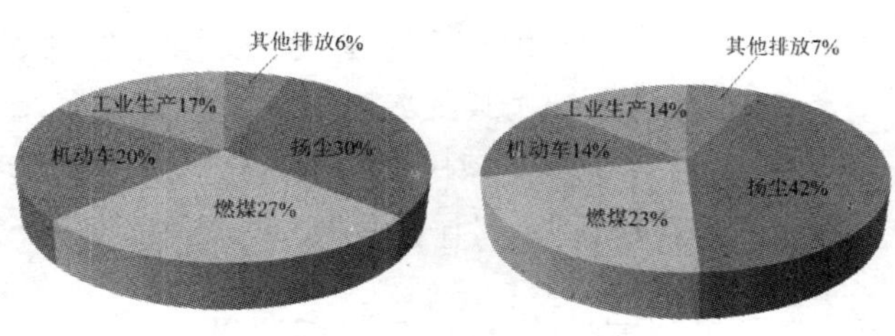

图3–10　天津市 $PM_{2.5}$（左）和 PM_{10}（右）本地污染来源

该市全年环境空气 $PM_{2.5}$ 来源中，一部分是区域污染传输，贡献23%～30%；其余70%～77%来自石家庄本地污染，本地各类污染源排放分担率为：燃煤28.5%，工业生产25.2%，扬尘22.5%，机动车15.0%，其他生物质燃烧、餐饮、农业等占比8.8%。

主要成分为地壳元素、硫酸盐、有机物、硝酸盐、铵盐、元素碳。分别占 PM_{10} 质量浓度的41%、13%、12%、10%、6%和3%，占 $PM_{2.5}$ 质量浓度的29%、16%、14%、10%、8%和3%。

源解析研究表明：燃煤排放是石家庄市 $PM_{2.5}$ 的首要污染来源，煤炭消费总量大、燃煤结构不合理是煤烟型污染严重的主要原因；扬尘

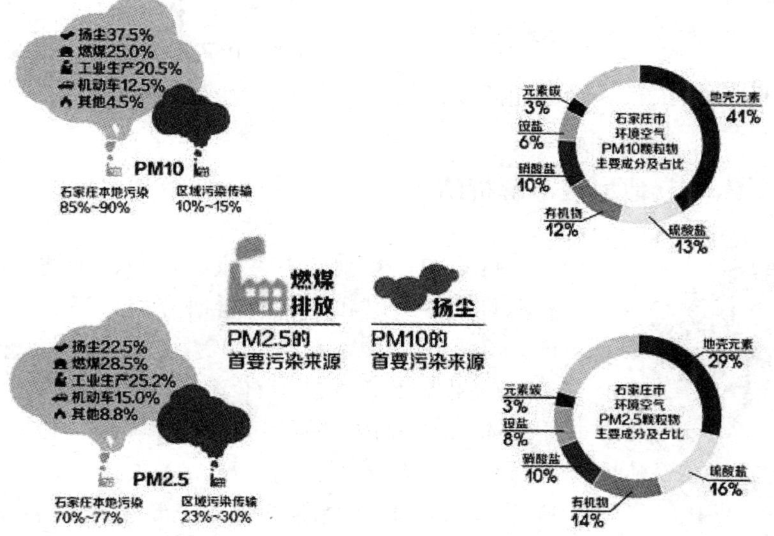

（来源：http://zhuanti.hebnews.cn/hot/2014-09/03/content_4215018.html）

是石家庄市 PM_{10} 的首要污染来源，各类建筑施工工地、道路积灰、机动车扬尘，尤其是城中村大面积拆迁等是扬尘的主要来源；工业排放也是石家庄市颗粒物的主要污染来源，制药、冶金、石化、建材等是大气颗粒物主要排放行业。

（五）上海市源解析结果

2015 年 1 月，上海市环保局公布最新大气颗粒物来源解析结果：上海市 $PM_{2.5}$ 来源中，本地污染排放贡献占 64% ～ 84%，平均为 74% 左右。

在上海本地排放源中，流动源占 29.2%，工业生产占 28.9%，燃煤占 13.5%，扬尘占 13.4%，另有农业生产、生物质燃烧、民用生活面源及自然源等其他源类占 15.0%（图 3-11）。

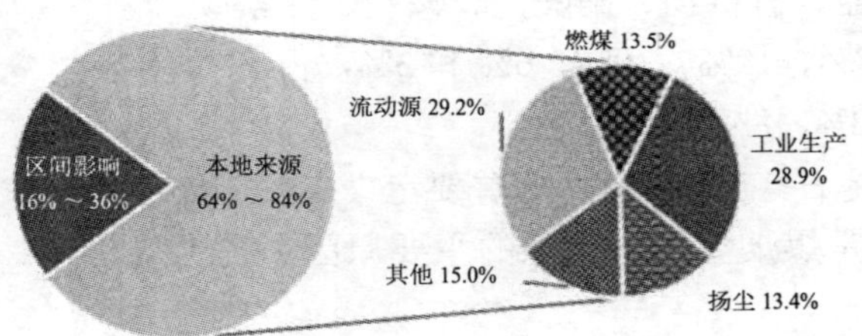

图 3–11　上海市 $PM_{2.5}$ 本地来源

$PM_{2.5}$ 作为上海市环境空气污染的首要指标，呈现冬春高、夏秋低的变化特征。上海市 $PM_{2.5}$ 化学组分复杂，有机物、硫酸盐、硝酸盐和铵盐是主要化学组分，占总质量的 70%。

（六）其他地区源解析结果

据报道，目前还有南京、杭州、宁波、广州和深圳等 6 个城市的源解析研究成果已经通过论证。

广州市环保局 2014 年 4 月第四季度广州空气中 $PM_{2.5}$ 污染物来源初步分析结果（图 3-12）。

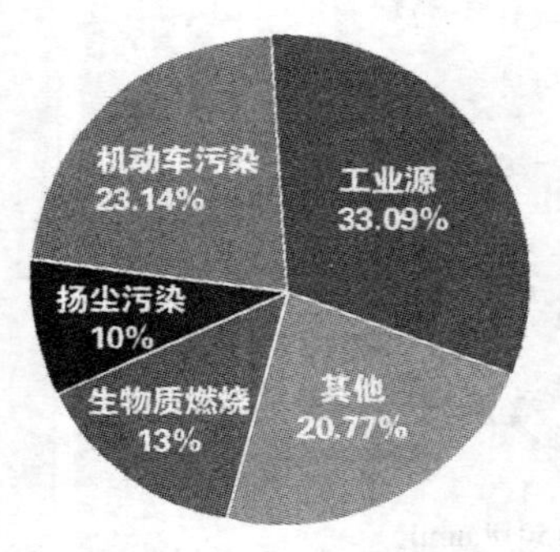

图 3–12　广州市 $PM_{2.5}$ 来源

广州源解析项目的主要负责人之一、中科院广州地球化学研究所研究员王新明指出：“广州或者珠三角与北京或者河北的情况不同，北京的 $PM_{2.5}$ 浓度很高，有八九十微克；而广州和珠三角

的 $PM_{2.5}$ 浓度在四五十微克之间。北京还有很多措施可以上马，一采取措施就很见效；而广州要从四五十微克往下降，就很困难。这更加需要进行源解析，拿出一本详细的雾霾账单，对污染进行精细化控制。”

此外，2014 年 11 月 26 日，邢台市环保局发布消息称，该市大气污染源解析阶段性研究成果出炉，燃煤尘、工业尘等是本地 $PM_{2.5}$ 的主要来源。

三、中国大气污染面临的主要问题

（一）产业结构不合理

2014 年中央经济工作会议指出，从资源环境约束看，过去能源资源和生态环境空间相对较大，现在环境承载能力已经达到或接近上限。

数据反复证明了中央的结论。2012 年我国 GDP 仅占全球的 11.5%，却消耗了全球 45% 的钢、54% 的水泥。2013 年，我国二氧化硫（SO_2）和氮氧化物（NO_x）排放量分别达到 2 043.9 万吨、2 227.3 万吨，远超环境承载能力。我国产业结构重型化特征明显，2013 年，工业能源消费量占全国能源消费总量的 73%，六大高耗能行业能源消费量占工业能源消费总量的 79%。

具体到大气污染，其主要来源于工业企业的排放。其中，相当一部分来自钢铁、建材、有色、石化和煤化工等行业，主要污染物包括烟粉尘、二氧化硫、氮氧化物等。部分老工业城市主城区及周边还存在大量重污染企业，严重影响城市空气质量。

对几个重点行业的大气污染情况，简述如下：

1. 钢铁行业

我国是钢铁生产大国，粗钢产量连续 15 年居世界第一，产能过剩矛盾突出，落后产能仍占相当大的比例，污染物排放不能得到有效控制。

根据工信部《2013 年钢铁工业经济运行情况》，我国已有炼钢产能近 10 亿吨，产能利用率仅 72%，明显低于正常水平。

钢铁行业是大气污染防治的重点行业之一。钢铁 2010 年钢铁工业二氧化硫、氮氧化物、烟尘和粉尘的排放量分别占工业排放量的 9.5%、

6.3％、9.3％和20.7％。

前面提到，对于钢铁行业，环保部于2012年6月17日发布了炼铁、炼钢、烧结机和球团三个行业的大气污染物排放标准，并于2012年10月1日正式实施。新标准大幅收紧了颗粒物和二氧化硫等排放限值，并对环境敏感地区规定了更为严格的水和大气污染物特别排放限值。京津冀、长三角和珠三角等地区作为“十二五”大气污染物特别排放限值地域，钢铁行业节能环保监管将更加严格。相当一部分钢铁企业不能满足环保新标准要求，企业尚需加大环保投入。

2013年上半年1—5月，河北、山东、江苏、辽宁、山西等钢铁产能排名前5位省份的钢铁投资占全国比重为48%。除山西外，其他四省的投资仍保持较大规模，其中山东增幅57%。目前，相当一部分钢铁企业不能满足环保新标准要求，企业尚需加大环保投入，生产经营成本进一步上升。部分城市钢厂也面临日益紧迫的环保搬迁压力。

2. 石化行业

根据工信部《2013年石油和化学工业经济运行情况》，部分传统化工行业供过于求矛盾日益凸显，产能利用率长期维持低位，落后产能退出机制不健全，市场竞争激烈，价格持续低迷。据行业协会统计，2013年，甲醇、聚氯乙烯、烧碱、尿素开工率约为60%、65%、75%和80%。产能过剩导致甲醇、聚氯乙烯价格长期低位，烧碱（片碱）、尿素价格同比分别下降18.4%和13.4%。一些化工新材料、精细化学品在技术取得突破后，产能增幅过猛，出现了新的过热趋势。

随着公众环保安全意识的增强，化工项目建设成为舆论关注的焦点和敏感话题，一些地方民众对化工行业发展有抵触情绪，已成为影响行业发展的重要因素之一。为推进石化行业污染减排工作，环保部与中石化和中石油两家中央企业签订了“十二五”减排目标责任书，要求到2015年年末，二氧化硫和氮氧化物均分别比2010年下降12%和10%。

另外，目前全国化工园区还存在一系列问题：

（1）数量过多、布局不合理、产业结构雷同、产品同质化。

（2）园区的规划、建设和管理水平参差不齐。

（3）部分园区内的企业规模小、实力弱、档次低，园区组织管理水平不高，存在很高的环境风险隐患。

3. 有色行业

根据《2013年有色金属工业经济运行情况》，目前国内大部分行业冶炼产能过剩，电解铝行业最为突出。2013年末国内电解铝产能为3200万吨，比上年增加400多万吨。不公平的电力体制是电解铝产能无序扩张的主要诱因。

2014年8月份《中经有色金属产业月度景气指数报告》（中国有色金属工业协会、《经济日报》社中经产业景气指数研究中心、国家统计局中国经济景气监测中心联合编制，以下简称《报告》）指出：改革开放以来，尤其是新世纪前10年我国有色金属工业快速发展，十种有色金属产量年均增长15%，固定资产投资年均增长35%，利润总额年均增长40%，目前我国常用有色金属产量、消费量均已超过世界总量的40%。

《报告》同时指出：有色行业结构调整面临阵痛期。目前我国有色金属产业是“中间大、两头小”，冶炼产能过剩，矿山保障能力不足，高附加值深加工产品短缺，总体上处于国际产业分工中低端，结构不合理和产能过剩问题严重制约了产业的持续健康发展，加快产业发展方式转变是产业持续发展的必然选择。

针对有色行业的大气污染，环保部发布《铝工业污染物排放标准》（GB 25465—2010）并于2010年10月1日正式实施，发布《锡、锑、汞工业污染物排放标准》（GB 30770—2014）并于2014年7月1日正式实施。

（二）能源结构不合理

2013年，我国能源消费37.6亿吨标准煤，其中煤炭消费25亿吨标准煤，占66%。预计到2015年煤炭在我国一次能源消费中的比例有可能下降到65%，但仍占能源消费的主要份额。煤炭消费中电煤、原料煤、直燃煤分别占51%、27%、22%。

以京津冀鲁四省（市）为例，2008—2012年，煤炭消费量由6.55亿吨增加到7.92亿吨，增长了20.8%。若按照此增速，2017年煤炭消费量将达9.56亿吨。北京的问题更为突出。近几年，北京市的煤炭消耗量维持在每年 2 100 万吨左右，占全市能源总消耗量的 70% 以上，尤其在规划市区 1 040 平方千米内，集中了全市 50% 的人口、80% 的建筑、60% 的工业产值、80% 的能源消费。

以煤为主的能源结构是影响我国大气环境质量的主要因素，我国二氧化硫排放量的 90%、氮氧化物排放量的 70%、烟尘排放量的 70%、人为源大气汞排放量的 40% 都来自于燃煤，煤炭总量控制对减少大气污染物排放具有重要作用。此外，有研究表明，全国因使用煤炭排放的大气污染物对当地 $PM_{2.5}$ 浓度的贡献比例超过 50%，煤炭消费增幅与空气质量恶化具有显著的空间一致性。

以北京为例，北京市环保局公布的 2013 年 $PM_{2.5}$ 源解析结果显示，燃煤对 $PM_{2.5}$ 本地排放源的贡献达到了 22.4%，仅次于机动车的贡献（31.1%），成为北京大气污染的主要来源。

值得注意的是，高硫分、高灰分的煤炭对我国大气环境的影响相当严重。所谓高硫分，根据国家煤炭行业部门的技术准则要求，一般是指含硫量在 3% 以上的煤炭，而含硫量在 2%～3% 的属于中高硫煤，1% 以下的属于低硫煤。目前我国中高硫煤的产量约为 9 600 万吨，为全国煤炭总产量的 7%。对高硫煤的开采进行限制，可以减少二氧化硫排放总量的 20% 左右。

（三）机动车污染治理有待加速

目前，我国大气污染正向煤烟与机动车尾气复合型过渡，机动车已经成为大气环境污染的重要来源。2013 年全国机动车保有量达到 2.32 亿辆，尾气排放成为我国大气污染的主要来源，是造成灰霾、光化学烟雾污染的重要原因。同时，由于机动车大多行驶在人口密集区域，尾气排放直接威胁群众健康。据测算，“十二五”期间我国还将新增机动车 1 亿辆以上，新增车汽柴油消耗 1 亿～1.5 亿吨，由此带来的环境压力十分巨大。

图 3-13、图 3-14 和图 3-15 分别为我国机动车构成、机动车保有量（2010—2013 年）和汽车类型分布。

2013 年，机动车四项污染物排放总量 4 570.9 万吨，比 2012 年下降 0.9%。

但是机动车尾气仍是大气污染物的主要贡献者。其中，碳氢化合物和一氧化碳占全国总排放量的比例均超过 80%，氮氧化物和颗粒物的占比均超过 90%。

2013 年机动车污染物排放情况详见图 3-16 ～图 3-22。

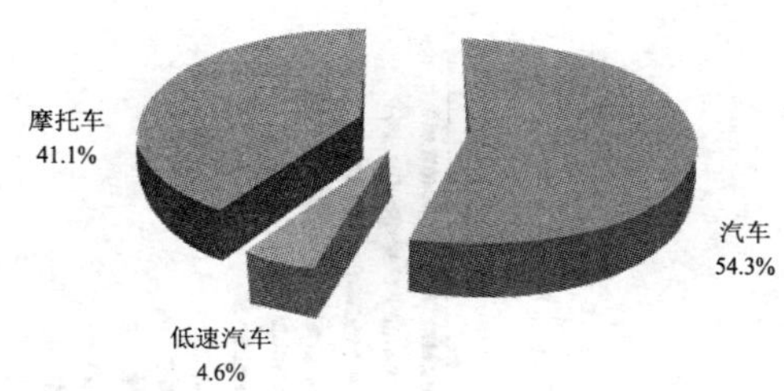

图 3–13　2013 年全国机动车保有量构成①

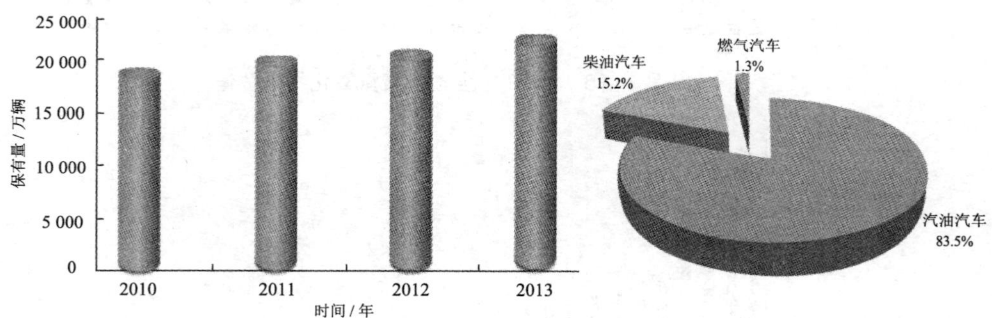

图 3–14　2010—2013 年全国机动车保有量

图 3–15　汽车类型分布

机动车按照环保合格标志划分为黄标车和绿标车，黄标车是指排放水平低于国Ⅰ排放标准的汽油车和国Ⅲ排放标准的柴油车。截至 2013 年年底，全国共有黄标车 1 349.4 万辆（各省份情况见图 3-19），占汽车保有量的 10.6%，排放的污染物占汽车污染物排放总量的 50% 左右。

为治理机动车污染，2014 年，国务院部署全国各地淘汰黄标车和老旧车 600 万辆。2014 年 12 月 5 日，环保部通报，经初步统计，2014 年 1—10 月，全国累计淘汰黄标车和老旧车 481.92 万辆，完成全年 600 万辆淘汰任务的 80.32%。其中，海南、福建、浙江、广东、河北、黑龙江、湖南、江西、云南、安徽 10 个省份进展较缓慢，完成任务总量的 60% ～ 80%；内蒙古、宁夏、河南、湖北、广西、西藏 6 个省份进展严重滞后，尚未完成任务总量的 60%。

①本节的图均采自环保部发布的《2014 年中国机动车污染防治年报》。

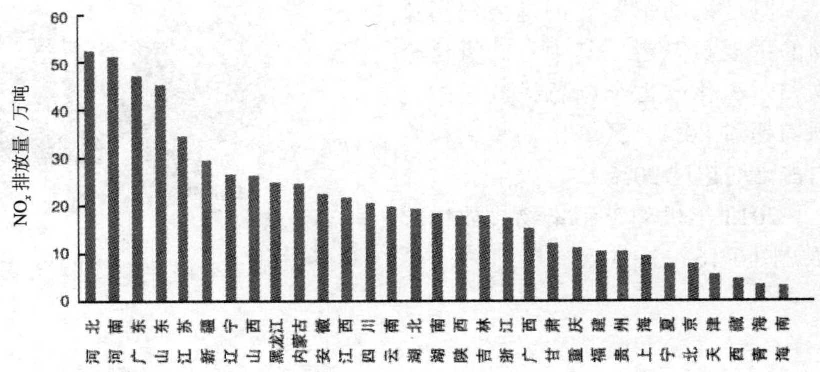

图 3–16　2013 年全国各省氮氧化物排放量

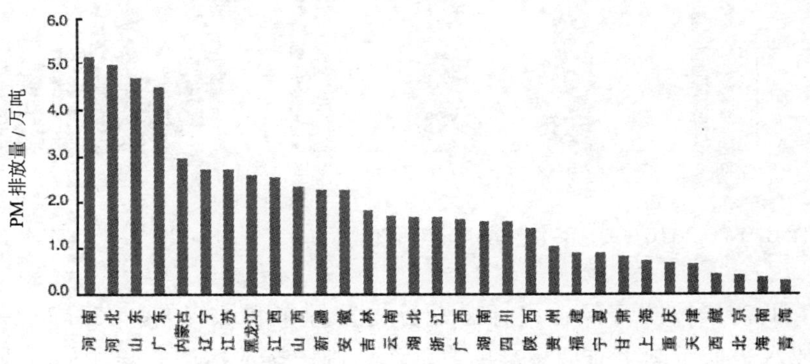

图 3–17　2013 年全国各省份机动车颗粒物（PM）排放量

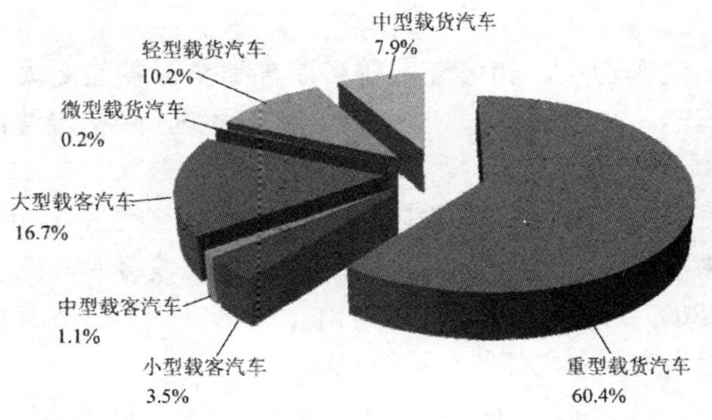

图 3–18　2013 年各类型汽车的颗粒物（PM）排放量分担率

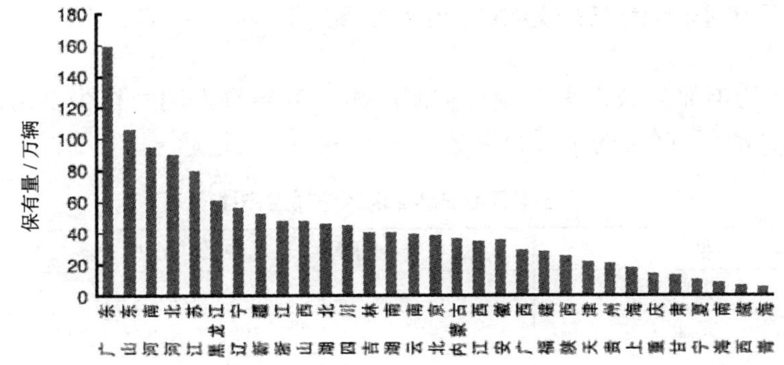

图 3–19　2013 年全国各省份“黄标车”保有量

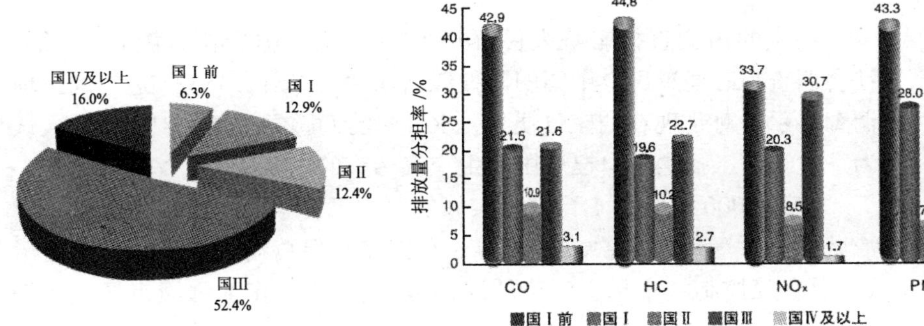

图 3–20　全国不同排放标准的汽车保有量构成

图 3–21　不同排放标准的汽车污染物排放量分担率（2013 年）

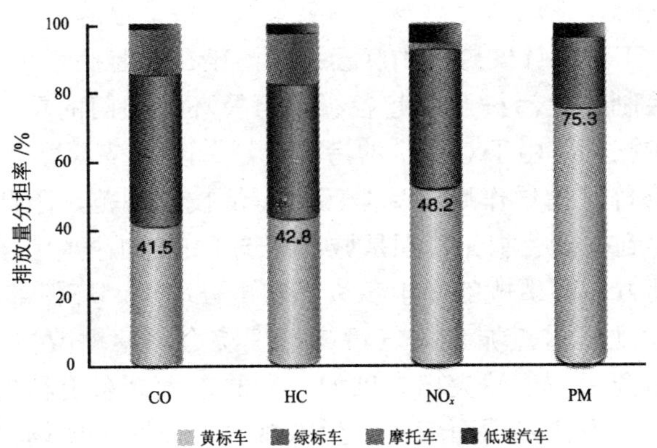

图 3–22　机动车污染物排放量分担率（2013 年）

（四）扬尘污染成为重要污染来源

近几年部分城市大气颗粒物源解析研究结果表明，扬尘是造成城市颗粒物污染严重的主要原因之一（表 3-4）。

表 3-4 各地 $PM_{2.5}$ 来源中扬尘占比

地区	$PM_{2.5}$ 来源中扬尘占比
北京	14.3%
天津	30%
石家庄	22.5%
上海	13.4%

扬尘的污染直接影响人民群众生产生活。2012 年《中国青年报》社会调查中心通过民意中国网与搜狐新闻中心，对 2 783 人进行的一项调查显示，对于现在的空气质量，86.4% 的人感觉较差。81.1% 的人认为，建筑施工扬尘是自己周围产生空气污染的主要原因。

我国 2000 年 9 月 1 日开始实施的《大气污染防治法》中新增了防治城市扬尘污染的条款，2001 年 3 月国家环保总局会同建设部下发了《关于有效控制城市扬尘污染的通知》，要求进一步加强城市扬尘污染控制。

《大气十条》中第一条（“加大综合治理力度，减少多污染物排放”）第二款（“深化面源污染治理”）明确提出要综合整治城市扬尘污染。

与此同时，各地都针对扬尘污染采取了很多措施。例如，2014 年，上海市建设工程累计安装了 109 套扬尘污染在线监控系统。

尽管控制扬尘污染已引起各级政府及环保部门的重视，并在积极采取防治措施，但由于对扬尘的污染特点、防治技术等研究还比较少，更缺乏具有普遍指导作用的扬尘污染防治技术规范，因此城市扬尘污染还难以得到有效控制。特别是城市建筑工地施工扬尘污染严重。

一些地方面源造成的扬尘污染仍然十分严重。环保部 2015 年 1 月发布的华北地区重点城市大气污染治理综合督察整改情况通报显示：部分地区面源污染依然突出。例如，太原市太钢东山和尖草坪区柏板乡镇矿采区，山体裸露面积大，生态恢复不及时，现场检查时，露天开采、运输环节，以及料场堆场部位扬尘污染严重；晋阳湖周边十几处工地降尘抑尘不够，扬尘污染较重。河北省 281、307、302 省道衡水段和 393 省道石家庄段道路扬尘污染严重，均未采取有效抑尘措施。阳泉市建筑扬尘、道路扬尘，以及矾石、石料开采造成地表裸露带来的扬尘污染问题仍然多见。

（五）农村散煤燃烧和秸秆焚烧仍较为严重

农村散煤燃烧一直是大气污染防治的一个难点。一些统计数据显示，2013 年京津冀地区散烧煤消费量接近 4 000 万吨，其中农村地区 3 200 余吨。这些散烧煤一般硫分高、灰分大，无任何治理措施，又低空直接排放，对雾霾等大气环境问题有重要贡献。调研和测算表明，2013 年京津冀地区散烧煤造成的烟粉尘排放量占总排放量的 23% 以上，二氧化硫占 15% 以上，氮氧化物占 4% 以上。

针对散烧煤存在的问题，许多地方加大投入，改善煤质，推进散烧煤替代等工作。例如，据环保部 2015 年 1 月通报，华北地区一些城市洁净型煤配送和城市集中供热改造取得进展，河北纳入综合督察的 6 个地市已建成型煤生产配送中心 34 个，推广洁净型煤 34.3 万吨；包头市计划近两年内完成 1 170 台燃煤锅炉整治任务，2014 年已完成 607 台，占全部任务量的 51.9%。

但是，总体上，散烧煤治理仍有待进一步加强，许多区域尚未取得预期治理成果。例如，保定市已建成的 4 家洁净型煤配送中心，设计年生产配送洁净型煤 60 万吨，但 2014 年实际生产配送洁净型煤仅 2 万吨。衡水市已建成投运 3 家洁净型煤生产配送中心，但截至 2014 年 12 月中旬只推广洁净型煤 0.33 万吨。天津武清区农村散烧用煤煤质状况、消费总量、售煤点分布等情况尚未完全摸清，配煤点建设、优质煤保障和购煤补助发放等工作仍需加大推进力度。唐山市洁净型煤生产配送能力建设滞后，实际生产配送洁净型煤数量也十分有限。郑州市全市每年散烧用煤量上百万吨，但对散烧煤污染问题尚没有采取有效的治理措施。太原市城区中环内仍有 19 个城中村、5 500 余台“土小”锅炉。

焚烧秸秆也是大气污染防治的另一个难点问题。秸秆燃烧后的浓烟中含有机气融胶等颗粒物，可以形成 $PM_{2.5}$，在短时间内导致空气污染加重；其中有害气体对人眼、鼻子和咽喉等黏膜刺激较大，造成咳嗽、胸闷、流泪，严重时可能导致支气管炎发生。有专家研究指出："从全国而言，其产生的 $PM_{2.5}$ 不到 $PM_{2.5}$ 总量的 5%。但由于秸秆是在一两天时间内集中焚烧，在污染最重的一天，秸秆焚烧产生的 $PM_{2.5}$ 可能占当天空气中 $PM_{2.5}$ 量的 30%、40%。"

2013 年夏季遥感监测显示，大范围秸秆焚烧可使 $PM_{2.5}$ 在几小时内由 110 μg/m^3 上升到 460 μg/m^3。

监测数据显示，2012 年全国火点数比 2010 年增加了 33%，2013 年比 2010 年增加了 10%。2014 年 10 月，国庆节后，北京、天津、河北、山西、山东、河南、陕西 7 省市身中"霾伏"，出现了持续性雾、霾天气，影响面积约 39 万 km^2。有气象专家分析指出：人为烟雾排放加重了空气污染程度，河南、河北南部及山东局地出现秸秆焚烧现象，秸秆焚烧的烟雾随弱偏南风向北输送，导致河南北部、河北等地污染加重。

2014 年 12 月，环保部发布了 2014 年 11 月 1 日至 20 日全国秸秆禁烧工作情况：19 省（区、市）共监测到秸秆焚烧火点 541 个（剔出卫星误判火点，不含云覆盖下火点），较 2013 年同比增加 314 个，增幅为 138.3%。

导致秸秆燃烧屡禁不止的重要原因是我国传统的农业种植方式。据测算，一亩地约产生半吨秸秆。在很多地方，由于一年要种两三季农作物，为抢农时，上一季农作物收割与下一季农作物播种、插秧间仅间隔一两天时间。因此，必须在一两天内把上一季产生的秸秆"处理"掉，以利下一茬作物的播种。这就导致无论如何严管，许多地区农民往往一有机会，就一点了之。

另一方面，秸秆利用难以推进也是重要因素。虽然秸秆是生物质资源，可以直接还田，为农田补充有机质。但是，在一些干燥地区，秸秆直接还田却因不能及时腐烂或腐烂速度很慢，将严重影响下一茬作物的耕作。因此，加快推进秸秆的综合利用任重道远，但势在必行，必须加快相关科技发展的步伐。

（六）新型大气污染物防治形势严峻

挥发性有机物量大面广，防治难度大。根据《环境科学大辞典》（2008

年，2 版），挥发性有机物（VOCs）是指所有参加光化学反应的有机化合物的总称，或者常压下熔点低于室温而沸点在 50 ～ 250℃的挥发性有机化合物的总称。

挥发性有机物的来源包括工业源和生活源，其中工业源主要包括石油炼制与石油化工、煤炭加工与转化等含 VOCs 原料的生产行业，油类（燃油、溶剂等）储存、运输和销售过程，涂料、油墨、胶黏剂、农药等以 VOCs 为原料的生产行业，涂装、印刷、黏合、工业清洗等含 VOCs 产品的使用过程；生活源包括建筑装饰装修、餐饮服务和服装干洗。

大气中的挥发性有机物可以直接或间接生成 $PM_{2.5}$，并可以危害人体健康。挥发性有机物中有许多对人体有害的物质，如甲醛、甲苯、二甲苯和四氯甲烷等，这些物质在空气中达到一定浓度并长时间存在，可以刺激眼、鼻黏膜、呼吸道和皮肤等，伤害肝、肾、大脑和神经系统，还可以导致癌症发生。

美国环保局 2003 年的一份调查报告给出了某石油公司 VOCs 排放总量的情况，其中装置泄漏占挥发性有机物排放总量的 27%。我国一些石化企业因挥发性有机物泄漏导致的污染问题而产生的环境纠纷事件屡屡发生，企业在进行经济赔偿的同时也产生了不良的社会影响。这些无组织排放源由于产污环节多、管理难度大，因此危害较大。

为此，《大气十条》提出推进挥发性有机物污染治理，在石化行业开展“泄漏检测与修复”。环保部发布的“挥发性有机物（VOCs）污染防治技术政策”提出应对泵、压缩机、阀门、法兰等易发生泄漏的设备与管线组件，制定泄漏检测与修复（LDAR）计划，定期检测、及时修复，防止或减少跑、冒、滴、漏现象。

同时，汞削减面临巨大国际压力，但是削减难度不小。我国 2013 年 10 月签署了《关于汞的水俣公约》，公约管控的大气汞排放源包括燃煤电厂、燃煤工业锅炉、有色金属（铅、锌、铜、金）冶炼和焙烧工艺、废物焚烧设施、水泥生产设施五类，要求：新排放源在公约生效后 5 年内应采用最佳可行技术和最佳环境实践，控制并减少其汞的大气排放；现有排放源在公约生效后 10 年内采取量化减排目标、排放限值、最佳可行技术和最佳环境实践、多污染物控制措施以及其他替代减排措施中的一种或多种措施。

中国作为汞生产、使用和排放大国，几乎包括UNEP《汞排放定量定性估算工具包》中所有的11大类59小类排放源。中国排放量较大的省份有贵州、辽宁、吉林、河南、山西等地区，年均汞排放量均超过10吨。调查表明，燃煤、汞矿采冶、有色金属冶炼企业及水泥厂等重点污染源排放的汞已经对周边大气、水体和土壤造成污染，局地污染严重。

初步估算表明我国每年人为活动向大气排放的汞量为500～800吨，约占全球排放量的30%。燃煤锅炉和燃煤电厂是最大的大气汞排放源，总计超过50%。大气排放源还包括有色金属冶炼、水泥生产、钢铁生产等。中国有近55万个工业锅炉。工业燃煤锅炉大气污染控制设施的使用并不广泛，且通常只有简单的去除颗粒物的装置，这也只能去除一小部分的汞。由于大气污染控制措施仅能捕获一小部分汞，工业锅炉的汞排放实际上要高于燃煤电厂。

第四章
中国大气污染主要问题的成因分析

一、发展理念不科学，结构调整推进慢

雾霾等大气污染的根本原因在于经济结构，其深层次原因在于发展方向。经过长时间的努力，科学发展观、生态文明建设已经成为我国指导发展的重要思想，并且在全社会取得广泛共识。但是一些地方，发展理念不科学的问题仍然十分突出。只要金山银山、不要绿水青山的思维在一些地方和部门的负责人之中，仍根深蒂固。

理念的滞后，导致决策的随意和不科学，也造成执行上的不彻底、不到位，这些都直接成为影响经济结构调整的制约因素。具体表现为：

（1）以经济增长代替科学发展。我国坚持以经济建设为中心，但是强调的是科学发展。发展包括经济增长，但绝不仅仅是经济增长。长期以来，许多地方领导崇尚 GDP，认为经济增长了，许多发展中的问题可以随之得到解决，“一俊遮百丑”。实际上，这是一种懒政庸政的思维。2007 年党的十七大报告系统阐述了科学发展观，特别指出科学发展观的根本方法是统筹兼顾，这从理念的根源上摒除了单纯依靠经济增长拉动发展的传统观念。科学发展观的落实情况，因地而异、因时而异，但是严峻的环境形势，特别是 2013 年初以来的雾霾，再次反映了许多地方的科学发展还有很大差距，远没有做到统筹兼顾。

（2）利用过度投资创造“短平快”的发展表象。关于中国经济结构失调，过分依靠投资拉动的问题，已经被广泛讨论。淘汰落后产能步履艰难，与政府直接投资或者利用政府信用、优惠政策鼓励投资有直接关系。这些产能大多集中在基础建设、重工业，短期效应明显，切实对实现就业、增加地方财税收入发挥了作用。但是这样的做法无

异于饮鸩止渴，市场不会一直宽容不合理产能的存在和所谓“发展”，不管是就业还是财税收入，实际上都是在提前“预支”甚至“透支”。一旦市场出现变化，或者资源环境约束增加，这样的投资将走到尽头，不仅过剩产能难以消化，遗留下的就业、环境污染等问题也将严重伤害公众的信心和政府的公信力，其危害远大于短期的收益。

（3）拖延环境问题的爆发。早在2007年的十七大报告中，就将“经济增长的资源环境代价过大”作为我国经济社会发展中面临的第一大问题。在之后的多次中央工作会议上以及《中共中央关于制定国民经济和社会发展第十二个五年规划的建议》等重要文件中，都反复强调“经济增长的资源环境约束强化”是我国发展中不平衡、不协调、不可持续的首要问题。2014年中央经济工作会议更是明确指出：“从资源环境约束看，过去能源资源和生态环境空间相对较大，现在环境承载能力已经达到或接近上限。”但是，许多地方在实际行动中，并没有严格遵循这一认识，大上快上项目仍然被奉为拉动地方经济增长的首选手段，放任环境问题的不断累积。一些地方负责人也并非没有认识到环境的严峻性，但是将矛盾后延，一棒又一棒地接力，直到环境问题爆发。在某种程度上，雾霾、地下水、土壤等环境问题已经形成系统性危机，无法掩盖也无法继续拖延，只能全力降低这些问题波及的影响广度和深度。

二、市场机制不完善，企业活力难激发

2006年全国第六次环保大会提出：环境管理要从主要依靠行政手段转变为综合运用法律的、经济的、技术的和必要的行政手段。此后，环境经济政策框架的构建进入加速期。环境经济政策的本质是为政府合理参与环境保护的市场调节、构建相应的市场机制提供一个桥梁和通道，最终目标是激发市场主体开展环境保护的积极性和活力。

雾霾和其他污染一样，根本来源在于企业等市场主体环境行为不合理，而且这种不合理不仅没有在经济上承担相应代价，甚至还因为牺牲环境而给企业带来超出常理的竞争力。目前，在各项环境经济政策中，脱硫脱硝除尘价格补贴是与治霾关系最为密切的，其成效也是显著的。但是，有两个问题也难以回避：一是所谓价格补贴，实际上

是财政补贴，对于脱硫脱硝除尘等原本属于企业应尽的义务，利用财政资金予以补贴是否合理，是否可能带给市场“政府将会为污染兜底买单”的预期？二是补贴的对象是所谓“脱硫脱硝除尘”的关键行业，换言之，就是造成污染最为严重的行业，对其补贴是否就是“环境损害越大、获益越多、竞争力越强”，从本质意义上，是否反而加剧了市场扭曲？

当然，对于上述问题，将会有许多辩论意见。但是无论如何，依靠这样的财政补贴构建有效的市场机制，可能是南辕北辙，因此对这样的政策，要明确退出的时机和条件，不能长期使用。

市场机制不合理具体表现在：

（1）市场价格上，还广泛存在“资源廉价、环境无价”的不合理问题。早在2007年，党的十七大报告就明确要求推进价格改革，要反映环境损害成本。但是这一研究推进十分缓慢，实际上并没有得到发改委、财政部等经济综合部门和环保部门足够的重视，各项政策研究制定工作面临许多意想不到的意见分歧，就连提高排污费这一原本早就应该完成的工作，也一直拖延到2014年9月才正式出台文件。2013年11月十八届三中全会再次强调，要加快自然资源及其产品价格改革，全面反映“生态环境损害成本和修复效益”。作为一项重大的改革任务，在党中央的大力推进下，有希望取得新的成果。但是，至少在目前，企业生产活动中造成的环境污染、环境风险等外部性，都没有转化为直接的市场价格信号。价格信号不明、市场预期就不清，企业就将选择当下成本最低的方法，那就是牺牲环境。虽然有一些企业出于长远发展的意向，主动推进技术进步、改善其环境管理绩效，但是这些企业对环境保护可能带来的市场机遇和收益都抱着较为谨慎的预判。总体来说，由于环境损害成本没有得到合理分摊，环境保护并不能激发企业等市场主体的自发动力。

（2）市场信用上，环境行为尚未成为企业信用的重要内容，企业的环境行为不会对其融资、生产经营等造成较大的影响。市场经济是信用经济，良好的信用应该是企业自身的不懈追求，也是市场自发调节作用的前提。但是，我国市场信用体系建设无疑刚刚起步，就连一些部门之间的执法信息共享这一基本要求，都在许多部门面临一些不应有的阻力。针对这一问题，国务院一方面建立了社会信用体系建设部际联席会议，另一方面加快了相关立法进程，先后颁布实施《征信管理条例》《企业信息公示暂行条例》。环保部也开始正视这一问题，已经联合发改委、人民银行、银监会印发了《企业环境行为评价办法（试行）》。但是作为政府一项基本的服务职能，目前环境信用评价尚未得到地方足够的响应，相关机制缺乏设计和推进力，特别是环保部门唱独角戏、其他部门保持沉默、市场不作出反应的不合理现象较为普遍。

（3）市场竞争上，对牺牲环境进行不公平竞争的行为还没有建立完善的市场惩处机制。从环境保护的角度看，"劣币驱逐良币"的现象在较大的范围内还广泛存在。究其原因，一方面，政府对市场监管执法不到位，将"劣币"当作"良币"用，放任甚至变相激励企业采取环境不友好行为。例如，一些地方设立所谓企业"宁静日"，不允许执法部门进行现场检查。另一方面，各方面的市场主体也并不排斥"劣币"的存在，甚至认可其不合理的所谓"竞争力"。典型的例子就是采购行为。作为有社会责任感的企业，应该对其上下游企业的环境行为发挥一定的约束、规范和监督作用，也就是国际上一些知名企业和我国一些地方代表性企业正在推进的绿色供应链管理。实际上，这些企业已经取得一些较好的实践经验。但是，目前我国主动推进这项工作的企业少之又少，包括一些大型国企在采购时也只考虑价格和产品质量，环境保护根本不作为考量因素。这样的发展，其实际是不断损害一个行业或者领域的社会声誉，可能几个环保事件就将同行业或者关联企业拉入困境。

三、管理思路不合理，政府行为难约束

这是造成我国目前环境管理中的一个顽症，呈现出"一放就乱、一收就死"的乱象。究其原因，具体体现在：

（1）从环保角度约束政府行为的法律制度不完善。"治污先治官"，是很多国家的经验。许多国家出台专门法律，从环保角度规范政府涉及环境保护的决策等行为。如美国的《国家环境政策法》、日本的《环境基本法》等。美国环评制度的首要任务就是，要求政府对可能造成环境影响的相关政策措施进行环评。而在我国，这方面的法律制度长期处于空白。1989 年颁布实施的《环境保护法》只是原则规定，地方

政府对环境质量负责。对如何负责，没有尽责应负何种法律责任，没有明确界定，导致该条款形同虚设。2015 年 1 月 1 日起实施的新《环境保护法》在强化政府责任方面有了较大进展，力图通过环境目标责任考核、政府向人大报告环保工作、对环境不达标地区实行环评限批等制度，来落实地方政府的环保责任。但是这些制度的执行效果仍有待考察。关键在于相关法律责任不明确，也就是政府不严格履行法定责任该由谁承担怎样的法律责任，新《环保法》依然没有形成完善的制度体系。举个例子，新《环保法》要求重要经济、技术政策应征求环保部门意见，实质上应推进“政策环评”，但是如果地方政府不执行这项规定，如何处罚并不明确。从环境保护的历史发展来看，政府或其部门不守法却难以追究的问题并不少见。

（2）职能配置不合理，机构人员设置不科学。首先，地方政府应对本区域环境质量负责，更进一步，地方党政主要负责人应对环境质量负责。但是实际上，在大部分地方，对环境质量负责的是环保部门，无法有效解决发展与环保的矛盾。第二，环保部门统一监管的职能定位较为尴尬。由于地方政府对环境质量负责，那么环保部门监管的对象主要就是地方党政主要负责人，这与我国目前的政治层级制度存在一定的冲突。上级环保部门在督查下级政府环境保护工作时，也缺乏对下级政府及其有关部门的约束手段，环保问题往往在环保系统“内部循环”而无破解之道。第三，环保部门定位不明导致机构人员的统筹安排存在难度。如果环保部门以执法为主要使命，则应将主要力量向基层“下沉”，保障第一线的监管执法能力建设；如果环保部门以更为综合宏观的管理为主要使命，则各层级环保部门的机构人员配置需要更为科学和深入的论证。

在雾霾治理工作中，还存在着与其他污染治理不尽相同的特性问题：

（1）系统性的管理思路尚未健全。国务院《大气十条》作出了全面的部署，是一个具有系统逻辑的顶层设计。地方政府在落实《大气十条》时，关键在于明确目标，掌握方法论，因地制宜，从夯实制度基础的角度系统性构建治霾方案。但是研究各个省份的相关实施方案和实际举动发现，许多内容都是简单地将《大气十条》与本地的一些情况初步结合，多而杂、大而全，缺乏具有系统性的路线图。从实施一年来的情况看，一些地方的数据有所改善，但是本质问题可能仍被掩盖甚至有新的发展。同时，还有一个问题值得注意，就是治霾工作与现有环境保护工作目标、体系之间的关系，如与总量减排之间、与当前的环境监管执法之间，如何统筹协调，在许多地方的方案和举措中，难以发现清晰的答案。此外，相关部门职责不清晰、难以形成合力，也是系统性不足的一个表现。据有关部门统计，《大气污染防治法》规定的52项管理职能中，有20项没有明确管理部门。有的管理职能存在交叉情况，比如，机动车管理职能涉及环保、公安、工业、交通、质检等13个部门，部门间未能有效协调联动。

（2）区域性的协调机制还不完善。京津冀、长三角、珠三角等重点区域都构建了大气污染治理协调机制，也发挥了积极作用。但是对比这些机制的工作与相关各省市自身的工作，“各自为政”的现象难以摆脱。如统一规划滞后，关键领域的车用燃油品质、污染物排放标准等环保、能耗的标准不一，缺乏统一的区域产业准入目录，环评会商机制有待完善。区域重污染天气监测预警机制尚不健全、应对能力有待提高，环境空气质量监测、污染源监测的信息尚未完全共享。不同的发展阶段、不同的产业定位、不同的政绩考量、不同的利益诉求，以及对于利益协调、让步分寸的不同态度与不同尺度，都导致相关区域内对大气污染防治认识和思路的不尽一致、政策和手段的步调不一，虽然不至于互相拆台，但是及时“补台”的积极性还有待增强。

四、环境法治不到位，违法成本难提高

环境法治是一个综合的框架，立法、执法、司法、守法环环相扣、互相影响。仅从直接影响雾霾治理的角度分析，环境法治不到位主要体现为：

（1）雾霾治理相关立法滞后。国家层面，《大气污染防治法（修订草案）》刚刚提交全国人大常委会第一次审议，其中与新《环保法》、国务院《大气十条》的衔接等关键问题还有待深入讨论。同时新《环保法》、国务院《大气十条》的实施效果也将对《大气污染防治法》（修订草案）今后的修改产生重大影响，存在一定的未知因素。地方层面，治霾相关立法严重滞后。只有北京、陕西等少数几个省市出台了《大气污染防治条例》，还有许多地方虽启动了前期研究，实际上仍存在一

定的观望态度，等待国家《大气污染防治法》的修改情况。这样的态度实际上对构建治霾的法律法规体系十分不利。北京市的实践证明，相比于国家法律，在某些方面地方性法规针对性、可操作性、实效性更强，对相关监管执法等工作的保障力度更大，对当地企业等市场主体和社会公众的影响更为直接。

需要特别指出的是，立法的滞后实际上让地方政府有了更多“自由裁量权”，可以随时以行政决策方式调整、改变甚至推翻本地治霾的相关举措，这将导致治霾工作出现反复，也将危及政府的公信力、降低对政策执行效果的预期，导致企业、公众对治霾工作的不满。

（2）大气污染执法困难重重。2013 年，环保部接到的举报案件中，大气污染类占 73%，但在全年查处案件中大气污染类仅占 12%。大量的大气污染违法行为没有得到查处，关键原因是大气污染源点多面广，基层环保执法力量薄弱，监管手段落后，存在“小马拉大车”现象。基层监管能力严重不足，调查难、取证难、查处难问题十分突出。地方政府对于环境执法的干预问题仍较为严重，导致有的地方执法不严、违法不究，存在人情执法、以罚代管等问题，违法排污行为得不到有效遏制。据公开报道，环保部对一些地方进行抽查时，发现许多违法行为都是在当地政府的默许甚至纵容下进行的，当地环保部门被迫充当执法“门外汉”、不闻不问。还有一些地方排污费收取不规范，存在少征、漏征现象。

（3）环境司法建设尚在途中。环境司法是环境法治的新突破口。在环境行政处罚与刑事处罚衔接方面，自从 2013 年 6 月“两高”司法解释发布以来，地方将环境范围移送刑事处罚的案件大幅度上升。但是，数据显示，在全国范围内，环境司法的推进总体偏慢，地区之间也存在着严重的不平衡。长期以来，地方政府对于司法机关立案、审理、裁判等过程中的不当干预时有发生，在环境保护领域也不例外。同时，移送环境犯罪也同时意味着环保部门等相关部门可能被追究监管失职等罪行，导致该移不移、以罚代刑的问题也比较突出。在环境损害民事诉讼方面，由于法院不受理、受害者难以举证（举证倒置原则没有得到落实）、损害判定依据缺乏，环境侵权损害责任难落实，对排污者震慑力不够。

还有一些程序上的问题，也对环境司法发挥作用造成一定障碍。

与雾霾直接相关的一个例子是，对建筑工地违法排放扬尘污染问题，往往需要通过司法强制执行来保证工地停工等行政处罚得到落实。而实践中，从司法机构立案到实现强制执行，时间跨度可能长达几个月甚至半年以上，此时建筑工程或者已经完工、或者造成的污染已经不可挽回，强制执行的意义大打折扣。

（4）违法成本低导致守法动力不足。违法成本低是环境法治最突出的问题之一。调研显示，一些企业法律意识淡薄，不愿真正落实防治污染的主体责任；有的企业治污设施建设滞后，技术水平低，提标改造进展缓慢，根本难以做到污染物达标排放；还有部分企业治污设施不正常运行，采取“一来就停，一走就排”、“昼停夜排”、瞒报虚报监测数据等方式应付和逃避执法监管。根本原因之一在于企业违法排污被查处后的罚款额度远低于治污成本，不少企业宁愿交罚款也不主动治污。有调研甚至发现，企业将违法排污的罚款提前列入经营预算中，具有故意违法的动机。在新的《环保法》实行之后，企业的违法成本可能大幅度提高，但是其实效取决于执法、司法的配套支持。在《大气污染防治法》的修订中，大幅度提高违法成本仍是广受关注的重点，全国人大常委会组成人员在讨论过程中也反复强调进一步提高违法成本的意见。鉴于立法是一个综合平衡的过程，同时考虑到一些地方政府对于发展的不合理认识可能会对立法造成的影响，大气违法成本的提高程度仍有待进一步观察。

五、标准实施不深入，科技创新难提速

标准与法规一脉相承，都是雾霾治理的重要保障。2012 年颁布实施的新修订的《环境空气质量标准》被称为打响了大气污染治理的第一枪，其意义可见一斑。目前，大气相关的环境标准制定与实施工作已取得长足进步，逐步发挥应有的约束作用。标准的执行本质上是环境法治的一部分，首先是企业遵守标准，达标排放；第二是执法部门执行标准，依法处罚超标排放行为；第三是对于因超标排污构成犯罪的，应追究刑事责任，因超标造成损害的，应负相应的赔偿责任。

目前，从雾霾仍较为严重等环境形势看，大气相关标准的实施力度还有待进一步加强，其主要原因与上述环境法治的原因相近，同时

还有以下原因：

（1）环境质量标准的执行关键在于对政府的环境目标考核责任制度。《大气十条》的一项重要配套机制，就是建立了目标考核责任制度，国务院专门发布了考核办法；同时对各地环境质量排名予以公开，对举措不力的地方政府进行约谈，对良好的实践做法予以通报、褒扬。但是，目前因为大气污染问题被追责的地方党政领导干部少之又少，几乎没有发现相关的公开报道。由于缺乏对地方政府的有效约束，环境质量标准的实施将存在一定的困难。同时，必须意识到，空气环境质量标准是国家向社会和公众作出的承诺，关系政府公信力，如果执行得不好带来的后遗症将很大。

（2）对未达到质量标准的地区尚未建立完善的预防和惩处机制。新《环保法》规定，环境质量不达标地区应制定达标计划，限期达标；对未完成总量减排目标或者环境质量目标的地区，上级环保部门可以采取“区域限批”。这些制度对空气质量达标将发挥重要的促进和保障作用。但是同时要注意的是，与这些规定相应的预防和惩处机制并没有完全建立。一个地区在经济等相关决策之初，就应该考虑环境质量能否达标的问题，对此应建立相应的决策预防机制，开展政策环评，从源头上减少不达标的风险。在一个地区实际出现不达标现象后，对其实施“区域限批”虽然是一项重要的惩处措施，但是该措施的使用往往慎之又慎，也受制于上级政府关于经济发展、就业、财税收入等方面的各种考量，实际上实施力度不会太大、涉及面不会太广。这样的惩处力度对于地方决策将很难起到约束作用，相反可能产生“反向激励”。

（3）对于难以达标的企业尚未建立退出机制。许多重污染企业在历史上属合法成立和经营，但是由于环境标准的提高、所处区域功能的改变等原因，这些企业在环保上面临巨大的压力，却也无力投入大量资金进行污染治理以达到标准。对于这样的一些企业，国内的实践表明，关键是建立一套市场机制，引导其主动、有序、尽快退出市场。但是，大部分地方忽视了这一制度建设，或者放任这些企业继续不达标生产、污染环境，或者对企业下达各种行政命令，企业实际上难以执行，其结果逐渐演变为一场“消耗战”、“持久战”。新《环保法》规定，为改善环境而转产、搬迁、关闭的，政府应予以支持，就是力图解决这一问题。

在大气污染防治相关的技术支撑方面也存在许多问题，例如对污染来源、成因和传输机理研究不够，对细颗粒物的形成机理认识不清；符合国情的成本低、效果好的技术不足，而对先进技术推广应用又不够，环保产业水平亟待提升。导致这些问题的原因在于：

（1）科技作为一项基础性工作，各级政府支持力度实际上较为有限。我国要建设创新国家，是90年代以来的目标。进步是显著的，但是差距仍然很大。科技是一项累积性的工作，需要不断的投入，但是却往往在短时间内不显成绩。在现有的政绩考核体系下，地方政府实用主义、“拿来主义”的心态十分盛行，总是希望引进一两笔投资就能带来非常实用的技术，实际上这样的成功案例极少。建立基于科技发展的投融资环境与政策机制，运用好政府资金的导向作用，在这些方面各级地方政府所做的工作还是太少。

（2）以市场为导向、以企业为主体的研究体制尚未建立。包括大气污染防治工作在内，环境保护的科技研究，其生命力在于运用，而运用的前提是能解决环境问题、市场有需求。目前以许多大学院校为主的研究与市场严重脱节，成果转化率非常低。而相应的，作为市场主体、紧密掌握市场需求动向的企业，在科技研发上急需投入，却面临着融资十分困难的境地。政府在科研经费上参与过多，已经成为一个必须尽快解决的严重问题，其对整个科研制度、科研导向、科研人员激励机制都造成了严重破坏，同时滋生了腐败。

六、信息公开不充分，公众监督难落实

环保系统信息公开工作推进较早，也取得了积极进展。在雾霾方面，国家首先建立了空气质量预测预报的信息公开机制，大部分地方也积极跟进；还建立了定期公布环境质量及排名的制度，推进公众监督，一些地方也逐步建立起相应的制度。但是，总体上看，相关信息公开并不充分，公众监督也尚未得到保障。

（1）政府信息公开的及时性、全面性还有待提升。地方环保部门对于信息公开存在一定的抵触心理，发生过以涉及国家机密为由不公布排污企业信息，而被媒体广泛报道的案例。近年来，地方政府在环

保信息公开方面，迈出了较大步伐，特别是按照环保部要求，建立了重点污染源相关环境信息公布平台等。但是，综合分析各地区政府网站关于大气污染防治方面的内容，信息量偏少、数据更新不及时、论述不全面甚至存在明显偏颇的问题时有发现。由于官方权威信息的缺失，可能导致公众转向其他信息来源，甚至轻信谣言，对污染治理工作将造成一定障碍。

（2）对企业信息公开不足尚未建立完善的惩处机制。对自身排放行为进行监测并公开相应信息，是企业应尽的责任，但是在我国这样的企业非常少见。针对这一问题，新《环保法》明确要求，重点排污企业必须公开环境信息，更为重要的是，规定了不依法公开环境信息将承担相应的法律责任，即由环保部门对此处以罚款并责令公开。这一措施如果得到严格贯彻实施后，将极大推进企业信息公开。但是，一些地方政府和环保部门还尚未完全意识到企业信息公开的重要性，没有将其作为提高公众参与监管的一条重要通道，而是往往纵容企业以涉及商业机密等借口逃避，这可能影响相关惩处制度的实施效果。

（3）公众监督的渠道尚未畅通。公众监督的前提是知情权，是政府和企业信息公开；其次，公众监督必须有明确的路径，而且应在法治保障和规范下推进；再次，公众监督的合法权利受到损害时，应建立相应的追责制度。目前，这三个方面都存在较大的不足。新《环保法》专章规定“信息公开与公众参与”，在保障公众监督方面迈出了较大步伐，还建立了公益诉讼制度。从地方的实践看，目前要统筹解决公众监督的这三个问题，核心其实在于惩处和追究制度能否加快建立和完善。对于信息公开不足以让公众充分理解、相信的，必须予以相应的惩处，对于破坏公众监督的行为，应该追究相关部门和人员的责任，只有这样，公众监督才能得到保障。公众监督如果得不到保障，将造成政府与公众之间互信程度降低，甚至对立。PX 项目、垃圾焚烧厂建设选址引发的群众“静走”抗议等，就是典型的例子。

七、生活方式不环保，能耗总量难削减

“同呼吸、共命运”，雾霾与每个人都密切相关，也需要每个人的共同努力，从生活的各个方面为治霾发挥应有作用、贡献积极力量。

特别是在能源消耗方面，消费者是能耗总量削减的根源和“总开关”。但这些作用没有得到有效发挥，表现在：

（1）过分强调机动车的便利性而忽视其污染特性。机动车与雾霾之间存在一定的因果相关关系，已经得到数据和相关研究的证明。我国机动车保有量与使用量大幅度增加，与我国经济发展紧密相关，是一个必然的阶段。对于消费者来说，机动车是城区内交通的首选工具，特别是自驾车具有十分便利的特性，不受公共交通工具时间、地点上的限制。而在机动车的产品结构上，新能源汽车的推广仍存在很多问题，配套设施不到位等便利性不足是重要原因。但是，这样的便利性已经面临“拐点”，交通堵塞、空气污染对生活质量造成的影响已经超过便利性。近两年雾霾的集中爆发，将长时间带给公众思考，公众环保意识的培育将迎来新的局面。

（2）节电节能意识还没有融入生活的各个环节。人均能源消费量实际上表征着一个国家的发达程度，但是却不能等同于文明程度。我国能源缺乏、结构不合理等问题，已经为广大公众所熟知，公众的节电节能意识不断增强，但是还处于初级阶段，而社会上奢靡之风的存在也影响了节能意识的培育和发展。如何在保障生活必需的前提下，尽量减少对能源的消耗，是摆在每个消费者面前的重要问题。同时，应该指出的是，要发挥社会组织在节能宣传、贯彻等方面的特殊作用，政府对其也应予以相应的支持。

（3）调整能源结构进展缓慢，关键在于认识不统一、利益难协调。前面的论述中反复强调，以煤炭为主的能源结构与雾霾问题密切相关，但是能源结构的调整牵扯各方面的经济、技术因素，不同地区之间、不同市场主体之间需要进行深入的利益协调甚至博弈，不同部门之间在能源结构调整的方向、任务、途径上也存在着不同认识和意见，这些都拖延了调整的步伐。但是，目前能源结构导致的各方面矛盾，包括雾霾等污染问题，都在不断累积之中，如果不能及时解决而继续拖延，可能将造成更为严重的问题。

第五章
加快中国大气污染治理的对策建议

一、转变发展理念，加快绿色经济转型

（1）从理念和认识上处理好经济发展与环境保护的关系。提高和强化地方党政干部的认识，以“保护生态环境就是保护生产力，改善生态环境就是发展生产力”为主要指导思想，当前重点是将生态文明建设融入经济建设的各环节和全过程，使经济社会发展与环境保护相协调。

（2）建立健全生态文明建设成效考核体系。考核指标重点突出、易于操作，当前的关键是突出雾霾治理效果等环境质量指标，相应减少对工作任务的考核，指导地方结合本地实际统筹兼顾环境保护与经济发展，设定明确的路线图并实现环境质量目标。

（3）建立健全地方政府向同级人大、社会公众报告环境质量的机制。在每年的地方“两会”上，由地方政府主要负责人向同级人大代表大会汇报环境质量改善情况，并接受代表质询；建立政府环境质量定期公告制度，建立公众意见反馈的畅通渠道，政府及时对公众意见进行答复并全面公开。

（4）加快推进环境资源承载力研究。把本地区的资源环境的总体容量高限、已经占据或者使用的容量、目前发展条件下承载能力的趋势等搞清楚，以承载能力约束产业布局。这是推进产业结构调整、加快绿色转型的重要前提和保障。目前，新《环保法》要求省级以上部门推进该项研究，应建立相应的考核机制，督促这项制度得到落实；同时，应加快推进地市级政府也开展该研究。

（5）开展环境审计。加快推进资源环境负债表编制工作，将资源环境的变化情况作为领导干部定期审计、离任审计的重要内容，对于

拍脑袋决策造成生态环境严重损害的，要依法终身追责。

二、完善市场机制，强化经济政策引导

（1）加快自然资源及其产品价格改革。按照十八届三中全会要求，要在价格中充分反映“生态环境损害成本”。环保部门应加快相关基础技术研究，将重点自然资源产品开采、生产、使用等过程中的环境污染和环境风险情况研究清楚，并将环境代价转化为货币价值，成为市场定价的重要依据和组成部分。

（2）加快构建环境损害成本的合理负担机制。将企业各种行为造成的生态环境损害予以明确，彻底改变“资源廉价、环境无价”的不合理现象。对企业不同环境行为及其造成的不同程度环境损害予以区别对待，并将这种区别充分体现在市场价格信号中，带动企业形成基于环境保护的稳定的市场预期，引导市场资源向有利于环境保护的方向流动和集聚。

（3）加快构建环境领域的社会信用体系。信用是市场经济的支点。环境信用是环境保护市场机制的重要支撑，涵盖和综合了企业各项环境行为及其结果。新《环保法》要求，地方环保部门应将企业环境违法信息纳入企业的社会信用档案，并向社会公布。应建立相应的配套机制，保障和监督这项制度的落实。地方政府和环保部门应广泛、及时向社会通报本区域内相关企业的环境信用情况，通过信息公开形成监管合力，引导企业切实履行环境保护等社会责任，并根据环境信用情况采取有区别的奖惩政策措施，推动环境信用成为影响企业市场竞争力的重要因素。

（4）建立和完善有利于环境保护的金融政策体系。金融是现代经济的核心，也是调整企业等市场主体环境行为的直接手段之一。金融政策与前述的信用体系建设紧密结合，金融监管部门应当引导金融机构，将环境信用作为金融监管的重要内容和条件，根据企业环境行为采取有差别的精细化的金融措施。在绿色信贷方面，应加快完善环保部门与银行机构之间的信息共享和双向交流，这是最重要的基础，特别要排除地方保护主义、部门狭隘利益对信息交流的不良影响；结合美国超级基金等国际经验，研究建立银行机构对贷款企业环境损害承

担连带责任的机制，形成对银行机构的环境保护“硬约束”。在绿色保险方面，关键在于强化对企业环境损害更大赔偿责任的追究，包括对第三方、对生态环境造成的较大损害，通过民事赔偿、公益诉讼等相关法律法规的实施和司法案例，激发企业利用保险机制分散环境事故赔偿法律责任的意识和动力，让绿色保险按照保险市场规律和环境保护的实际需求运行。同时，应该加强对保险公司的监管，切入点是信息公开。在绿色证券方面，鉴于国家已经做出改革，不再实施上市和再融资环保核查，今后证券市场绿色化的关键在于对企业信息披露的引导和监管。将企业环境行为及其后果全面提供给证券市场参与者，让市场、公众作出有利于环境保护的市场选择。

（5）完善绿色税收制度体系。一方面，按照税收法定的原则，在税收法律制度没有改变之前，关键是修订法律配套的规章和具体实施名录等，在现有税收制度和政策措施中，纳入与雾霾治理有关的产品、工艺、设备、项目、资源综合利用行为等。另一方面，按照党的十八届三中全会的要求，推进相关税收法律制度的改革，研究消费税、环境保护税等相关税收制度更多反映雾霾治理工作的要求。例如，将严重污染大气的重点产品纳入消费税，在环保税中对相关污染行为征税提高税负、强化征收力度等。在排污费尚未改为环保税之前，应允许和鼓励地方在国家设定的排污费下限之上，根据本地区雾霾治理工作的实际需要，提高排污费征收标准，充分覆盖企业污染造成的损害成本，激励企业治污。

（6）建立绿色贸易政策体系。出口是我国经济发展的重要拉动力。但是同时，出口也是我国环境损害成本的重要来源。产品大量出口，污染留在国内的现象在一定范围内仍然十分普遍。在我国现阶段，应重新审视出口拉动战略，践行环保优先原则和审慎决策原则，对于已经造成或者可能造成雾霾等方面严重污染的产品，取消其出口退税并禁止加工贸易，必要时在 WTO 规则允许下对其征收出口关税；同时督促我国企业在对外投资中严格遵守环境保护原则和要求，并要求国外企业采购中国企业出口产品时做好绿色供应链管理，减少贸易摩擦及对我国外贸形象的不利影响。另外，应从环境保护的角度大力推进进口替代，既要鼓励进口有利于雾霾等污染治理的产品、技术、设备，又要鼓励进口原材料、重要工业品等，替代国内生产以减少环境代价。

三、规范政府行为，促进市场公平竞争

（1）政府对市场价格不再进行不合理干预。形成雾霾的重要原因之一在于能源资源的过度使用和结构不合理，这不仅与我国资源禀赋有关，也与我国能源资源价格管理体制密切相关。事实证明，现有的管理体制难以推进资源节约、加快能源结构调整，必须改革现有能源价格管理体制。政府应该抓紧研究，将资源能源开采、生产、使用过程中已经造成或者可能造成的环境代价，充分融入价格体系内，再由市场对价格进行合理调节。而不是政府基于一些并不明确的政策考虑，对资源能源价格作出随意的干预。

（2）政府对市场信用制度建设应该承担更多责任。目前，市场信用体系建设滞后已经严重影响市场经济的发展，在环保、食品药品安全等直接关系民生的关键领域，部分企业信用之差，已经严重到危害整个社会对市场经济信心的程度。对此，一方面政府应该采取更为有效和迅速的应对手段，加快社会信用体系建设，构建企业“一处失信、处处受限”的信用奖惩机制。特别值得指出的是，信用的基础在于信息，政府管理中形成的信息是公共服务信息，部门之间共享和向社会提供相关查询服务等，是其应有之义务。目前，一些部门将这些信息作为牟利的手段，严重迟滞了信用体系建设的步伐，对此类行为应建立严格监督机制，严厉打击。另一方面，在发现失信企业方面，政府应该采用更为灵活有效的手段。首先应由企业对自身信用负责，提供相关证明，政府采用抽查方式，一旦查实失信，终身禁入并追究相关法律责任，让企业不敢失信、不能失信。

（3）政府必须切实维护市场公平竞争秩序。目前，国家大力推进行政审批制度改革，要求各级政府改变重审批、轻监管的不合理思路，减少不必要的市场准入门槛以激发市场活力，通过强化事中事后监管来规范市场竞争秩序。对于政府职能而言，这是回归了本质。就环保领域而言，建设项目环评制度对环境管理作出了重要贡献，但是在新形势下作为一项审批制度，对于把好环境的准入关，如何才能有效发挥应有作用，也存在一定争议，有待进一步深入研究。强化市场监管，需要政府完善综合执法体制机制，将执法力量向基层和第一线下沉，将各种问题处理在早期和萌芽状态。这需要各级政府切实提出改革路

径，加快实施。

四、坚持依法治污，提高违法惩处力度

（1）加快推进雾霾污染防治相关立法。进一步加快《大气污染防治法》的修订进程，明确地方各级政府在大气污染防治中的责任，并建立有针对性的，可跟踪可公开可监督的评估和考核制度来确保责任的落实。针对雾霾的重点领域和关键行业，制定专门的法规或规章，关键是明确监管责任、引导公众参与。加快地方立法步伐，按照十八届四中全会有关精神，引导和督促地方“不等不靠”，结合本地区实际，制定和实施有利于雾霾治理的地方性法规和规章，强化对本地区治霾工作的保障和规范。

（2）提高地方领导干部运用法治思维和法治方式治霾的能力。按照十八届四中全会的要求，通过深入的培训宣传，大力提高地方政府的法治能力和水平，并将地方党政主要负责人法治能力纳入考核范围。在治霾工作中，也应引导和督促地方政府更多运用法治方式，避免行政决策的随意性、反复性，减少不合理的行政成本和对市场的扭曲。

（3）大幅度提高企业环境违法成本。要让企业不敢违法、不能违法。在立法环节，应强化违法行为的法律责任。在执法环节，要建立相关追责机制，限制地方政府对环保等部门监管执法的不合理干预；强化基层执法力量并提高执法人员素质，完善尽职免责机制，激发基层执法的积极性和能动性；强化执法信息公开，引导公众参与执法；对恶意违法行为持续保持高压打击态势。在司法环节，引导和推动环境损害民事赔偿诉讼和公益诉讼，研究建立检察机关提起环境公益诉讼制度，要让违法者、损害者付出应有的、足够的代价，使之不能违法。

（4）推进法律“生态化”。早在2007年，中国环境宏观战略研究就曾提出法律生态化的建议。十八大以来，生态文明建设的重要性凸显，法律生态化再次引起广泛的关注。2013年8月，张高丽副总理在全国政协作关于生态文明的报告中，就鲜明提出法律生态化修订的方向，要求根据生态文明建设的需要，对现有法律法规框架体系中与生态文明建设不相适应的内容进行调整和完善。党的十八届四中全会要求加快构建生态文明法律制度，虽未明确提出法律生态化，但是在法律制

度的覆盖范围上已经突破了以往的环境保护领域。有关部门应该抓住这样的机遇，从经济、市场、金融等相关立法中，寻找环保的切入点，以法律生态化推进环境法治向环境问题的经济源头延伸，由此雾霾等环境问题才能标本兼治。

（5）推进雾霾污染防治的区域性专项立法。这是雾霾等大气污染治理的特性所决定，是总结国内外实践经验的必然经验。区域治霾专项立法有利于推动解决我国雾霾区域性污染突出，而协调机制还不到位的不合理现状。在依法治国的背景下，将区域性污染防治的一些共性问题和基本制度，尽快通过法律法规固定下来，将为区域协调共同治霾提供有力保障。特别是涉及不同区域发展阶段、政绩考量、利益诉求不一的问题，在法律制度上应提出明确的解决路径。只有法治，才能深化协调机制、降低合作成本，才能发现和维持利益的最大公约数，才能避免政策措施的反复，才能避免区域雾霾治理工作不必要的波动性，为雾霾治理构建长效机制。

五、深化标准执行，带动科技产业发展

（1）切实落实空气环境质量标准。关键在于政府部门，要落实地方政府及其负责人的环保责任，要规范政府行为，建立健全对政府相关环境决策的约束、监督、评估、审计等相关机制。只有政府责任得到落实，空气环境质量标准的执行才能进入快车道，才有希望实现对雾霾污染的弯道超车。特别值得注意的是，环境质量标准设定了不同区域的不同阶段目标，这是根据雾霾的区域性问题作出的决策，但是可能会造成不同区域政府责任上的不合理区别，甚至可能出现“钻空子”的不良现象。对于这一问题，应该充分研究，设定预案予以防止。应该将环境质量标准的执行作为政府公信力的一次实战练兵和全面检阅。这对于雾霾治理、环境保护乃至绿色转型、生态文明建设都具有重要启示和借鉴意义。

（2）将重点领域污染排放标准的执行与强化环境监管执法高度统一、互相促进。国家出台的许多行业、领域性的污染物排放标准，如能得到严格执行，将对雾霾治理发挥直接的支撑和推动作用。关键在于采取有效的策略强化执法的力度，国务院办公厅专门出台《关于强

化环境监管执法的通知》（国办发［2014］56号）进行部署。当前，有必要也有条件围绕污染物排放标准，健全环境监管执法的体制机制。例如，依据标准实施分领域和行业的纵向监管，并主动与各层级特别是基层环保部门的横向执法有机融合，形成对企业的综合压力，同时规避地方政府可能的不当干预；再如，在一定区域内将重点领域和行业的达标情况，与其环境质量改善情况综合分析，提炼出牵一发而动全身的关键环节，作为环境监管执法的切入点，强化执法力量、加大执法投入、加快执法频次、提升执法绩效。

（3）改革环境科技研发应用的体制机制。首先，当前最为迫切的是，应以市场为主要导向，加快发展实用技术，实际上就雾霾而言，这方面的技术基础并不差。关键在于实施主体应以企业为主，财政资金、税收等政策可实施“以奖代补”，企业市场竞争力的提高主要靠市场、靠政府有效监管下的公平竞争，而不是靠补贴、靠优惠。这样的技术才能具有生命力，这样的企业才能具有长远发展的潜力。其次，应加快建立环保技术、设备的市场交易平台，政府应强化监管，减少恶性竞争和破坏市场公平的行为。实施主体应以企业联合体、行业协会等第三方组织为主，也不应排除重点企业牵头发起。只有需求信息足够畅通，环保产业才能加快发展速度。再次，关于共性的、公益性的基础研究，应严格界定范围、条件，并应适当避免市场需求的干预，回归原始创新的本质要求，依靠全面深入的调查研究，为综合性宏观性战略性决策提供服务。目前应该着重梳理和重建基础研究的方向，并同步规范政府主导的科技研发资金投入、政府向社会购买技术研究成果等体制机制。

六、强化信息公开，保障公众有序参与

（1）政府决策涉及的环境信息应以公开为基本原则。环境信息的来源首先是政府各级规划、决策中可能造成的环境影响，包括但不局限于规划环评、政策环评的相关情况。考虑到环境是政府应提供的基本的公共产品，相关决策措施中可能影响环境的，应进行专门的分析研究并向公众公开，这是环境信息公开新的增长点，也是实现源头预防的关键手段。其次，各有关部门应全面、及时公开涉及企业环境行

为的信息，包括但不限于环保部门。执法、市场信用、投融资等信息，对于市场和公众综合判断一个企业的环境行为缺一不可。应在政府的统一领导和协调下，逐步建立统一的、便于查询、便于监督的信息系统。最后，进一步完善和畅通公众对于环境信息需求的反映和反馈“双向”渠道，这有利于对政府及其部门的监管执法起到“补台”作用。公众对环境信息的需求一方面可能与其自身利益，或者环境公共利益密切相关，及时反映出来不仅能提供监管线索，也有利于启发、警示政府重视政策措施中可能出现的“死角”；另一方面，政府及时回应还可为自身赢得监管执法的同盟军，依靠基层群众熟悉情况的优势提高环境管理的绩效。

（2）强化对企业环境信息公开责任的监管和必要的追责。按照新《环保法》和国务院有关法规，企业公开其环境信息是基本义务，不公开或者公开不全面的应予以追责，并强制公开。应建立严格的配套执法机制，确保这些规定的贯彻实施。政府及其部门应避免法不责众的不合理思维，更不应默许甚至纵容企业在信息公开上的违法行为，掩盖一时，可能丧失治理环境污染、化解环境风险的最佳时机，可能引发或激化社会矛盾，更将严重损害政府公信力。

（3）建立环境司法案例库并向社会公开。司法是保障社会公平的底线，在环保领域也是如此。随着环境司法的推进，企业造成环境损害应承担的行政、刑事和民事责任将更加明晰。结合国际经验和我国最高法的相关实践，案例库对于提高全社会环境法治意识、预防环境犯罪作用显著，对于司法机构更多参与环境司法的示范作用、引导作用也十分突出。随着新《环保法》的实施，环境司法将迎来新的发展契机，环保部门和司法机构应建立协调机制，强化对案例的汇总分析和信息公开，以案说法，提高环境法治的效能。

（4）引导社会组织和公众有序参与环境监管。经过近几年来的发展，在雾霾治理过程中，社会组织和公众的作用尤为突出。许多社会组织在收集数据、深入开展专题研究方面取得长足进步，为公众和政府部门提供了专业化的意见，并介入了公益诉讼、环保法律援助等重要领域；公众通过多种方式，践行自身的监督权，对治霾的加快发挥了重要的催动作用。在此基础上，政府部门应建章立制，为社会组织留出足够的发展空间，应通过法律法规明确社会组织的作用边界，而不能由政府行政决策随意进行限制、缩小；特别要重视发挥其专业化、精细化特长，依法进行规范，对失信的、可能破坏市场公平的行为严格予以追究。政府还应进一步建立切实保障公众参与权和监督权的制度体系，将一些经过实践证明有效的措施纳入相关的法律法规内，当前的关键是完善参与和监督的程序，并建立配套的惩处措施防止这些程序不被严格执行或者流于形式。

七、倡导绿色消费，提高能源利用效率

（1）建立鼓励绿色出行的综合政策体系。许多地方雾霾源解析表明，机动车已经成为雾霾的主要来源。为此，应采取措施抑制机动车的使用。加快公共交通建设、鼓励购置使用新能源汽车，是目前实践证明较为有效的措施。应加快将这些措施通过相应的法律法规固定下来。同时，需要着重指出的是，这些措施目前基本都在一定的行政区域内实施，尚未实现跨区域的协同行动，对区域性的雾霾治理不利。应加快建立跨区域抑制机动车使用的协调机制，并与国家推进城镇化建设的战略目标相协调、衔接，减少区域内部因为措施不同、步调不一导致政策效果打折的问题。

（2）建立切实鼓励资源能源节约的政策机制。从调整和完善资源能源定价入手，引导全社会自觉强化资源能源节约的意识；加快发展有利于减少能源资源消耗的相关替代技术、产品和设备，加大推广力度。在综合评估节能家电、节能灯补贴政策作用基础上，综合运用资源税、消费税等税收手段，绿色信贷等投融资手段，辅以必要的财政补贴等政府直接投资，激发企业绿色生产、公众绿色消费的动力，推动形成有利于节能降耗的市场机制，减少能源消耗总量。

（3）提高能源使用效率。虽然能源结构不合理是造成雾霾的一个重大原因，但是发展再生能源等需要较长的过程。当前我国最为可行的路径是尽快提高煤炭等能源的使用效率，减少能源消耗过程中的污染物。首先，应在较短的时间内，较为彻底地解决农村和城乡结合部广泛存在的散煤燃烧问题，这不仅事关雾霾，也事关民生，应要求各级政府设定明确的时间表和路线图，并建立相应的监督机制。其次，提高工业领域能源效率的相关机制建设较为缓慢、技术进步没有明显

突破，有必要考虑重新进行顶层设计，提出系统性和可操作性更强的政策措施。最后，在能源效率难以大幅度提高的情况下，为治理雾霾，应继续大幅度减少相应的污染物排放。按照国家政策研究的一些方向看，第三方治理、排污权交易可能将与绿色电价补贴一同成为主要的政策选择。但是，在这些政策的技术基础、政策间的相互协调、法律法规的保障、社会公众的认可程度等方面仍存在一定难点。相对的，一些更直接更精准的环境经济政策、标准技术政策可能被忽视。为此，建议围绕减少能源造成的污染排放，在统一的框架下，对目前的政策选择进行全面的对比分析，对政策的优先顺序、侧重点等予以明确和部署。

2015 年我国能源结构调整目标和 2010 年能源消费量比重见图 4-1。

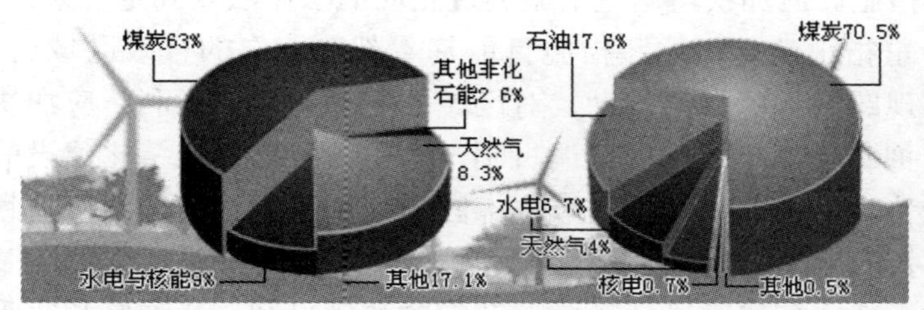

（a）2015 年我国能源结构调整目标　（b）2010 年我国能源消费量比重

图 5-1　我国能源结构调整目标（2015 年）和能源消费量比重（2010 年）

（来源：http://news.cnpc.com.cn/system/2012/03/02/ 001367881.shtml）

第六章　创新驱动下中国企业的治霾路径

一、科技创新：从富思特“净霾自洁涂层”看我国民族品牌崛起

对于当今许多中国城市来说，治理雾霾已经成为与发展社会经济同等重要的任务。然而，限行、限购、限产等为治霾而采取的许多措施，不仅收效甚微，还极大影响了城市居民的正常生活。如何才能够平衡各方的利益与需求，实现和谐的可持续发展？富思特新材料科技发展股份有限公司在涂料领域的创新探索，无疑提供了一条思路。基于钛思特技术的净霾自洁涂层不仅开创了建筑墙面分解雾霾、净化空气的先河，填补了国内技术空白，也为陷入低迷和困顿中的建筑材料、建筑部品企业杀出一条市场血路。

富思特新材料科技发展股份有限公司始创于 1995 年，是专业从事建筑涂料和保温研发、生产、销售和施工为一体的大型现代化企业，其外墙涂料产品曾在中国建材研究院的抽样检查测试中，远超于优等品 2 000 次的国家标准，实现耐擦洗 11 万次不透底，科研实力可见一斑。

富思特净霾自洁涂层于环保的神奇作用在于：所含有的纳米材料在自然光的照射下会发生光催化反应，产生反应活性很高的羟基自由基，从而分解墙体周边空气中的污染物，其中就包括氮氧化物。众所周知，氮氧化物是涉及环境问题最多的污染物，氮氧化物不仅本身是一种大气污染物可导致多种呼吸道疾病，而且氮氧化物是 $PM_{2.5}$ 的前体物，形成雾霾的主要成因之一。

同时，净霾自洁涂层利用光催化反应可以分解黏附在墙体上的油性污染物。净霾涂层还具有超亲水的特性，雨水可以在其表面完全铺展，有利于雨水对污染物的冲刷，不易形成雨痕污染。建筑外墙喷涂净霾涂层后可明显提高外墙的耐沾污性能，长期保持外墙的装饰效果。

国家建筑材料测试中心、中国科学院生态环境研究中心两家权威机构先后出具的三份检测报告明确指出，净霾自洁涂层具有三大特点：一是有效去除大

气中的氮氧化物等污染物，改善建筑物周边空气质量；二是令建筑物外墙面具有不可思议的自清洁效果，可显著延长重涂时间；三是涂层可有效分解有机污垢与病菌，减少疾病传播。

作为民族品牌，中国涂料前几年一直受到外资品牌的压制，而富思特一直立足于从产品质量出发，不以低价来占领国内市场。早在1997年，富思特就与国际质量认证体系接轨，通过了英国雅利斯SGSISO9001国际质量体系认证，成为国内同行最早通过该认证的企业之一，后来又通过了ISO14001国际绿色环境体系认证以及国家绿色产品标志认证。

从建筑面积看，2010年全国房地产房屋竣工面积为31亿m^2，折合外墙面积为21.7亿m^2，2010年外墙用涂料比例为54%。仅以全国10%的新建涂料装饰墙面使用净霾自洁涂层计算，则净霾自洁涂层在国内市场销售额每年可达到几十亿元。随着国家对环境保护的日益重视和人们环保意识的增强，相信净霾自洁涂层的市场份额将越来越大。

目前，富思特已是中国规模最大的集建筑涂料、保温、地坪的研发、生产、销售和施工为一体的大型现代化企业，主打热销产品有真石漆、质感涂料、液态花岗石、外墙外保温系统、保温装饰板和地坪漆。2010年被评为国家高新技术企业、北京市企业技术中心，2011年经全国博士后管委会批准设立博士后科研工作站，参编44项国家标准，编写5部行业教材，拥有45项发明专利。在全国建有5大生产基地，年产涂料35万t，砂浆15万t，保温装饰板100万m^2，保温板20万m^3。在全国拥有50余个分支机构，200余人的技术服务团队，24小时服务承诺，超2万人规模施工资源，注重售中、售后服务。截至2015年共荣获各种荣誉300余项，连续5年荣获中国房地产开发企业500强首选供应商品牌。

可以说，富思特的真正优势在于：凭借“敢为天下先”的研发精神，坚持环境友好型和节能低碳产品的研制，创造了多项具有世界先进水平的科研成果。随着净霾自洁涂层更加广泛的应用，富思特将开启我国建筑净霾的新时代，为中国建筑创造更多的绿色价值。

二、国电清新：科技创新“引擎”驱动企业发展

作为世界能源消耗大国，煤炭在我国的能源结构中一直占主体地位。近年来，随着产业转移、城镇化深入，国民经济对电力的需求愈发强烈，火力

发电非但未被新能源所取代，其传统地位反而更加稳固。据预测，2015 年全社会用电量将达到 6.02 万～ 6.61 万亿千瓦时，“十二五”期间年均增长 8.8%。“十二五”“十三五”期间全国规划煤电开工规模分别为 3 亿千瓦和 2.6 亿千瓦。

而与火电发展相辅相成的，是其对大气的污染：燃煤会产生大量含有硫氧化物、氮氧化物的废气和烟尘，这些废气排入大气会导致酸雨、雾霾等环境污染。虽然火电造成的污染近年来在逐年下降，但减排任务仍然无比艰巨。

火电治污的主要解决方式——脱硫就是其中之一。

所谓脱硫，指将煤中的硫元素用钙基等方法固定成为固体，防止其燃烧时生成二氧化硫。烟气脱硫始于 20 世纪 20 年代。据国际能源机构煤炭研究所组织的调查，1992 年末全世界 17 个国家的燃煤电厂安装了各种烟气脱硫设备 646 套，总装机容量达 167 GW，集中在美国、德国、日本。我国电厂烟气脱硫技术研究起步于 1961 年，90 年代后期开始引进国外先进的烟气脱硫 FGD 技术。到 2006 年，电力环保产业迎来了首次爆发式增长，火电厂脱硫装机容量达到 1.2 亿多千瓦，但其中大型燃煤机组的烟气脱硫装置绝大部分仍是国外公司所有。烟气脱硫工程除支付技术使用费外，每承建 1 套脱硫装置需支付一定技术提成费，有些大工程还需支付联合设计费，湿法工艺的一些关键设备大部分仍需从国外进口。

随着煤质的含硫量和国家减排范围、标准的进一步提高，现役脱硫设施改造的需求日益增加，我国进入脱硫行业的总承包企业已经超过 200 多家，但实力参差，良莠不齐。尤其是完全拥有或掌握控制二氧化硫排放核心技术的企业更是寥寥。可以说，置身蓝海却不知如何弄潮，是许多脱硫企业面临的窘境。

在这种背景下，北京国电清新环保技术股份有限公司在脱硫技术领域的自主创新，便显得尤为引人注目。

国电清新在技术创新和业务模式创新上处于国内领先地位，和竞争对手不同，国电清新带有浓厚的创新基因。通过自主研发和引进，国电清新在干法脱硫、综合治理等烟气治理新技术市场占据领先地位。公司率先投入脱硫特许经营这一创新业务模式，积累了丰富的运营经验，在我国脱硫特许经营业务的推广中占据先发优势。创新引领道路，使国电清新从技术和项目扩展上都具备了一定的竞争优势。

目前，国电清新完全自主研发成功的旋汇耦合湿法脱硫专利技术，具有脱硫除尘效率高、工况适应性强、投资省、能耗低等突出优势。公司结合我国火电厂排放实际情况，通过大量的改进和创新，形成了一整套大烟气量集成净化关键技术，取得多项国家专利。该技术已在大型火电厂烟气净化的实际应用中取得突破性进展。

随着国家进一步加大工业企业的环保减排力度，国电清新依靠技术创新体系，成立了北京市企业技术中心和工业烟气污染物控制及资源化工程技术研究中心，并创新开发了 SPC 超净脱硫除尘一体化技术和零补水湿法脱硫技术。脱硫效率高达 99% 以上，除尘效率高达 70% ～ 90%。系统出口硫含量可低于 20 mg/m^3，烟尘含量可降低至 3 ～ 5 mg/m^3。为实现工业烟气的超净排放和缺水地区的节能减排提供了有效的解决方案。

目前，国电清新具备大型火电厂烟气脱硫脱硝工程建设总承包能力及特许经营能力，拥有环境工程大气污染防治甲级资质和环境污染治理设施运营除尘脱硫甲级资质。总部设远程监控系统，可实时同步对电厂脱硫设施运行进行远程诊断，发现问题，提出解决方案，从而快速有效地保证脱硫系统稳定、高效、经济运行。公司拥有一流的研发、设计、工程特许经营管理及技术服务人才队伍，拥有研究员、高级工程师等技术人员 100 余名。

国电清新 SPC-3D 技术于 2014 年 12 月，由中国电力企业联合会组织专家评审。专家认为，该技术具有集成一体化、投资省、改造便捷、运行成本低等特点，具有先进性和创新性，改变了煤电厂靠堆设备实现超低排放的现状，具有良好的推广价值。

我国能源战略目前已向西部转移，而西部富煤地区干旱缺水、生态脆弱，因此高度环保、深度节水技术市场前景广阔。国电清新采用活性焦干法集成净化技术率先在干法脱硫市场上取得重大突破，并将凭借技术领先优势、市场先发优势打造循环经济产业链向纵深发展。

值得注意的是，随着环保治理一步步深入，以往的"谁污染，谁治理"的传统环保管理机制不再适应治理需求，很多第三方专业治理公司应运而生，即排污企业与专业环境服务公司签订合同协议，通过付费购买污染减排服务。以火电为例，脱硫脱硝除尘外包给第三方投资运营并确保持续稳定达标，配以合适的环保电价，可确保第三方投资的合理盈利。

目前，大型工业企业和工业集中区已成为"第三方治理"的先行先试区。国电清新作为较早一批从事大气污染治理的专业环保企业之一，其通过大量运营项目的多年实践证明，第三方治理取得了良好的经济效益和社会效应，值得推广。

三、革新传统产业、再造绿色“窗纱”：上海谷奇开拓健康生活新思维

世界卫生组织和联合国环境规划署的报告指出，空气污染已成为全世界城市居民无法回避的客观现实。洁净空气是人们生活中的必需品，它有利于人们的新陈代谢与体温调整，一旦空气质量出现严重变化，就会对人体造成或隐蔽或明显的健康危害。1952 年 12 月伦敦出现了持续 5 天的浓雾，其引发的直接死亡人数达到 4 000 人至 6 000 人，其中主要受影响者是儿童和患有呼吸疾病的弱体质人群。据《京津冀地区燃煤电厂造成的健康危害评估研究》，2011 年，京津冀地区因区域大气污染造成的早死人数高达 9 900 人，其中北京市近 2 000 人，天津市 1 200 人，河北省 6 700 人。相关资料还指出，在京津冀区域燃煤电厂导致了 850 例肺癌死亡，新生儿夭折 190 例，儿童哮喘 9 300 例和慢性支气管炎 12 000 例。

空气污染已成为中国城市居民必须面对的“残酷之痛”，由于城市居民每天停留在室内的时间在 15 ～ 18 个小时，因此对人体健康的影响大部分都源自于室内空气污染。室内空气污染重于室外污染，这个认知逐渐被社会所接受，也直接带动了将近千亿的空气净化产品市场。不过空气净化产品具有一定局限性，不能开窗通风的室内空气环境会带来室内缺氧、二氧化碳含量过高、病毒易扩散等危害。

为此，上海谷奇核孔膜材料科技有限公司以清华大学为技术依托，利用在空气净化方面独特而又创新的理论体系，开发出了划时代的“核孔膜”技术，将此种技术应用于百姓居住环境中的窗纱上，就变成了可以隔绝室外空气污染的创新型产品——核孔膜纱窗。

清华大学独创的功能核孔膜是利用高能加速器加速原子核所产生的强大穿透力，结合尖端化工技术，使 PET 薄膜形成致密而孔径均一的直通多孔薄膜材料。孔密度高（最高可达 $10^{12}/cm^2$），孔径精确可控（10 nm ～ 12 μm），且独具特殊的杯罩孔型结构，辅以孔壁及膜表面的改性处理，使其可高效阻挡空气中的有害污染物（如 $PM_{2.5}$ 细颗粒物）。

功能核孔膜是一种无须耗电的高效空气净化材料，阻挡外界的大气污染物 $PM_{2.5}$ 进入室内；当室内氧气浓度降低时，外界的氧气会源源不断地流进室内，室内的甲醛、二氧化碳、一氧化碳、苯系物等有毒有害气体及病毒、放射性物质也会依浓度自由扩散原理透过微孔到达室外，从而营造室内氧气充足、无污

染的清新自然空气环境。

经《清华大学核能与新能源技术研究院》及《中国疾病预防控制中心环境与健康相关产品安全所》检测，功能核孔膜对 $PM_{2.5}$ 的防护效率高达 98% 以上，并具有优异的透气性能，是制作防霾透气窗纱及其他空气防护产品的优良材质。

仔细观察，防霾透气窗纱上暗藏“核孔膜”，每平方米数百亿个锥型微孔有效地保证室内外空气交换，降低室内污染物浓度。防霾窗纱在通风换气的同时，过滤掉室外空气中的悬浮颗粒，以此来达到净化空气的目的。相关检测证明，空气在户外风口时的 $PM_{2.5}$ 值为 371 $\mu g/m^3$，而经过核孔膜过滤后的 $PM_{2.5}$ 值降到了 30 ～ 40 $\mu g/m^3$。

对中国城市居民而言，窗纱是传统的家庭防护设施，上海谷奇利用其独特的“核孔膜”技术将其变成防霾利器，在国家不断呼吁企业以科技创新与技术创新的手段，兼顾雾霾治理与经济效益的政策指导下，上海谷奇无疑是利于科技创新的强大力量，对传统行业进行了一次“脱胎换骨”式的升级再造。“核孔膜”技术不仅可用于传统窗纱，也可用于医用过滤、水处理、空气净化、癌细胞检测及防伪等多个领域，上海谷奇还逐步推出了开水净化过滤器、精密输液过滤器、防霾换气窗、$PM_{2.5}$ 口罩等多个产品。

对抗雾霾必定是一个长期而艰难的社会课题，在解开这道难题的过程中，需要政策的宏观指导、需要社会居民的倾力参与和配合，更需要最中竖的企业力量来战斗在第一线上，我们需要发展新能源产业、需要解决化石能源污染，更需要关注社会居民的身体健康。上海谷奇的“核孔膜”技术，以及围绕此技术诞生出的一系列绿色产品，不但守护着百姓的身体健康，也为对抗雾霾提供了一条全新的解决之径与创新思路。以上海谷奇为先例，不断发现传统企业潜力，激活用科学手段改造传统产业的新思潮，将是对社会资源合理利用、统筹对抗大气污染全局的一次全新思考。

四、从源头预防大气污染：高力热泵引领绿色供暖新时代

进入采暖季后，随着燃煤设施的启用，燃煤用量增加，煤烟尘对环境的影响就开始显现——每逢供暖，必然大雾。

2014 年自入冬后，华北、华东、华南、东北地区均遭遇了严重的雾霾天气，整个中国都被雾霾“攻陷”。煤炭取暖是对空气的严重污染，也是造成雾霾天气的重要因素。2014 年进入取暖季后，哈尔滨市连续 3 天遭遇“雾霾锁城”，

哈尔滨太平国际机场 10 月 30 日启动黄色预警，当天计有 128 个航班延误。每逢冬季，空气严重污染，不仅严重影响百姓的生产生活，也给百姓的身心健康带来了危害。

相关数据表明，我国 80% 的 $PM_{2.5}$ 污染问题与能源有关，70% 以上的温室气体与化石燃料的燃烧有关。数据显示，煤炭在我国一次能源生产和消费总量中长期占 70% 左右，每年近 40 亿吨煤炭的消耗，给环境带来了难以承受之重。

治理雾霾，推动节能减排事业发展，关键要找到“病根”，做到对症下药，由此才能彻底根治。

2014 年 5 月 6 日，国务院发布了《关于印发 2014—2015 年节能减排低碳发展行动方案的通知》，将加快更新改造燃煤锅炉，2014 年淘汰 5 万台小锅炉，到 2015 年年底淘汰落后锅炉 20 万蒸吨，同时，国家鼓励和扶持节能减排产业等新能源企业的发展。

在众多可替代取暖能源的技术与产品中，热泵产品节能环保、低碳减排，不排放废气，不污染空气，更不会造成雾霾灾害，无论是采暖还是热水，热泵无疑是最佳替代品。

高力科技（宁波）有限公司，专注于热泵科技，是取代传统锅炉的产业革新者。专门从事硬焊型板式热交换器、热泵热水器与相关设备之生产制造，自 2002 年成立以来，不断以技术创新为企业发展根基，在热泵领域刻苦钻研，技术水平与产品特性已达国际领先水平。其生产的以 CO_2 作为制冷剂的热泵系统采用自然冷媒，不破坏生态环境，不仅可以生产高温度的热水，也可以在低温环境下工作，正在引领热泵产品发展的趋势。

高力从数年前开始着手开发利用天然冷媒 CO_2 作为制冷剂的热泵系统，由于一直追求高效性能的 CO_2 热泵系统，高力公司严格将产品在零度以下环境温度进行测试，确保机组在 –20℃也可正常运行。非环保冷媒对生态环境的破坏是人类面临的严重威胁，在节能减排的大势下，CO_2 热泵系统节能已不成问题，更要追求减排目标，这也是高力推出 CO_2 热泵新产品的目的。

高力 CO_2 热泵热水机特色：

（1）采用 CO_2 天然冷媒为主要工作冷媒。CO_2 天然冷媒为最环保；既不会破坏臭氧层 (ODP=0)，其温室效应指数也保持在最低（GWP=1）。此外，因 CO_2 冷媒兼具低沸点温度特性，其更适于低环境温度下运转。综合以上，CO_2 热泵热水机是唯一适用于最低 –20℃环境温度，且最高制热温度可达 90℃出水温度之工作冷媒。高力所开发的 CO_2 热泵热水机已于中国建筑科学研究院环控实验室完成环境运转测试[依《商业或工业用及类似用途的热泵热水机》(GB/T 21362—2008)]，且其性能达到《热泵热水机（器）能效限定值及能效等级》(GB 29541—2013) 一级能效水平。

（2）系统设计为采用高力公司自行开发的系统模拟分析软件所进行的设计分析，供系统运作。在各不同环境温度与工作条件下，皆经由软件模拟分析，确认其运转效率皆能符合系统设计所期望的性能指标。

（3）系统最主要的组件中，为确保系统效能稳定输出，CO_2 冷媒压缩机采用德国制名牌压缩机，膨胀装置采用日系电子膨胀阀，而最主要的热交换器，则是采用高力公司自行开发且拥有多国专利的硬焊型板式换热器。

（4）整个 CO_2 热泵热水机最核心的控制中枢，采用自行研发单晶片控制核心的系统整合控制器，以此使得整个热泵系统运作，既可实现最佳化运转操控，又可借由系统界面扩充，结合联网功能，而达远端监控功能，使得整体热泵系统运作，兼具安全与节能双重效果。

在国家新能源发展战略的推动下，热泵产业也迎来了前所未有的发展契机。热泵产品的全面普及有助于消除雾霾，为人们追求的低碳环保生活增添光彩。快速解决雾霾，具备低环温、高出水温、高 COP 的 CO_2 热泵系统是最佳的解决方案。高力为推动节能减排不遗余力，期待通过己身的努力，善尽企业环保责任，实现低碳环保生活，与世界共享绿能新世界。

五、取代传统燃油汽车：陆地方舟新能源汽车的治霾“新能量”

在环境污染和能源紧缺倒逼新能源汽车“上马”的当下，世界各国纷纷启动新能源汽车国家计划，相对传统汽车行业的发展路径而言，这对于中国新能源汽车行业是一个“弯道超车”的大好机遇。自 2009 年开始，国家就陆续对新能源汽车进行试点，不断推出各种激励政策，从种种政策指向以及市场前景而言，新能源汽车无疑迎来了行业发展的良机。

随着经济持续快速发展和城镇化进程加速推进，近十年来我国汽车产销量保持双位数增长，短短几年内汽车产销量快速地跨越了 1 000 万和 2 000 万辆两个台阶，跻身全球第一，我国俨然成为汽车大国。然而化石能源燃烧也是造成大气污染的重要源头之一，如何处理好经济发展与环境污染之间的尖锐矛盾，是摆在相关决策者和生产企业面前的一道难题。

与治理污染的治标办法相比，加快新能源汽车产业发展，推进节能减排无疑是治本的办法。推广新能源汽车无疑有利于降低汽车尾气排放对环境污染的影响，改善大气环境，降低治污成本。

陆地方舟作为我国最早专门从事纯电动汽车核心技术研发及生产的国家高新技术企业，自 2001 年起，就秉承“还地球一个蓝色天空”的梦想和“做世界最有价值的电动汽车企业”的愿景，不断进行纯电动汽车核心技术钻研，历经十余年对电动汽车核心技术坚持不懈的自主研发，目前除自主拥有电驱动控制系统（第七代）、高效变频电机驱动系统（HIEDS）、新能源汽车整车控制系统三大核心技术和电池管理系统（BMS）、车载充电系统、电动助力转向系统、高效节能电子空调制冷系统（能耗≤ 5%）、PTC 电加热暖气系统（实现恒温控制）、AMT 电动车用自动变速系统、电动真空助力制动系统（实现延时控制）、CAN 人机通讯系统等八项关键技术外，还积累了丰富的产业化技术和经验。截至 2014 年 12 月，公司已授权和在申请的专利共 200 多项，其中国内发明专利 20 多项；美国发明专利 3 项；欧盟专利 14 项。

陆地方舟经过十余年的坚持和探索，从“多品种小批量之量体裁衣”式生存模式，到持续自主研发核心技术，逐步形成规模化渐进式“稳步发展”模式，并探索出了我国新能源电动汽车这一战略性新兴产业的可行发展之路。

近年来，陆地方舟紧紧围绕国家“新能源汽车发展”的战略部署，全面推进转型发展，在业务上形成了以新能源汽车技术为核心主线，贯穿客车、乘用车、城市物流运输车、旅游观光车、新能源汽车技术研究、汽车销售六大产业板块协调发展的产业格局，在新能源客车、新能源乘用车、新能源专用车和新能源汽车技术研究四大领域拥有非常雄厚的技术和经济实力，报备了 8 项企业标准，参与制订了多项省级行业标准。

通过十余年的潜心发展，陆地方舟已经形成了包括深圳市陆地方舟专用车制造有限公司、广东陆地方舟电动车辆有限公司、江苏陆地方舟新能源电动车有限公司、广东陆地方舟新能源汽车电驱动系统有限公司、深圳陆地方舟电动车销售有限公司在内的集团性企业。

为了满足未来国家大力发展战略性新兴产业而产生的巨大市场需要，深圳陆地方舟除了电驱动中心和电动汽车研发中心外，还拥有电动汽车专用生产线、电动汽车专门检测线和电动车专用试车场等。

广东陆地方舟电动车辆有限公司项目总投资 10.3 亿元，一期规划中的电动乘用车冲、焊、涂、总四大工艺及电动汽车驱动技术和关键零部件研发中心，整车研发中心，测试中心，试车跑道，动能中心，销售中心基本建成，预计 2015 年年底全部投入使用，预计高端乘用车年产能为 5 万辆，关键零部件年产能 20 万套。

江苏陆地方舟新能源电动车有限公司则是立足于常规动力和清洁能源、专注于新能源汽车研发生产的汽车公司，拥有燃油和新能源客车、专用车生产资质，并积极在向国家申请纯电动乘用车生产资质。定位为新能源客车、专用车生产基地，目前已建成客车、专用车焊装车间、涂装车间、总装车间、研发中心和试制车间、检测返修车间、动能和污水处理中心、物流中心和试车跑道、展销大厅等设施，年产能突破 10 万辆。

陆地方舟集团十余年厚积薄发，不断攻克电动汽车技术难关，掌握全球领先技术；先进的创新技术、完整的科研体系，为陆地方舟持续发展提供了强大动力。作为战略新兴产业的先驱企业，陆地方舟的成长与辉煌，是中国发展生态文明、社会转型升级的时代缩影，更有望成为中国新能源汽车产业中异军突起的生力军。

六、缔造生态盾牌、关爱百姓幸福：绿色呼吸系统创建者龙飞翔

“雾霾”是工业发展的催生物。改革开放 34 年以来，中国取得了举世瞩目的发展成就，人们生活水平日益提高，但在我们享受逐渐丰富的物质生活和文化生活之余，“雾霾”却已经成为一个尾大不掉的难题。列举造成“雾霾”的元凶，工业废气、石油化工污染、取暖燃煤污染、汽车尾气……全部都是人们享受现代化工业便利生活的必然恶果。如何在治理大气污染的同时，保证经济均速发展，是必须考量的两难之选。而在十面“霾”伏下艰难呼吸的中国城镇居民，如何保证自己和家人的身体健康呢？

从 20 世纪初期开始，美国洛杉矶因汽车尾气爆发了严重的雾霾污染；20 世纪中期，英国伦敦的雾霾事件导致了数千人死亡。

2013 年 1 月，中国大陆发生了大规模的雾霾天气，波及 17 个省、市、自治区，将近 1/4 的国土面积被雾霾吞并，影响了约 6 亿人口。2013 年 10 月开始，中央气象台陆续发布霾黄色预警，一所所学校停课；2013 年 12 月，京津冀、江浙沪皖已经成为雾霾重灾区，全国各地深陷雾霾。

雾霾对于人体的危害极大。首先侵害我们的呼吸道，引起急性鼻炎和急

性支气管炎，使支气管哮喘、慢性支气管炎等慢性呼吸系统疾病患者病情急性发作或急性加重，诱发肺癌；雾霾易引发心肌梗死，造成心肌缺血或损伤，$PM_{2.5}$ 增加 10 微克 / 立方米后，病人病死率会提高 10%~27%；雾霾损伤血管，造成人体胸闷、血压升高；雾霾直接危害大脑，$PM_{2.5}$ 增加 10 微克 / 立方米，人的脑功能就会衰老 3 年；雾霾还会伤害生殖泌尿系统，影响男性生殖能力，增加不孕不育概率。

在日常生活中，能够随时保证城镇居民远离雾霾侵害的产品，只有随身携带的口罩。《2014—2019 年中国口罩市场监测及投资前景研究报告》表明，近几年来我国口罩需求量的增长速度均高于 15%。截至 2013 年年底，中国功能性防护口罩市场规模已接近 20 亿元，预计未来 3 ～ 5 年内仍将保持快速增长。

目前，国内现行的口罩标准有 3 个：《呼吸防护用品——自吸过滤式防颗粒物呼吸器》（GB 2626—2006）、《医用防护口罩技术要求》（GB 19083—2010）和《医用外科口罩》（YY 0469—2011）。按照标准分类，第一个属于劳动防护类产品标准，后两个属于医用防护产品标准。由于使用环境、防护对象不同，其中任何一个标准都不能完全适用于普通公众日常使用的防霾口罩。因为没有标准规范，企业及检测机构对于日常防护口罩的检测都是自己选择标准，导致市场上同类产品出现不同检测结果的混乱局面。

一般的棉质或纱布口罩只能阻挡灰尘，它的孔径比 $PM_{2.5}$ 直径大了无数倍，对阻挡雾霾完全无用。

活性炭口罩可吸附有机气体、毒性粉尘、恶臭分子，一旦口罩内的活性炭吸附饱和之后就要更换，对长期阻挡 $PM_{2.5}$ 颗粒起不到有效作用

N95 口罩，能阻挡 95% 以上的次微米颗粒。其透气性很不好，但不适合长时间佩戴。

因此，防霾需要突破性的技术。

湖北龙飞翔实业集团有限公司是一家把世界先进技术引进到中国的高科技企业。其宗旨是科技环保、利民利国。

在以美籍华人著名科学家黄河博士为首的世界优秀科学家团队的努力下，龙飞翔成功研发了世界首创的具有防霾（包括 $PM_{2.5}$）、防病毒（包括非典、禽流感、埃博拉）、防病菌、防污染、防烟尘、富氧多功能的防护口罩，是市面上防护效果最佳的万能防护口罩。既能防止各种污染和病毒对人体的侵害，又非常方便地给人们提供了清新健康的富氧环境。人们长期生活在这种富氧的环境下，将能改变人们的亚健康状态，从而消除因体内血液中氧浓度低而导致的

疲劳、倦怠和头晕、头疼等不适症状，达到提神醒脑和保持旺盛精力的目的。在该防护口罩提供的清新健康的富氧环境下，人们与呼吸有关的各项功能（包括呼吸道、大脑智力、血液氧浓度等）都能达到身体最佳状态。因此这种防护口罩对于压力大的各类群体，尤其是体弱的群体（包括老人、孕妇、儿童等），都将起到明显的防护和医疗作用。

就防雾霾而言，目前鲜有能真正防雾霾的技术，有些防护口罩能防 $PM_{2.5}$，但戴上后，短时间内便让人非常憋闷、呼吸不畅，不适合长时间使用。龙飞翔防霾口罩，测试时对 $PM_{2.5}$ 细颗粒物的阻挡率可达到 99% 以上，能有效保护人体的呼吸健康。此外，龙飞翔突破性地将产品营销与用户体验相融合，使过去单纯的产品销售转化为一套完整的绿色呼吸系统解决方案。

龙飞翔防霾、防病毒口罩已获得多项发明专利、实用新型专利、外观设计专利。龙飞翔旗下品牌设十个系列，四十多款品种，广泛应用于各种行业，包括民用系列口罩、工业用系列口罩、医用系列口罩。

除了防护雾霾，龙飞翔还研发了世界先进的空气治理新技术，向治理雾霾进军，对汽车尾气、工业废气、烟尘等污染气体进行根本治理。空气治理新技术包括三项，即目前世界上先进的静电除尘和膜技术联用的高效除尘技术和先进的膜技术（其中的 ePTFE 膜技术，能非常高效、经济地进行工业废气除尘处理），以及目前先进的吸附剂技术，应用该吸附剂技术，能对空气中有毒、有害的有机物进行近 100% 的清除，从而使废气达标。

蓝天白云不能只靠期盼，需要用智慧、科技去行动。龙飞翔身体力行，在防护雾霾、治理雾霾领域开创了一个新篇章！

七、生泰宝：空气净化行业的颠覆者

2014 年，家电市场依旧平淡无奇，空气净化器却以持续攀升的消费者关注度成为明星产品。2011 年国内空气净化器销量约为 112 万台，同比增长 10.9%；2012 年国内空气净化器销量约为 126 万台，零售总额约为 31 亿元；2013 年，销量增至 353 万台，零售总额达到了 85 亿元，同比增长达 176%。2014 年，虽然市场增幅有所回落，但仍然领跑家电市场，预计全年销售额可达到 136 亿元，增速接近 60%。相关机构估计，空气净化产品将拥有超过千亿的市场未来规模。

目前，空气净化器净化方式主要有 HEPA、静电吸附、活性炭等。

HEPA 技术采用物理过滤方式，不会形成二次污染。但是维护成本高，以北京来说，空气质量远低于欧美国家，HEPA 滤网的使用寿命仅能维持在半年左右，更换费用昂贵。国内也没有相应的回收机制，废旧的滤网会对环境造成污染。

静电吸附技术能去除的微粒直径最小可达到 0.01μm，可以有效去除大多数病毒类微生物，且不用更换滤网，只需定期冲洗滤网，维护成本低，但有臭氧污染问题。

活性炭也是常用的空气净化材料。活性炭较为普通常见，性价比也高，但需要保持干燥；同时环境温度不能高于 30℃，也需定期维护，不然容易成为微生物滋生的温床，最好搭配其他设备一起使用，如 HEPA（或 F7）过滤器。

北京生泰宝科技有限公司创造性地将生态湿地复合净化技术应用于室内空气净化，在空气净化领域开辟出了一条独特的创新之径，其独有的“生态净化”技术和理念引领空气净化行业步入全新的发展阶段。

公司旗下的 ECOBAO 生态空气净化器是综合了生态湿地复合净化技术（湿地潜流净化技术、水幕净化技术、复合微生物技术）、纳米光催化技术、微晶活性炭脱附再生技术、分子络合除异味技术六大核心技术的一种人工生态净化系统，获得国家多项发明专利。其能够快速分解甲醛、苯、氨等有害气体，高效杀菌、除尘、除烟，快速尘降 $PM_{2.5}$ 等超微颗粒污染物，自然调节湿度，同时彻底解决了传统空气净化器的更换滤芯、二次污染问题，能为人们提供清新、健康、绿色的生活工作环境。

ECOBAO 独有六大核心技术：

（1）生态湿地复合净化技术

所谓的“生态湿地复合净化技术”是利用土壤、介质、植物、微生物的物理、化学、生物三重协同作用，对空气进行处理的一种技术。其作用机理包括吸附、滞留、过滤、氧化还原、沉淀、微生物分解、转化、植物遮蔽、残留物积累、蒸腾水分和养分吸收的作用，是处理空气中污染物的一种特殊技术。包括：

①湿地潜流净化技术。分解有害物质，并转换为植物养分，通过植物吸收。

②水幕净化技术。有效过滤粉尘、颗粒物等，加湿空气。

③复合微生物技术。针对性分解难降解有机物，并转化为植物养分。

（2）纳米光催化技术

纳米光催化材料在特定波长的光的照射下受激发生成“电子—空穴”对，

这种"电子-空穴"对和周围的水、氧气发生作用后，就具有了很强的氧化—还原能力，能将空气中甲醛、苯等污染物直接分解成无害无味的物质，以及破坏细菌的细胞壁，杀灭细菌并分解其丝网菌体，从而达到消除空气污染的目的。

（3）微晶活性炭脱附再生技术

通过特殊处理的水来冲洗活性炭吸附组件，使活性炭吸附的有害物质脱附出来，从而保持良好的吸附效果。

（4）分子络合除异味技术

在本机水循环系统中添加分子络合剂，空气通过水幕时，空气中有害气体被分子络合剂捕捉，从而净化空气。

（5）紫外杀菌技术

快速去除空气中有害病菌等生物污染物。

（6）负离子技术

释放大量负离子，去除$PM_{2.5}$。有保健作用，可净化血液活化细胞，改善失眠，增强免疫力，消除头疼焦虑，预防血管硬化，调整自律神经。

"把大自然搬回家"——ECOBAO生态型净化器是行业领域内首款不用清洗和更换滤网、将污染物质全部转化为植物养料的生态化净化器。实验数据表明，一台ECOBAO的空气净化效果相当于100棵绿植。

作为空气净化领域的领军企业，生泰宝扮演了整个空气净化行业颠覆者的角色，其不断更新科技、创新变革产业，创新国内首款"生态型空气净化器"，分解污物，生态净化，无耗材，无二次污染，以"为百姓营造幸福健康生活环境"为理念，为企业乃至为行业树立了科学的观念，为行业绿色转型与可持续发展提供了科学的认知保障以及成功典范。

八、"外三电厂"开创绿色煤电新纪元

煤电等于大气污染——这是大多数人对中国传统火力发电厂的固有印象。不可否认的是，燃煤已经成为目前中国$PM_{2.5}$的最大"贡献"者。作为全球最大的煤炭生产国和消费国，2013年中国共消费煤炭39亿t，其中用于火力发电的高达18.3亿t。

但是，面对中国"富煤少油少气"的能源储量现状，与石油、天然气进口量的持续攀升，为降低污染而试图在中国大面积禁用煤电显然很难实现。如何最大限度地提高燃煤效率并降低煤电的污染便显得尤为重要。

在这方面，上海外高桥第三发电厂有限责任公司（以下简称“外三电厂”）走出了一条“绿色煤电”之路。这座位于上海的燃煤电厂在节能与环保方面取得的历史性突破，对国家能源安全具有战略意义。同时也为国家乃至世界提供了一个极具影响力的创新样本。

“外三电厂”现有两台 100 万 kW 级超超临界燃煤发电机组，是缓解上海电力供需矛盾和实现节能减排目标的关键工程，是我国首批国产百万 kW 火力发电工程之一，也是目前国内单机容量最大、运行参数最高的燃煤发电机组。

在能源行业，“外三电厂”一直是节能明星。国家新修订的《火电厂大气污染物排放标准》已正式实施，其严格程度远胜于欧美。但“外三电厂”的烟尘、二氧化硫和氮氧化物只相当于新国标的 62%、17%、55%。这种排放水平下，火电对大气环境的影响几乎可以忽略不计。虽然中国火电平均煤耗已是世界先进水平，但“外三电厂”比全国平均水平还要低 14%。

“外三电厂”承担了上海 10% 的电力需求。投产 6 年来，它一直是全球最节能的火电厂。每发 1 kW · h 电，它的煤耗大约比原先的国际最高水平电厂低 10 g，在火电业，1 g 煤耗就意味着显著的技术差距，若差 10 g，就代表两种技术相差整整一代。因此在很长一段时间，“外三电厂”的成绩被认为不可思议。

“外三电厂”的成功，答案很简单，就是“创新再创新”。它引领的不是一次革新，而是一场技术革命。其他电厂的技术改造常常是“头痛医头”，但外三电厂总经理冯伟忠不同，他将电厂看作整体，从所有细节入手，累积起无数个“0.1%”的进步，并取得了十多项世界首创和更多全球领先的技术。

工程建设初期，“外三电厂”就以节能减排为重点、以超越世界先进为目标，开展了一大批科技创新项目，研究了一系列节能减排等专门技术。每一项技术创新，都是经过深入研究、严格的论证、周密的计算，甚至计算机仿真模拟后才投入实践的。这些技术涵盖了系统设计优化、设备改进、机组启动和运行方式及控制策略优化和创新等，其中大部分技术与工程建设同步实施，从而极大地提升了机组的综合性能。

在工程建设和机组投产后的 6 年多时间里，“外三电厂”先后成功研发了“超超临界机组节能快速启动”等 18 项节能减排关键技术，其中世界首创 12 项、国内首创 6 项，已获得 28 项国家专利，解决了一大批传统火力发电及环保技术的瓶颈问题。因此，“外三电厂”成为全国火电厂中唯一的高新技术企业。

突破极限的外三电厂，具有可复制性。冯伟忠说：“外三电厂”没有对发电主机做大手术，技术几乎适用于所有大型燃煤电厂的升级改造，而在新建电厂，复制"外三电厂"会更容易。由于同时突破了传统意义上的能效和环保极限，升级改造投入的数亿元资金，只需三四年就可收回。

实际上,"外三电厂"效应已悄然开始向中国火电业溢出。近半年间,华润、神华两大集团先后与其签约，由冯伟忠领衔操刀技术升级。另一家电力巨头大唐集团也基本选定了"外三电厂"，正在协商细节。这三家的总发电能力约2亿千瓦，占全国的1/6。据估算，如果全国的电厂都达到"外三电厂"的水平，每年可节省6 000万t煤，减少80%的大气污染物排放。

2014年7月，国际能源署清洁煤中心主任首次表示，"外三电厂"是全球最清洁的火电厂。与世界最严格的火电厂污染控制标准相比，"外三电厂"的实际排放不到该标准的50%，甚至优于天然气发电。更关键的是，"外三电厂"并未因此在能耗、稳定性和成本上作出任何妥协。

如果评论"外三电厂"的价值，可以说，"外三电厂"经验改变了中国电力工业长期落后于欧美日等发达国家的历史，为中国乃至世界电力行业树起了一道新的标杆。如果"外三电厂"经验被广泛复制，将为国家能源战略赢得巨大的回旋空间——据推算，全国为此约需投入1 500亿元，但之后每年能节省数百亿元的燃煤，并基本消除电厂对$PM_{2.5}$的影响。

九、领袖全球可再生绿色能源产业未来：新奥集团的卓越之路

由中国气象局和中国社科院发布的《中国应对气候变化的政策与行动（2011）》中指出，化石能源消费带来的大气污染物逐年增多导致了雾霾天气大幅增加。以北京为例，导致灰霾天气频发的$PM_{2.5}$中，机动车化石燃料燃烧占22%，煤炭污染占了16.7%，秸秆焚烧占4.5%。

高度依赖化石能源等传统能源，一直是导致我国环境污染不断加重的直接因素。但就当前经济发展的现实而言，在短时间内摆脱以煤炭为主的能源消费结构尚不现实。扫除雾霾，节流之余，更需开源。在进一步提高传统能源使用标准的同时，我们需要向众多新能源借一臂之力。因此，想要卓有成效地缓解雾霾乃至战胜雾霾，调整能源消费结构是关键，发展新能源产业就成为治霾的必然路径之一。

继2005年《可再生能源法》、2007年《可再生能源中长期发展规划》分别出台后，我国新能源发展规划制定工作目前已近尾声，条件成熟后将适时出台。

种种措施彰显了我国大力发展新能源经济，抢占未来世界经济制高点的决心。

新能源产业作为很有前途的朝阳产业，众多拥有一定实力和社会影响力的企业纷纷涉足其中、发展布局。新奥集团是中国清洁能源领域内的一家民营企业，其业务板块包括新奥能源、太阳能源、新奥科技、能源化工、智能能源、文化健康、海洋旅游等。2012 年，新奥集团位居中国绿公司民营企业 100 强第 5 位，中国民营企业 500 强第 41 位；2013 年，新奥能源控股有限公司位居中国企业 500 强第 240 位。

新奥集团创建于 1989 年，从燃气业务起步，到 2013 年构建了能源分销、智能能源、太阳能源、能源化工等相关多元产业。截至 2012 年 12 月，新奥集团拥有员工 3 万人，总资产超过 600 亿元人民币，100 多个全资、控股公司和分支机构分布在国内 100 多个城市及亚洲、欧洲、美洲、大洋洲等地区。

新奥集团业务领域包括：

（1）新奥能源

新奥能源已在中国 15 个省、自治区、直辖市成功投资、运营了 117 个城市燃气基础设施项目，并取得越南国家城市燃气经营权；为 627 万多居民用户、24 000 家工商业用户提供各类清洁能源产品和服务；敷设管道逾 18 000 km，天然气最大日供气能力超过 3 000 万 m^3；市场覆盖国内城区人口逾 5552 万；在全国 71 个城市，投资、运营 330 座天然气汽车加气站，同时在 20 多个大中城市开展了包括供能系统外包和多联供等形式在内的整体解决方案服务。

通过二十多年的经营实践，新奥能源成功构建了以天然气等清洁能源为主要产品，以城市民用、园区、公建、交通和工商业用户为终端客户，以城市燃气、园区能源、交通能源和分布式能源为主要业务领域的能源分销体系，为客户量身定制清洁能源整体解决方案。

（2）智能能源

作为新奥集团可持续发展的探索者，新奥智能能源致力于节能环保领域的创新型技术发展与产业实践，以系统能效为核心，为城区 / 园区、大型公共建筑、工业企业等提供涵盖能源系统咨询、规划、设计、建设、运营增值服务的一体化清洁能源整体解决方案，通过泛能规划、泛能站、泛能能效平台等核心服务交付，满足能源系统安全稳定、经济高效、清洁智慧的需求，引领产业创新发展，助力建设生态文明。

（3）能源化工

新奥股份致力于煤基能源的开发与清洁利用，为客户提供高品质、低成本的甲烷、甲醇、二甲醚等煤基能源产品及衍生品，并以现有产业为基础，依托新奥集团的技术创新和天然气市场优势，为客户提供煤基清洁能源整体解决方案。基于丰富的化工基地运营管理经验，公司致力于创新众投模式，投资建设煤基低碳循环生态产业示范基地，构建产业发展新生态，成为创建美丽生态的清洁能源产品提供商和服务商。

（4）太阳能源

新奥太阳能源致力于开发、建设与出售更具投资回报的光伏项目，聚焦光伏电站业务领域，为客户提供光伏一体化集成服务，是新奥清洁能源整体解决方案服务的重要组成部分。

（5）技术工程

新奥能源工程技术有限公司作为能源清洁综合利用领域的高新企业，致力于技术研发、工程设计、专业采购、设备集成、开车服务、工程施工与管理，为客户提供高度集成的工程解决方案与一体化服务。

（6）能源研究院

新奥能源研究院聚焦于煤基低碳能源技术、可再生能源技术、环保技术和泛能网技术领域，为新奥清洁能源整体解决方案提供技术支撑。

经过26年的锐意进取，新奥集团产业布局已覆盖国内100多个城市及亚洲、欧洲、美洲、大洋洲等地区。新奥集团不但是全球清洁能源领域的领袖企业，也是中国能源产业转型升级的先锋，更是为节能减排、低碳环保型社会建设和不断推进绿色可再生能源的发展作出了卓有成效的贡献。

十、先河环保的超前研发创新战略之路

按照《环境空气质量标准》要求，我国2012年开始在一些地方进行新空气质量标准实施能力项目建设，增加对$PM_{2.5}$、CO、O_3等参数的监测。而在项目实际实施中，由于我国与国外的$PM_{2.5}$浓度、湿度及成分差别很大，导致国外监测设备频频出错，设备的维护周期缩短，维护量和运营费用大大增加，并且其高昂的价格也给政府财政带来一定压力和负担，因此开发具备完全自主知识产权的国内$PM_{2.5}$监测仪已势在必行。

作为中国环境监测产业的领航者，河北先河环保科技股份有限公司率先成功推出空气质量监测系统，结束了此类设备依赖进口的局面，打破了国外技术和价格垄断。目前，先河环保已成为国内产品品种最全、规模最大的在线环境

监测仪器专业生产企业之一，多种产品市场占有率稳居国内同行前茅，是国内环境监测仪器行业率先上市的公司。

先河环保成立于 1996 年，当时市场上应用的都是落后的手工采样器，搞同质化竞争显然没有出路，在此基础上，先河环保确定了超前研发的创新战略，将目光锁定在下一代产品——自动在线监测系统。

2000 年，我国第一套拥有自主知识产权的空气质量自动监测系统在先河环保诞生，随后在国家项目中得以全面推广，打破了该类设备依赖进口的局面，迫使国外同类产品价格每套由 120 万元降至 40 多万元，降价超 6 成。仅此一项，累计为国家节省财政投资 40 多亿元。

依靠顶尖人才和开放创新战略带动技术创新，先河环保逐渐实现技术积累，科研成果已实现产业化，形成了以独特产品取胜的新优势。

创业初期，先河环保将销售收入的 20% ～ 50% 用于科研，加强科技创新的基础和能力建设，以满足国家环境监测网建设需要为目标。凭借在环境监测领域的深厚积累，先河环保已经发展为目前国内率先拥有空气质量、烟尘烟气、污水、地表水质、饮用水质、酸雨六大在线监测系统及环境应急监测车的专业生产企业，具备国家环境监测网所需的全线产品，在高端环境监测领域形成了自己的核心竞争优势。

由于国家环保事业发展需要政府以及社会各界对于环保行业的关注，企业发展面临难得机遇。环境监测行业是新兴产业，是促进经济转型升级、加快发展的新动力。先河环保紧紧抓住这一机遇，学习借鉴国际先进技术和经验，瞄准未来竞争领域，适度超前研发各种监测设备，抢占市场先机，为先河环保集团化、全球化拓展奠定基础。为此，公司拟定了近期发展目标：利用 3 年时间，将先河打造成一个核心业务支撑、产业内多元化服务、市值超过 100 亿元、全球化发展的跨国企业集团。立足以上目标，公司围绕产业化转型升级已经提前开始布局，并已取得阶段性重大成果。

值得一提的是，随着环境质量自动监测系统建设的不断发展，监测仪器系统愈来愈向复杂和高精密度的方向发展，因此，运营工作的要求也更高，其需要高质量的设备和训练有素的专业人员进行维护和运营。为了抢占市场先机，先河环保还独辟蹊径，推出了“建设运营一体化”的销售思路，准备进行全产业链的竞争。据介绍，这一思路针对的是当前各地 $PM_{2.5}$ 监测资金、人才双缺乏的状况，可以采取垫付资金等多种方式为有关政府部门或企业提供监测设备、开展运营管理，采购者只需向其购买数据即可，通过社会化运营，降低政府部门运营成本、提高环境监测质量，以此保证监测仪器和监测数据的准确性、及时性和完整性。

目前，我国已建立起空气质量监测日报和实时报的体系，190 个城市向社会实时发布污染物浓度数据，而支撑这一庞大工程的核心技术产品，就来自河北先河环保科技股份有限公司。

监测 $PM_{2.5}$ 只是手段，关键是要通过监测，呼吁全社会立即行动起来遏制空气污染，这条“治本”之路任重而道远。先河环保将致力于大气监测技术的前瞻研究，以 $PM_{2.5}$ 监测作为新的起点，为中国空气质量改善提供精良的装备支持和有力的决策支撑，为公众呼吸上更洁净的空气作出自己的贡献。

附 录

一、现行有效的大气污染防治法律、行政法规和地方性法规

1. 环境保护法

中华人民共和国环境保护法

(1989 年 12 月 26 日第七届全国人民代表大会常务委员会第十一次会议通过，2014 年 4 月 24 日第十二届全国人民代表大会常务委员会第八次会议修订，自 2015 年 1 月 1 日起施行)

目录

第一章 总则

第一条 为保护和改善环境，防治污染和其他公害，保障公众健康，推进生态文明建设，促进经济社会可持续发展，制定本法。

第二条 本法所称环境，是指影响人类生存和发展的各种天然的和经过人工改造的自然因素的总体，包括大气、水、海洋、土地、矿藏、森林、草原、湿地、野生生物、自然遗迹、人文遗迹、自然保护区、风景名胜区、城市和乡村等。

第三条 本法适用于中华人民共和国领域和中华人民共和国管辖的其他海域。

第四条 保护环境是国家的基本国策。

国家采取有利于节约和循环利用资源、保护和改善环境、促进人与自然和谐的经济、技术政策和措施，使经济社会发展与环境保护相协调。

第五条 环境保护坚持保护优先、预防为主、综合治理、公众参与、损害担责的原则。

第六条 一切单位和个人都有保护环境的义务。

地方各级人民政府应当对本行政区域的环境质量负责。

企业事业单位和其他生产经营者应当防止、减少环境污染和生态破坏，对所造成的损害依法承担责任。

公民应当增强环境保护意识，采取低碳、节俭的生活方式，自觉履行环境保护义务。

第七条 国家支持环境保护科学技术研究、开发和应用，鼓励环境保护产业发展，促进环境保护信息化建设，提高环境保护科学技术水平。

第八条 各级人民政府应当加大保护和改善环境、防治污染和其他公害的财政投入，提高财政资金的使用效益。

第九条 各级人民政府应当加强环境保护宣传和普及工作，鼓励基层群众性自治组织、社会组织、环境保护志愿者开展环境保护法律法规和环境保护知识的宣传，营造保护环境的良好风气。

教育行政部门、学校应当将环境保护知识纳入学校教育内容，培养学生的环境保护意识。

新闻媒体应当开展环境保护法律法规和环境保护知识的宣传，对环境违法行为进行舆论监督。

第十条 国务院环境保护主管部门，对全国环境保护工作实施统一监督管理；县级以上地方人民政府环境保护主管部门，对本行政区域环境保护工作实施统一监督管理。

县级以上人民政府有关部门和军队环境保护部门，依照有关法律的规定对资源保护和污染防治等环境保护工作实施监督管理。

第十一条 对保护和改善环境有显著成绩的单位和个人，由人民政府给予奖励。

第十二条 每年6月5日为环境日。

第二章 监督管理

第十三条 县级以上人民政府应当将环境保护工作纳入国民经济和社会发展规划。

国务院环境保护主管部门会同有关部门，根据国民经济和社会发展规划编制国家环境保护规划，报国务院批准并公布实施。

县级以上地方人民政府环境保护主管部门会同有关部门，根据国家环境保护规划的要求，编制本行政区域的环境保护规划，报同级人民政府批准并公布实施。

环境保护规划的内容应当包括生态保护和污染防治的目标、任务、保障措施等，并与主体功能区规划、土地利用总体规划和城乡规划等相衔接。

第十四条 国务院有关部门和省、自治区、直辖市人民政府组织制定经济、技术政策，应当充分考虑对环境的影响，听取有关方面和专家的意见。

第十五条 国务院环境保护主管部门制定国家环境质量标准。

省、自治区、直辖市人民政府对国家环境质量标准中未作规定的项目，可以制定地方环境质量标准；对国家环境质量标准中已作规定的项目，可以制定严于国家环境质量标准的地方环境质量标准。地方环境质量标准应当报国务院环境保护主管部门备案。

国家鼓励开展环境基准研究。

第十六条 国务院环境保护主管部门根据国家环境质量标准和国家经济、技术条件，制定国家污染物排放标准。

省、自治区、直辖市人民政府对国家污染物排放标准中未作规定的项目，可以制定地方污染物排放标准；对国家污染物排放标准中已作规定的项目，可以制定严于国家污染物排放标准的地方污染物排放标准。地方污染物排放标准应当报国务院环境保护主管部门备案。

第十七条 国家建立、健全环境监测制度。国务院环境保护主管部门制定监测规范，会同有关部门组织监测网络，统一规划国家环境质量监测站（点）的设置，建立监测数据共享机制，加强对环境监测的管理。

有关行业、专业等各类环境质量监测站（点）的设置应当符合法律法规规定和监测规范的要求。

监测机构应当使用符合国家标准的监测设备，遵守监测规范。监测机构及其负责人对监测数据的真实性和准确性负责。

第十八条 省级以上人民政府应当组织有关部门或者委托专业机构，对环境状况进行调查、评价，建立环境资源承载能力监测预警机制。

第十九条 编制有关开发利用规划，建设对环境有影响的项目，应当依法进行环境影响评价。

未依法进行环境影响评价的开发利用规划，不得组织实施；未依法进行环境影响评价的建设项目，不得开工建设。

第二十条 国家建立跨行政区域的重点区域、流域环境污染和生态破坏联合防治协调机制，实行统一规划、统一标准、统一监测、统一的防治措施。

前款规定以外的跨行政区域的环境污染和生态破坏的防治，由上级人民政府协调解决，或者由有关地方人民政府协商解决。

第二十一条 国家采取财政、税收、价格、政府采购等方面的政策和措施，鼓励和支持环境保护技术装备、资源综合利用和环境服务等环境保护产业的发展。

第二十二条 企业事业单位和其他生产经营者，在污染物排放符合法定要求的基础上，进一步减少污染物排放的，人民政府应当依法采取财政、税收、价格、政府采购等方面的政策和措施予以鼓励和支持。

第二十三条 企业事业单位和其他生产经营者，为改善环境，依照有关规定转产、搬迁、关闭的，人民政府应当予以支持。

第二十四条 县级以上人民政府环境保护主管部门及其委托的环境监察机构和其他负有环境保护监督管理职责的部门，有权对排放污染物的企业事业单位和其他生产经营者进行现场检查。被检查者应当如实反映情况，提供必要的资料。实施现场检查的部门、机构及其工作人员应当为被检查者保守商业秘密。

第二十五条 企业事业单位和其他生产经营者违反法律法规规定排放污染物，造成或者可能造成严重污染的，县级以上人民政府环境保护主管部门和其他负有环境保护监督管理职责的部门，可以查封、扣押造成污染物排放的设施、设备。

第二十六条 国家实行环境保护目标责任制和考核评价制度。县级以上人民政府应当将环境保护目标完成情况纳入对本级人民政府负有环境保护监督管理职责的部门及其负责人和下级人民政府及其负责人的考核内容，作为对其考核评价的重要依据。考核结果应当向社会公开。

第二十七条 县级以上人民政府应当每年向本级人民代表大会或者人民代表大会常务委员会报告环境状况和环境保护目标完成情况，对发生的重大环境事件应当及时向本级人民代表大会常务委员会报告，依法接受监督。

第三章 保护和改善环境

第二十八条 地方各级人民政府应当根据环境保护目标和治理任务，采取有效措施，改善环境质量。

未达到国家环境质量标准的重点区域、流域的有关地方人民政府，应当制定限期达标规划，并采取措施按期达标。

第二十九条 国家在重点生态功能区、生态环境敏感区和脆弱区等区域划定生态保护红线，实行严格保护。

各级人民政府对具有代表性的各种类型的自然生态系统区域，珍稀、濒危的野生动植物自然分布区域，重要的水源涵养区域，具有重大科学文化价值的地质构造、著名溶洞和化石分布区、冰川、火山、温泉等自然遗迹，以及人文遗迹、古树名木，应当采取措施予以保护，严禁破坏。

第三十条 开发利用自然资源，应当合理开发，保护生物多样性，保障生态安全，依法制定有关生态保护和恢复治理方案并予以实施。

引进外来物种以及研究、开发和利用生物技术，应当采取措施，防止对生物多样性的破坏。

第三十一条 国家建立、健全生态保护补偿制度。

国家加大对生态保护地区的财政转移支付力度。有关地方人民政府应当落实生态保护补偿资金，确保其用于生态保护补偿。

国家指导受益地区和生态保护地区人民政府通过协商或者按照市场规则进行生态保护补偿。

第三十二条 国家加强对大气、水、土壤等的保护，建立和完善相应的调查、监测、评估和修复制度。

第三十三条 各级人民政府应当加强对农业环境的保护，促进农业环境保护新技术的使用，加强对农业污染源的监测预警，统筹有关部门采取措施，防治土壤污染和土地沙化、盐渍化、贫瘠化、石漠化、地面沉降以及防治植被破坏、水土流失、水体富营养化、水源枯竭、种源灭绝等生态失调现象，推广植物病虫害的综合防治。

县级、乡级人民政府应当提高农村环境保护公共服务水平，推动农村环境综合整治。

第三十四条 国务院和沿海地方各级人民政府应当加强对海洋环境的保护。向海洋排放污染物、倾倒废弃物，进行海岸工程和海洋工程建设，应当符合法律法规规定和有关标准，防止和减少对海洋环境的污染损害。

第三十五条 城乡建设应当结合当地自然环境的特点，保护植被、水域和自然景观，加强城市园林、绿地和风景名胜区的建设与管理。

第三十六条 国家鼓励和引导公民、法人和其他组织使用有利于保护环境的产品和再生产品，减少废弃物的产生。

国家机关和使用财政资金的其他组织应当优先采购和使用节能、节水、节材等有利于保护环境的产品、设备和设施。

第三十七条 地方各级人民政府应当采取措施，组织对生活废弃物的分类处置、回收利用。

第三十八条 公民应当遵守环境保护法律法规，配合实施环境保护措施，按照规定对生活废弃物进行分类放置，减少日常生活对环境造成的损害。

第三十九条 国家建立、健全环境与健康监测、调查和风险评估制度；鼓励和组织开展环境质量对公众健康影响的研究，采取措施预防和控制与环境污染有关的疾病。

第四章 防治污染和其他公害

第四十条 国家促进清洁生产和资源循环利用。

国务院有关部门和地方各级人民政府应当采取措施，推广清洁能源的生产和使用。

企业应当优先使用清洁能源，采用资源利用率高、污染物排放量少的工艺、设备以及废弃物综合利用技术和污染物无害化处理技术，减少污染物的产生。

第四十一条 建设项目中防治污染的设施，应当与主体工程同时设计、同时施工、同时投产使用。防治污染的设施应当符合经批准的环境影响评价文件的要求，不得擅自拆除或者闲置。

第四十二条 排放污染物的企业事业单位和其他生产经营者，应当采取措施，防治在生产建设或者其他活动中产生的废气、废水、废渣、医疗废物、粉尘、恶臭气体、放射性物质以及噪声、振动、光辐射、电磁辐射等对环境的污染和危害。

排放污染物的企业事业单位，应当建立环境保护责任制度，明确单位负责人和相关人员的责任。

重点排污单位应当按照国家有关规定和监测规范安装使用监测设备，保证监测设备正常运行，保存原始监测记录。

严禁通过暗管、渗井、渗坑、灌注或者篡改、伪造监测数据，或者不正常运行防治污染设施等逃避监管的方式违法排放污染物。

第四十三条 排放污染物的企业事业单位和其他生产经营者，应当按照国家有关规定缴纳排污费。排污费应当全部专项用于环境污染防治，任何单位和个人不得截留、挤占或者挪作他用。

依照法律规定征收环境保护税的，不再征收排污费。

第四十四条 国家实行重点污染物排放总量控制制度。重点污染物排放总量控制指标由国务院下达，省、自治区、直辖市人民政府分解落实。企业事业单位在执行国家和地方污染物排放标准的同时，应当遵守分解落实到本单位的重点污染物排放总量控制指标。

对超过国家重点污染物排放总量控制指标或者未完成国家确定的环境质量目标的地区，省级以上人民政府环境保护主管部门应当暂停审批其新增重点污染物排放总量的建设项目环境影响评价文件。

第四十五条 国家依照法律规定实行排污许可管理制度。

实行排污许可管理的企业事业单位和其他生产经营者应当按照排污许可证的要求排放污染物；未取得排污许可证的，不得排放污染物。

第四十六条 国家对严重污染环境的工艺、设备和产品实行淘汰制度。任何单位和个人不得生产、销售或者转移、使用严重污染环境的工艺、设备和产品。

禁止引进不符合我国环境保护规定的技术、设备、材料和产品。

第四十七条 各级人民政府及其有关部门和企业事业单位，应当依照《中华人民共和国突发事件应对法》的规定，做好突发环境事件的风险控制、应急准备、应急处置和事后恢复等工作。

县级以上人民政府应当建立环境污染公共监测预警机制，组织制定预警方案；环境受到污染，可能影响公众健康和环境安全时，依法及时公布预警信息，启动应急措施。

企业事业单位应当按照国家有关规定制定突发环境事件应急预案，报环境保护主管部门和有关部门备案。在发生或者可能发生突发环境事件时，企业事业单位应当立即采取措施处理，及时通报可能受到危害的单位和居民，并向环境保护主管部门和有关部门报告。

突发环境事件应急处置工作结束后，有关人民政府应当立即组织评估事件造成的环境影响和损失，并及时将评估结果向社会公布。

第四十八条 生产、储存、运输、销售、使用、处置化学物品和含有放射性物质的物品，应当遵守国家有关规定，防止污染环境。

第四十九条 各级人民政府及其农业等有关部门和机构应当指导农业生产经营者科学种植和养殖，科学合理施用农药、化肥等农业投入品，科学处置农用薄膜、农作物秸秆等农业废弃物，防止农业面源污染。

禁止将不符合农用标准和环境保护标准的固体废物、废水施入农田。施用农药、化肥等农业投入品及进行灌溉，应当采取措施，防止重金属和其他有毒有害物质污染环境。

畜禽养殖场、养殖小区、定点屠宰企业等的选址、建设和管理应当符合有关法律法规规定。从事畜禽养殖和屠宰的单位和个人应当采取措施，对畜禽粪便、尸体和污水等废弃物进行科学处置，防止污染环境。

县级人民政府负责组织农村生活废弃物的处置工作。

第五十条 各级人民政府应当在财政预算中安排资金，支持农村饮用水水源地保护、生活污水和其他废弃物处理、畜禽养殖和屠宰污染防治、土壤污染防治和农村工矿污染治理等环境保护工作。

第五十一条 各级人民政府应当统筹城乡建设污水处理设施及配套管网，固体废物的收集、运输和处置等环境卫生设施，危险废物集中处置设施、场所以及其他环境保护公共设施，并保障其正常运行。

第五十二条 国家鼓励投保环境污染责任保险。

第五章 信息公开和公众参与

第五十三条 公民、法人和其他组织依法享有获取环境信息、参与和监督环境保护的权利。

各级人民政府环境保护主管部门和其他负有环境保护监督管理职责的部门，应当依法公开环境信息、完善公众参与程序，为公民、法人和其他组织参与和监督环境保护提供便利。

第五十四条 国务院环境保护主管部门统一发布国家环境质量、重点污染源监测信息及其他重大环境信息。省级以上人民政府环境保护主管部门定期发布环境状况公报。

县级以上人民政府环境保护主管部门和其他负有环境保护监督管理职责的部门，应当依法公开环境质量、环境监测、突发环境事件以及环境行政许可、行政处罚、排污费的征收和使用情况等信息。

县级以上地方人民政府环境保护主管部门和其他负有环境保护监督管理职责的部门，应当将企业事业单位和其他生产经营者的环境违法信息记入社会诚信档案，及时向社会公布违法者名单。

第五十五条 重点排污单位应当如实向社会公开其主要污染物的名称、排放方式、排放浓度和总量、超标排放情况，以及防治污染设施的建设和运行情况，接受社会监督。

第五十六条 对依法应当编制环境影响报告书的建设项目，建设单位应当在编制时向可能受影响的公众说明情况，充分征求意见。

负责审批建设项目环境影响评价文件的部门在收到建设项目环境影响报

告书后，除涉及国家秘密和商业秘密的事项外，应当全文公开；发现建设项目未充分征求公众意见的，应当责成建设单位征求公众意见。

第五十七条 公民、法人和其他组织发现任何单位和个人有污染环境和破坏生态行为的，有权向环境保护主管部门或者其他负有环境保护监督管理职责的部门举报。

公民、法人和其他组织发现地方各级人民政府、县级以上人民政府环境保护主管部门和其他负有环境保护监督管理职责的部门不依法履行职责的，有权向其上级机关或者监察机关举报。

接受举报的机关应当对举报人的相关信息予以保密，保护举报人的合法权益。

第五十八条 对污染环境、破坏生态，损害社会公共利益的行为，符合下列条件的社会组织可以向人民法院提起诉讼：

（一）依法在设区的市级以上人民政府民政部门登记；

（二）专门从事环境保护公益活动连续五年以上且无违法记录。

符合前款规定的社会组织向人民法院提起诉讼，人民法院应当依法受理。

提起诉讼的社会组织不得通过诉讼牟取经济利益。

第六章 法律责任

第五十九条 企业事业单位和其他生产经营者违法排放污染物，受到罚款处罚，被责令改正，拒不改正的，依法作出处罚决定的行政机关可以自责令改正之日的次日起，按照原处罚数额按日连续处罚。

前款规定的罚款处罚，依照有关法律法规按照防治污染设施的运行成本、违法行为造成的直接损失或者违法所得等因素确定的规定执行。

地方性法规可以根据环境保护的实际需要，增加第一款规定的按日连续处罚的违法行为的种类。

第六十条 企业事业单位和其他生产经营者超过污染物排放标准或者超过重点污染物排放总量控制指标排放污染物的，县级以上人民政府环境保护主管部门可以责令其采取限制生产、停产整治等措施；情节严重的，报经有批准权的人民政府批准，责令停业、关闭。

第六十一条 建设单位未依法提交建设项目环境影响评价文件或者环境影响评价文件未经批准，擅自开工建设的，由负有环境保护监督管理职责的部门责令停止建设，处以罚款，并可以责令恢复原状。

第六十二条 违反本法规定，重点排污单位不公开或者不如实公开环境信息的，由县级以上地方人民政府环境保护主管部门责令公开，处以罚款，并予以公告。

第六十三条 企业事业单位和其他生产经营者有下列行为之一，尚不构成犯罪的，除依照有关法律法规规定予以处罚外，由县级以上人民政府环境保护主管部门或者其他有关部门将案件移送公安机关，对其直接负责的主管人员和其他直接责任人员，处十日以上十五日以下拘留；情节较轻的，处五日以上十日以下拘留：

（一）建设项目未依法进行环境影响评价，被责令停止建设，拒不执行的；

（二）违反法律规定，未取得排污许可证排放污染物，被责令停止排污，拒不执行的；

（三）通过暗管、渗井、渗坑、灌注或者篡改、伪造监测数据，或者不正常运行防治污染设施等逃避监管的方式违法排放污染物的；

（四）生产、使用国家明令禁止生产、使用的农药，被责令改正，拒不改正的。

第六十四条 因污染环境和破坏生态造成损害的，应当依照《中华人民共和国侵权责任法》的有关规定承担侵权责任。

第六十五条 环境影响评价机构、环境监测机构以及从事环境监测设备和防治污染设施维护、运营的机构，在有关环境服务活动中弄虚作假，对造成的环境污染和生态破坏负有责任的，除依照有关法律法规规定予以处罚外，还应当与造成环境污染和生态破坏的其他责任者承担连带责任。

第六十六条 提起环境损害赔偿诉讼的时效期间为三年，从当事人知道或者应当知道其受到损害时起计算。

第六十七条 上级人民政府及其环境保护主管部门应当加强对下级人民政府及其有关部门环境保护工作的监督。发现有关工作人员有违法行为，依法应当给予处分的，应当向其任免机关或者监察机关提出处分建议。

依法应当给予行政处罚，而有关环境保护主管部门不给予行政处罚的，上级人民政府环境保护主管部门可以直接作出行政处罚的决定。

第六十八条 地方各级人民政府、县级以上人民政府环境保护主管部门和其他负有环境保护监督管理职责的部门有下列行为之一的，对直接负责的主管人员和其他直接责任人员给予记过、记大过或者降级处分；造成严重后果的，给予撤职或者开除处分，其主要负责人应当引咎辞职：

（一）不符合行政许可条件准予行政许可的；

（二）对环境违法行为进行包庇的；

（三）依法应当作出责令停业、关闭的决定而未作出的；

（四）对超标排放污染物、采用逃避监管的方式排放污染物、造成环境事故以及不落实生态保护措施造成生态破坏等行为，发现或者接到举报未及时查处的；

（五）违反本法规定，查封、扣押企业事业单位和其他生产经营者的设施、设备的；

（六）篡改、伪造或者指使篡改、伪造监测数据的；

（七）应当依法公开环境信息而未公开的；

（八）将征收的排污费截留、挤占或者挪作他用的；

（九）法律法规规定的其他违法行为。

第六十九条 违反本法规定，构成犯罪的，依法追究刑事责任。

第七章 附则

第七十条 本法自 2015 年 1 月 1 日起施行。

2. 大气污染防治法

中华人民共和国大气污染防治法（修订）

（2000 年 4 月 29 日第九届全国人民代表大会常务委员会第十五次会议通过，2000 年 4 月 29 日中华人民共和国主席令第 32 号公布，自 2000 年 9 月 1 日起施行）

目录

第一章 总则

第一条 为防治大气污染，保护和改善生活环境和生态环境，保障人体健康，促进经济和社会的可持续发展，制定本法。

第二条 国务院和地方各级人民政府，必须将大气环境保护工作纳入国民经济和社会发展计划，合理规划工业布局，加强防治大气污染的科学研究，采取防治大气污染的措施，保护和改善大气环境。

第三条 国家采取措施，有计划地控制或者逐步削减各地方主要大气污染物的排放总量。

地方各级人民政府对本辖区的大气环境质量负责，制定规划，采取措施，使本辖区的大气环境质量达到规定的标准。

第四条 县级以上人民政府环境保护行政主管部门对大气污染防治实施统一监督管理。

各级公安、交通、铁道、渔业管理部门根据各自的职责，对机动车船污染大气实施监督管理。

县级以上人民政府其他有关主管部门在各自职责范围内对大气污染防治实施监督管理。

第五条 任何单位和个人都有保护大气环境的义务，并有权对污染大气环境的单位和个人进行检举和控告。

第六条 国务院环境保护行政主管部门制定国家大气环境质量标准。省、自治区、直辖市人民政府对国家大气环境质量标准中未作规定的项目，可以制定地方标准，并报国务院环境保护行政主管部门备案。

第七条 国务院环境保护行政主管部门根据国家大气环境质量标准和国家经济、技术条件制定国家大气污染物排放标准。

省、自治区、直辖市人民政府对国家大气污染物排放标准中未作规定的项目，可以制定地方排放标准；对国家大气污染物排放标准中已作规定的项目，可以制定严于国家排放标准的地方排放标准。地方排放标准须报国务院环境保护行政主管部门备案。

省、自治区、直辖市人民政府制定机动车船大气污染物地方排放标准严于国家排放标准的，须报经国务院批准。

凡是向已有地方排放标准的区域排放大气污染物的，应当执行地方排放标准。

第八条 国家采取有利于大气污染防治以及相关的综合利用活动的经济、技术政策和措施。

在防治大气污染、保护和改善大气环境方面成绩显著的单位和个人，由各级人民政府给予奖励。

第九条 国家鼓励和支持大气污染防治的科学技术研究，推广先进适用的大气污染防治技术；鼓励和支持开发、利用太阳能、风能、水能等清洁能源。

国家鼓励和支持环境保护产业的发展。

第十条 各级人民政府应当加强植树种草、城乡绿化工作，因地制宜地采取有效措施做好防沙治沙工作，改善大气环境质量。

第二章 大气污染防治的监督管理

第十一条 新建、扩建、改建向大气排放污染物的项目，必须遵守国家有关建设项目环境保护管理的规定。

建设项目的环境影响报告书，必须对建设项目可能产生的大气污染和对生态环境的影响作出评价，规定防治措施，并按照规定的程序报环境保护行政主管部门审查批准。

建设项目投入生产或者使用之前，其大气污染防治设施必须经过环境保护行政主管部门验收，达不到国家有关建设项目环境保护管理规定的要求的建设项目，不得投入生产或者使用。

第十二条 向大气排放污染物的单位，必须按照国务院环境保护行政主管部门的规定向所在地的环境保护行政主管部门申报拥有的污染物排放设施、处理设施和在正常作业条件下排放污染物的种类、数量、浓度，并提供防治大气污染方面的有关技术资料。

前款规定的排污单位排放大气污染物的种类、数量、浓度有重大改变的，应当及时申报；其大气污染物处理设施必须保持正常使用，拆除或者闲置大气污染物处理设施的，必须事先报经所在地的县级以上地方人民政府环境保护行政主管部门批准。

第十三条 向大气排放污染物的，其污染物排放浓度不得超过国家和地方规定的排放标准。

第十四条 国家实行按照向大气排放污染物的种类和数量征收排污费的制度，根据加强大气污染防治的要求和国家的经济、技术条件合理制定排污费的征收标准。

征收排污费必须遵守国家规定的标准，具体办法和实施步骤由国务院规定。

征收的排污费一律上缴财政，按照国务院的规定用于大气污染防治，不得挪作他用，并由审计机关依法实施审计监督。

第十五条 国务院和省、自治区、直辖市人民政府对尚未达到规定的大气环境质量标准的区域和国务院批准划定的酸雨控制区、二氧化硫污染控制区，可以划定为主要大气污染物排放总量控制区。主要大气污染物排放总量控制的具体办法由国务院规定。

大气污染物总量控制区内有关地方人民政府依照国务院规定的条件和程序，按照公开、公平、公正的原则，核定企业事业单位的主要大气污染物排放总量，核发主要大气污染物排放许可证。

有大气污染物总量控制任务的企业事业单位，必须按照核定的主要大气污染物排放总量和许可证规定的排放条件排放污染物。

第十六条 在国务院和省、自治区、直辖市人民政府划定的风景名胜区、自然保护区、文物保护单位附近地区和其他需要特别保护的区域内，不得建设污染环境的工业生产设施；建设其他设施，其污染物排放不得超过规定的排放标准。在本法施行前企业事业单位已经建成的设施，其污染物排放超过规定的排放标准的，依照本法第四十八条的规定限期治理。

第十七条 国务院按照城市总体规划、环境保护规划目标和城市大气环境质量状况，划定大气污染防治重点城市。

直辖市、省会城市、沿海开放城市和重点旅游城市应当列入大气污染防治重点城市。

未达到大气环境质量标准的大气污染防治重点城市，应当按照国务院或者国务院环境保护行政主管部门规定的期限，达到大气环境质量标准。该城市人民政府应当制定限期达标规划，并可以根据国务院的授权或者规定，采取更加严格的措施，按期实现达标规划。

第十八条 国务院环境保护行政主管部门会同国务院有关部门，根据气象、地形、土壤等自然条件，可以对已经产生、可能产生酸雨的地区或者其他二氧化硫污染严重的地区，经国务院批准后，划定为酸雨控制区或者二氧化硫污染控制区。

第十九条 企业应当优先采用能源利用效率高、污染物排放量少的清洁生产工艺，减少大气污染物的产生。

国家对严重污染大气环境的落后生产工艺和严重污染大气环境的落后设备实行淘汰制度。

国务院经济综合主管部门会同国务院有关部门公布限期禁止采用的严重污染大气环境的工艺名录和限期禁止生产、禁止销售、禁止进口、禁止使用的严重污染大气环境的设备名录。

生产者、销售者、进口者或者使用者必须在国务院经济综合主管部门会同国务院有关部门规定的期限内分别停止生产、销售、进口或者使用列入前款规定的名录中的设备。生产工艺的采用者必须在国务院经济综合主管部门会同国务院有关部门规定的期限内停止采用列入前款规定的名录中的工艺。

依照前两款规定被淘汰的设备，不得转让给他人使用。

第二十条 单位因发生事故或者其他突然性事件，排放和泄漏有毒有害气体和放射性物质，造成或者可能造成大气污染事故、危害人体健康的，必须立即采取防治大气污染危害的应急措施，通报可能受到大气污染危害的单位和居民，并报告当地环境保护行政主管部门，接受调查处理。

在大气受到严重污染，危害人体健康和安全的紧急情况下，当地人民政府应当及时向当地居民公告，采取强制性应急措施，包括责令有关排污单位停止排放污染物。

第二十一条 环境保护行政主管部门和其他监督管理部门有权对管辖范围内的排污单位进行现场检查，被检查单位必须如实反映情况，提供必要的资料。检查部门有义务为被检查单位保守技术秘密和业务秘密。

第二十二条 国务院环境保护行政主管部门建立大气污染监测制度，组织监测网络，制定统一的监测方法。

第二十三条 大、中城市人民政府环境保护行政主管部门应当定期发布大气环境质量状况公报，并逐步开展大气环境质量预报工作。

大气环境质量状况公报应当包括城市大气环境污染特征、主要污染物的种类及污染危害程度等内容。

第三章 防治燃煤产生的大气污染

第二十四条 国家推行煤炭洗选加工，降低煤的硫分和灰分，限制高硫分、高灰分煤炭的开采。新建的所采煤炭属于高硫分、高灰分的煤矿，必须建设配套的煤炭洗选设施，使煤炭中的含硫分、含灰分达到规定的标准。

对已建成的所采煤炭属于高硫分、高灰分的煤矿，应当按照国务院批准的规划，限期建成配套的煤炭洗选设施。

禁止开采含放射性和砷等有毒有害物质超过规定标准的煤炭。

第二十五条 国务院有关部门和地方各级人民政府应当采取措施，改进城市能源结构，推广清洁能源的生产和使用。

大气污染防治重点城市人民政府可以在本辖区内划定禁止销售、使用国务院环境保护行政主管部门规定的高污染燃料的区域。该区域内的单位和个人应当在当地人民政府规定的期限内停止燃用高污染燃料，改用天然气、液化石油气、电或者其他清洁能源。

第二十六条 国家采取有利于煤炭清洁利用的经济、技术政策和措施，鼓励和支持使用低硫分、低灰分的优质煤炭，鼓励和支持洁净煤技术的开发和推广。

第二十七条 国务院有关主管部门应当根据国家规定的锅炉大气污染物排放标准，在锅炉产品质量标准中规定相应的要求；达不到规定要求的锅炉，不得制造、销售或者进口。

第二十八条 城市建设应当统筹规划，在燃煤供热地区，统一解决热源，发展集中供热。在集中供热管网覆盖的地区，不得新建燃煤供热锅炉。

第二十九条 大、中城市人民政府应当制定规划，对饮食服务企业限期使用天然气、液化石油气、电或者其他清洁能源。

对未划定为禁止使用高污染燃料区域的大、中城市市区内的其他民用炉灶，限期改用固硫型煤或者使用其他清洁能源。

第三十条 新建、扩建排放二氧化硫的火电厂和其他大中型企业，超过规定的污染物排放标准或者总量控制指标的，必须建设配套脱硫、除尘装置或者采取其他控制二氧化硫排放、除尘的措施。

在酸雨控制区和二氧化硫污染控制区内，属于已建企业超过规定的污染物排放标准排放大气污染物的，依照本法第四十八条的规定限期治理。

国家鼓励企业采用先进的脱硫、除尘技术。

企业应当对燃料燃烧过程中产生的氮氧化物采取控制措施。

第三十一条 在人口集中地区存放煤炭、煤矸石、煤渣、煤灰、砂石、灰土等物料，必须采取防燃、防尘措施，防止污染大气。

第四章　防治机动车船排放污染

第三十二条 机动车船向大气排放污染物不得超过规定的排放标准。

任何单位和个人不得制造、销售或者进口污染物排放超过规定排放标准的机动车船。

第三十三条 在用机动车不符合制造当时的在用机动车污染物排放标准的，不得上路行驶。

省、自治区、直辖市人民政府规定对在用机动车实行新的污染物排放标准并对其进行改造的，须报经国务院批准。

机动车维修单位，应当按照防治大气污染的要求和国家有关技术规范进行维修，使在用机动车达到规定的污染物排放标准。

第三十四条 国家鼓励生产和消费使用清洁能源的机动车船。

国家鼓励和支持生产、使用优质燃料油，采取措施减少燃料油中有害物质对大气环境的污染。单位和个人应当按照国务院规定的期限，停止生产、进口、销售含铅汽油。

第三十五条 省、自治区、直辖市人民政府环境保护行政主管部门可以委托已取得公安机关资质认定的承担机动车年检的单位，按照规范对机动车排气污染进行年度检测。

交通、渔政等有监督管理权的部门可以委托已取得有关主管部门资质认定的承担机动船舶年检的单位，按照规范对机动船舶排气污染进行年度检测。

县级以上地方人民政府环境保护行政主管部门可以在机动车停放地对在用机动车的污染物排放状况进行监督抽测。

第五章 防治废气、尘和恶臭污染

第三十六条 向大气排放粉尘的排污单位，必须采取除尘措施。

严格限制向大气排放含有毒物质的废气和粉尘；确需排放的，必须经过净化处理，不超过规定的排放标准。

第三十七条 工业生产中产生的可燃性气体应当回收利用，不具备回收利用条件而向大气排放的，应当进行防治污染处理。

向大气排放转炉气、电石气、电炉法黄磷尾气、有机烃类尾气的，须报经当地环境保护行政主管部门批准。

可燃性气体回收利用装置不能正常作业的，应当及时修复或者更新。在回收利用装置不能正常作业期间确需排放可燃性气体的，应当将排放的可燃性气体充分燃烧或者采取其他减轻大气污染的措施。

第三十八条 炼制石油、生产合成氨、煤气和燃煤焦化、有色金属冶炼过程中排放含有硫化物气体的，应当配备脱硫装置或者采取其他脱硫措施。

第三十九条 向大气排放含放射性物质的气体和气溶胶，必须符合国家有关放射性防护的规定，不得超过规定的排放标准。

第四十条 向大气排放恶臭气体的排污单位，必须采取措施防止周围居民区受到污染。

第四十一条 在人口集中地区和其他依法需要特殊保护的区域内，禁止焚烧沥青、油毡、橡胶、塑料、皮革、垃圾以及其他产生有毒有害烟尘和恶臭气体的物质。

禁止在人口集中地区、机场周围、交通干线附近以及当地人民政府划定的区域露天焚烧秸秆、落叶等产生烟尘污染的物质。

除前两款外，城市人民政府还可以根据实际情况，采取防治烟尘污染的其他措施。

第四十二条 运输、装卸、贮存能够散发有毒有害气体或者粉尘物质的，必须采取密闭措施或者其他防护措施。

第四十三条 城市人民政府应当采取绿化责任制、加强建设施工管理、扩大地面铺装面积、控制渣土堆放和清洁运输等措施，提高人均占有绿地面积，减少市区裸露地面和地面尘土，防治城市扬尘污染。

在城市市区进行建设施工或者从事其他产生扬尘污染活动的单位，必须按照当地环境保护的规定，采取防治扬尘污染的措施。

国务院有关行政主管部门应当将城市扬尘污染的控制状况作为城市环境综合整治考核的依据之一。

第四十四条 城市饮食服务业的经营者，必须采取措施，防治油烟对附近居民的居住环境造成污染。

第四十五条 国家鼓励、支持消耗臭氧层物质替代品的生产和使用，逐步减少消耗臭氧层物质的产量，直至停止消耗臭氧层物质的生产和使用。

在国家规定的期限内，生产、进口消耗臭氧层物质的单位必须按照国务院有关行政主管部门核定的配额进行生产、进口。

第六章 法律责任

第四十六条 违反本法规定，有下列行为之一的，环境保护行政主管部门或者本法第四条第二款规定的监督管理部门可以根据不同情节，责令停止违法行为，限期改正，给予警告或者处以五万元以下罚款：

（一）拒报或者谎报国务院环境保护行政主管部门规定的有关污染物排放申报事项的；

（二）拒绝环境保护行政主管部门或者其他监督管理部门现场检查或者在被检查时弄虚作假的；

（三）排污单位不正常使用大气污染物处理设施，或者未经环境保护行政主管部门批准，擅自拆除、闲置大气污染物处理设施的；

（四）未采取防燃、防尘措施，在人口集中地区存放煤炭、煤矸石、煤渣、煤灰、砂石、灰土等物料的。

第四十七条 违反本法第十一条规定，建设项目的大气污染防治设施没有建成或者没有达到国家有关建设项目环境保护管理的规定的要求，投入生产或者使用的，由审批该建设项目的环境影响报告书的环境保护行政主管部门责令停止生产或者使用，可以并处一万元以上十万元以下罚款。

第四十八条 违反本法规定，向大气排放污染物超过国家和地方规定排放标准的，应当限期治理，并由所在地县级以上地方人民政府环境保护行政主管部门处一万元以上十万元以下罚款。限期治理的决定权限和违反限期治理要求的行政处罚由国务院规定。

第四十九条 违反本法第十九条规定，生产、销售、进口或者使用禁止生产、销售、进口、使用的设备，或者采用禁止采用的工艺的，由县级以上人民政府经济综合主管部门责令改正；情节严重的，由县级以上人民政府经济综合主管部门提出意见，报请同级人民政府按照国务院规定的权限责令停业、关闭。

将淘汰的设备转让给他人使用的，由转让者所在地县级以上地方人民政府环境保护行政主管部门或者其他依法行使监督管理权的部门没收转让者的违法所得，并处违法所得两倍以下罚款。

第五十条 违反本法第二十四条第三款规定，开采含放射性和砷等有毒有害物质超过规定标准的煤炭的，由县级以上人民政府按照国务院规定的权限责令关闭。

第五十一条 违反本法第二十五条第二款或者第二十九条第一款的规定，在当地人民政府规定的期限届满后继续燃用高污染燃料的，由所在地县级以上地方人民政府环境保护行政主管部门责令拆除或者没收燃用高污染燃料的设施。

第五十二条 违反本法第二十八条规定，在城市集中供热管网覆盖地区新建燃煤供热锅炉的，由县级以上地方人民政府环境保护行政主管部门责令停止违法行为或者限期改正，可以处五万元以下罚款。

第五十三条 违反本法第三十二条规定，制造、销售或者进口超过污染物排放标准的机动车船的，由依法行使监督管理权的部门责令停止违法行为，没收违法所得，可以并处违法所得一倍以下的罚款；对无法达到规定的污染物排放标准的机动车船，没收销毁。

第五十四条 违反本法第三十四条第二款规定，未按照国务院规定的期限停止生产、进口或者销售含铅汽油的，由所在地县级以上地方人民政府环境保护行政主管部门或者其他依法行使监督管理权的部门责令停止违法行为，没收所生产、进口、销售的含铅汽油和违法所得。

第五十五条 违反本法第三十五条第一款或者第二款规定，未取得所在地省、自治区、直辖市人民政府环境保护行政主管部门或者交通、渔政等依法行使监督管理权的部门的委托进行机动车船排气污染检测的，或者在检测中弄虚作假的，由县级以上人民政府环境保护行政主管部门或者交通、渔政等依法行使监督管理权的部门责令停止违法行为，限期改正，可以处五万元以下罚款；情节严重的，由负责资质认定的部门取消承担机动车船年检的资格。

第五十六条 违反本法规定，有下列行为之一的，由县级以上地方人民政府环境保护行政主管部门或者其他依法行使监督管理权的部门责令停止违法行为，限期改正，可以处五万元以下罚款：

（一）未采取有效污染防治措施，向大气排放粉尘、恶臭气体或者其他含有有毒物质气体的；

（二）未经当地环境保护行政主管部门批准，向大气排放转炉气、电石气、电炉法黄磷尾气、有机烃类尾气的；

（三）未采取密闭措施或者其他防护措施，运输、装卸或者贮存能够散发有毒有害气体或者粉尘物质的；

（四）城市饮食服务业的经营者未采取有效污染防治措施，致使排放的油烟对附近居民的居住环境造成污染的。

第五十七条 违反本法第四十一条第一款规定，在人口集中地区和其他依法需要特殊保护的区域内，焚烧沥青、油毡、橡胶、塑料、皮革、垃圾以及其他产生有毒有害烟尘和恶臭气体的物质的，由所在地县级以上地方人民政府环境保护行政主管部门责令停止违法行为，处二万元以下罚款。

违反本法第四十一条第二款规定，在人口集中地区、机场周围、交通干线附近以及当地人民政府划定的区域内露天焚烧秸秆、落叶等产生烟尘污染的物质的，由所在地县级以上地方人民政府环境保护行政主管部门责令停止违法行为；情节严重的，可以处二百元以下罚款。

第五十八条 违反本法第四十三条第二款规定，在城市市区进行建设施工或者从事其他产生扬尘污染的活动，未采取有效扬尘防治措施，致使大气环境受到污染的，限期改正，处二万元以下罚款；对逾期仍未达到当地环境保护规定要求的，可以责令其停工整顿。

前款规定的对因建设施工造成扬尘污染的处罚，由县级以上地方人民政府建设行政主管部门决定；对其他造成扬尘污染的处罚，由县级以上地方人民政府指定的有关主管部门决定。

第五十九条 违反本法第四十五条第二款规定，在国家规定的期限内，生产或者进口消耗臭氧层物质超过国务院有关行政主管部门核定配额的，由所在地省、自治区、直辖市人民政府有关行政主管部门处二万元以上二十万元以下罚款；情节严重的，由国务院有关行政主管部门取消生产、进口配额。

第六十条 违反本法规定，有下列行为之一的，由县级以上人民政府环境保护行政主管部门责令限期建设配套设施，可以处二万元以上二十万元以下罚款：

（一）新建的所采煤炭属于高硫分、高灰分的煤矿，不按照国家有关规定建设配套的煤炭洗选设施的；

（二）排放含有硫化物气体的石油炼制、合成氨生产、煤气和燃煤焦化以及有色金属冶炼的企业，不按照国家有关规定建设配套脱硫装置或者未采取其他脱硫措施的。

第六十一条 对违反本法规定，造成大气污染事故的企业事业单位，由所在地县级以上地方人民政府环境保护行政主管部门根据所造成的危害后果处直接经济损失百分之五十以下罚款，但最高不超过五十万元；情节较重的，对直接负责的主管人员和其他直接责任人员，由所在单位或者上级主管机关依法给予行政处分或者纪律处分；造成重大大气污染事故，导致公私财产重大损失或者人身伤亡的严重后果，构成犯罪的，依法追究刑事责任。

第六十二条 造成大气污染危害的单位，有责任排除危害，并对直接遭受损失的单位或者个人赔偿损失。

赔偿责任和赔偿金额的纠纷，可以根据当事人的请求，由环境保护行政主管部门调解处理；调解不成的，当事人可以向人民法院起诉。当事人也可以直接向人民法院起诉。

第六十三条 完全由于不可抗拒的自然灾害，并经及时采取合理措施，仍然不能避免造成大气污染损失的，免于承担责任。

第六十四条 环境保护行政主管部门或者其他有关部门违反本法第十四条第三款的规定，将征收的排污费挪作他用的，由审计机关或者监察机关责令退回挪用款项或者采取其他措施予以追回，对直接负责的主管人员和其他直接责任人员依法给予行政处分。

第六十五条 环境保护监督管理人员滥用职权、玩忽职守的，给予行政处分；构成犯罪的，依法追究刑事责任。

第七章 附则

第六十六条 本法自 2000 年 9 月 1 日起施行。

3. 大气污染防治行动计划

国务院关于印发大气污染防治行动计划的通知

（国发〔2013〕37 号）

各省、自治区、直辖市人民政府，国务院各部委、各直属机构：

现将《大气污染防治行动计划》印发给你们，请认真贯彻执行。

国务院

2013 年 9 月 10 日

大气污染防治行动计划

大气环境保护事关人民群众根本利益，事关经济持续健康发展，事关全面建成小康社会，事关实现中华民族伟大复兴中国梦。当前，我国大气污染形势严峻，以可吸入颗粒物（PM_{10}）、细颗粒物（$PM_{2.5}$）为特征污染物的区域性大气环境问题日益突出，损害人民群众身体健康，影响社会和谐稳定。随着我国工业化、城镇化的深入推进，能源资源消耗持续增加，大气污染防治压力继续加大。为切实改善空气质量，制定本行动计划。

总体要求：以邓小平理论、“三个代表”重要思想、科学发展观为指导，以保障人民群众身体健康为出发点，大力推进生态文明建设，坚持政府调控与市场调节相结合、全面推进与重点突破相配合、区域协作与属地管理相协调、总量减排与质量改善相同步，形成政府统领、企业施治、市场驱动、公众参与的大气污染防治新机制，实施分区域、分阶段治理，推动产业结构优化、科技创新能力增强、经济增长质量提高，实现环境效益、经济效益与社会效益多赢，为建设美丽中国而奋斗。

奋斗目标：经过五年努力，全国空气质量总体改善，重污染天气较大幅度减少；京津冀、长三角、珠三角等区域空气质量明显好转。力争再用五年或更长时间，逐步消除重污染天气，全国空气质量明显改善。

具体指标：到 2017 年，全国地级及以上城市可吸入颗粒物浓度比 2012 年下降 10% 以上，优良天数逐年提高；京津冀、长三角、珠三角等区域细颗粒物浓度分别下降 25%、20%、15% 左右，其中北京市细颗粒物年均浓度控制在 60 微克 / 立方米左右。

一、加大综合治理力度，减少多污染物排放

（一）加强工业企业大气污染综合治理。全面整治燃煤小锅炉。加快推进集中供热、“煤改气”、“煤改电”工程建设，到2017年，除必要保留的以外，地级及以上城市建成区基本淘汰每小时10蒸吨及以下的燃煤锅炉，禁止新建每小时20蒸吨以下的燃煤锅炉；其他地区原则上不再新建每小时10蒸吨以下的燃煤锅炉。在供热供气管网不能覆盖的地区，改用电、新能源或洁净煤，推广应用高效节能环保型锅炉。在化工、造纸、印染、制革、制药等产业集聚区，通过集中建设热电联产机组逐步淘汰分散燃煤锅炉。

加快重点行业脱硫、脱硝、除尘改造工程建设。所有燃煤电厂、钢铁企业的烧结机和球团生产设备、石油炼制企业的催化裂化装置、有色金属冶炼企业都要安装脱硫设施，每小时20蒸吨及以上的燃煤锅炉要实施脱硫。除循环流化床锅炉以外的燃煤机组均应安装脱硝设施，新型干法水泥窑要实施低氮燃烧技术改造并安装脱硝设施。燃煤锅炉和工业窑炉现有除尘设施要实施升级改造。

推进挥发性有机物污染治理。在石化、有机化工、表面涂装、包装印刷等行业实施挥发性有机物综合整治，在石化行业开展“泄漏检测与修复”技术改造。限时完成加油站、储油库、油罐车的油气回收治理，在原油成品油码头积极开展油气回收治理。完善涂料、胶黏剂等产品挥发性有机物限值标准，推广使用水性涂料，鼓励生产、销售和使用低毒、低挥发性有机溶剂。

京津冀、长三角、珠三角等区域要于2015年底前基本完成燃煤电厂、燃煤锅炉和工业窑炉的污染治理设施建设与改造，完成石化企业有机废气综合治理。

（二）深化面源污染治理。综合整治城市扬尘。加强施工扬尘监管，积极推进绿色施工，建设工程施工现场应全封闭设置围挡墙，严禁敞开式作业，施工现场道路应进行地面硬化。渣土运输车辆应采取密闭措施，并逐步安装卫星定位系统。推行道路机械化清扫等低尘作业方式。大型煤堆、料堆要实现封闭储存或建设防风抑尘设施。推进城市及周边绿化和防风防沙林建设，扩大城市建成区绿地规模。

开展餐饮油烟污染治理。城区餐饮服务经营场所应安装高效油烟净化设施，推广使用高效净化型家用吸油烟机。

（三）强化移动源污染防治。加强城市交通管理。优化城市功能和布局规划，推广智能交通管理，缓解城市交通拥堵。实施公交优先战略，提高公共交通出行比例，加强步行、自行车交通系统建设。根据城市发展规划，合理控制机动车保有量，北京、上海、广州等特大城市要严格限制机动车保有量。通过鼓励绿色出行、增加使用成本等措施，降低机动车使用强度。

提升燃油品质。加快石油炼制企业升级改造，力争在2013年底前，全国供应符合国家第四阶段标准的车用汽油，在2014年底前，全国供应符合国家第四阶段标准的车用柴油，在2015年底前，京津冀、长三角、珠三角等区域内重点城市全面供应符合国家第五阶段标准的车用汽、柴油，在2017年底前，全国供应符合国家第五阶段标准的车用汽、柴油。加强油品质量监督检查，严厉打击非法生产、销售不合格油品行为。

加快淘汰黄标车和老旧车辆。采取划定禁行区域、经济补偿等方式，逐步淘汰黄标车和老旧车辆。到2015年，淘汰2005年底前注册营运的黄标车，基本淘汰京津冀、长三角、珠三角等区域内的500万辆黄标车。到2017年，基本淘汰全国范围的黄标车。

加强机动车环保管理。环保、工业和信息化、质检、工商等部门联合加强新生产车辆环保监管，严厉打击生产、销售环保不达标车辆的违法行为；加强在用机动车年度检验，对不达标车辆不得发放环保合格标志，不得上路行驶。加快柴油车车用尿素供应体系建设。研究缩短公交车、出租车强制报废年限。鼓励出租车每年更换高效尾气净化装置。开展工程机械等非道路移动机械和船舶的污染控制。

加快推进低速汽车升级换代。不断提高低速汽车（三轮汽车、低速货车）节能环保要求，减少污染排放，促进相关产业和产品技术升级换代。自2017年起，新生产的低速货车执行与轻型载货车同等的节能与排放标准。

大力推广新能源汽车。公交、环卫等行业和政府机关要率先使用新能源汽车，采取直接上牌、财政补贴等措施鼓励个人购买。北京、上海、广州等城市每年新增或更新的公交车中新能源和清洁燃料车的比例达到60%以上。

二、调整优化产业结构，推动产业转型升级

（四）严控“两高”行业新增产能。修订高耗能、高污染和资源性行业准入条件，明确资源能源节约和污染物排放等指标。有条件的地区要制定符合当地功能定位、严于国家要求的产业准入目录。严格控制“两高”行业新增产能，新、改、扩建项目要实行产能等量或减量置换。

（五）加快淘汰落后产能。结合产业发展实际和环境质量状况，进一步提高环保、能耗、安全、质量等标准，分区域明确落后产能淘汰任务，倒逼产业转型升级。

按照《部分工业行业淘汰落后生产工艺装备和产品指导目录（2010年本）》《产业结构调整指导目录（2011年本）（修正）》的要求，采取经济、技术、法律和必要的行政手段，提前一年完成钢铁、水泥、电解铝、平板玻璃等21个重点行业的“十二五”落后产能淘汰任务。2015年再淘汰炼铁1500万吨、炼钢1500万吨、水泥（熟料及粉磨能力）1亿吨、平板玻璃2000万重量箱。对未按期完成淘汰任务的地区，严格控制国家安排的投资项目，暂停对该地区重点行业建设项目办理审批、核准和备案手续。2016年、2017年，各地区要制定范围更宽、标准更高的落后产能淘汰政策，再淘汰一批落后产能。

对布局分散、装备水平低、环保设施差的小型工业企业进行全面排查，制定综合整改方案，实施分类治理。

（六）压缩过剩产能。加大环保、能耗、安全执法处罚力度，建立以节能环保标准促进“两高”行业过剩产能退出的机制。制定财政、土地、金融等扶持政策，支持产能过剩“两高”行业企业退出、转型发展。发挥优强企业对行业发展的主导作用，通过跨地区、跨所有制企业兼并重组，推动过剩产能压缩。严禁核准产能严重过剩行业新增产能项目。

（七）坚决停建产能严重过剩行业违规在建项目。认真清理产能严重过剩行业违规在建项目，对未批先建、边批边建、越权核准的违规项目，尚未开工建设的，不准开工；正在建设的，要停止建设。地方人民政府要加强组织领导和监督检查，坚决遏制产能严重过剩行业盲目扩张。

三、加快企业技术改造，提高科技创新能力

（八）强化科技研发和推广。加强灰霾、臭氧的形成机理、来源解析、迁移规律和监测预警等研究，为污染治理提供科学支撑。加强大气污染与人群健康关系的研究。支持企业技术中心、国家重点实验室、国家工程实验室建设，推进大型大气光化学模拟仓、大型气溶胶模拟仓等科技基础设施建设。

加强脱硫、脱硝、高效除尘、挥发性有机物控制、柴油机（车）排放净化、环境监测，以及新能源汽车、智能电网等方面的技术研发，推进技术成果转化应用。加强大气污染治理先进技术、管理经验等方面的国际交流与合作。

（九）全面推行清洁生产。对钢铁、水泥、化工、石化、有色金属冶炼等重点行业进行清洁生产审核，针对节能减排关键领域和薄弱环节，采用先进适用的技术、工艺和装备，实施清洁生产技术改造；到2017年，重点行业排污强度比2012年下降30%以上。推进非有机溶剂型涂料和农药等产品创新，减少生产和使用过程中挥发性有机物排放。积极开发缓释肥料新品种，减少化肥施用过程中氨的排放。

（十）大力发展循环经济。鼓励产业集聚发展，实施园区循环化改造，推进能源梯级利用、水资源循环利用、废物交换利用、土地节约集约利用，促进企业循环式生产、园区循环式发展、产业循环式组合，构建循环型工业体系。推动水泥、钢铁等工业窑炉、高炉实施废物协同处置。大力发展机电产品再制造，推进资源再生利用产业发展。到2017年，单位工业增加值能耗比2012年降低20%左右，在50%以上的各类国家级园区和30%以上的各类省级园区实施循环化改造，主要有色金属品种以及钢铁的循环再生比重达到40%左右。

（十一）大力培育节能环保产业。着力把大气污染治理的政策要求有效转化为节能环保产业发展的市场需求，促进重大环保技术装备、产品的创新开发与产业化应用。扩大国内消费市场，积极支持新业态、新模式，培育一批具有国际竞争力的大型节能环保企业，大幅增加大气污染治理装备、产品、服务产业产值，有效推动节能环保、新能源等战略性新兴产业发展。鼓励外商投资节能环保产业。

四、加快调整能源结构，增加清洁能源供应

（十二）控制煤炭消费总量。制定国家煤炭消费总量中长期控制目标，实行目标责任管理。到2017年，煤炭占能源消费总量比重降低到65%以下。京津冀、长三角、珠三角等区域力争实现煤炭消费总量负增长，通过逐步提高接受外输电比例、增加天然气供应、加大非化石能源利用强度等措施替代燃煤。

京津冀、长三角、珠三角等区域新建项目禁止配套建设自备燃煤电站。耗煤项目要实行煤炭减量替代。除热电联产外，禁止审批新建燃煤发电项目；现有多台燃煤机组装机容量合计达到30万千瓦以上的，可按照煤炭等量替代的原则建设为大容量燃煤机组。

（十三）加快清洁能源替代利用。加大天然气、煤制天然气、煤层气供应。到2015年，新增天然气干线管输能力1500亿立方米以上，覆盖京津冀、长三角、珠三角等区域。优化天然气使用方式，新增天然气应优先保障居民生活或用于替代燃煤；鼓励发展天然气分布式能源等高效利用项目，限制发展天然气化工项目；有序发展天然气调峰电站，原则上不再新建天然气发电项目。

制定煤制天然气发展规划，在满足最严格的环保要求和保障水资源供应的前提下，加快煤制天然气产业化和规模化步伐。

积极有序发展水电，开发利用地热能、风能、太阳能、生物质能，安全高效发展核电。到2017年，运行核电机组装机容量达到5000万千瓦，非化石能源消费比重提高到13%。

京津冀区域城市建成区、长三角城市群、珠三角区域要加快现有工业企业燃煤设施天然气替代步伐；到 2017 年，基本完成燃煤锅炉、工业窑炉、自备燃煤电站的天然气替代改造任务。

（十四）推进煤炭清洁利用。提高煤炭洗选比例，新建煤矿应同步建设煤炭洗选设施，现有煤矿要加快建设与改造；到 2017 年，原煤入选率达到 70% 以上。禁止进口高灰分、高硫分的劣质煤炭，研究出台煤炭质量管理办法。限制高硫石油焦的进口。

扩大城市高污染燃料禁燃区范围，逐步由城市建成区扩展到近郊。结合城中村、城乡结合部、棚户区改造，通过政策补偿和实施峰谷电价、季节性电价、阶梯电价、调峰电价等措施，逐步推行以天然气或电替代煤炭。鼓励北方农村地区建设洁净煤配送中心，推广使用洁净煤和型煤。

（十五）提高能源使用效率。严格落实节能评估审查制度。新建高耗能项目单位产品（产值）能耗要达到国内先进水平，用能设备达到一级能效标准。京津冀、长三角、珠三角等区域，新建高耗能项目单位产品（产值）能耗要达到国际先进水平。

积极发展绿色建筑，政府投资的公共建筑、保障性住房等要率先执行绿色建筑标准。新建建筑要严格执行强制性节能标准，推广使用太阳能热水系统、地源热泵、空气源热泵、光伏建筑一体化、“热—电—冷”三联供等技术和装备。

推进供热计量改革，加快北方采暖地区既有居住建筑供热计量和节能改造；新建建筑和完成供热计量改造的既有建筑逐步实行供热计量收费。加快热力管网建设与改造。

五、严格节能环保准入，优化产业空间布局

（十六）调整产业布局。按照主体功能区规划要求，合理确定重点产业发展布局、结构和规模，重大项目原则上布局在优化开发区和重点开发区。所有新、改、扩建项目，必须全部进行环境影响评价；未通过环境影响评价审批的，一律不准开工建设；违规建设的，要依法进行处罚。加强产业政策在产业转移过程中的引导与约束作用，严格限制在生态脆弱或环境敏感地区建设“两高”行业项目。加强对各类产业发展规划的环境影响评价。

在东部、中部和西部地区实施差别化的产业政策，对京津冀、长三角、珠三角等区域提出更高的节能环保要求。强化环境监管，严禁落后产能转移。

（十七）强化节能环保指标约束。提高节能环保准入门槛，健全重点行业准入条件，公布符合准入条件的企业名单并实施动态管理。严格实施污染物排放总量控制，将二氧化硫、氮氧化物、烟粉尘和挥发性有机物排放是否符合总量控制要求作为建设项目环境影响评价审批的前置条件。

京津冀、长三角、珠三角区域以及辽宁中部、山东、武汉及其周边、长株潭、成渝、海峡西岸、山西中北部、陕西关中、甘宁、乌鲁木齐城市群等“三区十群”中的47个城市，新建火电、钢铁、石化、水泥、有色、化工等企业以及燃煤锅炉项目要执行大气污染物特别排放限值。各地区可根据环境质量改善的需要，扩大特别排放限值实施的范围。

对未通过能评、环评审查的项目，有关部门不得审批、核准、备案，不得提供土地，不得批准开工建设，不得发放生产许可证、安全生产许可证、排污许可证，金融机构不得提供任何形式的新增授信支持，有关单位不得供电、供水。

（十八）优化空间格局。科学制定并严格实施城市规划，强化城市空间管制要求和绿地控制要求，规范各类产业园区和城市新城、新区设立和布局，禁止随意调整和修改城市规划，形成有利于大气污染物扩散的城市和区域空间格局。研究开展城市环境总体规划试点工作。

结合化解过剩产能、节能减排和企业兼并重组，有序推进位于城市主城区的钢铁、石化、化工、有色金属冶炼、水泥、平板玻璃等重污染企业环保搬迁、改造，到2017年基本完成。

六、发挥市场机制作用，完善环境经济政策

（十九）发挥市场机制调节作用。本着“谁污染、谁负责，多排放、多负担，节能减排得收益、获补偿”的原则，积极推行激励与约束并举的节能减排新机制。

分行业、分地区对水、电等资源类产品制定企业消耗定额。建立企业“领跑者”制度，对能效、排污强度达到更高标准的先进企业给予鼓励。

全面落实“合同能源管理”的财税优惠政策，完善促进环境服务业发展的扶持政策，推行污染治理设施投资、建设、运行一体化特许经营。完善绿色信贷和绿色证券政策，将企业环境信息纳入征信系统。严格限制环境违法企业贷款和上市融资。推进排污权有偿使用和交易试点。

（二十）完善价格税收政策。根据脱硝成本，结合调整销售电价，完善脱硝电价政策。现有火电机组采用新技术进行除尘设施改造的，要给予价格政策支持。实行阶梯式电价。

推进天然气价格形成机制改革，理顺天然气与可替代能源的比价关系。

按照合理补偿成本、优质优价和污染者付费的原则合理确定成品油价格，完善对部分困难群体和公益性行业成品油价格改革补贴政策。

加大排污费征收力度，做到应收尽收。适时提高排污收费标准，将挥发性有机物纳入排污费征收范围。

研究将部分“两高”行业产品纳入消费税征收范围。完善“两高”行业产品出口退税政策和资源综合利用税收政策。积极推进煤炭等资源税从价计征改革。符合税收法律法规规定，使用专用设备或建设环境保护项目的企业以及高新技术企业，可以享受企业所得税优惠。

（二十一）拓宽投融资渠道。深化节能环保投融资体制改革，鼓励民间资本和社会资本进入大气污染防治领域。引导银行业金融机构加大对大气污染防治项目的信贷支持。探索排污权抵押融资模式，拓展节能环保设施融资、租赁业务。

地方人民政府要对涉及民生的“煤改气”项目、黄标车和老旧车辆淘汰、轻型载货车替代低速货车等加大政策支持力度，对重点行业清洁生产示范工程给予引导性资金支持。要将空气质量监测站点建设及其运行和监管经费纳入各级财政预算予以保障。

在环境执法到位、价格机制理顺的基础上，中央财政统筹整合主要污染物减排等专项，设立大气污染防治专项资金，对重点区域按治理成效实施“以奖代补”；中央基本建设投资也要加大对重点区域大气污染防治的支持力度。

七、健全法律法规体系，严格依法监督管理

（二十二）完善法律法规标准。加快大气污染防治法修订步伐，重点健全总量控制、排污许可、应急预警、法律责任等方面的制度，研究增加对恶意排污、造成重大污染危害的企业及其相关负责人追究刑事责任的内容，加大对违法行为的处罚力度。建立健全环境公益诉讼制度。研究起草环境税法草案，加快修改环境保护法，尽快出台机动车污染防治条例和排污许可证管理条例。各地区可结合实际，出台地方性大气污染防治法规、规章。

加快制（修）订重点行业排放标准以及汽车燃料消耗量标准、油品标准、供热计量标准等，完善行业污染防治技术政策和清洁生产评价指标体系。

（二十三）提高环境监管能力。完善国家监察、地方监管、单位负责的环境监管体制，加强对地方人民政府执行环境法律法规和政策的监督。加大环境监测、信息、应急、监察等能力建设力度，达到标准化建设要求。

建设城市站、背景站、区域站统一布局的国家空气质量监测网络，加强监测数据质量管理，客观反映空气质量状况。加强重点污染源在线监控体系建设，推进环境卫星应用。建设国家、省、市三级机动车排污监管平台。到2015年，地级及以上城市全部建成细颗粒物监测点和国家直管的监测点。

（二十四）加大环保执法力度。推进联合执法、区域执法、交叉执法等执法机制创新，明确重点，加大力度，严厉打击环境违法行为。对偷排偷放、屡查屡犯的违法企业，要依法停产关闭。对涉嫌环境犯罪的，要依法追究刑事责任。落实执法责任，对监督缺位、执法不力、徇私枉法等行为，监察机关要依法追究有关部门和人员的责任。

（二十五）实行环境信息公开。国家每月公布空气质量最差的 10 个城市和最好的 10 个城市的名单。各省（区、市）要公布本行政区域内地级及以上城市空气质量排名。地级及以上城市要在当地主要媒体及时发布空气质量监测信息。

各级环保部门和企业要主动公开新建项目环境影响评价、企业污染物排放、治污设施运行情况等环境信息，接受社会监督。涉及群众利益的建设项目，应充分听取公众意见。建立重污染行业企业环境信息强制公开制度。

八、建立区域协作机制，统筹区域环境治理

（二十六）建立区域协作机制。建立京津冀、长三角区域大气污染防治协作机制，由区域内省级人民政府和国务院有关部门参加，协调解决区域突出环境问题，组织实施环评会商、联合执法、信息共享、预警应急等大气污染防治措施，通报区域大气污染防治工作进展，研究确定阶段性工作要求、工作重点和主要任务。

（二十七）分解目标任务。国务院与各省（区、市）人民政府签订大气污染防治目标责任书，将目标任务分解落实到地方人民政府和企业。将重点区域的细颗粒物指标、非重点地区的可吸入颗粒物指标作为经济社会发展的约束性指标，构建以环境质量改善为核心的目标责任考核体系。

国务院制定考核办法，每年初对各省（区、市）上年度治理任务完成情况进行考核；2015 年进行中期评估，并依据评估情况调整治理任务；2017 年对行动计划实施情况进行终期考核。考核和评估结果经国务院同意后，向社会公布，并交由干部主管部门，按照《关于建立促进科学发展的党政领导班子和领导干部考核评价机制的意见》《地方党政领导班子和领导干部综合考核评价办法（试行）》《关于开展政府绩效管理试点工作的意见》等规定，作为对领导班子和领导干部综合考核评价的重要依据。

（二十八）实行严格责任追究。对未通过年度考核的，由环保部门会同组织部门、监察机关等部门约谈省级人民政府及其相关部门有关负责人，提出整改意见，予以督促。

对因工作不力、履职缺位等导致未能有效应对重污染天气的，以及干预、伪造监测数据和没有完成年度目标任务的，监察机关要依法依纪追究有关单位和人员的责任，环保部门要对有关地区和企业实施建设项目环评限批，取消国家授予的环境保护荣誉称号。

九、建立监测预警应急体系，妥善应对重污染天气

（二十九）建立监测预警体系。环保部门要加强与气象部门的合作，建立重污染天气监测预警体系。到2014年，京津冀、长三角、珠三角区域要完成区域、省、市级重污染天气监测预警系统建设；其他省（区、市）、副省级市、省会城市于2015年底前完成。要做好重污染天气过程的趋势分析，完善会商研判机制，提高监测预警的准确度，及时发布监测预警信息。

（三十）制定完善应急预案。空气质量未达到规定标准的城市应制定和完善重污染天气应急预案并向社会公布；要落实责任主体，明确应急组织机构及其职责、预警预报及响应程序、应急处置及保障措施等内容，按不同污染等级确定企业限产停产、机动车和扬尘管控、中小学校停课以及可行的气象干预等应对措施。开展重污染天气应急演练。

京津冀、长三角、珠三角等区域要建立健全区域、省、市联动的重污染天气应急响应体系。区域内各省（区、市）的应急预案，应于2013年底前报环境保护部备案。

（三十一）及时采取应急措施。将重污染天气应急响应纳入地方人民政府突发事件应急管理体系，实行政府主要负责人负责制。要依据重污染天气的预警等级，迅速启动应急预案，引导公众做好卫生防护。

十、明确政府企业和社会的责任，动员全民参与环境保护

（三十二）明确地方政府统领责任。地方各级人民政府对本行政区域内的大气环境质量负总责，要根据国家的总体部署及控制目标，制定本地区的实施细则，确定工作重点任务和年度控制指标，完善政策措施，并向社会公开；要不断加大监管力度，确保任务明确、项目清晰、资金保障。

（三十三）加强部门协调联动。各有关部门要密切配合、协调力量、统一行动，形成大气污染防治的强大合力。环境保护部要加强指导、协调和监督，有关部门要制定有利于大气污染防治的投资、财政、税收、金融、价格、贸易、科技等政策，依法做好各自领域的相关工作。

（三十四）强化企业施治。企业是大气污染治理的责任主体，要按照环保规范要求，加强内部管理，增加资金投入，采用先进的生产工艺和治理技术，确保达标排放，甚至达到“零排放”；要自觉履行环境保护的社会责任，接受社会监督。

（三十五）广泛动员社会参与。环境治理，人人有责。要积极开展多种形式的宣传教育，普及大气污染防治的科学知识。加强大气环境管理专业人才培养。倡导文明、节约、绿色的消费方式和生活习惯，引导公众从自身做起、从点滴做起、从身边的小事做起，在全社会树立起“同呼吸、共奋斗”的行为准则，共同改善空气质量。

我国仍然处于社会主义初级阶段，大气污染防治任务繁重艰巨，要坚定信心、综合治理，突出重点、逐步推进，重在落实、务求实效。各地区、各有关部门和企业要按照本行动计划的要求，紧密结合实际，狠抓贯彻落实，确保空气质量改善目标如期实现。

4. 环境民事公益诉讼司法解释

《最高人民法院关于审理环境民事公益诉讼案件适用法律若干问题的解释》已于2014年12月8日由最高人民法院审判委员会第1631次会议通过，现予公布，自2015年1月7日起施行。

最高人民法院

2015年1月6日

最高人民法院关于审理环境民事公益诉讼案件适用法律若干问题的解释

（法释〔2015〕1号）

（2014年12月8日最高人民法院审判委员会第1631次会议通过，自2015年1月7日起施行）

为正确审理环境民事公益诉讼案件，根据《中华人民共和国民事诉讼法》《中华人民共和国侵权责任法》《中华人民共和国环境保护法》等法律的规定，结合审判实践，制定本解释。

第一条 法律规定的机关和有关组织依据《民事诉讼法》第五十五条、《环境保护法》第五十八条等法律的规定，对已经损害社会公共利益或者具有损害社会公共利益重大风险的污染环境、破坏生态的行为提起诉讼，符合《民事诉讼法》第一百一十九条第二项、第三项、第四项规定的，人民法院应予受理。

第二条 依照法律、法规的规定，在设区的市级以上人民政府民政部门登记的社会团体、民办非企业单位以及基金会等，可以认定为《环境保护法》第五十八条规定的社会组织。

第三条 设区的市，自治州、盟、地区，不设区的地级市，直辖市的区以上人民政府民政部门，可以认定为《环境保护法》第五十八条规定的“设区的市级以上人民政府民政部门”。

第四条 社会组织章程确定的宗旨和主要业务范围是维护社会公共利益，且从事环境保护公益活动的,可以认定为《环境保护法》第五十八条规定的“专门从事环境保护公益活动”。

社会组织提起的诉讼所涉及的社会公共利益，应与其宗旨和业务范围具有关联性。

第五条 社会组织在提起诉讼前五年内未因从事业务活动违反法律、法规的规定受过行政、刑事处罚的，可以认定为《环境保护法》第五十八条规定的“无违法记录”。

第六条 第一审环境民事公益诉讼案件由污染环境、破坏生态行为发生地、损害结果地或者被告住所地的中级以上人民法院管辖。

中级人民法院认为确有必要的，可以在报请高级人民法院批准后，裁定将本院管辖的第一审环境民事公益诉讼案件交由基层人民法院审理。

同一原告或者不同原告对同一污染环境、破坏生态行为分别向两个以上有管辖权的人民法院提起环境民事公益诉讼的，由最先立案的人民法院管辖，必要时由共同上级人民法院指定管辖。

第七条 经最高人民法院批准，高级人民法院可以根据本辖区环境和生态保护的实际情况，在辖区内确定部分中级人民法院受理第一审环境民事公益诉讼案件。

中级人民法院管辖环境民事公益诉讼案件的区域由高级人民法院确定。

第八条 提起环境民事公益诉讼应当提交下列材料：

（一）符合《民事诉讼法》第一百二十一条规定的起诉状，并按照被告人数提出副本；

（二）被告的行为已经损害社会公共利益或者具有损害社会公共利益重大风险的初步证明材料；

（三）社会组织提起诉讼的，应当提交社会组织登记证书、章程、起诉前连续五年的年度工作报告书或者年检报告书，以及由其法定代表人或者负责人签字并加盖公章的无违法记录的声明。

第九条 人民法院认为原告提出的诉讼请求不足以保护社会公共利益的，可以向其释明变更或者增加停止侵害、恢复原状等诉讼请求。

第十条 人民法院受理环境民事公益诉讼后，应当在立案之日起五日内将起诉状副本发送被告，并公告案件受理情况。

有权提起诉讼的其他机关和社会组织在公告之日起三十日内申请参加诉讼，经审查符合法定条件的，人民法院应当将其列为共同原告；逾期申请的，不予准许。

公民、法人和其他组织以人身、财产受到损害为由申请参加诉讼的，告知其另行起诉。

第十一条 检察机关、负有环境保护监督管理职责的部门及其他机关、社会组织、企业事业单位依据《民事诉讼法》第十五条的规定，可以通过提供法律咨询、提交书面意见、协助调查取证等方式支持社会组织依法提起环境民事公益诉讼。

第十二条 人民法院受理环境民事公益诉讼后，应当在十日内告知对被告行为负有环境保护监督管理职责的部门。

第十三条 原告请求被告提供其排放的主要污染物名称、排放方式、排放浓度和总量、超标排放情况以及防治污染设施的建设和运行情况等环境信息，法律、法规、规章规定被告应当持有或者有证据证明被告持有而拒不提供，如果原告主张相关事实不利于被告的，人民法院可以推定该主张成立。

第十四条 对于审理环境民事公益诉讼案件需要的证据，人民法院认为必要的，应当调查收集。

对于应当由原告承担举证责任且为维护社会公共利益所必要的专门性问题，人民法院可以委托具备资格的鉴定人进行鉴定。

第十五条 当事人申请通知有专门知识的人出庭，就鉴定人作出的鉴定意见或者就因果关系、生态环境修复方式、生态环境修复费用以及生态环境受到损害至恢复原状期间服务功能的损失等专门性问题提出意见的，人民法院可以准许。

前款规定的专家意见经质证，可以作为认定事实的根据。

第十六条 原告在诉讼过程中承认的对己方不利的事实和认可的证据，人民法院认为损害社会公共利益的，应当不予确认。

第十七条 环境民事公益诉讼案件审理过程中，被告以反诉方式提出诉讼请求的，人民法院不予受理。

第十八条 对污染环境、破坏生态，已经损害社会公共利益或者具有损害社会公共利益重大风险的行为，原告可以请求被告承担停止侵害、排除妨碍、消除危险、恢复原状、赔偿损失、赔礼道歉等民事责任。

第十九条 原告为防止生态环境损害的发生和扩大，请求被告停止侵害、排除妨碍、消除危险的，人民法院可以依法予以支持。

原告为停止侵害、排除妨碍、消除危险采取合理预防、处置措施而发生的费用，请求被告承担的，人民法院可以依法予以支持。

第二十条 原告请求恢复原状的，人民法院可以依法判决被告将生态环境修复到损害发生之前的状态和功能。无法完全修复的，可以准许采用替代性修复方式。

人民法院可以在判决被告修复生态环境的同时，确定被告不履行修复义务时应承担的生态环境修复费用；也可以直接判决被告承担生态环境修复费用。

生态环境修复费用包括制定、实施修复方案的费用和监测、监管等费用。

第二十一条 原告请求被告赔偿生态环境受到损害至恢复原状期间服务功能损失的，人民法院可以依法予以支持。

第二十二条 原告请求被告承担检验、鉴定费用，合理的律师费以及为诉讼支出的其他合理费用的，人民法院可以依法予以支持。

第二十三条 生态环境修复费用难以确定或者确定具体数额所需鉴定费用明显过高的，人民法院可以结合污染环境、破坏生态的范围和程度、生态环境的稀缺性、生态环境恢复的难易程度、防治污染设备的运行成本、被告因侵害行为所获得的利益以及过错程度等因素，并可以参考负有环境保护监督管理职责的部门的意见、专家意见等，予以合理确定。

第二十四条 人民法院判决被告承担的生态环境修复费用、生态环境受到损害至恢复原状期间服务功能损失等款项，应当用于修复被损害的生态环境。

其他环境民事公益诉讼中败诉原告所需承担的调查取证、专家咨询、检验、鉴定等必要费用，可以酌情从上述款项中支付。

第二十五条 环境民事公益诉讼当事人达成调解协议或者自行达成和解协议后，人民法院应当将协议内容公告，公告期间不少于三十日。

公告期满后，人民法院审查认为调解协议或者和解协议的内容不损害社会公共利益的，应当出具调解书。当事人以达成和解协议为由申请撤诉的，不予准许。

调解书应当写明诉讼请求、案件的基本事实和协议内容，并应当公开。

第二十六条 负有环境保护监督管理职责的部门依法履行监管职责而使原告诉讼请求全部实现，原告申请撤诉的，人民法院应予准许。

第二十七条 法庭辩论终结后，原告申请撤诉的，人民法院不予准许，但本解释第二十六条规定的情形除外。

第二十八条 环境民事公益诉讼案件的裁判生效后，有权提起诉讼的其他机关和社会组织就同一污染环境、破坏生态行为另行起诉，有下列情形之一的，人民法院应予受理：

（一）前案原告的起诉被裁定驳回的；

（二）前案原告申请撤诉被裁定准许的，但本解释第二十六条规定的情形除外。

环境民事公益诉讼案件的裁判生效后，有证据证明存在前案审理时未发现的损害，有权提起诉讼的机关和社会组织另行起诉的，人民法院应予受理。

第二十九条 法律规定的机关和社会组织提起环境民事公益诉讼的，不影响因同一污染环境、破坏生态行为受到人身、财产损害的公民、法人和其他组织依据《民事诉讼法》第一百一十九条的规定提起诉讼。

第三十条 已为环境民事公益诉讼生效裁判认定的事实，因同一污染环境、破坏生态行为依据《民事诉讼法》第一百一十九条规定提起诉讼的原告、被告均无须举证证明，但原告对该事实有异议并有相反证据足以推翻的除外。

对于环境民事公益诉讼生效裁判就被告是否存在法律规定的不承担责任或者减轻责任的情形、行为与损害之间是否存在因果关系、被告承担责任的大小等所作的认定，因同一污染环境、破坏生态行为依据《民事诉讼法》第一百一十九条规定提起诉讼的原告主张适用的，人民法院应予支持，但被告有相反证据足以推翻的除外。被告主张直接适用对其有利的认定的，人民法院不予支持，被告仍应举证证明。

第三十一条 被告因污染环境、破坏生态在环境民事公益诉讼和其他民事诉讼中均承担责任，其财产不足以履行全部义务的，应当先履行其他民事诉讼生效裁判所确定的义务，但法律另有规定的除外。

第三十二条 发生法律效力的环境民事公益诉讼案件的裁判，需要采取强制执行措施的，应当移送执行。

第三十三条 原告交纳诉讼费用确有困难，依法申请缓交的，人民法院应予准许。

败诉或者部分败诉的原告申请减交或者免交诉讼费用的，人民法院应当依照《诉讼费用交纳办法》的规定，视原告的经济状况和案件的审理情况决定是否准许。

第三十四条 社会组织有通过诉讼违法收受财物等牟取经济利益行为的，人民法院可以根据情节轻重依法收缴其非法所得、予以罚款；涉嫌犯罪的，依法移送有关机关处理。

社会组织通过诉讼牟取经济利益的，人民法院应当向登记管理机关或者有关机关发送司法建议，由其依法处理。

第三十五条 本解释施行前最高人民法院发布的司法解释和规范性文件，与本解释不一致的，以本解释为准。

5. 环境刑事犯罪司法解释

《最高人民法院、最高人民检察院关于办理环境污染刑事案件适用法律若干问题的解释》已于2013年6月8日由最高人民法院审判委员会第1581次会议、2013年6月8日由最高人民检察院第十二届检察委员会第7次会议通过，现予公布，自2013年6月19日起施行。

最高人民法院

最高人民检察院

2013年6月17日

最高人民法院 最高人民检察院关于办理环境污染刑事案件适用法律若干问题的解释

（法释〔2013〕15号）

（2013年6月8日最高人民法院审判委员会第1581次会议、2013年6月8日最高人民检察院第十二届检察委员会第7次会议通过）

为依法惩治有关环境污染犯罪，根据《中华人民共和国刑法》《中华人民共和国刑事诉讼法》的有关规定，现就办理此类刑事案件适用法律的若干问题解释如下：

第一条 实施《刑法》第三百三十八条规定的行为，具有下列情形之一的，应当认定为“严重污染环境”：

（一）在饮用水水源一级保护区、自然保护区核心区排放、倾倒、处置有放射性的废物、含传染病病原体的废物、有毒物质的；

（二）非法排放、倾倒、处置危险废物三吨以上的；

（三）非法排放含重金属、持久性有机污染物等严重危害环境、损害人体健康的污染物超过国家污染物排放标准或者省、自治区、直辖市人民政府根据法律授权制定的污染物排放标准三倍以上的；

（四）私设暗管或者利用渗井、渗坑、裂隙、溶洞等排放、倾倒、处置有放射性的废物、含传染病病原体的废物、有毒物质的；

（五）两年内曾因违反国家规定，排放、倾倒、处置有放射性的废物、含传染病病原体的废物、有毒物质受过两次以上行政处罚，又实施前列行为的；

（六）致使乡镇以上集中式饮用水水源取水中断十二小时以上的；

（七）致使基本农田、防护林地、特种用途林地五亩以上，其他农用地十亩以上，其他土地二十亩以上基本功能丧失或者遭受永久性破坏的；

（八）致使森林或者其他林木死亡五十立方米以上，或者幼树死亡二千五百株以上的；

（九）致使公私财产损失三十万元以上的；

（十）致使疏散、转移群众五千人以上的；

（十一）致使三十人以上中毒的；

（十二）致使三人以上轻伤、轻度残疾或者器官组织损伤导致一般功能障碍的；

（十三）致使一人以上重伤、中度残疾或者器官组织损伤导致严重功能障碍的；

（十四）其他严重污染环境的情形。

第二条 实施《刑法》第三百三十九条、第四百零八条规定的行为，具有本解释第一条第六项至第十三项规定情形之一的，应当认定为“致使公私财产遭受重大损失或者严重危害人体健康”或者“致使公私财产遭受重大损失或者造成人身伤亡的严重后果”。

第三条 实施《刑法》第三百三十八条、第三百三十九条规定的行为，具有下列情形之一的，应当认定为“后果特别严重”：

（一）致使县级以上城区集中式饮用水水源取水中断十二个小时以上的；

（二）致使基本农田、防护林地、特种用途林地十五亩以上，其他农用地三十亩以上，其他土地六十亩以上基本功能丧失或者遭受永久性破坏的；

（三）致使森林或者其他林木死亡一百五十立方米以上，或者幼树死亡七千五百株以上的；

（四）致使公私财产损失一百万元以上的；

（五）致使疏散、转移群众一万五千人以上的；

（六）致使一百人以上中毒的；

（七）致使十人以上轻伤、轻度残疾或者器官组织损伤导致一般功能障碍的；

（八）致使三人以上重伤、中度残疾或者器官组织损伤导致严重功能障碍的；

（九）致使一人以上重伤、中度残疾或者器官组织损伤导致严重功能障碍，并致使五人以上轻伤、轻度残疾或者器官组织损伤导致一般功能障碍的；

（十）致使一人以上死亡或者重度残疾的；

（十一）其他后果特别严重的情形。

第四条 实施《刑法》第三百三十八条、第三百三十九条规定的犯罪行为，具有下列情形之一的，应当酌情从重处罚：

（一）阻挠环境监督检查或者突发环境事件调查的；

（二）闲置、拆除污染防治设施或者使污染防治设施不正常运行的；

（三）在医院、学校、居民区等人口集中地区及其附近，违反国家规定排放、倾倒、处置有放射性的废物、含传染病病原体的废物、有毒物质或者其他有害物质的；

（四）在限期整改期间，违反国家规定排放、倾倒、处置有放射性的废物、含传染病病原体的废物、有毒物质或者其他有害物质的。

实施前款第一项规定的行为，构成妨害公务罪的，以污染环境罪与妨害公务罪数罪并罚。

第五条 实施《刑法》第三百三十八条、第三百三十九条规定的犯罪行为，但及时采取措施，防止损失扩大、消除污染，积极赔偿损失的，可以酌情从宽处罚。

第六条 单位犯《刑法》第三百三十八条、第三百三十九条规定之罪的，依照本解释规定的相应个人犯罪的定罪量刑标准，对直接负责的主管人员和其他直接责任人员定罪处罚，并对单位判处罚金。

第七条 行为人明知他人无经营许可证或者超出经营许可范围，向其提供或者委托其收集、贮存、利用、处置危险废物，严重污染环境的，以污染环境罪的共同犯罪论处。

第八条 违反国家规定，排放、倾倒、处置含有毒害性、放射性、传染病病原体等物质的污染物，同时构成污染环境罪、非法处置进口的固体废物罪、投放危险物质罪等犯罪的，依照处罚较重的犯罪定罪处罚。

第九条 本解释所称“公私财产损失”，包括污染环境行为直接造成财产损毁、减少的实际价值，以及为防止污染扩大、消除污染而采取必要合理措施所产生的费用。

第十条 下列物质应当认定为“有毒物质”：

（一）危险废物，包括列入国家危险废物名录的废物，以及根据国家规定的危险废物鉴别标准和鉴别方法认定的具有危险特性的废物；

（二）剧毒化学品、列入重点环境管理危险化学品名录的化学品，以及含有上述化学品的物质；

（三）含有铅、汞、镉、铬等重金属的物质；

（四）《关于持久性有机污染物的斯德哥尔摩公约》附件所列物质；

（五）其他具有毒性，可能污染环境的物质。

第十一条 对案件所涉的环境污染专门性问题难以确定的，由司法鉴定机构出具鉴定意见，或者由国务院环境保护部门指定的机构出具检验报告。

县级以上环境保护部门及其所属监测机构出具的监测数据，经省级以上环境保护部门认可的，可以作为证据使用。

第十二条 本解释发布实施后，《最高人民法院关于审理环境污染刑事案件具体应用法律若干问题的解释》（法释〔2006〕4号）同时废止；之前发布的司法解释和规范性文件与本解释不一致的，以本解释为准。

6. 北京市大气污染防治条例

北京市大气污染防治条例

（2014年1月22日北京市第十四届人民代表大会第二次会议通过）

目录

第一章 总则

第一条 为了防治大气污染，改善本市大气环境质量，保障人体健康，推进生态文明建设，促进经济、社会可持续发展，根据有关法律、行政法规，结合本市实际情况，制定本条例。

第二条 本条例适用于本市行政区域内大气污染防治。

第三条 大气污染防治坚持以人为本、环境优先、政府主导、全民参与、科学有效、严防严治的原则。

第四条 大气污染防治应当坚持规划先行，转变经济发展方式，优化产业结构和布局，调整能源结构，综合运用法律、经济、科技、行政和宣传教育等措施。

第五条 大气污染防治，应当以降低大气中的细颗粒物浓度为重点，坚持从源头到末端全过程控制污染物排放，严格排放标准，实行污染物排放总量和浓度控制，加快削减排放总量。

第二章 共同防治

第六条 防治大气污染应当建立健全政府主导、区域联动、单位施治、全民参与、社会监督的工作机制。

第七条 市人民政府对本市的大气污染防治工作负总责，区、县人民政府在各自辖区范围内承担相应责任。

第八条 市人民政府应当根据污染防治的要求，建立统一有效、分工明确的监管治理体系，并加强整体统筹协调。

环境保护行政主管部门对大气污染防治实施统一监督管理，有关部门根据各自职责对大气污染防治实施监督管理。

第九条 市和区、县人民政府应当将大气环境保护工作纳入国民经济和社会发展规划，保障大气污染防治工作的财政投入。

第十条 市人民政府应当完善和落实城市总体规划，控制人口规模，优化空间布局，合理配置产业和教育、医疗等公共服务资源，减少生产、生活带来的污染。

第十一条 市人民政府应当鼓励和支持大气污染防治科学技术研究，组织开展大气污染成因和防治对策分析，推广应用先进大气污染防治技术，提高大气环境保护的科学技术水平。

第十二条 各级人民政府应当采取措施推进生态治理，提高绿化覆盖率，扩大水域面积，改善大气环境质量。

第十三条 市人民政府应当根据限期达标的工作目标，制定大气环境质量达标规划和严于国家规定的大气污染控制阶段措施，可以制定严于国家标准的本市大气污染物排放和控制标准，并组织实施。

第十四条 本市禁止新建、扩建高污染工业项目。市人民政府应当定期制定或者修订禁止新建、扩建的高污染工业项目名录、高污染工业行业调整名录和高污染工艺设备淘汰名录，并向社会公布。

第十五条 市和区、县人民政府应当制定和推行有利于防治大气污染的经济政策，引导企业调整能源结构，促进污染企业进行技术改造与产业升级，或者转产、退出。

第十六条 市人民政府应当按照污染者担责和谁污染、谁治理、谁付费的原则，确定并公布排污费征收事项和征收标准。

第十七条 市环境保护行政主管部门应当组织建立监测网络，负责统一组织开展大气环境质量监测，发布大气环境质量信息。

市环境保护行政主管部门所属环境监测机构发布空气质量日报、预报、空气重污染等专业信息。

市气象行政主管部门开展大气污染气象条件规律的研究，所属气象台站配合空气质量预报工作和生活服务指导。

第十八条 环境保护行政主管部门负责确定重点污染源单位名录，并依法向社会公开其向大气排放污染物的监督性监测数据信息。

第十九条 市环境保护行政主管部门及有关部门应当向社会公布因违反大气污染防治相关法律法规而受到相应处罚的企业及其负责人名单，并录入企业信用系统。

第二十条 环境保护行政主管部门应当鼓励和支持公众参与大气污染防治工作，聘请社会监督员，协助监督大气污染防治工作。

第二十一条 市人民政府应当制定空气重污染应急预案并向社会公布。

在大气受到严重污染，发生或者可能发生危害人体健康和安全的紧急情况时，市人民政府应当及时启动应急方案，按照规定程序，通过媒体向社会发布空气重污染的预警信息，并按照预警级别实施相应的应对措施，包括：责令有关企业停产或者限产、限制部分机动车行驶、禁止燃放烟花爆竹、停止工地土石方作业和建筑拆除施工、停止露天烧烤、停止幼儿园和学校户外体育课等。

有关排污单位应当执行本条第二款规定的应对措施。

第二十二条 市人民政府应当完善污染大气环境举报制度，向社会公开举报电话、网址等，明确有关政府部门的受理范围和职责。

有关政府部门在接到举报后，应当依法及时处理，并将处理结果向举报人反馈。

举报内容经查证属实的，有关部门应当给予举报人表彰或者奖励。

第二十三条 各级人民政府应当加强大气环境保护宣传，普及大气环境保护法律法规以及科学知识，提高公众的大气环境保护意识。新闻媒体、居民委员会、村民委员会、学校及社会组织配合政府开展宣传普及，促进形成保护大气环境的社会风气。

各级人民政府对在大气污染防治方面做出显著成绩的单位和个人，给予表彰或者奖励。

第二十四条 市人民政府应当在国家区域联防联控机构领导下，加强与相关省区市的大气污染联防联控工作，建立重大污染事项通报制度，逐步实现重大监测信息和污染防治技术共享，推进区域联防联控与应急联动。

第二十五条 市人民政府应当实行大气环境质量目标责任制和考核评价制度，定期公示考核结果。对市人民政府有关部门和区、县人民政府及其负责人的综合考核评价，应当包含大气环境质量目标完成情况和措施落实情况。

第二十六条 市和区、县人民政府应当每年向本级人民代表大会报告本行政区域的大气环境质量目标和大气污染防治规划的完成情况，并向社会公布。

第二十七条 各单位都有义务采取措施，防治生产建设或者其他活动对大气环境造成的污染。

第二十八条 向大气排放污染物的单位，应当遵守国家和本市规定的大气污染物排放和控制标准，并不得超过核定的重点大气污染物排放总量指标。

第二十九条 向大气排放污染物的单位，应当建立大气环境保护责任制度，明确单位负责人的责任。

第三十条 新建、改建、扩建向大气排放污染物的建设项目，应当进行环境影响评价审批。建设项目未通过环境影响评价的，不得开工建设。

建设单位在编制建设项目环境影响报告书时，应当依法征求有关单位、专家和公众的意见。

第三十一条 建设单位应当保证建设项目配套建设的大气污染防治设施与主体工程同时设计、同时施工、同时投入使用。

建设项目配套建设的大气污染防治设施经环境保护行政主管部门验收合格后，主体工程方可正式投入生产或者使用。

第三十二条 向大气排放污染物的单位，应当保持大气污染防治设施的正常使用。未经环境保护行政主管部门同意，不得擅自拆除或者闲置大气污染防治设施。

第三十三条 向大气排放污染物的单位，应当按照国家和本市有关规定，进行排污申报登记并缴纳排污费。

第三十四条 向大气排放污染物的单位，应当按照国家和本市有关规定设置大气污染物排放口。

除因发生或者可能发生安全生产事故需要通过应急排放通道排放大气污染物外，禁止通过前款规定以外的其他排放通道排放大气污染物。

第三十五条 向大气排放污染物的单位，应当按照规定自行监测大气污染物排放情况，记录监测数据，并按照规定在网站或者其他对外公开场所向社会公开。监测数据的保存时间不得低于五年。

向大气排放污染物的单位，应当按照有关规定设置监测点位和采样监测平台并保持正常使用，接受环境保护行政主管部门或者其他监督管理部门的监督性监测。

第三十六条 列入本市自动监控计划的向大气排放污染物的单位，应当配备大气污染物排放自动监控设备，并纳入环境保护行政主管部门的统一监控系统。

前款规定的向大气排放污染物的单位，负责维护自动监控设备，保持稳定运行和监测数据准确。

第三十七条 可能发生大气污染事故的单位应当制定大气污染事故和突发事件的应急预案，并负责应急处置和事后恢复。

第三十八条 公民负有依法保护大气环境的义务，应当遵守大气污染防治法律法规，树立大气环境保护意识，自觉践行绿色生活方式，减少向大气排放污染物。

第三十九条 公民、法人和其他组织有权要求市和区、县人民政府及其环境保护等有关部门公开大气环境质量、突发大气环境事件，以及相关的行政许可、行政处罚、排污费的征收和使用、污染物排放限期治理情况等信息。

第四十条 公民、法人和其他组织有权向环境保护行政主管部门或者其他有关部门，举报污染大气环境的单位和个人。

公民、法人和其他组织发现市和区、县人民政府及其环境保护行政主管部门或者其他有关部门不依法履行大气环境监督管理职责，可以向其上级人民政府或者监察机关举报。

第三章 重点污染物排放总量控制

第四十一条 本市对重点大气污染物实行排放总量控制，逐步减少污染物排放总量。

第四十二条 全市排放总量控制的目标以及区域、重点行业和重点企业的排放总量，由市环境保护行政主管部门根据国家要求，结合本市经济社会发展水平、环境质量状况、产业结构特点、交通运行状况等提出，报市人民政府批准后实施，并每年向社会公布。

区、县人民政府和重点行业主管部门应当根据本市大气污染物排放总量控制要求，制订年度总量控制计划，并组织落实。

第四十三条 本市对大气污染物实行排污许可证制度。排污许可证的发放范围及具体管理办法由市环境保护行政主管部门制定，报市政府批准后实施。

纳入排污许可证管理的排污单位，应当按照规定向市、区县环境保护行政主管部门申请核发排污许可证，并按照排污许可证载明的污染物种类、排放总量指标等要求排放污染物，逐步减少污染物排放总量。

第四十四条 排污单位的重点大气污染物排放总量由环境保护行政主管部门根据本市大气污染物排放和控制标准、清洁生产水平、重点大气污染物排放总量控制要求、产业布局和结构优化等因素，按照公开、公平、公正的原则核定。

第四十五条 本市在严格控制重点大气污染物排放总量、实行排放总量削减计划的前提下，按照有利于总量减少的原则，可以进行大气污染物排污权交易试点。具体办法由市人民政府制定。

第四十六条 现有排污单位的大气污染物排放总量指标，由环境保护行政主管部门核定取得。

纳入总量控制范围的新建、改建、扩建建设项目，应当在进行环境影响评价审批前取得重点大气污染物排放总量指标，并在环境影响评价文件中说明指标来源。

涉及民生的重点工程，排放总量指标不能满足需要的，经市人民政府同意后可以调剂取得，并向社会公开。

第四十七条 环境保护行政主管部门按照减量替代、总量减少的原则，审批环境影响评价文件。

通过减量替代获得大气污染物排放总量指标的建设项目，在替代的排放量未削减完成前，不得投入试生产，环境保护行政主管部门不予办理建设项目环境保护竣工验收手续。

第四十八条 未完成年度大气污染物排放总量控制任务的区域、行业，环境保护行政主管部门应当暂停审批该区域或行业内除民生工程以外的、排放该项污染物的建设项目环境影响评价文件；该项目的审批部门不得批准其建设。

第四章 固定污染源污染防治

第四十九条 本市按照循环经济和清洁生产的要求推动生态工业园区建设，通过合理规划工业布局，引导工业企业入驻工业园区。

新建排放大气污染物的工业项目，应当按照环保规定进入工业园区。工业园区目录由市经济信息化行政主管部门会同有关部门制定并公布。

第五十条 本市实施燃煤消耗总量控制。

市发展改革行政主管部门应当会同有关部门制定清洁能源利用发展规划，确定燃煤总量控制目标，并规定实施步骤，逐步削减燃煤总量。

区、县人民政府应当按照燃煤消耗总量控制目标，制定本行政区域削减燃煤和清洁能源改造计划并组织落实。

第五十一条 市人民政府划定并公布高污染燃料禁燃区，并根据空气质量改善要求，规定实施步骤，逐步扩大禁燃区范围。

在禁燃区内，禁止新建、扩建燃烧高污染燃料的设施；现有燃烧煤炭、重油、渣油等高污染燃料的设施，应当在市人民政府规定的期限内停止使用或者改用清洁能源。

第五十二条 本市禁止新建、扩建燃烧煤炭、重油、渣油的设施。

使用煤炭、重油、渣油为燃料的工业锅炉、炉窑、发电机组等设施，应当按照市人民政府规定的期限改用清洁能源。

远郊区、县燃煤供热设施应当在规定期限内实施清洁能源改造。

第五十三条 本市禁止新建、扩建炼油、水泥、炼焦、钢铁、有色金属冶炼、铸造、平板玻璃、陶瓷、沥青防水卷材、人造板、黏土砖等制造加工项目以及非金属矿采选等矿产资源开发项目。

列入前款和本条例第十四条规定名录的项目，市人民政府有关部门不得批准建设；列入调整和淘汰名录的行业、工艺和设备，相关企业应当在规定期限内调整退出。

依照本条第二款的规定，应当退出、关闭、搬迁的现有企业，市经济信息化行政主管部门应当事先向企业公告，听取企业意见。

第五十四条 本市禁止销售不符合标准的散煤及制品。

居民住宅生活用煤应当按照市人民政府的规定，使用符合标准的低硫优质煤。

提供饮食、洗浴、住宿等服务的单位，应当使用天然气、液化石油气、电或者以其他清洁能源为燃料。

第五十五条 市住房城乡建设、规划行政主管部门应当会同有关部门，推进既有建筑节能改造，执行新建建筑强制性节能标准，减少能源消耗和大气污染物排放。

第五十六条 市环境保护行政主管部门应当会同市质量技术监督部门，制定本市产品挥发性有机物含量限值标准。

在本市生产、销售、使用含挥发性有机物的原材料和产品的，其挥发性有机物含量应当符合本市规定的限值标准。

第五十七条 产生含挥发性有机物废气的生产和服务活动，应当在密闭空间或者设备中进行，并按照规定安装、使用污染防治设施；无法密闭的活动除外。

加油加气站、储油储气库和使用油罐车、气罐车等的单位，应当按照本市规定安装油气回收装置并保持正常使用，并每年向环境保护行政主管部门报送由检测资质机构出具的油气排放检测报告。

第五十八条 工业涂装企业应当按照本市有关规定，使用低挥发性有机物含量涂料，记录生产工艺、设施及污染控制设备的主要操作参数、运行情况，并建立记录生产原料、辅料的使用量、废弃量和去向，及其挥发性有机物含量的台账。台账的保存时间不得低于三年。

第五十九条 石油、化工及其他生产和使用有机溶剂的企业，应当采取措施对管道、设备进行日常维护、维修，减少物料泄漏，并对已经泄漏的物料及时收集处理。

第六十条 饮食服务、服装干洗和机动车维修等项目，应当设置油烟、异味和废气处理装置等污染防治设施并保持正常使用，防止影响周边环境。

在居民住宅楼、未配套设立专用烟道的商住综合楼、商住综合楼内与居住层相邻的商业楼层内，禁止新建、改建、扩建产生油烟、异味、废气的饮食服务、服装干洗和机动车维修等项目。

第六十一条 向大气排放粉尘、有毒有害气体或恶臭气体的单位，应当安装净化装置或者采取其他措施，防止污染周边环境。

第六十二条 任何单位和个人不得进行露天焚烧秸秆、树叶、枯草、垃圾、电子废物、油毡、橡胶、塑料、皮革等向大气排放污染物的行为。

任何单位和个人不得在政府划定的禁止范围内露天烧烤食品或者为露天烧烤食品提供场地。

第五章　机动车和非道路移动机械排放污染防治

第六十三条　本市根据国家大气环境质量标准和本市大气环境质量目标，对机动车实施数量调控。

本市优化道路设置和管理，减少机动车怠速和低速行驶造成的污染。

第六十四条　环境保护行政主管部门可以委托其所属的机动车排放污染监督监测机构，对机动车和非道路移动机械排放污染防治实施监督管理。

第六十五条　在本市销售机动车和非道路移动机械的生产企业，应当按照规定向市环境保护行政主管部门申报在本市销售的机动车和非道路移动机械排放污染物的数据和防治污染的有关材料。

市环境保护行政主管部门审查数据和材料后，对符合国家和本市规定排放、耗能标准的，纳入可以在本市销售的机动车车型和非道路移动机械目录。

在本市销售的机动车和非道路移动机械，应当符合国家和本市规定的排放标准并在耐久性期限内稳定达标。机动车和非道路移动机械经按照规定检测，因质量原因不能稳定达标排放的，由市环境保护行政主管部门取消其在本市的机动车车型和非道路移动机械目录。

第六十六条　符合本市新车污染物排放标准，或者经国家认可的检测机构检测确认与本市新车污染物排放标准相当的机动车，方可在本市办理注册登记或者转入手续。

第六十七条　在用机动车应当符合本市机动车排放标准，并定期进行排放污染检测；检测合格的，方可进行机动车安全技术检验，核发环保、安全检测合格标志。

进入本市行驶的外埠车辆，应当按照本市规定，进行排放污染检测；检测合格的，方可办理机动车进京手续。

具体检测管理办法由市环境保护行政主管部门会同有关部门制定。

第六十八条　环境保护行政主管部门可以在机动车停放地，对在用机动车排放污染进行检查和检测，并可以在公安机关交通管理部门配合下，对行驶中的机动车排放污染状况进行抽测。

第六十九条　机动车排放污染定期检测，由市环境保护行政主管部门委托的检测机构承担。检测机构应当严格按照规定对机动车排放污染进行检测。

市环境保护行政主管部门应当向社会公布前款规定的检测机构名单。

第七十条　机动车和非道路移动机械所有者或者使用者不得拆除、闲置或者擅自更改排放污染控制装置，并保持装置正常使用。

机动车所有者或者使用者在车载排放诊断系统报警后，应当及时对机动车进行维修，确保车辆达到排放标准。

第七十一条 机动车维修单位应当具备维修资质，按照技术规范对排放不达标的机动车进行维修，确保机动车排放达标。

第七十二条 市人民政府可以根据大气环境质量状况，在一定区域内采取限制机动车行驶的交通管理措施。

第七十三条 本市提倡公民绿色出行，每年开展城市无车日活动。市人民政府应当创造条件方便公众选择公共交通、自行车、步行的出行方式，减少机动车排放污染。

第七十四条 本市提倡环保驾驶。在学校、宾馆、商场、公园、办公场所、社区、医院的周边和停车场等不影响车辆正常行驶的地段，机动车驾驶员在停车三分钟以上时，应当熄灭发动机。

第七十五条 在用非道路移动机械向大气排放污染物，应当符合本市规定的排放标准。

环境保护行政主管部门可以根据大气环境质量状况，划定禁止高排放非道路移动机械使用的区域。

第七十六条 本市按照国家规定对机动车实行强制报废制度。机动车达到国家规定的使用年限，或者经修理、调整、采用控制技术后仍不符合国家排放标准要求，或者在检测有效期届满后连续三个检测周期内未能取得排放检测合格标志的，应当依法强制报废。

第七十七条 本市加快老旧公交、邮政、环卫、出租等车辆淘汰，鼓励发展小排量、低能耗和新能源车与清洁能源车，加快新能源车与清洁能源车的配套设施建设。

第七十八条 本市鼓励淘汰高排放机动车和非道路移动机械。市环境保护行政主管部门会同市财政、交通、公安、商务、质量技术监督等行政主管部门，根据本市大气环境质量状况和机动车、非道路移动机械排放污染状况，制定高排放在用机动车、非道路移动机械淘汰、治理和限制使用方案，报市人民政府批准后实施。

第七十九条 市环境保护行政主管部门会同市质量技术监督部门制定本市车用燃料标准。本市销售的车用燃料应当达到国家和本市规定的标准，并按照规定添加车用油品清净剂。

第六章　扬尘污染防治

第八十条　进行房屋建筑、市政基础设施施工、河道整治、建筑物拆除、物料运输和堆放、园林绿化等活动，应当采取措施，防止产生扬尘污染。

第八十一条　建设单位应当将防治扬尘污染的费用列入工程造价，并在工程承发包合同中明确施工单位防治扬尘污染的责任。

第八十二条　建设工程施工现场应当根据本市绿色施工的有关规定，采取下列措施：

（一）建设工程开工前，建设单位应当按照标准在施工现场周边设置围挡，施工单位应当对围挡进行维护；

（二）施工单位应当在施工现场出入口公示施工现场负责人、环保监督员、扬尘污染控制措施、举报电话等信息；

（三）施工单位应当对施工现场内主要道路和物料堆放场地进行硬化，对其他场地进行覆盖或者临时绿化，对土方集中堆放并采取覆盖或者固化措施；

（四）气象预报风速达到四级以上时，施工单位应当停止土石方作业、拆除作业及其他可能产生扬尘污染的施工作业；

（五）建设工程施工现场出口处应当设置冲洗车辆设施，按照本市规定安装视频监控系统；施工车辆经除泥、冲洗后方能驶出工地，不得带泥上路行驶；车辆清洗处应当配套设置排水、泥浆沉淀设施；

（六）建设工程施工现场道路及进出口周边一百米以内的道路不得有泥土和建筑垃圾；

（七）道路挖掘施工过程中，施工单位应当及时覆盖破损路面，并采取洒水等措施防治扬尘污染；道路挖掘施工完成后应当及时修复路面；

（八）国家和本市有关施工现场管理的其他规定。

本市将施工单位的施工现场扬尘违法行为，纳入本市施工企业市场行为信用评价系统。

第八十三条　煤炭、水泥、石灰、石膏、砂土等产生扬尘的物料应当密闭贮存；不具备密闭贮存条件的，应当在其周围设置不低于堆放物高度的围挡并有效覆盖，不得产生扬尘。

建筑土方、工程渣土、建筑垃圾应当及时运输到指定场所进行处置；在场地内堆存的，应当有效覆盖。

第八十四条　运输垃圾、渣土、砂石、土方、灰浆等散装、流体物料的，应当依法使用符合条件的车辆，安装卫星定位系统，密闭运输。

第八十五条 建筑垃圾资源化处置场、渣土消纳场、燃煤电厂贮灰场和垃圾填埋场应当实施分区作业，采取措施防治扬尘污染。

第八十六条 市政市容行政主管部门应当会同市环境保护行政主管部门，制定道路清扫冲洗保洁标准。清扫单位应当严格执行清扫冲洗保洁标准，防治扬尘污染。

第八十七条 裸露地面应当按照下列规定进行绿化或者铺装：

（一）待开发的建设用地，建设单位负责对裸露地面进行覆盖；超过三个月的，应当进行临时绿化或铺装；

（二）市政道路及河道沿线、公共绿地的裸露地面，分别由交通、水务、园林绿化行政主管部门组织按照规划进行绿化或者铺装；

（三）其他裸露地面由使用权人或者管理单位负责进行绿化或者铺装，并采取防尘措施。

农业行政主管部门应当鼓励对裸露农田采取生物覆盖、留茬免耕等措施，防治扬尘污染。

第八十八条 本市严格控制矿产资源开采。在矿产资源开采过程中，应当采取措施防治大气污染。开采后应当进行生态修复。

第八十九条 本市施工工地禁止现场搅拌混凝土。由政府投资的建设工程以及在本市规定区域内的建设工程，禁止现场搅拌砂浆。其他建设工程在施工现场设置砂浆搅拌机的，应当配备降尘防尘装置。

本市禁止新建、扩建混凝土搅拌站；不符合环境治理规划的已建成企业，应当按照市人民政府的规定限期关闭。

第七章 法律责任

第九十条 造成大气污染危害的单位，有责任排除危害，并对直接遭受损失的单位或者个人赔偿损失。

赔偿责任和赔偿金额的纠纷，可以根据当事人的请求，由环境保护行政主管部门调解处理；调解不成的，当事人可以向人民法院起诉。当事人也可以直接向人民法院起诉。

第九十一条 环境保护行政主管部门和其他有关行政主管部门在大气污染防治工作中，有下列行为之一的，由行政监察机关责令改正，对直接负责的主管人员和其他直接责任人员依法给予行政处分；构成犯罪的，依法追究刑事责任：

（一）违法做出行政许可决定的；

（二）接到公民对污染大气环境行为的举报，不依法查处的；

（三）违反本条例规定不公开大气环境相关信息的；

（四）将征收的排污费截留、挤占或者挪作他用的；

（五）有滥用职权、玩忽职守的其他行为的。

第九十二条 违反本条例第二十一条第三款规定，有关排污单位拒不执行市人民政府责令停产、限产决定的，市环境保护行政主管部门可以查封排污设施，处五万元以上五十万元以下罚款；拒不执行停止工地土石方作业、建筑拆除施工或露天烧烤的应对措施的，由城市管理综合执法部门处一万元以上十万元以下罚款。

拒不执行机动车停驶和禁止燃放烟花爆竹的应对措施的，由公安机关依据有关规定予以处罚。

第九十三条 违反本条例第二十八条规定，向大气排放污染物不符合国家或本市大气污染物排放和控制标准的，由环境保护行政主管部门责令限期治理，处一万元以上十万元以下罚款；限期治理期间，由环境保护行政主管部门责令限制排放，不得新建、改建、扩建增加重点大气污染物排放总量的建设项目；逾期未完成治理任务的，由环境保护行政主管部门报经有批准权的人民政府批准，责令停业、关闭。向大气排放污染物超过排放总量指标的，由环境保护行政主管部门责令停止排污，处五万元以上五十万元以下罚款，并将超过排放总量指标的部分在核定下一年度排放总量指标时扣除；拒不停止排污的，可以查封排污设施。

第九十四条 违反本条例第三十条规定，建设项目未依法进行环境影响评价审批，擅自开工建设或者投入生产、使用的，由有审批权的环境保护行政主管部门责令停止建设或者生产、使用，处五万元以上二十万元以下的罚款；拒不停止建设或者生产、使用的，可以查封施工现场或者排污设施。

第九十五条 违反本条例第三十一条规定，需要配套建设的大气污染防治设施未建成、未经验收或者经验收不合格的，主体工程正式投入生产或者使用的，由环境保护行政主管部门责令停止生产或者使用，处一万元以上十万元以下的罚款。

第九十六条 违反本条例第三十二条规定，不正常使用大气污染防治设施，或者未经环境保护行政主管部门批准，擅自拆除、闲置大气污染防治设施的，由环境保护行政主管部门责令停止违法行为，限期改正，处五千元以上五万元以下罚款。

第九十七条 违反本条例第三十三条规定，未按照国家或本市规定进行排污申报登记的，由环境保护行政主管部门责令限期改正，处五千元以上五万元以下罚款。

第九十八条 违反本条例第三十四条规定，未按照规定设置大气污染物排放口或者通过其他排放通道排放大气污染物的，由环境保护行政主管部门责令限期改正，处二万元以上二十万元以下罚款。

第九十九条 违反本条例第三十五条第一款规定，未按照规定公布或者保存监测数据的，由环境保护行政主管部门责令限期改正，处一万元以上十万元以下罚款。

违反本条例第三十五条第二款规定，未按照规定设置监测点位或者采样平台的，由环境保护行政主管部门责令限期改正；逾期不改正的，处一万元以上十万元以下罚款。

第一百条 违反本条例第三十六条规定，未按照规定安装大气污染物排放自动监控设备，或者自动监控设备未稳定运行、数据不准确的，由环境保护行政主管部门责令限期改正，处二万元以上二十万元以下罚款。

第一百零一条 违反本条例第四十三条规定，应当取得而未取得排污许可证排放污染物的，由环境保护行政主管部门责令停止排污，处十万元以上五十万元以下罚款；拒不停止排污的，环境保护行政主管部门可以查封排污设施。未按照排污许可证的规定排放污染物的，由环境保护行政主管部门责令限期改正，处二万元以上二十万元以下罚款。

第一百零二条 违反本条例第四十七条第二款规定，在替代的排放量未削减完成前，建设项目投入试生产的，由环境保护行政主管部门责令停止试生产，处二万元以上二十万元以下罚款。

第一百零三条 违反本条例第五十一条规定，在禁燃区内新建、扩建燃烧高污染燃料的设施的，或者在规定的期限届满后，继续燃用煤炭、重油、渣油等高污染燃料的，由环境保护行政主管部门报同级人民政府责令限期拆除。

第一百零四条 违反本条例第五十二条第一款规定，新建、扩建燃烧煤炭、重油、渣油设施的，由环境保护行政主管部门报同级人民政府责令限期拆除，处二万元以上二十万元以下罚款。

违反本条例第五十二条第二款规定，燃用煤炭、重油、渣油的工业锅炉、炉窑、发电机组等设施未在规定的期限内实施清洁能源改造的，由环境保护行政主管部门报同级人民政府责令限期拆除。

第一百零五条 违反本条例第五十三条第一款、第二款规定的，由经济信息化行政主管部门报同级人民政府关停违法项目。

第一百零六条 违反本条例第五十四条第一款规定，销售不符合标准的散煤及制品的，由质量技术监督行政主管部门责令停止销售，处五千元以上五万元以下罚款。

违反本条例第五十四条第三款规定，不使用清洁能源的，由环境保护行政主管部门责令限期改正，处一万元以上十万元以下罚款。

第一百零七条 违反本条例第五十六条第二款规定，生产、销售含挥发性有机物的原材料和产品不符合本市规定标准的，由质量技术监督部门和工商行政管理部门依照有关法律法规规定予以处罚。

第一百零八条 违反本条例第五十七条第一款规定，未在密闭空间或者设备中进行产生含挥发性有机物废气的生产和服务活动或者未按规定安装并使用污染防治设施的，由环境保护行政主管部门责令停止违法行为，限期改正，处二万元以上十万元以下罚款；情节严重的，处十万元以上三十万元以下罚款。

违反本条例第五十七条第二款规定，未按照本市有关规定安装油气回收装置或者不正常使用的，由环境保护行政主管部门责令限期改正，处二万元以上二十万元以下罚款。

第一百零九条 违反本条例第五十八条规定，未按照规定使用低挥发性有机物含量涂料的，由环境保护行政主管部门责令改正，处二万元以上二十万元以下罚款；未按照要求记录或者保存相关数据和信息、弄虚作假的，由环境保护行政主管部门责令改正，处一万元以上十万元以下罚款。

第一百一十条 违反本条例第五十九条规定，未采取措施减少物料泄漏或者对泄漏的物料未及时收集处理的，由环境保护行政主管部门责令限期改正，处二万元以上二十万元以下罚款。

第一百一十一条 违反本条例第六十条第一款规定，不正常使用油烟、异味和废气处理装置等污染物处理设施的，由环境保护行政主管部门责令限期改正，处五千元以上五万元以下罚款。

第一百一十二条 违反本条例第六十一条规定，未安装净化装置或者采取其他措施防止污染周边环境的，由环境保护行政主管部门责令限期改正，处一万元以上五万元以下罚款。

第一百一十三条 违反本条例第六十二条第一款规定，露天焚烧秸秆、树叶、枯草的，由城市管理综合执法部门责令停止违法行为，可以处二百元以下罚款；露天焚烧垃圾、电子废物、油毡、沥青、橡胶、塑料、皮革的，由城市管理综合执法部门责令停止违法行为，处二千元以上二万元以下罚款。

违反本条例第六十二条第二款规定，在政府划定的禁止范围内露天烧烤食品或者为露天烧烤食品提供场地的，由城市管理综合执法部门责令停止违法行为，没收烧烤工具，处二千元以上二万元以下罚款。

第一百一十四条 违反本条例第六十五条第二款规定，销售未纳入本市目录的机动车和非道路移动机械的，由市环境保护行政主管部门责令停止违法行为，没收违法所得，可以处违法所得一倍以下的罚款。

违反本条例第六十五条第三款规定，销售不符合国家或本市规定标准的机动车和非道路移动机械的，由市环境保护行政主管部门责令停止违法行为，没收违法所得，可以处违法所得一倍以下的罚款；销售的机动车不符合注明的排放标准的，销售者应当负责修理、更换、退货；给购买机动车的消费者造成损失的，销售者应当赔偿损失。

第一百一十五条 违反本条例第六十七条第一款规定，在用机动车排放污染物超过规定排放标准的，由环境保护行政主管部门责令改正，对机动车所有者或者使用者处三百元以上三千元以下罚款；逾期未进行机动车排放污染定期检测的，由环境保护行政主管部门责令改正，每超过一个检测周期处五百元罚款。

第一百一十六条 违反本条例第六十九条第一款规定，检测机构未取得委托擅自进行机动车排放污染定期检测，或者未按照规定进行检测的，由环境保护行政主管部门责令停止违法行为，限期改正，处五千元以上五万元以下罚款；情节严重的，取消承担检测的资格。

第一百一十七条 违反本条例第七十条第一款规定，机动车和非道路移动机械所有者或者使用人拆除、闲置或者擅自更改排放污染控制装置的，由环境保护行政主管部门责令改正，处五千元以上一万元以下罚款。

违反本条例第七十条第二款规定，机动车所有者或者使用者在车载排放诊断系统报警后，未对机动车进行维修，车辆行驶超过二百公里的，由环境保护行政主管部门处三百元罚款。

第一百一十八条 违反本条例第七十二条规定，机动车进入限制行驶区域的，由公安机关交通管理部门责令停止违法行为并依法处罚。

第一百一十九条 违反本条例第七十五条第二款规定，在禁止区域内使用高排放非道路移动机械的，由环境保护行政主管部门责令停止违法行为，处五万元以上十万元以下罚款。

第一百二十条 违反本条例第七十九条规定，销售不符合国家或本市标准的车用燃料的，由工商行政主管部门责令停止销售，没收违法销售的产品，有违法所得的，没收违法所得，处违法销售金额一倍以上三倍以下的罚款；销售的车用油品不符合国家或本市车用油品清净性规定的，由环境保护行政主管部门责令限期改正违法行为，处一万元以上十万元以下罚款；情节严重的，由市商务行政主管部门吊销其经营资质。

第一百二十一条 违反本条例第八十一条规定，未将防治扬尘污染的费用列入工程造价即开工建设的，由住房城乡建设行政主管部门责令停止施工。

第一百二十二条 违反本条例第八十二条第一款规定的，对施工单位或者建设单位，由城市管理综合执法部门责令限期改正，处二千元以上二万元以下罚款；逾期未改正的，责令停工整顿。

第一百二十三条 违反本条例第八十三条规定的，由城市管理综合执法部门责令限期改正，处二千元以上二万元以下罚款；其中，对工业企业，由环境保护行政主管部门责令改正，处二千元以上二万元以下罚款；逾期未改正的，责令停工整顿。

第一百二十四条 违反本条例第八十四条规定的，由城市管理综合执法部门责令改正，处五百元以上三千元以下罚款。

第一百二十五条 违反本条例第八十五条规定的，由城市管理综合执法部门责令限期改正，处二千元以上二万元以下罚款；逾期未改正的，责令停工整顿。

第一百二十六条 违反本条例第八十八条规定，在矿产资源开采过程中未采取措施防治扬尘污染的，由环境保护行政主管部门责令限期改正，处二千元以上二万元以下罚款；逾期未改正的，责令停工整顿。

第一百二十七条 违反本条例第八十九条第一款规定的，由住房城乡建设行政主管部门责令限期改正，处二万元以上二十万元以下罚款；逾期未改正的，责令停工整顿。

违反本条例第八十九条第二款规定，新建、扩建混凝土搅拌站的，由市住房城乡建设行政主管部门责令关闭；不符合环境治理规划的已建成企业在规定期限内未关闭的，由市住房城乡建设行政主管部门关闭，处五万元以上二十万元以下罚款。

第一百二十八条 违反本条例，除第九十二条第二款、第一百零五条、第一百一十八条规定的情形外，受到罚款、没收等行政处罚两次以上的，做出处罚决定的部门可以在上一次罚款金额基础上加一倍进行处罚。

第一百二十九条 违反本条例规定，排放大气污染物，造成严重污染，构成犯罪的，依法追究刑事责任。

环境保护行政主管部门与公安机关应当建立健全大气污染案件行政执法和刑事司法衔接机制，完善案件移送、线索通报等制度。

第八章 附则

第一百三十条 本条例自2014年3月1日起施行。2000年12月8日北京市第十一届人民代表大会常务委员会第二十三次会议通过的《北京市实施〈中华人民共和国大气污染防治法〉办法》同时废止。

7. 天津市大气污染防治条例

天津市大气污染防治条例

（2015年1月30日天津市第十六届人民代表大会第三次会议通过）

第一章 总则

第一条 为了防治大气污染，保护和改善生活环境和生态环境，保障公众健康，促进经济和社会的可持续发展，根据《中华人民共和国大气污染防治法》等有关法律、法规，结合本市实际情况，制定本条例。

第二条 大气污染防治应当以实现良好的大气环境质量为目标，坚持保护优先、预防为主、综合治理、公众参与、损害担责的原则。

第三条 市人民政府对本市的大气环境质量负责。区县人民政府对本行政区域的大气环境质量负责。

市和区县人民政府应当将大气环境保护工作纳入国民经济和社会发展规划和计划，以大气污染物排放总量为约束，合理规划城市布局，加强生态建设，转变经济发展方式，优化产业结构和布局，促进清洁生产，使大气环境质量达到规定标准，保护和改善大气环境。

乡镇人民政府、街道办事处应当履行大气污染防治的监督管理职责，保护和改善大气环境。

第四条 市和区县人民政府应当加大对大气污染防治的财政投入，提高资金使用效益。

鼓励和引导社会资本进入大气污染防治领域，引导金融机构增加对大气污染防治项目的信贷支持。

第五条 环境保护行政主管部门对本行政区域大气污染防治工作实施统一监督管理。

发展改革、工业和信息化、建设、市场监管、交通运输、农村工作、商务、市容园林、公安、国土房管、规划、水务、海事等有关行政主管部门，在各自职责范围内对大气污染防治实施监督管理。

第六条 鼓励和支持大气污染防治科学技术研究，推广、应用先进的大气污染防治技术；鼓励和支持开发、利用太阳能、风能、地热能、浅层地温能等清洁能源；鼓励和支持煤炭清洁利用技术的开发和推广。

市环境保护行政主管部门应当加强大气环境容量、污染成因、治理技术和防治政策等研究，适时提出有针对性的对策措施。

第七条 本市实施大气污染防治网格化精细管理，实行大气环境质量目标责任制和考核评价制度，将大气环境质量目标完成情况和措施落实情况作为对市人民政府有关部门和区县人民政府及其负责人的考核内容，考核结果定期向社会公布。

第八条 对保护和改善大气环境作出显著成绩的单位和个人，由市和区县人民政府给予奖励。

第九条 市和区县人民政府应当定期向本级人民代表大会常务委员会报告大气污染防治工作情况，并接受监督。

第二章 大气污染共同防治

第十条 市环境保护行政主管部门应当会同有关部门按照国家大气污染防治的要求和本市实际情况，组织编制大气污染防治规划，纳入全市环境保护规划，报市人民政府批准后公布实施。

区县人民政府应当根据本区域大气环境状况和大气污染防治要求，制定大气环境治理措施和阶段性达标方案。

第十一条 市人民政府对国家大气环境质量标准和污染物排放标准中未作规定的项目，可以制定本市地方标准；对国家大气污染物排放标准中已作规定的项目，可以制定严于国家标准的地方标准，并报国务院环境保护主管部门备案。

第十二条 本市实行大气污染物排放浓度控制和重点大气污染物排放总量控制相结合的管理制度。

向大气排放污染物的，其污染物排放浓度不得超过国家和本市规定的排放标准；排放重点大气污染物的，不得超过总量控制指标。

第十三条 市发展改革行政主管部门应当会同有关部门，严格执行国家有关产业结构调整的规定和准入标准，禁止新建、扩建高污染工业项目。

市工业和信息化行政主管部门应当会同有关部门，严格执行国家有关淘汰落后产品、工艺、设备的规定。

第十四条 新建排放重点大气污染物的工业项目，应当按照有利于减排、资源循环利用和集中治理的原则，集中安排在工业园区建设。

第十五条 市发展改革行政主管部门应当会同市财政、环境保护行政主管部门，依法确定并公布大气污染物排污费征收事项和征收标准。

第十六条 市环境保护行政主管部门负责大气环境质量和大气污染源的统一监督监测，建立和完善大气环境质量监测网络，发布大气环境质量预报、日报，实时发布大气环境质量数据，定期发布大气环境质量状况公报。

市气象部门、市环境保护行政主管部门共同做好大气环境质量预报和重污染天气预报工作。

第十七条 向大气排放污染物的企业事业单位，应当建立大气污染防治和污染物排放管理责任制度，明确单位负责人和相关人员的责任。

第十八条 新建、改建、扩建向大气排放污染物的建设项目，应当依法进行环境影响评价，其中排放重点大气污染物的项目应当取得重点大气污染物排放指标。未依法进行环境影响评价的建设项目，不得开工建设。

第十九条 建设单位应当将建设项目配套建设的大气污染防治设施与主体工程同时设计、同时施工、同时投入使用；大气污染防治设施未经验收合格的，主体工程不得投入生产或者使用。

第二十条 大气污染防治设施应当保持正常使用。

拆除或者停用大气污染防治设施的，应当提前十日向所在地的区县环境保护行政主管部门申报，说明拆除或者停用理由。对经采取其他措施污染物排放能够达到规定要求的，区县环境保护行政主管部门应当在接到申报后十日内予以批准。

第二十一条 向大气排放污染物的企业事业单位和其他生产经营者，应当按照国家规定向所在地环境保护行政主管部门申报，并按照规定缴纳排污费。

征收的排污费一律上缴财政，按照国家有关规定用于大气污染防治，不得挪作他用，并由审计机关依法实施审计监督。

第二十二条 向大气排放污染物的企业事业单位和其他生产经营者，应当按照国家和本市有关规定设置大气污染物排放口和应急排放通道。

禁止通过偷排、篡改或者伪造监测数据、以逃避现场检查为目的的临时停产、非紧急情况下开启排放旁路、不正常运行大气污染防治设施等逃避监管的方式，排放大气污染物。

第二十三条 向大气排放污染物的单位，应当履行下列义务：

（一）按照规定对本单位排污情况自行监测，不具备监测能力的，应当委托环境监测机构或者有资质的社会检测机构进行监测。

（二）建立监测数据档案，原始监测记录应当至少保存三年。

（三）按照规定设置和使用监测点位和采样平台。

（四）配合环境保护行政主管部门开展监督性监测。

（五）按规定向社会公开监测数据等。

第二十四条 根据环境容量、排污单位排放污染物种类、数量和浓度等因素，国家和本市环境保护行政主管部门确定的大气污染物重点排污单位，应当安装与环境保护行政主管部门联网的大气污染源在线自动监测设施，并保持正常运行、监测数据准确。

市环境保护行政主管部门应当向社会公布重点排污单位名录。

大气污染源在线自动监测的有效数据，可以作为环境保护行政主管部门环境执法和管理的依据。

第二十五条 环境保护行政主管部门和其他负有环境保护监督管理职责的部门，应当将依法查处排污单位的违法行为及处罚结果及时向社会公布，并记入市场主体信用信息公示系统。

第二十六条 向大气排放污染物的企业应当如实公开排放大气污染物种类和数量、大气污染防治设施的建设和运行情况等环境保护信息，接受公众监督。

第二十七条 公民、法人和其他组织对大气污染违法行为有权进行举报。对查证属实的，给予奖励。奖励办法由市人民政府规定。

公民、法人和其他组织发现市和区县人民政府及其环境保护行政主管部门或者其他有关部门不依法履行大气环境相关监督管理职责的，可以向其上级机关或者监察机关举报。

接受举报的机关应当对举报人的相关信息予以保密，保护举报人的合法权益。

第二十八条 公民、法人和其他组织有依法保护大气环境的义务。提倡公众绿色出行，优先选择公共交通、自行车、步行的出行方式，鼓励使用清洁能源机动车，减少机动车排放污染。

第三章 重点大气污染物总量控制

第二十九条 本市实施重点大气污染物排放总量控制。市环境保护行政主管部门根据国家核定的重点大气污染物排放总量和本市大气环境质量状况及经济社会发展水平，拟订重点大气污染物排放总量控制计划，报市人民政府批准后，由市环境保护行政主管部门组织实施。

区县环境保护行政主管部门依据重点大气污染物排放总量控制计划核定的指标，根据实际情况，拟订本行政区域重点大气污染物排放总量控制实施方案，经区县人民政府批准后组织实施，并报市环境保护行政主管部门备案。

第三十条 对超过重点大气污染物排放总量控制指标的地区，市和区县环境保护行政主管部门应当暂停该地区审批新增该重点大气污染物排放总量的建设项目环境影响评价文件。

第三十一条 重点大气污染物排放单位的污染物排放总量，由环境保护行政主管部门根据重点大气污染物排放总量控制计划和排放标准，按照公开、公平、公正的原则予以核定。

第三十二条 本市在严格控制重点大气污染物排放总量、实行排放总量削减计划的前提下，按照有利于总量减少的原则，可以进行大气污染物排污权交易。具体办法由市人民政府制定。

第三十三条 本市对大气污染物实行排污许可证制度。

纳入排污许可证管理的向大气排放污染物的单位，应当按照规定向环境保护行政主管部门申请核发排污许可证，并按照排污许可证载明的污染物种类、排放总量指标等要求排放污染物，逐步减少污染物排放总量。

第四章 高污染燃料污染防治

第三十四条 市和区县人民政府应当采取措施，改善能源结构，推广清洁能源的生产和使用。

第三十五条 市人民政府划定、公布高污染燃料禁燃区，并根据大气环境质量状况，逐步扩大禁燃区范围。

在高污染燃料禁燃区内，新建、改建、扩建项目禁止使用煤和重油、渣油、石油焦等高污染燃料。

第三十六条 高污染燃料禁燃区内已建的燃煤电厂和企业事业单位及其他生产经营者使用高污染燃料的锅炉、窑炉，应当按照市或者区县人民政府规定的期限改用天然气等清洁能源、并网或者拆除，国家另有规定的除外。

第三十七条 本市实施燃煤消费总量控制。市发展改革行政主管部门应当会同相关部门编制本市清洁能源发展规划，确定燃煤消费总量控制目标，制定燃煤消费总量控制方案并组织实施，逐步削减燃煤消费总量。

区县人民政府应当按照燃煤消费总量控制目标和控制方案制定本行政区域清洁能源改造计划并组织实施。

第三十八条 禁止销售和使用不符合国家和本市规定标准的燃煤及其制品。商务、市场监管行政主管部门对销售环节实施监督管理；环境保护行政主管部门对使用环节实施监督管理。

第三十九条 市商务行政主管部门应当根据本市城乡规划，按照大气污染防治要求，制定经营性煤炭堆场和民用煤配送网点的布局和总量控制计划。

煤炭经营企业应当将煤炭集中存放到经营性煤炭堆场。

外环线以内不得设置经营性煤炭堆场。

第五章 机动车、船舶排气污染防治

第四十条 市人民政府应当制定公共交通优先发展规划，健全和完善公共交通系统，提高公共交通出行比例。

第四十一条 在本市销售、行驶的机动车尾气排放应当符合本市排放标准。

不符合本市尾气排放标准的机动车，公安交管部门不予办理机动车登记。

第四十二条 机动车所有者或者使用者应当正常使用机动车，不得拆除、停用、擅自改装排气污染防治设施。

第四十三条 在本市销售、使用的非道路移动机械，应当符合国家和本市规定的污染物排放标准。

农村工作、建设等行政主管部门应当配合环境保护行政主管部门，按照各自职责，加强农业机械、施工工程机械等非道路移动机械排放污染物的监督和管理。

第四十四条 机动车维修单位进行与机动车尾气排放有关的维修和保养应当符合国家和本市有关技术规范。维修保养后的机动车应当达到规定的尾气排放标准。

交通运输行政主管部门应当加强对机动车维修单位的监督管理。

第四十五条 本市实行机动车尾气定期检验制度。

在用机动车的所有者应当按照国家和本市的规定将机动车送至检验机构，对其尾气进行定期检验。经检验合格后，环境保护行政主管部门发放环保检验合格标志。

未取得环保检验合格标志或者超标排放污染物的机动车，不得上路行驶。

第四十六条 环境保护行政主管部门可以在机动车停放地对在用机动车的污染物排放状况进行监督抽测。

环境保护行政主管部门可以对在道路上行驶的机动车的污染物排放状况进行遥感监测。遥感监测取得的数据无争议的，可以作为环境执法的依据；有争议的，当事人可以申请采取其他监测方式进行复测。

第四十七条 鼓励提前淘汰高污染排放机动车和非道路移动机械。市环境保护行政主管部门会同市财政、交通运输、公安、商务、市场监管等行政主管部门，根据大气环境质量状况和机动车、非道路移动机械排放污染状况，制定高污染排放在用机动车、非道路移动机械治理方案，报市人民政府批准后实施。

第四十八条 本市按照国家规定对运营机动车实行强制报废制度。达到国家规定使用年限的运营机动车，应当依法强制报废。

第四十九条 在本市销售和使用的船舶应当符合国家和本市大气污染物排放标准。

船舶的所有者或者使用者应当正常使用船舶，不得拆除、擅自改装排放污染控制装置。

推进靠泊船舶采用岸基供电方式，提倡船舶在泊位停靠期间使用岸电。现有码头应当逐步实施岸基供电设施改造。新建码头应当规划、设计和建设岸基供电设施。

市交通运输行政主管部门和海事部门应当按照各自职责，加强对船舶排放大气污染物的监督和管理。

第五十条 在本市销售的机动车、非道路移动机械和船舶用燃料应当符合国家和本市规定的质量标准。

市场监管行政主管部门应当加强对加油站燃油质量的监督检查。

第六章 挥发性有机物、废气、粉尘和恶臭污染防治

第五十一条 市环境保护行政主管部门应当会同市市场监管行政主管部门制定涂料等产品挥发性有机物含量限值标准。

生产、销售、使用含挥发性有机物的原料和产品，其挥发性有机物含量限值应当符合国家和本市标准。

第五十二条 鼓励生产、销售、使用低挥发性有机物或者无挥发性有机物的原料和产品。

市市场监管行政主管部门应当会同市环境保护行政主管部门指导相关行

业协会定期公布低挥发性有机物含量的产品目录。

第五十三条 产生含挥发性有机物废气的生产经营活动，应当在密闭空间或者设备中进行，并按照规定安装、使用污染防治设施；无法密闭的，应当采取措施减少废气排放。

第五十四条 石油、化工及其他生产和使用挥发性有机溶剂的企业，应当采取泄漏检测与修复技术，对管道、设备进行日常检测、修复，采取措施减少挥发性有机物泄漏。

第五十五条 加油加气站、储油储气库和使用油、气罐车的单位，应当按照有关规定安装、使用油气回收装置，每年向环境保护行政主管部门报送油气排放检测报告。

第五十六条 工业涂装企业应当建立台账，记录原料、辅料的挥发性有机物含量、使用量、废弃量和去向。台账的保存时间不得少于三年。

第五十七条 饮食服务、服装干洗、机动车维修等经营单位，应当按照环境保护行政主管部门的规定，安装使用油烟、异味和废气等污染物的净化处理设施，定期对净化处理设施进行清洗维护，排放的污染物不得超过规定的排放标准，不得影响周边环境和居民正常生活。

禁止在居民住宅楼、未配套设立专用烟道的商住综合楼、商住综合楼与居住层相邻的商业楼层内新建、改建、扩建产生油烟、异味、废气的饮食服务项目。

第五十八条 禁止任何单位和个人在人口集中地区和居民住宅区内新建、改建和扩建产生有毒有害气体、恶臭气体的生产经营场所。

禁止任何单位和个人在人口集中地区和其他需要特殊保护的区域内贮存、加工、制造或者使用产生恶臭气体的物质。

第五十九条 工业企业向大气排放有毒有害气体、恶臭气体和粉尘物质的，应当采取车间密闭方式并安装、使用集中收集处理等排放设施，防止生产过程中的泄漏。

第六十条 禁止露天焚烧沥青、油毡、橡胶、塑料、皮革、垃圾以及其他产生有毒有害气体、恶臭气体和烟尘的物质。

禁止露天焚烧落叶、秸秆、枯草等产生烟尘污染的物质。

禁止在区县人民政府划定区域外的公共场所露天烧烤食品。

第六十一条 单位和个人燃放烟花爆竹，应当遵守国家和本市的有关规定。

第七章 扬尘污染防治

第六十二条 建设工程、房屋拆除工程、市政道路工程、水务工程、园林绿化工程等施工现场，施工单位应当按照有关规定，采取设置围挡、苫盖、道路硬化、喷淋、冲洗等措施防治扬尘污染。

第六十三条 施工工地禁止进行现场混凝土搅拌。在施工现场设置砂浆搅拌机的，应当配备降尘防尘装置。

第六十四条 煤炭、煤矸石、煤渣、煤灰、矿粉、砂石、灰土等易产生扬尘的散体物料堆场，应当密闭贮存；不能密闭的，应当按照规定设置严密围挡或者防风抑尘网，并采取有效覆盖措施防止扬尘。装卸物料应当采取密闭或者喷淋等方式控制扬尘排放。

第六十五条 运输企业运输工程渣土、矿粉、砂石、灰浆、建筑垃圾等散装、流体物料的，应当采用专用车辆密闭运输，并按照指定的时间、区域和路线行驶。

第六十六条 在道路、广场、公园和其他公共场所进行清扫保洁作业，应当严格执行清扫保洁作业有关标准，防止扬尘污染。

城市主要道路清洁应当采取低尘作业方式，提高道路机械化清扫率和再生水冲洗率。

第八章 重污染预警与应急

第六十七条 本市建立重污染天气预警机制。市人民政府应当制定重污染天气应急预案，并向社会公布。

市人民政府有关部门和区县人民政府应当制定重污染天气应急实施方案。

出现重污染天气时，市人民政府应当及时发布预警信息，启动应急预案，采取应急措施。

第六十八条 发生突发大气污染事故可能影响公众健康和环境安全时，市和区县人民政府应当及时发布预警信息，采取应急措施。

应急处置工作结束后，市或者区县人民政府应当立即组织评估环境影响和损失，并及时将评估结果向社会公布。

第六十九条 有发生大气污染事故可能性的企业事业单位和其他生产经营者，应当按照国家和本市有关规定制订应急预案，报环境保护行政主管部门和有关部门备案。

企业事业单位和其他生产经营者发生大气污染事故时，应当启动应急预案，立即报告所在区县人民政府及其环境保护行政主管部门。

第九章 区域大气污染防治协作

第七十条 本市与北京市、河北省及周边地区建立大气污染防治协调合作机制，定期协商区域内大气污染防治重大事项。

第七十一条 市人民政府应当根据本市和北京市、河北省及周边地区大气污染防治需要，加快淘汰高污染排放车辆。

第七十二条 市人民政府应当会同北京市、河北省及周边地区人民政府，建立重污染天气应急联动机制，及时通报预警和应急响应的有关信息，并可根据需要，商请有关省市人民政府采取相应的应对措施。

第七十三条 市环境保护等行政主管部门应当与北京市、河北省及周边地区有关部门建立沟通协调机制，对在省市边界建设可能对相邻省市大气环境产生影响的重大项目，及时通报有关信息。

第七十四条 市环境保护行政主管部门应当加强与北京市、河北省及周边地区的大气污染防治科研合作，组织开展区域大气污染成因、溯源和防治政策、标准、措施等重大问题的联合科研，推动节能减排、污染排放、产业准入和淘汰等方面环境标准的统一。

第十章 法律责任

第七十五条 违反本条例规定，排放大气污染物超过标准的，由环境保护行政主管部门责令限期改正，并处十万元以上一百万元以下罚款。

排放重点大气污染物超过排污许可证核定排放总量指标的，由环境保护行政主管部门责令停止排放污染物，处十万元以上一百万元以下罚款，并将超过排放总量指标的部分在核定下一年度排放总量指标时扣除；拒不停止排放污染物的，环境保护行政主管部门可以责令其采取限制生产、停产整治等措施；情节严重的，报经有批准权的人民政府批准，责令停业、关闭。

第七十六条 违反本条例规定，环境影响评价文件未经批准，擅自开工建设的，由环境保护行政主管部门责令停止建设，处五万元以上二十万元以下罚款，并可以责令恢复原状。

第七十七条 违反本条例规定，建设项目的大气污染防治设施未建成或者未经验收合格，主体工程投入生产或者使用的，由审批该建设项目环境影响评价文件的环境保护行政主管部门责令停止生产或者使用，并处一万元以上十万元以下罚款。

第七十八条 违反本条例规定，有下列行为之一的，由环境保护行政主管部门责令停止违法行为，限期改正，并处二万元以上二十万元以下罚款：

（一）拒报或者谎报有关污染物排放申报事项的。

（二）拒绝环境保护行政主管部门现场检查或者在被检查时弄虚作假的。

（三）未按照规定安装、使用大气污染防治设施，或者未经环境保护行政主管部门批准，擅自拆除、停用大气污染防治设施的。

第七十九条 违反本条例规定，通过偷排、篡改或者伪造监测数据、以逃避现场检查为目的的临时停产、非紧急情况下开启排放旁路、不正常运行大气污染防治设施等逃避监管的方式排放大气污染物的，由环境保护行政主管部门责令限期改正，并处十万元以上一百万元以下罚款。

第八十条 违反本条例规定，有下列行为之一的，由环境保护行政主管部门责令限期改正，处二万元以上二十万元以下罚款：

（一）未按照规定对所排放的大气污染物进行监测或者未保存原始监测记录的。

（二）不安装使用与环境保护行政主管部门联网的大气污染源在线自动监测设施的。

第八十一条 违反本条例规定，向大气排放污染物的企业未按照规定公开环境保护相关信息的，由环境保护行政主管部门责令限期改正，处一万元以上十万元以下罚款。

第八十二条 违反本条例规定，未依法取得排污许可证排放大气污染物的，由环境保护行政主管部门责令停止排放，并处十万元以上一百万元以下罚款；拒不停止排放的，报经有批准权的人民政府批准，责令停业、关闭。

第八十三条 违反本条例对高污染燃料管理规定的，按照以下规定予以处罚：

（一）未按照市或者区县人民政府规定的期限改用清洁能源的，由环境保护行政主管部门报区县人民政府，责令限期拆除。

（二）销售不符合国家和本市规定标准的燃煤及其制品的，由市场监管行政主管部门责令停止违法行为，并处货值金额一倍以上三倍以下罚款，可以没收其燃煤及其制品。

（三）使用不符合国家和本市规定标准的燃煤及其制品的，由环境保护行政主管部门责令限期改正，对单位处一万元以上五万元以下罚款。

第八十四条 违反本条例机动车污染防治规定的，按照以下规定予以处罚：

（一）不正常使用机动车排气污染防治设施，或者拆除、改装排气污染防治设施的，由环境保护行政主管部门责令停止违法行为，并处一千元以上五千元以下罚款。

（二）机动车超标排放污染物（含机动车排放黑烟）的，由环境保护行政主管部门处二百元以上二千元以下罚款。

第八十五条 违反本条例挥发性有机物污染防治规定，有下列行为之一的，由环境保护行政主管部门责令停止违法行为，限期改正，并处二万元以上二十万元以下罚款；拒不改正的，责令停产整治：

（一）产生含挥发性有机物废气的生产经营活动，未在密闭空间、设备中进行，或者未按照规定安装、使用污染防治设施的。

（二）加油加气站、储油储气库和使用油、气罐车的单位，未按照有关规定安装、使用油气回收装置的。

（三）工业涂装企业未按照规定建立和保存台账的。

第八十六条 违反本条例规定，饮食服务、服装干洗、机动车维修等经营单位有下列行为之一的，由环境保护行政主管部门责令限期改正，按照以下规定处罚：

（一）饮食服务经营单位未按照有关规定安装、使用油烟净化设施，超标排放油烟的，处五千元以上五万元以下罚款。

（二）服装干洗和机动车维修经营单位未按照有关规定设置异味和废气处理装置等污染防治设施并保持正常使用，影响周边环境的，处二千元以上二万元以下罚款。

第八十七条 违反本条例规定，未采取污染防治措施，向大气排放有毒有害气体、恶臭气体的，由环境保护行政主管部门或者其他依法行使监督管理权的部门责令改正，并处一万元以上十万元以下罚款。

第八十八条 违反本条例规定，有下列行为之一的，由有关部门按照以下规定处罚：

（一）露天焚烧沥青、油毡、橡胶、塑料、皮革、垃圾等产生有毒有害物质的，由环境保护行政主管部门责令停止违法行为，对企业事业单位处一万元以上五万元以下罚款；对个人可以处二百元以上二千元以下罚款。

（二）露天焚烧落叶、枯草或者在政府划定区域外的公共场所露天烧烤食品的，由城市管理综合行政执法机关责令停止违法行为，可以处二百元以上二千元以下罚款。

（三）露天焚烧秸秆的，由环境保护行政主管部门责令停止违法行为，可以处二百元以上二千元以下罚款。

第八十九条 违反本条例规定，未实施扬尘污染防治措施，造成扬尘污染的，由有关部门责令限期改正，并按照以下规定予以处罚：

（一）施工现场未采取设置围挡、苫盖、道路硬化、喷淋、冲洗等防治扬尘污染措施，或者未使用专用车辆密闭运输散装、流体物料的，由建设、交通运输、水务行政主管部门按照各自职责，处一万元以上十万元以下罚款。

（二）在施工工地进行现场混凝土搅拌，或者在施工现场设置砂浆搅拌机未配备降尘防尘装置的，由建设、交通运输、水务行政主管部门按照各自职责，处一万元以上五万元以下罚款。

（三）存放煤炭、煤矸石、煤渣、煤灰、矿粉、砂石、灰土等易产生扬尘的散体物料堆场，未采取密闭贮存、设置围挡或者防风抑尘网等有效措施防止扬尘的，或者装卸物料未采取密闭或者喷淋等方式的，由环境保护行政主管部门处一万元以上十万元以下罚款。

（四）运输散装、流体物料撒漏造成扬尘污染的，由城市管理综合行政执法机关按照本市市容环境有关规定处罚。

第九十条 违反本条例规定，造成一般或者较大大气污染事故的，由环境保护行政主管部门按照污染事故造成的直接损失的一倍以上三倍以下处以罚款；造成重大或者特大大气污染事故的，由环境保护行政主管部门按照污染事故造成的直接损失的三倍以上五倍以下处以罚款。对直接负责的主管人员和其他直接责任人员可以处上一年度从本企业事业单位取得收入百分之五十以下的罚款。

第九十一条 违反本条例规定，企业事业单位和其他生产经营者有下列行为之一，受到罚款处罚，被责令改正，拒不改正的，依法作出处罚决定的行政主管部门可以自责令改正之日的次日起，按照原处罚数额按日连续处罚：

（一）超过污染物排放标准或者超过重点大气污染物排放总量控制指标，排放大气污染物的。

（二）通过偷排、篡改或者伪造监测数据等逃避监管的方式，排放大气污染物的。

（三）未依法取得排污许可证排放大气污染物的。

（四）施工现场未采取设置围挡、苫盖、道路硬化、喷淋、冲洗等防治扬尘污染措施，或者未使用专用车辆密闭运输散装、流体物料的。

（五）在施工工地进行现场混凝土搅拌，或者在施工现场设置砂浆搅拌机未配备降尘防尘装置的。

（六）存放煤炭、煤矸石、煤渣、煤灰、矿粉、砂石、灰土等易产生扬尘的散体物料堆场，未采取密闭贮存、设置围挡或者防风抑尘网等有效措施防止扬尘的，或者装卸物料未采取密闭或者喷淋等方式的。

第九十二条 对处以按日连续处罚的企业事业单位和其他生产经营者，自决定按日连续处罚之日起七日内，由环境保护行政主管部门或者作出行政处罚决定的行政主管部门约谈其主要负责人，并向社会公开约谈情况、整改措施及结果。

第九十三条 违反本条例规定，企业事业单位和其他生产经营者有下列行为之一，尚不构成犯罪的，除按照有关法律、法规规定予以处罚外，由环境保护行政主管部门移送公安机关，对其直接负责的主管人员和其他直接责任人员，由公安机关依照法律规定处以拘留：

（一）建设项目未依法进行环境影响评价，被责令停止建设，拒不执行的。

（二）违反法律规定，未取得排污许可证排放污染物，被责令停止排污，拒不执行的。

（三）通过偷排、篡改或者伪造监测数据等逃避监管的方式，排放大气污染物的。

第九十四条 环境保护行政主管部门和其他负有大气环境保护监督管理职责的部门在大气污染防治工作中，有下列行为之一的，由任免机关或者监察机关按照管理权限，对直接负责的主管人员和其他直接责任人员依法给予行政处分；构成犯罪的，依法追究刑事责任：

（一）违法作出行政许可决定的。

（二）接到对污染大气环境行为的举报或者其他部门移送违法案件，不依法查处或者泄露举报人信息的。

（三）违反规定不公开大气环境相关信息的。

（四）将征收的排污费截留、挤占或者挪作他用的。

（五）有滥用职权、玩忽职守、徇私舞弊的其他行为的。

第十一章　附则

第九十五条 本条例所称高污染燃料，是指原（散）煤、煤矸石、粉煤、煤泥、燃料油（重油和渣油）、石油焦、各种可燃废物等；燃料中污染物含量超过国家相关限值的固硫蜂窝型煤、轻柴油、煤油和人工煤气。

本条例所称非道路移动机械，是指不在道路上行驶的以汽油或者柴油为燃料的施工工程机械、农业机械等机械，如拖拉机、打桩机、发电机等。

第九十六条 本条例规定的行政处罚，由市人民政府负有大气污染防治行政执法职责的部门根据公平公正、过罚相当的原则，制定行政处罚自由裁量基准，并向社会公布。

第九十七条 本条例自2015年3月1日起施行。2002年7月18日天津市第十三届人民代表大会常务委员会第三十四次会议通过、2004年11月12日天津市第十四届人民代表大会常务委员会第十五次会议修正的《天津市大气污染防治条例》同时废止

8. 上海市大气污染防治条例

上海市大气污染防治条例

（2014年7月25日上海市十四届人大常委会第十四次会议审议通过）

第一章 总则

第一条 为防治大气污染，改善本市大气环境质量，保障公众健康，推进生态文明建设，促进经济社会可持续发展，根据《中华人民共和国环境保护法》《中华人民共和国大气污染防治法》，结合本市实际情况，制定本条例。

第二条 条例适用于本市行政区域内大气污染防治。

第三条 防治大气污染是全社会的共同责任。

本市大气污染防治工作遵循以人为本、预防为主、防治结合、共同治理、区域联动、损害担责的原则。

第四条 本市各级人民政府应当加强对大气环境保护工作的领导，将大气环境保护工作纳入国民经济和社会发展计划，合理规划、调整城乡发展和产业布局，保证环境保护资金投入，采取大气污染防治有效措施，加大生态建设和治理力度，保护和改善大气环境。

第五条 环境保护行政主管部门对本市大气污染防治实施统一监督管理，并负责本条例的组织实施。区、县环境保护行政主管部门对本辖区内大气污染防治实施具体监督管理。

市和区、县发展改革、经济信息化、规划国土行政管理部门负责能源结构调整、产业结构调整和产业布局优化工作。

市和区、县公安交通、交通以及国家海事等行政管理部门根据各自职责，对机动车、船污染大气实施监督管理。

市和区、县建设、绿化市容、交通、房屋等行政管理部门根据各自职责，对扬尘污染大气实施监督管理。

市和区、县财政、农业、质量技术监督、工商、教育、卫生、城管执法、气象等部门在各自职责范围内协同实施本条例。

第六条 乡、镇人民政府和街道办事处可以在区、县环保部门的指导下，对管辖范围内的餐饮、汽修、五金加工、干洗等为社区配套服务单位的大气污染防治工作进行协调。

对因前款规定的单位排放大气污染物引发的纠纷，当事人可以向乡、镇人民政府或者街道办事处申请调解。

第七条 本市实行大气环境保护目标责任制和考核评价制度。市和区、县人民政府应当将大气环境保护目标和任务的完成情况作为对本级有关部门和下一级人民政府及其负责人考核的内容。考核结果应当作为政府和各有关部门绩效考核的重要内容，并向社会公布。

第八条 向大气排放污染物的单位和个人，应当加强内部管理，健全环境管理制度，采用先进的生产工艺和治理技术，防止和减少大气环境污染；造成大气环境污染的，应当依法承担法律责任。

第九条 本市鼓励和支持大气环境保护相关产业的发展，鼓励社会资本投入大气污染防治领域。

第十条 本市鼓励开展大气污染防治方面的科学技术研究以及国际、区域合作和交流，鼓励清洁能源的开发利用，推广先进的清洁能源技术和大气污染防治技术。

第十一条 本市倡导文明、节约、绿色的消费方式和生活方式。

企事业单位、社会组织和个人应当遵守大气污染防治法律、法规，履行保护大气环境的义务，参与大气环境保护工作。

各级人民政府及其有关部门应当加强宣传，普及大气环境保护的科学知识，营造保护大气环境的良好风气。教育行政管理部门应当逐步推进环境教育，将大气环境保护知识纳入学校教育内容，培养青少年的大气环境保护意识。

第十二条 在本市行政区域内的任何单位和个人有权对污染大气环境的行为，以及环保部门和其他有关行政管理部门及其工作人员不依法履行职责的行为进行举报。

市环保部门应当公布全市统一的举报电话，及时处理举报。举报线索经查证属实的，环保部门应当按照有关规定对举报人给予奖励。

本市新闻媒体应当开展大气环境保护法律、法规和大气环境保护科学知识的宣传，对违法行为进行舆论监督。

第十三条 市或者区、县人民政府对在防治大气污染、保护和改善大气环境方面成绩显著的单位和个人，应当给予表彰、奖励。

第二章 大气污染防治的监督管理

第十四条 市环保部门应当会同有关部门，组织编制本市大气污染防治规划，报市人民政府批准后组织实施。

市人民政府应当制定大气环境质量达标规划和阶段目标，采取严格的大气污染控制措施，保证本市在规定期限内达到国家规定的大气环境质量标准。

第十五条 本市按照国家规定划定大气环境质量功能区。市环保部门应当按照城市总体规划、环境保护规划目标和大气环境质量功能区的要求，提出本市大气污染重点整治地区及其整治目标、职责分工和限期达标计划的方案，报市人民政府批准后实施。

第十六条 本市实行大气污染物排放浓度控制和主要大气污染物排放总量控制相结合的管理制度。

向大气排放污染物的，其污染物排放浓度不得超过国家和本市规定的排放标准。

本市按照国务院规定的具体办法，对主要大气污染物排放实施总量控制。主要大气污染物名录由市环保部门根据国家要求和本市实际情况拟订，报市人民政府批准后公布。

第十七条 市环保部门应当根据国家核定的本市不同时期主要大气污染物排放总量和大气环境容量及社会经济发展水平，拟订本市不同时期主要大气污染物总量控制计划，报市人民政府批准后组织实施。

区、县环保部门根据本市主要大气污染物总量控制计划，结合本辖区实际情况，拟订本辖区主要大气污染物总量控制实施计划，经区、县人民政府批准后组织实施，并报市环保部门备案。

实施总量控制前已有的排污单位，其主要大气污染物排放总量指标，由市或者区、县环保部门依照国务院规定的条件和程序，按照公开、公平、公正的原则，根据各单位现有排放量、产业发展规划和清洁生产要求及本辖区主要大气污染物总量控制实施计划拟订，报同级人民政府核定。

第十八条 本市对主要大气污染物排放实施许可证制度。环保部门确定的排放大气污染物重点监管单位应当取得主要大气污染物排放许可证（以下简称排放许可证）；无排放许可证的，不得排放主要大气污染物。

实施总量控制前已有的排污单位，排放主要大气污染物未超过核定排放总量指标的，由市或者区、县人民政府核发排放许可证；排放主要大气污染物超过核定排放总量指标的，由市或者区、县环保部门责令限制生产或者停产整治。

新建、扩建、改建排放主要大气污染物的项目，应当按照规定获得主要大气污染物排放总量指标，然后办理建设项目环境保护审批手续。该项目的大气污染物处理设施必须经过市或者区、县环保部门验收合格后，方可取得排放许可证。

申请排放许可证的条件，由市环保部门根据国家有关法律、行政法规的规定另行制定。

第十九条 本市鼓励开展主要大气污染物排放总量指标交易。市环保部门会同相关行政管理部门探索建立本市主要大气污染物排放总量指标交易制度，完善交易规则。

第二十条 市发展改革、经济信息化、环保、财政等行政管理部门可以研究制定相关政策，对因无排放许可证排放主要大气污染物、超过标准排放主要大气污染物，以及排放主要大气污染物超过核定排放总量指标等严重违法行为受到处罚的单位，在其改正违法行为之前，向其征收阶段性差别电价。

供电企业依照前款规定征收差别电价电费的，差别部分电费应当单独立账管理，上缴市级财政。

第二十一条 本市严格控制严重污染大气的产业发展。

市经济信息化行政管理部门会同市发展改革等相关行政管理部门制定本市产业结构调整指导目录时，应当根据本市大气环境质量状况，将严重污染大气的产业列入淘汰类目录。

市经济信息化、发展改革、规划国土和环保等有关部门应当逐步优化产业布局，将排放大气污染物的产业项目安排在城乡规划确定的工业园区内。工业园区管理机构应当完善相关环境基础设施，减少大气污染物排放。

第二十二条 乡、镇或者工业园区有下列情形之一的，环保部门可以暂停审批该区域内产生大气污染物的建设项目的环境影响评价文件：

（一）大气污染物排放量超过总量控制指标的；

（二）未按时完成淘汰高污染行业、工艺和设备任务的；

（三）未按时完成大气污染治理任务的；

（四）配套的环境基础设施不完备的；

（五）市人民政府规定的其他情形。

企业集团有前款第一项、第二项、第三项情形之一的，环保部门可以暂停审批该企业集团产生大气污染物的建设项目的环境影响评价文件。

第二十三条 市经济信息化行政管理部门应当会同市发展改革、环保等相关行政管理部门根据大气污染物排放标准，结合城市功能定位，定期制定和调整本市工业领域行业、工艺和设备淘汰名录，报市人民政府批准后公布实施。

列入前款名录范围的行业、工艺或者设备，应当在规定的期限内予以调整或者淘汰。

第二十四条 向大气排放污染物的单位，其大气污染物处理设施必须保持正常使用。拆除或者闲置大气污染物处理设施的，必须事先报经市或者区、县环保部门批准。

大气污染物处理设施因维修、故障等原因不能正常使用的，排污单位应当采取限产停产等措施，确保其大气污染物排放达到规定的标准，并立即向区、县环保部门报告。

第二十五条 鼓励排污单位和个人委托具有相应能力的第三方机构运营其污染治理设施或者实施污染治理。没有相应能力运营污染治理设施或实施污染治理的单位和个人，应当委托具有相应能力的第三方机构实施治理。排污单位和个人应当将委托第三方机构实施污染治理的情况向环保部门备案。

接受委托的第三方机构，应当遵守环境保护法律、法规和相关技术规范的要求。

第二十六条 各单位应当加强对生产设施和污染物处理设施的保养、检修，采取措施防止大气污染事故的发生。

排放或者可能泄漏有毒有害气体和含有放射性物质的气体或者气溶胶，可能造成大气污染事故的单位，必须按照有关规定制订应急预案，并报环保部门、民防部门以及其他有关部门备案。接受备案的部门，应当加强对备案单位的检查和技术指导。

发生突发大气污染事故的，有关单位应当立即启动应急预案，采取有效措施，防止污染危害扩大，并及时向环保部门报告。在危害或者可能危害人体健康和安全的紧急情况下，市或者区、县人民政府应当及时向当地居民公告，采取强制性应急措施，包括责令有关排污单位停止排放污染物，封闭部分道路，疏散受到或者可能受到污染危害的人员。

第二十七条 市环保部门应当会同市气象等相关部门根据大气环境质量状况，拟订本市环境空气质量重污染天气应急预案，报市人民政府批准后实施。

第二十八条 本市建立重污染天气分级预警和响应机制。

出现重污染天气时，市人民政府应当及时启动应急预案。根据不同的污染预警等级，向社会发布预警信息，并采取相应的响应措施。

根据应急预案的规定，环保、卫生、教育等有关部门应当通过新闻媒体及时发布公众健康提示及建议，提醒公众减少户外活动、降低室外工作强度等；环保、经济信息化、建设、交通、绿化市容、公安等有关部门应当采取暂停或限制排污单位生产、停止易产生扬尘的作业活动、限制机动车行驶、禁止燃放烟花爆竹等应急措施，并向社会公告，相关单位和个人应当服从和配合。

第二十九条 市环保、气象部门应当建立大气环境信息和气象信息共享、预测预报会商等相关工作机制，并联合发布空气质量预报信息。

第三十条 市和区、县环保部门负责本市大气环境质量的监测和对大气污染源的监督监测，建立和完善大气环境监测网络。

市环保部门统一发布本市大气环境质量信息。区、县环保部门应当按照规范发布本辖区内的大气环境质量信息。

第三十一条 使用额定蒸发量二十吨以上锅炉或者大气污染物排放量与其相当的窑炉的单位，以及市环保部门确定的排放大气污染物重点监管单位，必须配置大气污染物排放在线监测设备，并由环保部门纳入统一的监测网络。

在线监测设备作为环境污染治理设施的组成部分，应当保持正常运行。

在线监测取得的数据可以作为环境执法和管理的依据。

第三十二条 单位有下列情形之一的，应当按照环保部门的要求，通过新闻媒体定期公布排放大气污染物的名称、排放方式、排放总量、排放浓度、超标排放情况，以及防治污染设施的建设和运行情况等单位环境信息：

（一）列入大气污染物排放重点监管单位名单的；

（二）主要大气污染物排放量超过总量控制指标的；

（三）大气污染物超标排放的；

（四）国家和本市规定的其他情形。

市环保部门应当定期公布重点监管单位的监督监测信息。

第三十三条 市和区、县环保部门应当将企事业单位和其他生产经营者的大气环境违法信息纳入本市企业征信信息系统，定期向社会公布违法者名单。

第三章 防治能源消耗产生的污染

第三十四条 市和区、县人民政府应当采取措施，合理控制能源消费总量，逐步削减煤炭消费总量，改进能源结构，推广清洁能源的生产和使用。

市发展改革行政管理部门应当会同市相关行政管理部门，拟订本市煤炭消费总量削减目标和控制措施，报市人民政府批准后实施。区、县人民政府应当按照本市煤炭消费总量削减目标制定本行政区域的具体措施并组织实施。

第三十五条 市发展改革行政管理部门应当会同有关部门推进本市清洁

能源建设，制定促进清洁能源发展、能源结构调整的相关政策。

除燃煤电厂外，本市禁止新建燃用煤、重油、渣油、石油焦等高污染燃料（以下统称高污染燃料）的设施；燃煤电厂的建设按照国家和本市有关规定执行。

除电站锅炉、钢铁冶炼窑炉外，现有燃用高污染燃料的设施应当在规定的期限内改用天然气、液化石油气、电或者其他清洁能源。市经济信息化行政管理部门应当会同有关部门制订具体推进计划。

尚未实施清洁能源替代的燃用高污染燃料的设施，必须配套建设脱硫、脱硝、除尘装置或者采取其他措施，控制二氧化硫、氮氧化物和烟尘等污染物排放量；燃料应当符合国家和本市规定的有关强制性标准和要求。

第三十六条 新建燃用天然气等清洁能源的锅炉、窑炉，应当采用低氮燃烧等氮氧化物控制措施。已建燃用天然气等清洁能源的锅炉、窑炉，应当在规定的期限内采用低氮燃烧的技术改造措施。

禁止锅炉、窑炉、单位使用的或者经营性的炉灶等设施排放明显可见的黑烟。

第四章 防治机动车、船排放污染

第三十七条 任何单位和个人不得制造、销售或者进口污染物排放超过规定排放标准的机动车。

销售有本市地方排放标准的机动车的，必须向市环保部门报送所售该型号机动车污染物排放情况的资料；不符合排放标准的，不得在本市销售。市环保部门应当定期公布污染物排放符合规定排放标准的机动车车型目录。

质量技术监督管理部门应当加强对本市制造、销售的机动车污染物排放标准符合性的监督检查，并向环保部门定期通报检查情况。

入境检验部门依法对进口机动车排气污染实施检验和监督。

第三十八条 在本市行驶的机动车、船向大气排放污染物，不得超过国家和本市规定的排放标准。

污染物排放超过国家和本市规定的排放标准的机动车，公安交通管理部门不予核发牌证。污染物排放超过规定排放标准的机动船，有关行政管理部门不予注册登记。

本市在用机动车应当按照机动车安全技术检验周期，在接受安全技术检测的同时接受排气污染定期检测。经检测合格的，方可上路行驶。环保部门可以对注册超过十年的机动车辆增加排气污染检测频次。

在用机动车未经机动车排气污染定期检测，或者经检测排放的污染物超过国家和本市规定的排放标准的，公安交通管理部门不予核发安全检验合格标志。

在本市行驶的机动车、船不得排放明显可见的黑烟。

第三十九条 机动车尾气处理装置应当保持正常使用。尾气排放车载诊断系统报警或者尾气处理装置保质期届满的，车主应当及时送修、更换，确保车辆达到排放标准。

第四十条 在本市使用的非道路移动机械向大气排放污染物，不得超过国家和本市规定的排放标准。非道路移动机械的所有者或者使用者应当向区、县环保部门申报非道路移动机械的种类、数量、使用场所等情况。

在本市使用的非道路移动机械不得排放明显可见的黑烟。

第四十一条 机动车维修单位，应当按照防治大气污染的要求和国家有关技术规范进行维修，使在用机动车达到规定的污染物排放标准。

机动车二级维护、发动机总成大修、整车大修的经营单位，应当按照规定配备排气污染物检测仪器设备。

机动车经过二级维护、发动机总成大修、整车大修及其他影响整车污染物排放的维修，污染物排放超过规定排放标准的，不得交付使用。

机动车经过前款所列项目维修后，在规定的维修质量保证期内正常使用时，其污染物排放超过规定排放标准的，机动车维修单位应当负责维修，使其达到规定的排放标准。

交通行政管理部门应当加强对机动车维修单位的监督管理。

第四十二条 市环保部门可以委托具有机动车检测资质的检测单位进行排气污染定期检测，并公布检测单位目录。未经市环保部门委托的，不得进行机动车排气污染定期检测。

接受市环保部门委托从事机动车排气污染定期检测的单位，必须按照国家和本市规定的检测方法和技术规范进行检测，如实提供检测报告，并定期将机动车排气污染检测情况报市环保部门备案。

市环保部门应当对接受委托从事机动车排气污染定期检测的单位进行监督、抽查，对提供不实的检测报告或者不按照规定的检测方法和技术规范进行机动车排气污染检测，情节严重的，撤销对其定期检测的委托。

第四十三条 公安交通管理部门、海事部门可以会同环保部门对在道路上行驶的机动车和在通航水域内行驶的机动船的污染物排放状况进行监督抽测。遥感监测取得的数据，可以作为环境执法的依据。

环保部门可以在机动车停放地对在用机动车的污染物排放状况进行监督

抽测。

在用机动车车主或者驾驶人员以及在航机动船经营人员或者船员应当配合公安交通、海事和环保部门的监督抽测，不得拒绝、阻挠。

第四十四条　市环保部门应当按照国家有关规定对本市机动车统一核发环保检验合格标志。

无环保检验合格标志的，不得上路行驶。对标识为高污染的机动车实施区域限行措施。高污染机动车的限行区域和限行时间，由市公安交通管理部门会同市环保、交通行政管理部门另行规定。

无环保检验合格标志或者被标识为高污染的道路运输车辆不得在本市从事道路运输经营。

第四十五条　污染物排放超过规定标准的在用机动车无法修复的，应当及时向公安交通管理部门办理机动车报废手续，并不得上路行驶。

第四十六条　本市交通、海洋以及海事、渔政等有监督管理权的部门，应当加强对机动船污染物排放的监督检查。

污染物排放超过规定标准的在用机动船，由有监督管理权的部门责令限期维修。

市交通行政管理部门应当会同有关部门推进建设码头岸基供电设施和低硫油供应设施。

第四十七条　市质量技术监督管理部门可以根据实际情况，会同有关部门制定严于国家标准的车、船、非道路移动机械燃料地方质量标准。

本市销售的车、船、非道路移动机械燃料必须符合国家和本市规定的质量标准。

本市自备燃料用于车、船、非道路移动机械的单位，其使用的燃料必须符合国家和本市规定的质量标准。

质量技术监督、环保、海事部门应当按照职责分工加强对本市燃油质量的监督检查，并定期发布检查结果。

第四十八条　市和区、县人民政府应当优先发展公共交通，倡导和鼓励公众使用公共交通、自行车等方式出行。

国家机关、事业单位、大型企业以及公交、环卫等行业应当率先推广使用新能源和清洁能源机动车。

第五章　防治废气、尘和恶臭污染

第四十九条　本市鼓励生产、使用低挥发性有机物含量的原料和产品。

市质量技术监督管理部门应当会同市环保部门指导相关行业协会定期公布低挥发性有机物含量产品和高挥发性有机物含量产品的目录。

列入高挥发性有机物含量产品目录的产品，应当在其包装或者说明中予以标注。

第五十条 本市医院、学校及幼托机构等环境敏感区域内禁止使用高挥发性有机物含量的产品。

本市在化工、表面涂装、包装印刷等重点行业逐步推进低挥发性有机物含量产品的使用。

使用财政资金的单位应当优先采购低挥发性有机物含量的产品。

第五十一条 市环保部门应当会同市质量技术监督等部门，制定本市重点行业挥发性有机物排放标准、技术规范。相关单位应当按照挥发性有机物排放标准、技术规范的规定，制定操作规程，组织生产管理。

原油和成品油码头、加油站、储油库、油罐车、服装干洗行业等应当配备挥发性有机物回收装置。

产生含挥发性有机物废气的生产经营活动，应当在密闭空间或者设备中进行，设置废气收集和处理系统，并保持其正常使用；造船等无法在密闭空间进行的生产经营活动，应当采取有效措施，减少挥发性有机物排放。

石油化工及其他使用有机溶剂的企业应当按照环保部门的规定建立泄漏检测与修复制度，发生泄漏的应当及时修复。

石油化工、化工等排放挥发性有机物的企业在计划维修、检修过程中，应当按照环保部门的规定，对生产装置系统的停运、倒空、清洗等环节实施挥发性有机物排放控制。

第五十二条 废弃物焚烧炉必须按照国家和本市规定的标准进行建设，由市环保部门验收合格后，方可投入使用。

废弃物焚烧炉的运行，应当严格遵守操作规程，防止产生二次污染，其排放的大气污染物不得超过规定的排放标准和排放总量指标。

第五十三条 本市禁止露天焚烧秸秆、枯枝落叶等产生烟尘的物质，以及沥青、油毡、橡胶、塑料、垃圾、皮革等产生有毒有害、恶臭或强烈异味气体的物质。

乡、镇人民政府和街道办事处应当对区域内违反前款规定的行为进行巡查和监督。

市发展改革、经济信息化、农业、环保、财政等有关部门应当制定相关政策，鼓励和引导农业生产方式转变和秸秆高效综合利用，区、县人民政府应当予以推进落实。

第五十四条 建设单位应当在施工承包合同中明确施工单位防治扬尘污染的责任。

施工单位应当按照施工技术规范中扬尘污染防治的要求文明施工，控制扬尘污染。符合市建设行政管理部门规定条件的建设工程，施工单位应当按照规定安装扬尘在线监测设施，扬尘在线监测设施的安装和运行费用列入工程概算。

第五十五条 装卸、运输易产生扬尘污染的物料的车辆，应当采用密闭化措施。运输单位和个人应当加强对车辆机械密闭装置的维护，确保设备正常使用，运输途中的物料不得沿途泄漏、散落或者飞扬。

装卸、运输易产生扬尘污染的物料的船舶应当采取覆盖措施。

第五十六条 堆放易产生扬尘污染的物料的港口、码头、堆场、混凝土搅拌站和露天仓库等场所应当采取围挡、遮盖、密闭和其他防治扬尘污染的措施，并符合下列防尘要求：

（一）地面进行硬化处理；

（二）采用混凝土围墙或者天棚储库，库内配备喷淋或者其他抑尘措施；

（三）采用输送设备作业的，应当在落料、卸料处配备吸尘、喷淋等防尘设施，并保持防尘设施的正常使用；

（四）在出口处设置车辆清洗的专用场地，配备运输车辆冲洗保洁设施；

（五）划分料区和道路界限，及时清除散落的物料，保持道路整洁，并及时清洗。

第五十七条 道路、广场和其他公共场所进行保洁作业的单位和个人，应当按照保洁作业技术规范中的扬尘污染防治要求作业。

第五十八条 植物栽种和养护作业应当符合绿化建设和养护技术规范中的扬尘污染防治要求。

第五十九条 下列范围内裸露土地应当依本条规定进行绿化或者铺装：

（一）单位范围内的裸露土地，由所在单位进行绿化或者铺装；

（二）闲置六个月以上的建设用地，由建设单位进行绿化或者铺装；

（三）市政道路、河道沿线、公共绿地的裸露土地，分别由交通、水务、绿化行政管理部门组织进行绿化或者铺装。

第六十条 禁止在人口集中地区和其他依法需要特殊保护的区域内，贮存、加工、制造或者使用产生强烈异味、恶臭气体的物质。

第六十一条 饮食服务业的经营者应当按照市环保部门的规定安装和使用油烟净化和异味处理设施以及在线监控设施，并保持正常运行，排放的油烟、烟尘等污染物不得超过规定的标准。

饮食服务业的经营者应当定期对油烟净化和异味处理装置进行清洗维护并保存记录，防止油烟和异味对附近居民的居住环境造成污染。环保部门应当对饮食服务经营场所的油烟和异味排放状况进行监督检查。

在本市城镇范围的居民住宅楼内，不得新建饮食服务经营场所。规划配套建设的饮食服务经营场所，应当在建筑结构上设计专用烟道等污染防治措施，保证油烟排放口设置高度及与周围居民住宅楼等建筑物距离控制符合环保要求。

在前款规定范围内新建的饮食服务经营场所，应当使用清洁能源。已建的饮食服务经营场所应当按照市人民政府规定的限期改用清洁能源。

第六十二条 产生粉尘、废气的作业活动具备收集或者消除、减少污染物排放条件的，作业单位和个人应当按照规定采取相应的防治措施，不得无组织排放。

第六十三条 本市根据实际需要逐步扩大烟花爆竹的禁止燃放区域，严格限制燃放时间。

第六章 长三角区域大气污染防治协作

第六十四条 市人民政府应当根据国家有关规定，与长三角区域相关省建立大气污染防治协调合作机制，定期协商区域内大气污染防治重大事项。

环保、发展改革、经济信息化、规划国土、建设、交通、公安交通、气象、海事等相关部门应当与周边省、市、县（区）相关部门建立沟通协调机制，采取措施，优化长三角区域产业结构和规划布局，促进清洁能源替代，统筹区域交通发展，强化大气环境信息共享及污染预警应急联动，协调跨界污染纠纷，实现区域经济、社会、环境协调发展。

第六十五条 本市有关部门在制定本条例第二十一条、第二十三条规定的产业结构调整指导目录和淘汰名录时，应当统筹考虑与长三角区域相关省的协调性。

第六十六条 市人民政府应当会同长三角区域相关省，及时组织实施机动车国家排放标准。

市人民政府应当会同长三角区域相关省，根据长三角区域大气污染防治需要，研究制定区域统一的货运汽车和长途客车更新淘汰标准，并采取车辆限行等措施，加快淘汰高污染车辆。

第六十七条　市交通行政管理部门应当与国家海事部门、长三角区域相关省有关部门加强协作，在本市逐步推进进入上海港的船舶使用低硫油，靠泊船舶采用岸基供电。

第六十八条　市人民政府应当会同长三角区域相关省，建立长三角区域重污染天气应急联动机制，及时通报预警和应急响应的有关信息，并可根据需要商请相关省、市采取相应的应对措施。

第六十九条　市环保等行政管理部门应当与长三角区域相关省有关部门建立沟通协调机制，对在省、市边界建设可能对相邻省、市大气环境产生影响的重大项目，及时通报有关信息。

第七十条　市人民政府应当会同长三角区域相关省，在防治机动车污染、禁止秸秆露天焚烧等领域，探索区域大气污染联动执法。

第七十一条　市人民政府应当与长三角区域相关省协商，将下列环境信息纳入长三角区域共享：

（一）大气污染源信息；

（二）大气环境质量监测信息；

（三）气象信息；

（四）机动车排气污染检测信息；

（五）企业环境征信信息；

（六）可能造成跨界大气影响的污染事故信息；

（七）各方协商确定的其他信息。

第七十二条　市环保部门应当加强与长三角相关省的大气污染防治科研合作，组织开展区域大气污染成因、溯源和防治政策、标准、措施等重大问题的联合科研，推动节能减排、污染排放、产业准入和淘汰等方面环境标准的统一。

第七章　法律责任

第七十三条　违反本条例规定的行为，法律和行政法规已有处罚规定的，从其规定。

第七十四条　环保部门和其他有关行政管理部门应当依法履行监督管理职责，有下列违法行为的，由所在单位或者上级主管部门对直接负责的主管人员和其他直接责任人员，依法给予行政处分；构成犯罪的，依法追究刑事责任：

（一）对应当予以受理的事项不予受理的；

（二）对应当予以查处的违法行为不予查处，致使公共利益受到严重损害的；

（三）滥用职权、徇私舞弊的；

（四）违反本条例规定，查封、扣押企事业单位和其他生产经营者的设施、设备的。

第七十五条 违反本条例第十八条规定，无排放许可证排放主要大气污染物的，由市或者区、县环保部门责令停止生产，并处五万元以上五十万元以下罚款；有排放许可证，排放主要大气污染物超过核定排放总量指标的，由环保部门责令限制生产或者停产整治，处一万元以上十万元以下罚款；情节严重的，由市或者区、县环保部门报请同级人民政府责令停业、关闭。

第七十六条 违反本条例第二十三条第二款规定，列入淘汰名录的行业、工艺或者设备逾期未调整或者淘汰的，相关企业由市或者区、县经济信息化行政管理部门报请同级人民政府责令停业、关闭。

第七十七条 违反本条例第二十四条第一款、第二款规定，有下列情形之一的，由市或者区、县环保部门责令停止生产，处一万元以上五万元以下的罚款：

（一）大气污染物处理设施未保持正常使用的；

（二）未经批准擅自拆除或者闲置大气污染物处理设施的；

（三）大气污染物处理设施因维修、故障等原因不能正常使用，未按照规定及时报告的。

第七十八条 违反本条例第二十五条第二款规定，接受委托的第三方机构，未按照法律、法规和相关技术规范的要求实施污染治理，或者在实施污染治理中弄虚作假的，由市或者区、县环保部门责令改正，处一万元以上十万元以下罚款。

第七十九条 违反本条例第二十六条第二款规定，未制订应急预案的，由市或者区、县环保部门责令改正；对拒不制订应急预案的单位，可以处二千元以上一万元以下罚款，并可以建议有关部门对直接负责的主管人员和其他直接责任人员给予行政处分。

第八十条 有关单位违反本条例第二十八条第三款规定，拒不执行暂停或限制生产措施的，由环保部门处二万元以上二十万元以下罚款；拒不执行扬尘管控措施的，由建设、交通、房屋等有关行政管理部门或城管执法部门依据各自职责处一万元以上五万元以下罚款；拒不执行机动车管控、禁止燃放烟花爆竹措施的，由公安机关依照有关规定予以处罚。

第八十一条 违反本条例第三十一条第一款规定，未按照规定配置大气污染物排放在线监测设备，或者拒绝纳入统一监测网络的，由市或者区、县环保部门责令改正，并处一万元以上十万元以下罚款。

第八十二条 违反本条例第三十二条第一款规定，未按照规定公布单位环境信息的，由市或者区、县环保部门责令公开，处一万元以上十万元以下罚款。

第八十三条 违反本条例第三十五条第三款、第六十一条第四款规定，在市人民政府规定的期限届满后继续使用高污染燃料的，由市或者区、县环保部门责令拆除或者没收燃用高污染燃料的设施。

违反本条例第三十五条第四款，使用燃料不符合国家和本市规定的有关强制性标准和要求的，由质量技术监督管理部门责令改正，可以处一万元以上十万元以下罚款。

第八十四条 违反本条例第三十六条第二款规定，锅炉、窑炉以及单位使用的或者经营性的炉灶等设施排放明显可见黑烟的，由市或者区、县环保部门责令改正，可以处五千元以上五万元以下罚款。

第八十五条 违反本条例第三十八条第一款、第五款规定，在本市行驶的机动车向大气排放污染物超过规定的排放标准或者排放明显可见黑烟的，由公安交通管理部门暂扣车辆行驶证，责令维修，可以处二百元以上二千元以下罚款；维修后经有资质的检测单位检测符合排放标准的，发还车辆行驶证。

违反本条例第三十八条第一款、第五款规定，在本市行驶的机动船向大气排放污染物超过规定的排放标准或者排放明显可见黑烟的，由海事部门责令改正，可以处一千元以上一万元以下罚款；情节严重的，处一万元以上五万元以下罚款。

第八十六条 违反本条例第三十九条规定，尾气排放车载诊断系统报警后，未及时送修的，轻型车行驶超过二百公里行驶里程、重型车行驶超过二十四小时行驶时间的，由环保部门责令改正，并处三百元罚款。擅自拆除机动车尾气处理装置的，由环保部门责令改正，并处三百元罚款。

第八十七条 违反本条例第四十条规定，在本市使用的非道路移动机械向大气排放污染物超过规定排放标准或者排放明显可见黑烟的，由环保部门责令改正，可以处五百元以上五千元以下罚款。

第八十八条 违反本条例第四十一条第三款规定，将维修后污染物排放仍超过规定排放标准的机动车交付使用的，由交通行政管理部门依照有关法律、法规处理。

第八十九条 违反本条例第四十二条第一款规定，未经市环保部门委托从事机动车排气污染定期检测的，由市环保部门责令停止违法行为，没收非法所得，可以并处五千元以上五万元以下罚款。

违反本条例第四十二条第二款规定，接受委托从事机动车排气污染定期检测的单位不按规定的检测方法和技术规范进行检测，由市环保部门责令改正，可以处三千元以上三万元以下罚款；提供不实的检测报告或者不按规定检测情节严重的，处三万元以上五万元以下罚款，并可以由负责资质认定的部门取消承担机动车定期检测的资格。

第九十条 违反本条例第四十三条第三款规定，在用机动车车主或者驾驶人员，以及在航机动船经营人员或者船员拒绝、阻挠公安交通、海事或者环保部门对机动车和机动船排气污染监督抽测的，由公安交通、海事或者环保部门依照有关法律、法规处理。

第九十一条 违反本条例第四十四条第三款规定，无环保检验合格标志或者被标识为高污染的道路运输车辆在本市从事道路运输经营的，由交通行政管理部门责令改正，可以处二百元以上二千元以下罚款。

第九十二条 违反本条例第四十五条规定，污染物排放超过规定标准无法修复的在用机动车上路行驶的，公安交通管理部门应当依照有关规定予以收缴、强制报废，并对机动车驾驶人依法予以处罚。

第九十三条 违反本条例第四十七条第二款规定，在本市销售不符合规定标准的车、船、非道路移动机械燃料的，由质量技术监督管理部门依照《中华人民共和国产品质量法》的规定处理。

违反本条例第四十七条第三款规定，自备的燃料不符合规定标准的，由环保部门、海事部门按照职责分工责令改正，处一万元以上十万元以下罚款。

第九十四条 违反本条例第五十一条第一款、第四款、第五款规定，单位违反挥发性有机物排放标准、技术规范进行运行管理的，由市或者区、县环保部门责令改正，可以处五千元以上五万元以下的罚款。

违反本条例第五十一条第二款、第三款规定，未配备挥发性有机物回收装置的，或者未在密闭空间或者设备中进行产生含挥发性有机物废气的生产经营活动，或者未设置废气收集和处理系统的，由环保部门责令停止违法行为，可以处一万元以上十万元以下罚款。

第九十五条 违反本条例第五十二条第二款规定，废弃物焚烧炉排放大气污染物超过规定的排放标准或排放总量指标的，市或者区、县环保部门可以责令限制生产或者停产整治，处一万元以上十万元以下罚款；情节严重的，由市或者区、县人民政府责令停业、关闭。

第九十六条 违反本条例第五十三条第一款规定，露天焚烧秸秆、枯枝落叶等产生烟尘的物质的，由环保部门责令停止违法行为，情节严重的，可以处二百元以下罚款；露天焚烧沥青、油毡、橡胶、塑料、垃圾、皮革等产生有毒有害、恶臭或强烈异味气体物质的，由环保部门责令停止违法行为，处二万元以下罚款。

第九十七条 违反本条例第五十四条第二款规定，施工单位未采取有效防尘措施或者未按照规定安装在线监测设施的，由工程有关行政管理部门责令改正，并处一千元以上一万元以下罚款；

违反本条例第五十五条第一款规定，运输车辆未采用密闭化措施，或者在运输过程中泄漏、散落、飞扬的，由公安交通管理部门或者绿化市容行政管理部门依照有关法律、法规处理；

违反本条例第五十五条第二款规定，船舶未采取覆盖措施的，由海事部门责令改正，处一千元以上一万元以下罚款；

违反本条例第五十六条规定，港口、码头及其堆场未采取有效扬尘防治措施的，由交通行政管理部门责令改正，处一千元以上一万元以下罚款；露天仓库和其他堆场未采取有效扬尘防治措施的，由环保部门责令改正，处一千元以上一万元以下罚款；混凝土搅拌站未采取有效扬尘防治措施的，由建设行政管理部门责令改正，处一千元以上一万元以下罚款；

违反本条例第五十七条、第五十八条规定，未按照规范进行清扫保洁作业，以及未按照规范进行植物栽种和养护作业的，由绿化市容行政管理部门责令改正，处一千元以上一万元以下罚款；

违反本条例第五十九条第一项的规定，单位未按照规定进行绿化或者铺装的，由环保部门责令改正，处一千元以上一万元以下罚款；违反本条例第五十九条第二项规定，建设单位未按照规定进行绿化或者铺装的，由建设行政管理部门责令改正，处一千元以上一万元以下罚款；

有本条第一款至第六款规定的情形，致使大气环境受到污染，情节严重的，由有关行政管理部门处一万元以上五万元以下罚款。

第九十八条 有下列行为之一的，由环保部门责令停止违法行为，污染较轻的可以处二百元以上三千元以下罚款；污染严重的可以处三千元以上五万元以下罚款：

（一）违反本条例第六十条规定，在人口集中地区和其他需要特殊保护的区域内，贮存、加工、制造或者使用产生强烈异味、恶臭气体的物质，造成周围环境污染的；

（二）违反本条例第六十一条第一款、第二款规定，饮食服务业的经营者未按照规定安装油烟净化和异味处理设施或在线监控设施、未保持设施正常运行或者未定期对油烟净化或异味处理设施进行清洗维护并保存记录的。

第九十九条 违反本条例第六十二条规定，作业单位和个人无组织排放粉尘或者废气的，由市或者区、县环保部门责令改正；拒不改正的，处五千元以上五万元以下罚款。

第一百条 为排放大气污染物的单位和个人提供生产经营场所的出租人，应当配合环保部门对出租场所内违反本条例规定行为的执法检查，提供承租人的有关信息。出租人拒不配合的，由环保部门处二千元以上两万元以下罚款。

第一百零一条 企事业单位和其他生产经营者违反本条例，除第二十八条、第三十二条、第六十一条规定的情形外，受到罚款处罚，被责令改正，拒不改正的，依法作出处罚决定的行政机关可以自责令改正之日的次日起，按照原处罚数额按日连续处罚。

第一百零二条 市或者区、县人民政府对排污单位作出责令停业、关闭决定的，以及市或者区、县环保部门对排污单位作出责令停产整治决定的，供电单位应当予以配合，停止对排污单位供电。

第一百零三条 排污单位违反本条例规定发生环境污染事故，或者违反本条例第十六条第二款、第十八条第一款和第二款、第二十八条第三款规定的，除对单位进行处罚外，环保等有关部门还可以对单位主要负责人和直接责任人员处一万元以上十万元以下的罚款。

第一百零四条 企事业单位和其他生产经营者违法排放大气污染物，造成或者可能造成严重污染的，环保部门可以查封、扣押造成污染物排放的设施、设备。

第一百零五条 违反本条例规定，排放大气污染物，构成犯罪的，依法追究刑事责任。

环保部门与公安机关应当建立健全大气污染案件行政执法和刑事司法的衔接机制。

第一百零六条 因污染大气环境造成损害的，应当依照《中华人民共和国侵权责任法》的有关规定承担侵权责任。

对污染大气环境，损害社会公共利益的行为，符合国家法律规定的社会组织可以依法向人民法院提起诉讼。

第一百零七条 当事人对环保部门和其他有关行政管理部门的具体行政行为不服的，可以依照《中华人民共和国行政复议法》或者《中华人民共和国行政诉讼法》的规定，申请行政复议或者提起行政诉讼。

当事人对具体行政行为逾期不申请复议，不提起诉讼，又不履行的，作出具体行政行为的行政管理部门可以申请人民法院强制执行，或者依法强制执行。

第八章 附则

第一百零八条 本条例自2014年10月1日起施行。2001年7月13日上海市第十一届人民代表大会常务委员会第二十九次会议通过的《上海市实施〈中华人民共和国大气污染防治法〉办法》同时废止。

9. 江苏省大气污染防治条例

江苏省大气污染防治条例

（2015年2月1日江苏省第十二届人民代表大会第三次会议通过）

第一章 总则

第一条 为了防治大气污染，保护和改善大气环境，保障公众健康，推进生态文明建设，促进经济社会可持续发展，依据《中华人民共和国环境保护法》、《中华人民共和国大气污染防治法》等法律、行政法规，结合本省实际，制定本条例。

第二条 本条例适用于本省行政区域内大气污染防治及其监督管理活动。

第三条 地方各级人民政府对本行政区域内的大气环境质量负责，制定大气污染防治规划，保障资金投入，采取防治措施，严格控制和有计划削减重点大气污染物排放总量，实现大气环境质量改善目标，使本行政区域的大气环境质量达到国家和省规定的标准。

大气污染防治规划应当纳入国民经济和社会发展规划，与主体功能区规划、土地利用总体规划、城乡规划相衔接，使大气污染防治与能源结构调整、产业结构调整和发展方式转变相结合。

第四条 大气污染防治坚持保护优先、防治结合、综合治理、损害担责的原则，建立政府监管、公众参与、共同治理、联防联控的防治机制。

第五条 县级以上地方人民政府环境保护行政主管部门（以下简称环境保

护行政主管部门）对大气污染防治实施统一监督管理。

县级以上地方人民政府发展改革、经济和信息化、质量技术监督、工商部门根据各自职责，对能源消耗大气污染防治实施监督管理。

县级以上地方人民政府发展改革、经济和信息化、商务部门根据各自职责，对工业大气污染防治实施监督管理。

县级以上地方人民政府公安、交通运输、渔业、住房城乡建设、农业（农机）部门根据各自职责，对机动车船以及非道路移动机械大气污染防治实施监督管理。

县级以上地方人民政府住房城乡建设、国土资源、交通运输、公安、水利、林业、城市管理部门根据各自职责，对扬尘大气污染防治实施监督管理。

县级以上地方人民政府其他有关主管部门在各自职责范围内对大气污染防治实施监督管理。

第六条 企业事业单位和其他生产经营者应当履行防治大气污染的法定义务，执行国家和省规定的大气污染物排放和控制标准，采取有效措施，防治生产经营或者其他活动对大气环境造成的污染。

公民应当自觉践行文明、节约、低碳的消费方式和生活习惯，减少向大气排放污染物，共同改善大气环境质量。

第七条 省人民政府对国家大气环境质量标准和大气污染物排放标准中未作规定的项目，可以制定地方标准；对国家大气环境质量标准和大气污染物排放标准中已作规定的项目，可以根据本省实际情况制定严于国家标准的地方标准。地方大气环境质量标准和地方大气污染物排放标准应当报国务院环境保护行政主管部门备案。

第八条 地方各级人民政府及有关部门应当鼓励和支持大气污染防治的科学技术研究，推广先进实用的大气污染防治技术和装备。

地方各级人民政府及有关部门应当加强大气环境保护宣传，普及大气污染防治法律、法规和科学知识，提高公众的大气环境保护意识，推动公众参与大气环境保护。

地方各级人民政府对为执行严于国家和省规定的大气污染物排放和控制标准而主动开展技术改造、设备更新、能源替代的排污单位，给予必要的扶持和帮助；对在防治大气污染、保护和改善大气环境方面成绩显著的单位和个人给予奖励。

第二章 监督管理

第九条 实行重点大气污染物排放总量控制制度，逐步削减重点大气污染物排放总量。

省人民政府应当按照国务院的规定削减和控制本省的重点大气污染物排放总量，在综合考虑环境容量等因素的基础上，将重点大气污染物排放总量控制指标分解落实到设区的市、县（市）人民政府。设区的市、县（市）人民政府根据本行政区域重点大气污染物排放总量控制指标的要求，将重点大气污染物排放总量控制指标分解落实到排污单位。

除国家确定削减和控制排放总量的重点大气污染物外，省人民政府可以根据本省大气环境质量状况和大气污染防治工作的需要，确定本省实施总量削减和控制的重点大气污染物。

对超过年度重点大气污染物排放总量控制指标的地区，环境保护行政主管部门应当暂停审批该地区新增重点大气污染物排放总量的建设项目环境影响评价文件，项目审批部门不得批准建设，建设单位不得开工建设。

第十条 现有排污单位的重点大气污染物排放总量指标，由环境保护行政主管部门根据各单位现有排放量、产业发展规划和清洁生产要求以及本行政区域重点大气污染物总量控制实施计划拟定，报同级人民政府核定。

新建、改建、扩建排放重点大气污染物的建设项目，建设单位应当在报批环境影响评价文件前按照规定向环境保护行政主管部门申请取得重点大气污染物排放总量指标。环境保护行政主管部门按照减量替代的原则核定重点大气污染物排放总量指标。

第十一条 本省在严格控制重点大气污染物排放总量、实行排放总量削减计划的前提下，按照有利于总量减少的原则，根据国家有关规定可以进行重点大气污染物排污权交易。新建、改建、扩建建设项目的新增重点大气污染物排放总量指标的不足部分，可以依照有关规定通过排污权交易取得。

第十二条 实行大气污染物排污许可管理制度。向大气排放工业废气或者有毒有害大气污染物的企业事业单位、集中供热设施的燃煤热源生产运营单位，以及其他按照规定应当取得排污许可的单位，应当向所在地环境保护行政主管部门申请核发排污许可证。禁止无排污许可证或者不按照排污许可证规定的排放标准、排放总量控制指标以及其他要求排放大气污染物。

第十三条 排污单位应当按照国家有关规定缴纳排污费。国家排污费征收标准中未作规定的，省人民政府可以根据大气污染防治的需要，制定地方排污费征收标准，并报国家有关部门备案。排污费应当专款专用。

排污单位缴纳排污费，不免除其防治污染、赔偿污染损害的责任和法律、法规以及本条例规定的其他责任。

第十四条 省环境保护行政主管部门负责组织建立、管理大气环境质量监测网络和污染源监控平台，开展大气环境质量状况和大气污染物排放情况监测，会同省气象主管机构开展重污染天气预测。

第十五条 县级以上地方人民政府应当加强大气污染防治监测、预警能力建设，协调有关部门做好监测站点选址，并将监测站点的建设、运行、维护等费用纳入财政预算。

大气环境质量监测站点的设置应当科学合理，符合有关监测技术规范要求。未经设立部门批准，不得擅自变更、调整和撤销。

第十六条 排污单位违反法律、法规和本条例规定排放大气污染物，造成或者可能造成严重污染的，环境保护行政主管部门和其他负有大气环境保护监督管理职责的部门，可以查封、扣押造成污染物排放的设施、设备。

第十七条 实行重点大气污染物排放总量控制、大气环境质量改善目标责任制度和考核评价制度。

县级以上地方人民政府应当将重点大气污染物排放总量控制指标和大气环境质量改善目标完成情况纳入对本级人民政府负有大气环境保护监督管理职责的部门及其负责人和下级人民政府及其负责人的考核内容，作为对其考核评价的重要依据。考核结果应当向社会公开。

对超过重点大气污染物排放总量控制指标或者未完成大气环境质量改善目标的地区，由省环境保护行政主管部门会同监察等有关部门约谈当地人民政府的主要负责人。约谈情况应当向社会公开。

第十八条 县级以上地方人民政府应当每年向本级人民代表大会或者其常务委员会报告大气环境质量状况和目标完成情况，依法接受监督。

县级以上地方人民代表大会常务委员会应当定期开展大气污染防治法律、法规实施情况的检查工作，依法加强监督。

第三章 信息公开和公众参与

第十九条 公民、法人和其他组织依法享有获取大气环境信息、参与和监督大气环境保护的权利。

第二十条 环境保护行政主管部门和其他负有大气环境保护监督管理职责的部门，应当依法公开大气环境质量、削减和控制重点大气污染物排放总量、污染源监督监测以及相关的行政许可、行政处罚、排污费的征收和使用情况等大气环境信息，完善公众参与程序，为公众参与和监督大气环境保护提供便利。

环境保护行政主管部门统一向社会发布本行政区域大气环境质量信息、大气重点污染源监测信息以及其他重大大气环境信息。大气环境质量信息应当实时发布。

环境保护行政主管部门和其他负有大气环境保护监督管理职责的部门应当通过网站或者其他便于公众知晓的方式向社会公开大气环境信息。

第二十一条 环境保护行政主管部门应当对排污单位排放大气污染物情况进行监督性监测和监察，将监测和监察结果作为环保信用管理、排污总量指标核定、建设项目环保审批等环境管理的重要依据，并向社会公开。

第二十二条 排放工业废气或者有毒有害大气污染物的排污单位应当按照国家有关规定和监测规范自行或者委托有资质的监测机构监测大气污染物排放情况，记录、保存监测数据，确保监测数据真实、可靠，并通过网站或者其他便于公众知晓的方式向社会公开。监测数据的保存时间不得低于三年。

重点排污单位应当按照国家有关规定和监测规范安装大气污染物排放自动监测、监控等设备，与环境保护行政主管部门的监控系统联网，并保证监测设备正常运行和数据传输，如实向社会公开其主要污染物的名称、排放方式、排放浓度和总量、超标排放情况，以及防治污染设施的建设和运行情况，接受社会监督。

重点排污单位名录由环境保护行政主管部门确定并公布。

第二十三条 重大行政决策可能对大气环境质量造成严重影响的，作出决策的人民政府或者有关部门应当通过论证会、听证会等方式，事先听取社会公众的意见。

第二十四条 公民、法人和其他组织可以向环境保护行政主管部门和其他负有大气环境保护监督管理职责的部门申请获取大气环境信息，环境保护行政主管部门和其他负有大气环境保护监督管理职责的部门应当依法提供。

第二十五条 公民、法人和其他组织发现任何单位和个人有污染大气环境行为的，有权向环境保护行政主管部门或者其他负有大气环境保护监督管理职责的部门举报、投诉。环境保护行政主管部门和其他负有大气环境保护监督管理职责的部门应当公布举报和投诉电话、网站等，方便公众举报、投诉。

环境保护行政主管部门或者其他负有大气环境保护监督管理职责的部门接到举报、投诉后，对属于本部门职责范围内的事项，应当依法处理，并将结果告知举报、投诉人；对不属于本部门职责范围内的事项，应当立即移交有权处理的部门，有权处理的部门应当依法处理，并将结果告知举报、投诉人。

接受举报的部门应当为举报人保密，举报内容经查证属实的，应当给予举报人奖励。

第四章 大气污染防治措施

第一节 能源消耗大气污染防治

第二十六条 本省实施煤炭消费总量控制。

省发展改革行政主管部门应当会同有关部门制定能源结构调整规划，确定燃煤总量控制目标，规定实施步骤，逐步实现燃煤总量负增长。

设区的市、县（市）人民政府应当按照燃煤总量控制目标，制定削减燃煤和清洁能源改造计划并组织实施。

县级以上地方人民政府应当采取有利于燃煤总量削减的经济、技术政策和措施，改进能源结构，鼓励和支持清洁能源的开发利用，引导企业开展清洁能源替代。

第二十七条 新建项目禁止配套建设自备燃煤电站。除热电联产外，禁止审批新建燃煤发电项目；现有多台燃煤机组装机容量合计达到国家规定要求的，可以按照煤炭等量替代的原则建设为大容量燃煤机组。新建大容量燃煤机组应当同步建设先进高效的脱硫、脱硝和除尘设施，使大气污染物排放浓度基本达到燃气轮机组排放限值。

现有燃煤机组应当运用先进高效的技术进行脱硫、脱硝和除尘设施提标改造，使大气污染物排放浓度达到国家和省规定的要求；或者按照国家和省有关规定进行天然气等清洁能源替代改造。

第二十八条 禁止进口、销售和燃用未达到质量标准的煤炭，鼓励燃用经洗选的优质煤炭。

城市建成区范围内禁止原煤散烧，禁止销售不符合规定标准的散煤和固硫型煤。

第二十九条 设区的市、县（市）人民政府应当组织制定区域供热规划，建设和完善供热系统，对工业园区（工业集中区）和城市建成区的用热单位实行集中供热，并逐步扩大供热管网覆盖范围。

在燃气管网和集中供热管网覆盖范围内，禁止新建、扩建燃用煤炭、重油、渣油的设施，原有分散的燃煤锅炉应当限期拆除。集中供热管网未覆盖地区原有锅炉不能稳定达标排放的，应当进行高效除尘改造或者改用清洁燃料。

第三十条 设区的市、县（市）人民政府应当划定并逐步扩大高污染燃料禁燃区，报省环境保护行政主管部门备案。

高污染燃料禁燃区内禁止新建、扩建燃用高污染燃料的设施；各类在用的高污染燃料燃用设施，应当在所在地人民政府规定的期限内停止使用，或者改用天然气、液化石油气、电等其他清洁能源。

第三十一条 城市建成区禁止新建除热电联产以外的燃煤锅炉；其他地区禁止新建每小时十蒸吨及以下的燃煤锅炉。

设区的市、县（市）人民政府应当制订本行政区域锅炉整治年度计划，分阶段、分区域对各类锅炉按照国家和省排放标准完成整治。

第二节 工业大气污染防治

第三十二条 省人民政府应当定期制定或者修订禁止新建、扩建的高污染工业项目名录、高污染工业行业调整名录和高污染工艺设备淘汰名录，并向社会公布。

设区的市、县（市）人民政府应当组织制定现有高污染工业项目调整退出计划，并组织实施。

禁止新建、扩建列入名录的高污染工业项目。

禁止使用列入淘汰名录的高污染工艺设备。淘汰的高污染工艺设备，企业不得转让给他人使用。

第三十三条 对能耗超过限额标准或者排放重点大气污染物超过规定标准的企业，实行水、电、气差别化价格政策。具体办法由省价格、环境保护、经济和信息化、财政等行政主管部门制定。

第三十四条 工业园区（工业集中区）应当按照环境保护行政主管部门的要求安装大气污染监测监控系统，并与环境保护行政主管部门的监控平台联网，对园区内大气环境质量和污染源排放情况实时监控、及时预警。

第三十五条 企业应当使用资源利用率高、污染物排放量少的工艺、设备，采用最佳实用大气污染控制技术，减少大气污染物的产生。

省环境保护行政主管部门组织发布最佳实用大气污染控制技术名录。

第三十六条 严格控制新建、改建、扩建钢铁、建材、石化、有色、化工等行业中的大气重污染工业项目。

新建、改建、扩建的大气重污染工业项目生产过程中排放烟粉尘、硫化物和氮氧化物等大气污染物的，应当配套建设和使用除尘、脱硫、脱硝等减排装置，或者采取其他控制大气污染物排放的措施。

现有大气重污染工业项目在生产过程中排放烟粉尘、硫化物和氮氧化物等大气污染物的，应当按照国家和省有关规定进行大气污染物排放提标改造，并按照环境保护行政主管部门的要求开展强制性清洁生产审核，实施清洁生产技术改造。

第三十七条 在生产经营过程中产生有毒有害大气污染物的，排污单位应当安装收集净化装置或者采取其他措施，达到国家和省规定的排放标准或者其他相关要求。禁止直接排放有毒有害大气污染物。

运输、装卸、贮存可能散发有毒有害大气污染物的物料，应当采取密闭措施或者其他防护措施。

第三十八条 产生挥发性有机物废气的生产经营活动，应当在密闭空间或者设备中进行，并设置废气收集和处理系统等污染防治设施，保持其正常使用；造船等无法在密闭空间进行的生产经营活动，应当采取有效措施，减少挥发性有机物排放量。

石油、化工以及其他生产和使用有机溶剂的企业，应当建立泄漏检测与修复制度，对管道、设备进行日常维护、维修，及时收集处理泄漏物料。

省环境保护行政主管部门应当向社会公布重点控制的挥发性有机物名录。

第三十九条 严格控制新建、扩建排放恶臭污染物的工业类建设项目。现有向大气排放恶臭污染物的化工、石化、制药、制革、骨胶炼制、生物发酵、饲料加工等行业的排污单位，应当在环境保护行政主管部门规定的期限内采用先进的技术、工艺和设备，减少恶臭污染物排放；逾期未完成整改的，应当限产、停产或者关闭。

第四十条 储油储气库、加油加气站、原油成品油码头、原油成品油运输船舶和油罐车、气罐车等，应当按照标准配套安装油气回收装置，并按照规定保持正常使用。任何单位和个人不得擅自拆除、闲置或者更改油气回收装置。

未按照规定安装油气回收装置的储油库、加油站，不得通过环保验收，不得通过成品油经营资质审查。未按照规定安装油气回收装置的油罐车，不得通过车辆环保检验，不得办理车辆营运手续。

第三节　机动车船以及非道路移动机械大气污染防治

第四十一条 县级以上地方人民政府应当按照国家和省有关机动车排气污染防治的规定，建立和完善机动车排气污染防治工作协调机制，采取提高控制标准、实行标志管理、限期治理和更新淘汰等防治措施，保护和改善大气环境。

第四十二条 县级以上地方人民政府应当优化城市功能和布局规划，推广智能交通管理，实施公交优先战略，加强行人、自行车交通系统建设，引导公众绿色、低碳出行。

第四十三条 省人民政府可以根据机动车排气污染防治的需要，依法报经国务院批准后，在本省或者设区的市行政区域内对新购置机动车提前执行国家阶段性机动车排放标准。

第四十四条 县级以上地方人民政府应当根据机动车排气污染防治需要制定相关政策，建设相应的基础设施，推广新能源机动车，支持公共交通、环境卫生、邮政、电力等行业用车和公务用车率先使用新能源机动车。

第四十五条 设区的市、县（市）人民政府可以根据大气污染防治的需要和经济社会发展规划、城市规划，合理控制机动车保有量，限制市区摩托车的保有量。

采取控制机动车保有量的措施，应当公开征求公众的意见，经同级人民代表大会常务委员会审议，并在实施三十日以前向社会公告。

第四十六条 在用机动车经修理和调整或者采用控制技术后，向大气排放污染物仍不符合国家标准对在用车有关要求的，应当按照国家规定强制报废。

已达到报废标准的机动车上道路行驶的，公安机关交通管理部门应当予以收缴，强制报废。

第四十七条 对在用机动车实行环保标志分类管理。环保标志分为绿色环保标志和黄色环保标志。

设区的市、县（市）人民政府可以根据城市规划和大气环境质量功能区划等要求，确定禁止黄色环保标志机动车行驶的区域、时段，设置禁止行驶标志和环保标志自动识别系统。

第四十八条 船舶向大气排放污染物，应当符合有关排放标准。

禁止船舶在内河水域使用焚烧炉或者焚烧船舶垃圾。禁止载运危险货物船舶在城市市区航道、通航密集区、渡区、船闸、大型桥梁、水下通道等内河水域进行舱室驱气或者熏舱作业。船舶在海港港区内使用焚烧炉、进行驱气等作业应当按照国家有关规定报经有关部门批准后实施。

交通运输行政主管部门负责推进船舶油气动力改造工作。发展改革行政主管部门应当将靠港船舶岸电系统建设编入清洁能源利用发展规划。

第四十九条 非道路移动机械向大气排放污染物，应当符合国家和省规定的排放标准。非道路移动机械超过规定排放标准的，应当实施限期治理，经限期治理仍不符合排放标准的，由环境保护、住房城乡建设、农机等行政主管部门责令停止使用。

设区的市环境保护行政主管部门可以根据大气环境质量状况，划定禁止高排放非道路移动机械使用的区域。

实行城市高排放非道路移动机械环保标志管理制度。具体办法由省人民政府另行制定。

第四节　扬尘大气污染防治

第五十条　设区的市、县（市）人民政府应当建立和完善扬尘污染防治工作体制，组织划定城市扬尘污染控制区，明确城市扬尘污染控制区的控制目标和控制措施。

第五十一条　钢铁、火电、建材等企业和港口码头、建设工地的物料堆放场所应当按照要求进行地面硬化，并采取密闭、围挡、遮盖、喷淋、绿化、设置防风抑尘网等措施。物料装卸可以密闭作业的应当密闭，避免作业起尘。大型煤场、物料堆放场所应当建立密闭料仓与传送装置。

物料堆放场所出口应当硬化地面并设置车辆清洗设施，运输车辆冲洗干净后方可驶出作业场所。施工单位和物料堆放场所经营管理者应当及时清扫和冲洗出口处道路，路面不得有明显可见泥土、物料印迹。

第五十二条　工程建设单位应当承担施工扬尘的污染防治责任，将扬尘污染防治费用列入工程造价。工程建设单位应当要求施工单位制定扬尘污染防治方案，并委托监理单位负责方案的监督实施。

施工单位应当遵守建设施工现场环境保护的规定，建立相应的责任管理制度，制定扬尘污染防治方案，在施工工地设置密闭围挡，采取覆盖、分段作业、择时施工、洒水抑尘、冲洗地面和车辆等有效防尘降尘措施。

第五十三条　房屋或者其他建（构）筑物拆除施工单位应当配备防尘抑尘设备，对拆除过程中产生的扬尘污染控制负责。拆除房屋或者其他建（构）筑物时应当设置围挡，采取持续加压喷淋等措施，抑制扬尘产生。需爆破作业的，应当在爆破作业区外围洒水喷湿。

气象预报风速达到五级以上时，应当停止房屋或者其他建（构）筑物爆破或者拆除作业。

拆除工程完毕后不能在七日内开工建设的，应当对裸土地面进行覆盖、绿化或者铺装。

第五十四条　设区的市、县（市）人民政府城市市容环境卫生行政主管部门应当推行道路机械化清扫保洁和清洗作业方式，按照作业规范要求，合理安排作业时间，适时增加作业频次，提高作业质量。

设区的市、县（市）人民政府市政行政主管部门应当及时修复破损路面，防止土壤裸露。

第五十五条 公共绿地、绿化带等各类绿地的管理维护单位负责绿化养护扬尘污染防治。

新建的公共绿地、绿化带内的裸土应当覆盖，树池、花坛、绿化带等覆土不得高于边沿。绿化施工结束后应当及时清理现场。

第五十六条 矿山开采应当做到边开采、边治理，及时修复生态环境。废石、废渣、泥土等应当堆放到专门存放地，并采取围挡、设置防尘网或者防尘布等防尘措施；施工便道应当进行硬化并做到无明显积尘。

采矿权人在采矿过程中以及停止开采或者关闭矿山前，应当整修被损坏的道路和露天采矿场的边坡、断面，恢复植被，并按照规定处置矿山开采废弃物，整治和恢复矿山地质环境，防止扬尘污染。

第五十七条 设区的市、县（市）人民政府应当组织规划、建设专用的建筑垃圾和工程渣土处置场，推进资源综合利用，规范处置行为，减少二次扬尘。

运输建筑垃圾和工程渣土的车辆应当采取密闭或者其他措施，防止建筑垃圾和工程渣土抛撒滴漏，造成扬尘污染。设区的市、县（市）人民政府城市市容环境卫生行政主管部门应当加强对运输建筑垃圾和工程渣土的车辆的监管，规范建筑垃圾和工程渣土运输处置作业，依法查处抛撒滴漏行为。

第五十八条 向大气排放扬尘污染物的，应当按照规定缴纳扬尘排污费。扬尘排污费专项用于扬尘污染防治。扬尘排污费征收和使用办法由省财政、价格和环境保护等行政主管部门制定。

第五节 其他大气污染防治

第五十九条 禁止在下列场所新建、扩建排放油烟的饮食服务项目：

（一）居民住宅楼等非商用建筑；

（二）未设立配套规划专用烟道的商住综合楼；

（三）商住综合楼内与居住层相邻的楼层。

禁止在城市主次干道两侧、居民居住区以及公园、绿地内管理维护单位指定的烧烤区域外露天烧烤食品。

第六十条 饮食服务业经营者应当采取下列措施，防止对大气环境造成污染：

（一）设置油烟净化装置，定期进行清洗维护，保持正常运行；

（二）按照规范设置餐饮业专用烟道；

（三）营业面积在五百平方米以上的餐饮企业，应当安装油烟在线监控设施。

第六十一条 从事服装干洗和机动车维修等服务活动的经营者，应当按照国家有关标准或者要求设置异味和废气处理装置等污染防治设施并保持正常使用，防止影响周边环境。

第六十二条 地方各级人民政府应当制定、落实有利于农作物秸秆利用的财政、投资、税费、价格等政策和措施，推广秸秆机械化还田，鼓励利用秸秆为原料发展生物质能、生产饲料和人造板材等产品，促进农作物秸秆综合利用。县级以上地方人民政府农业（农机）行政主管部门根据职责，对秸秆综合利用实施监督管理。

禁止露天焚烧秸秆。

第六十三条 禁止露天焚烧沥青、油毡、橡胶、塑料、垃圾、皮革等产生有毒有害、恶臭气体的物质。

禁止在城市建成区露天焚烧落叶。

第六十四条 县级以上地方人民政府农业行政主管部门应当组织推广缓释肥料新技术，指导农业生产经营者科学合理施用农药、化肥等农业投入品，降低氨排放量。

第六十五条 从事畜禽养殖、屠宰生产经营活动的单位和个人，应当采取有效措施，防止周边环境受到污染。在学校、医院、居民居住区以及公共场所等人口集中区域周边，禁止设置畜禽养殖场、屠宰场（厂）。

第六十六条 向大气排放含放射性物质的气体、气溶胶，应当符合国家有关放射性防护的规定，不得超过规定的排放标准。

第六十七条 设区的市、县（市）人民政府根据本行政区域的实际情况，确定限制或者禁止燃放烟花爆竹的时间、地点和种类。禁止违规燃放烟花爆竹。

第五章 区域大气污染联合防治

第六十八条 省人民政府应当根据国家有关规定，与长三角区域省、市以及其他相邻省建立大气污染防治协调机制，定期协商解决大气污染防治重大事项，采取统一的防治措施，推进大气污染防治区域协作。

第六十九条 省有关部门应当与长三角区域省、市以及其他相邻省相关部门建立沟通协调机制，共享大气环境质量信息，优化产业结构和布局，通报可能造成跨界大气影响的重大污染事故，建立大气污染预警联动应急响应机制，协调跨界大气污染纠纷，促进省际大气污染防治联防联控。

第七十条 省人民政府按照国家重点区域大气污染联合防治的要求，根据主体功能区划、区域大气环境质量状况和大气污染传输扩散规律，划定本省的大气污染防治重点区域，统筹协调区域内的大气污染防治工作。

第七十一条 省环境保护行政主管部门会同省大气污染防治重点区域内有关设区的市人民政府，根据区域经济社会发展和大气环境承载能力，制定区域大气污染防治规划，明确协同控制目标，优化区域经济布局，统筹交通管理，发展清洁能源，提出重点防治任务和措施，促进区域大气环境质量改善。

第七十二条 重点区域内有关设区的市人民政府应当加强沟通协调，共享大气环境质量信息，协商解决跨界大气污染纠纷，开展联合执法行动，查处区域内大气污染违法行为，共同做好区域内大气污染防治工作。

建设项目可能对相邻行政区域的大气环境造成不良影响的，环境保护行政主管部门在审批环境影响评价文件时，应当征求相邻行政区域的环境保护行政主管部门的意见。

第六章 预警和应急

第七十三条 建立重污染天气监测预警和应急处置体系。

环境保护行政主管部门应当会同气象等有关部门建立重污染天气预警和会商机制，进行大气环境质量预报和监测。

县级以上地方人民政府应当将重污染天气响应纳入突发事件应急响应体系，制定和完善重污染天气应急预案，并向社会公布。

第七十四条 在大气受到严重污染，发生或者可能发生危害人体健康和安全的紧急情况时，县级以上地方人民政府应当及时启动应急预案，按照规定程序，通过媒体向社会发布重污染天气的预警信息，并按照预警级别实施下列相应的应急响应措施：

（一）责令有关企业停产或者限产；

（二）限制部分机动车行驶；

（三）禁止燃放烟花爆竹；

（四）停止或者限制易产生扬尘的施工工地作业；

（五）禁止露天烧烤；

（六）停止幼儿园和学校户外体育活动；

（七）停止组织露天体育比赛活动及其他露天举办的群体性活动；

（八）国家和省规定的其他应急响应措施。

企业事业单位、公民应当配合政府及其有关部门采取的重污染天气应急响应措施。

第七十五条 可能发生大气突发环境事件的单位应当按照国家和省有关规定编制应急预案，报所在地环境保护行政主管部门备案。在发生或者可能发生大气突发环境事件时，单位应当立即启动应急预案，采取处理措施，防止污染扩大，及时通报可能受到大气污染危害的单位和居民，并向所在地环境保护行政主管部门报告。

第七十六条 突发大气污染事故的应急处置，依照《中华人民共和国环境保护法》和《中华人民共和国突发事件应对法》等法律、法规的规定执行。

第七章 法律责任

第七十七条 违反本条例第十二条规定，有下列行为之一的，由环境保护行政主管部门责令停止排污或者限制生产、停产整治，并处十万元以上一百万元以下罚款；情节严重的，报经有批准权的人民政府批准，责令停业、关闭：

（一）无排污许可证排放大气污染物的；

（二）超过排污许可证规定的排放标准或者排放总量控制指标排放大气污染物的。

无排污许可证排放大气污染物，被责令停止排污，拒不执行，尚不构成犯罪的，由环境保护行政主管部门将案件移送公安机关，对其直接负责的主管人员和其他直接责任人员依法予以拘留。

未按照排污许可证规定的其他要求排放大气污染物的，由环境保护行政主管部门责令限期改正，处二万元以上二十万元以下罚款；情节严重的，由环境保护行政主管部门吊销排污许可证。

第七十八条 违反本条例第二十二条规定，有下列行为之一的，由环境保护行政主管部门责令限期改正，处二万元以上二十万元以下罚款；拒不改正的，责令停产整治：

（一）排放工业废气或者有毒有害大气污染物的排污单位未按照规定监测大气污染物排放情况的；

（二）重点排污单位未按照规定安装大气污染物排放自动监测、监控等设备，或者未按照规定与环境保护行政主管部门的监控设备联网，并保证监测设备正常运行的。

违反本条例第二十二条规定，排污单位未按照要求保存或者公开监测数据等信息的，由环境保护行政主管部门责令限期改正，处二万元以上十万元以下罚款。

第七十九条 违反本条例第二十七条第一款规定，新建项目配套建设自备燃煤电站的，由环境保护行政主管部门责令停止违法行为，处五万元以上二十万元以下罚款，并报经有批准权的人民政府批准，责令关闭或者限期拆除。

第八十条 违反本条例第二十八条第二款规定，销售不符合规定标准的散煤或者固硫型煤的，由依法行使监督管理权的部门责令停止销售，没收违法所得，并处货值金额等值以上三倍以下的罚款。

第八十一条 有下列行为之一的，由环境保护行政主管部门责令限期拆除或者没收相关设施，并处二万元以上十万元以下罚款：

（一）违反本条例第二十九条第二款规定，在燃气管网和集中供热管网覆盖范围内，新建、扩建燃用煤炭、重油、渣油的设施的；

（二）违反本条例第三十条第二款规定，在高污染燃料禁燃区内新建、扩建燃用高污染燃料设施的，或者在规定的期限届满后，继续燃用高污染燃料的；

（三）违反本条例第三十一条第一款规定，在城市建成区新建除热电联产以外的燃煤锅炉，或者在其他地区新建每小时十蒸吨及以下的燃煤锅炉的。

第八十二条 违反本条例第三十二条规定，新建、扩建列入名录的高污染工业项目，使用淘汰的高污染工艺设备，或者将淘汰的高污染工艺设备转让给他人使用的，由经济综合管理部门责令改正，没收违法所得；拒不改正的，报经有批准权的人民政府批准，责令停业、关闭。

第八十三条 违反本条例第三十八条第一款规定，未在密闭空间或者设备中进行产生挥发性有机物废气的生产经营活动或者未按照规定设置并使用污染防治设施的，由环境保护行政主管部门责令改正，处二万元以上二十万元以下罚款；拒不改正的，责令停产整治。

违反本条例第三十八条第二款规定，未建立泄漏检测与修复制度的，由环境保护行政主管部门责令限期改正；逾期不改正的，处一万元以上十万元以下罚款。

第八十四条 违反本条例第四十条第一款规定，储油储气库、加油加气站、油罐车、气罐车未按照标准配套安装油气回收装置的，由环境保护行政主管部门责令限期改正，对储油储气库、加油加气站所有者或者经营者处二万元以上十万元以下罚款，对油罐车、气罐车所有者或者经营者处一万元以上五万元以下罚款；不正常使用油气回收装置，或者擅自拆除、闲置、更改油气回收装置的，由环境保护行政主管部门责令限期改正，对储油储气库、加油加气站所有者或者经营者处二万元以上十万元以下罚款，对油罐车、气罐车所有者或者经营者处一万元以上五万元以下罚款。

第八十五条 违反本条例第四十七条第二款规定，黄色环保标志机动车在禁止行驶的区域、时段行驶的，由公安机关交通管理部门按照违反禁令标志依法予以处罚。

第八十六条 违反本条例第四十八条第一款和第二款规定，造成大气环境污染的，由交通运输、海事、渔业等行政主管部门依法进行处罚。

第八十七条 违反本条例第四十九条第二款规定，在禁止区域内使用高排放非道路移动机械的，由环境保护行政主管部门责令限期改正，可以处一万元以上五万元以下罚款。

第八十八条 有下列行为之一的，由环境保护、住房城乡建设、交通运输、水利等行政主管部门根据各自职责责令限期改正，可以处一万元以上十万元以下罚款；对逾期仍未达到当地环境保护规定要求的，可以责令其停工整顿：

（一）违反本条例第五十一条规定，未采取扬尘防治措施的；

（二）违反本条例第五十二条第二款规定，未制定扬尘污染防治方案或者未按照方案采取防尘降尘措施的；

（三）违反本条例第五十三条第一款规定，拆除房屋或者其他建（构）筑物时未设置围挡、未采取持续加压喷淋等措施，或者未在爆破作业区外围洒水喷湿的；

（四）违反本条例第五十三条第二款规定，不停止房屋或者其他建（构）筑物爆破或者拆除作业的；

（五）违反本条例第五十三条第三款规定，拆除工程完毕后七日内不能开工建设，未对裸土地面进行覆盖、绿化或者铺装的。

第八十九条 违反本条例第五十九条第一款规定，在居民住宅楼等非商用建筑、未设立配套规划专用烟道的商住综合楼、商住综合楼内与居住层相邻的楼层内新建、扩建排放油烟的饮食服务项目的，由设区的市、县（市）人民政府确定的行政主管部门责令改正；拒不改正的，责令关闭，并处一万元以上十万元以下罚款。

违反本条例第五十九条第二款规定，在城市主次干道两侧、居民居住区或者公园、绿地内管理维护单位指定的烧烤区域外露天烧烤食品的，由设区的市、县(市)人民政府确定的行政主管部门责令改正,处五百元以上二千元以下罚款。

第九十条 违反本条例第六十条规定，饮食服务业经营者未采取措施造成大气环境污染的，由环境保护行政主管部门责令限期改正，处一万元以上五万元以下罚款。

第九十一条 违反本条例第六十一条规定，从事服装干洗和机动车维修等服务活动，未设置异味和废气处理装置等污染防治设施并保持正常使用，影响周边环境的，由环境保护行政主管部门责令改正，处二千元以上二万元以下罚款；拒不改正的，责令停业整治。

第九十二条 违反本条例第六十二条第二款规定，露天焚烧秸秆的，由环境保护行政主管部门责令改正，处二百元以上二千元以下罚款。

违反本条例第六十三条第一款规定，露天焚烧沥青、油毡、橡胶、塑料、垃圾、皮革等产生有毒有害、恶臭气体的物质的，由环境保护行政主管部门责令改正，对企业事业单位处一万元以上十万元以下罚款，对个人处五百元以上五千元以下罚款。

违反本条例第六十三条第二款规定，在城市建成区露天焚烧落叶的，由城市市容环境卫生行政主管部门责令改正，处二百元以上二千元以下罚款。

第九十三条 排污单位违反本条例规定发生大气污染事故，或者违反本条例第十二条规定的，除对单位进行处罚外，环境保护行政主管部门和其他负有大气环境保护监督管理职责部门还可以对单位主要负责人和直接责任人员处一万元以上十万元以下罚款。

第九十四条 违反本条例，除第八十条、第八十五条、第八十六条、第八十九条第二款、第九十二条、第九十三条规定的情形外，受到罚款的行政处罚，被责令改正，拒不改正的，依法作出处罚决定的部门可以自责令改正之日的次日起，按照原处罚数额按日连续处罚。

第九十五条 违反大气污染防治法律、法规和本条例规定，排放大气污染物，造成严重污染，构成犯罪的，依法追究刑事责任。

环境保护行政主管部门与司法机关应当建立健全大气污染案件行政执法和刑事司法衔接机制，完善案件移送、线索通报等制度。

第九十六条 当事人对环境保护行政主管部门和其他负有大气环境保护监督管理职责部门的行政行为不服的，可以依法申请行政复议或者提起行政诉讼。

设区的市、县（市）人民政府、环境保护行政主管部门就其作出的责令停业、关闭或者停产整治决定申请强制执行，人民法院经依法审查裁定准予执行，而被执行人拒不执行的，人民法院可以向被执行人的水、电、热、气等供应单位发出协助执行通知书，供应单位应当协助人民法院对被执行人采取停止供水、供电、供热、供气等措施。协助执行单位拒不协助的，人民法院可以依法予以制裁。

第九十七条 县级以上地方人民政府、环境保护行政主管部门和其他负有大气环境保护监督管理职责的部门有下列行为之一的，由其上级机关或者监察机关责令改正，对负有责任的主要负责人和直接负责的主管人员以及其他直接责任人员，依法给予处分；构成犯罪的，依法追究刑事责任：

（一）不符合行政许可条件准予行政许可的；

（二）依照法律、法规和本条例规定，应当作出行政处罚的决定而未作出的；

（三）对超标、违规排放大气污染物，发现或者接到举报未及时查处的；

（四）应当依法公开环境信息而未公开的；

（五）违反法律、法规和本条例规定，查封、扣押排污单位的设施、设备的；

（六）篡改、伪造或者指使篡改、伪造监测数据的；

（七）将征收的排污费截留、挤占或者挪作他用的；

（八）有其他滥用职权、玩忽职守、徇私舞弊行为的。

第八章 附则

第九十八条 本条例中下列用语的含义：

（一）排污单位，是指向大气排放污染物的企业事业单位以及个体工商户。

（二）重点大气污染物，是指国家和省人民政府根据改善大气环境质量的需要，作为约束性指标纳入国民经济和社会发展规划，确定实施排放总量控制和削减的大气污染物，如二氧化硫、氮氧化物等。

（三）高污染燃料，是指原（散）煤、煤矸石、粉煤、煤泥、燃料油（重油和渣油）、各种可燃废物、直接燃用的生物质燃料（树木、秸秆、锯末、稻壳、蔗渣等）以及污染物含量超过国家规定限值的固硫型煤、轻柴油、煤油和人工煤气。

（四）有毒有害大气污染物，是指列入国家有毒有害大气污染物名录的对人体健康和生态环境产生危害和影响的大气污染物。

（五）非道路移动机械，是指用于非道路上的，自驱动或者具有双重功能，或者不能自驱动，但被设计成能够从一个地方移动或者被移动到另一个地方的机械，包括工业钻探设备、工程机械、农业机械、林业机械、渔业机械、材料装卸机械、叉车、雪犁装备、机场地勤设备、空气压缩机、发电机组、水泵等。

（六）重污染天气，是指在不利气象条件下，由于工业废气、机动车尾气、扬尘、大面积秸秆焚烧等污染物排放而发生在较大区域的累积性大气污染。

第九十九条 本条例自 2015 年 3 月 1 日起施行。

10. 安徽省大气污染防治条例

（2015年1月31日安徽省第十二届人民代表大会第四次会议通过）

目 录

第一章 总则

第一条 为防治大气污染，保护和改善大气环境和生活环境，推进生态文明建设，促进经济社会发展与环境保护相协调，根据《中华人民共和国环境保护法》《中华人民共和国大气污染防治法》和有关法律、行政法规，结合本省实际，制定本条例。

第二条 本条例适用于本省行政区域内大气污染防治活动；有关法律、行政法规另有规定的，适用其规定。

第三条 大气污染防治，应当建立政府负责、单位施治、公众参与、区域联动、社会监督的工作机制。

第四条 大气污染防治应当坚持规划先行，运用法律、经济、科技、行政等措施，发挥市场机制作用，转变经济发展方式，优化产业结构和布局，调整能源结构，改善空气质量。

大气污染防治，应当以降低大气中的颗粒物、二氧化硫、氮氧化物、挥发性有机物等重点大气污染物浓度为重点，从源头到末端全过程控制和减少污染物排放。

第五条 县级以上人民政府应当对本行政区域内的大气环境质量负责，制定大气污染防治规划，将大气污染防治纳入国民经济和社会发展规划，加强环境执法队伍建设，提高环境监督管理能力，保障大气污染防治工作的财政投入。

乡镇人民政府、街道办事处应当做好本辖区内的大气污染防治相关工作。

第六条 县级以上人民政府环境保护行政主管部门对大气污染防治实施统一监督管理。

县级以上人民政府其他有关部门在各自职责范围内对大气污染防治实施监督管理。

第七条 企业事业单位和其他生产经营者应当采取措施，防治生产、建设或者其他活动对大气环境造成的污染，并对造成的损害依法承担责任。

向大气排放污染物的企业事业单位和其他生产经营者，应当建立大气环境保护责任制度，明确单位负责人和相关人员的责任。

第八条 各级人民政府及其部门和社会团体、学校、新闻媒体、基层群众性自治组织、企业，应当开展大气污染防治法律法规宣传教育，普及大气污染防治科学知识，倡导文明、节约、低碳、绿色消费方式和生活习惯。

第九条 任何单位和个人都有保护大气环境的义务，有权对污染大气环境的行为和不依法履行环境监管职责的行为进行举报。

县级以上人民政府环境保护行政主管部门和其他有关部门应当建立举报、奖励制度，并向社会公布；接到举报后，应当及时处理，将处理结果向举报人反馈；对举报人的相关信息予以保密，保护其合法权益；举报内容经查证属实的，给予举报人奖励。

县级以上人民政府环境保护行政主管部门和其他有关部门应当鼓励和支持社会团体和公众参与、监督大气污染防治工作。

第二章 监督管理的一般规定

第十条 省人民政府根据本省大气环境质量状况和经济技术条件，可以制定严于国家标准的本省大气环境质量标准、大气污染物排放标准、燃煤燃油有害物质控制标准。

根据环境质量改善的需要，可以执行大气污染物特别排放限值。

向大气排放污染物的单位，其污染物排放浓度不得超出国家和本省规定的排放标准。

第十一条 省人民政府发展和改革部门应当会同经济和信息化、环境保护等部门及时修订高耗能、高污染和资源性行业准入目录，报省人民政府批准后，向社会公布。

实行大气污染物排放量等量削减替代制度。通过减量置换获得大气污染物排放总量指标的建设项目，在置换的排放量未削减完成前，不得投入试生产。

第十二条 省人民政府发展和改革部门应当会同经济和信息化、环境保护等部门，依据主体功能区规划，合理确定本省重点产业发展布局、结构和规模，经省人民政府批准后实施。

第十三条 省人民政府应当按照国家确定的重点大气污染物排放总量控制指标，结合经济社会发展水平、环境质量状况、产业结构，将重点大气污染物排放总量控制指标分解到设区的市、县级人民政府。设区的市、县级人民政府按照公开、公平、公正的原则，将重点大气污染物排放总量控制指标分解落实到企业事业单位。企业事业单位不得超过总量控制指标排放。

新建、改建、扩建排放重点大气污染物的项目不符合总量控制要求的，不得通过环境影响评价。

第十四条 在严格控制重点大气污染物排放总量、实行排放总量削减计划的前提下，按照有利于总量减少的原则，可以进行重点大气污染物排污权的有偿使用和交易。

第十五条 配套建设的大气污染防治设施，应当与主体工程同时设计、同时施工、同时投产使用，不得擅自拆除或者闲置。

大气污染防治设施应当经审批该建设项目环境影响评价文件的环境保护行政主管部门验收合格后，主体工程方可投入生产或者使用。

第十六条 向大气排放污染物的企业事业单位和其他生产经营者，应当按照国家规定，取得排污许可证。禁止无排污许可证或者违反排污许可证的规定排放大气污染物。

第十七条 向大气排放污染物的企业事业单位和其他生产经营者，应当按照国家和本省规定，设置大气污染物排放口及标志。未按照规定设置大气污染物排放口的，不得发放排污许可证。

除因发生或者可能发生安全生产事故或突发环境事件需要通过应急排放通道排放大气污染物外，禁止通过前款规定以外的其他排放通道排放大气污染物。

第十八条 有大气污染物排放总量控制任务的企业事业单位，应当监测大气污染物排放情况，记录监测数据，并向社会公开。监测数据的保存时间不少于五年。

向大气排放污染物的企业事业单位，应当按照规定设置固定的监测点位或者采样平台并保持正常使用，接受环境保护行政主管部门或者其他监督管理部门的监督性监测。

第十九条 使用每小时 20 蒸吨以上燃煤锅炉或者大气污染物排放量与其

相当的窑炉的单位，以及县级以上人民政府环境保护行政主管部门确定的排放大气污染物重点监管的单位，应当配备经计量检定合格的自动监控设备，保持稳定运行，保证监测数据准确。自动监控设备应当在线联网，纳入环境保护行政主管部门的统一监控系统。

第二十条 省人民政府环境保护行政主管部门和市、县人民政府应当按照国家和省规定，建立自动监测网络，组织开展大气环境质量监测，按日公开可吸入颗粒物、细颗粒物等大气环境质量信息。

省人民政府环境保护行政主管部门应当每月公布设区的市大气环境质量。

省、设区的市人民政府环境保护行政主管部门应当会同气象部门建立会商机制，开展大气环境质量预报。气象部门应当配合做好大气环境质量预报工作。

第二十一条 省、市、县人民政府应当制定重污染天气应急预案并向社会公布。

省、设区的市人民政府依据重污染天气预报信息，确定重污染天气预警等级并适时发出预警。任何单位和个人不得擅自发布重污染天气预报预警信息。

可能发生重污染天气时，县级以上人民政府应当及时启动应急方案，向社会发布重污染天气的预警信息，并按照预警级别采取责令有关企业停产或者限产、限制部分机动车行驶、停止工地土石方作业和建筑拆除施工、暂停幼儿园和中小学校上课等应对措施。

第二十二条 可能发生大气污染事故的企业事业单位应当按照国家和省规定制定大气污染突发事件应急预案，报环境保护行政主管部门和有关部门备案。

在发生或者可能发生突发大气污染事件时，企业事业单位应当立即采取应对措施，及时通报可能受到大气污染危害的单位和居民，并报告当地环境保护行政主管部门，接受调查处理。

第二十三条 省人民政府应当统筹整合重点大气污染物减排等有关资金，设立大气污染防治专项资金。

县级以上人民政府应当加大对大气污染防治重点项目的政策支持力度，对重点行业清洁生产示范工程给予引导性资金支持，将大气环境质量监测站点建设及其运行和监管经费纳入财政预算。

第二十四条 县级以上人民政府应当鼓励大气污染防治科学技术研究，推广应用大气污染治理先进技术，支持开发利用清洁能源，开展大气污染治理的国际交流与合作。

第二十五条 县级以上人民政府应当建立生态修复制度，采取植树种草、退耕还湖、退耕还林、建设和保护湿地等措施推进生态治理，改善大气环境质量。

第二十六条 县级以上人民政府及其环境保护等有关行政主管部门应当向社会公开大气环境质量、突发大气环境事件、环境影响评价报告、排污许可、排污口管理、排污费征收和使用、污染物排放总量控制、限期治理、环境违法案件及查处、区域限批、大气污染防治专项检查等情况。

第二十七条 企业事业单位有下列情形之一的，应当如实向社会公开其重点大气污染物的名称、排放方式、排放浓度和总量、超标排放情况，以及防治污染设施的建设和运行情况，接受社会监督：

（一）列入大气污染物排放重点监管单位名单的；

（二）重点大气污染物排放量超过总量控制指标的；

（三）大气污染物超标排放的；

（四）国家和省规定的其他情形。

环境保护行政主管部门应当定期公布重点监管单位的监督性监测信息。

第二十八条 县级以上人民政府环境保护行政主管部门和有关部门应当公布违反大气污染防治法律法规受到处罚的企业事业单位及其负责人名单，录入市场主体信用信息公示系统。

第二十九条 推行企业环境污染责任保险制度，鼓励企业投保环境污染责任保险，防控企业环境风险，保障公众环境权益。

第三十条 省人民政府应当建立大气环境保护目标责任制和考核评价制度。考核评价应当听取公众意见，考核结果向社会公开。

对省人民政府有关部门和市、县人民政府及其负责人的综合考核评价，应当包含大气环境保护目标完成和措施落实等情况。

对因工作不力、履职缺位等导致未能有效应对重污染天气，干预、篡改、伪造监测数据，超过国家重点大气污染物排放总量控制指标，或者未完成年度大气环境保护目标的，由省人民政府环境保护行政主管部门会同监察等有关部门约谈当地人民政府的主要负责人，并暂停审批该地区新增重点大气污染物排放总量的建设项目环境影响评价文件，取消有关环境保护荣誉称号。

第三章 区域和城市大气污染防治

第三十一条 省人民政府应当在合肥经济圈、皖江城市带、沿淮城市群等区域，建立大气污染和生态破坏联合防治协调机制，实行联防联控。

省人民政府根据实际需要，与长三角区域以及其他相邻省建立下列大气污染联合防治协调机制，开展区域合作：

（一）建立区域重污染天气应急联动机制，及时通报预警和应急响应的有关信息，商请相关省、市采取相应的应对措施；

（二）建立沟通协调机制，对在省、市边界建设可能对相邻省、市大气环境质量产生重大影响的项目，及时通报有关信息，实施环评会商；

（三）探索建立防治机动车排气污染、禁止秸秆露天焚烧等区域联动执法机制；

（四）建立大气环境质量信息共享机制，实现大气污染源、大气环境质量监测、气象、机动车排气污染检测、企业环境征信等信息的区域共享；

（五）开展大气污染防治科学技术交流与合作。

第三十二条 大气环境质量未达标的地区，市、县人民政府应当制定大气污染限期治理达标规划，按照国家和本省规定的期限和要求，达到大气环境质量标准。

第三十三条 城市人民政府应当将资源环境条件、城市人口规模、人均城市道路面积、大气通道、建筑物高度、公交分担率、绿地率等纳入城市总体规划，形成有利于大气污染物消散的城市空间格局。

第三十四条 在城市规划区内禁止新建、扩建大气污染严重的建设项目，已建的应当搬迁、改造。设区的市主城区应当在规定的时间内完成重污染企业搬迁、改造。

企业事业单位和其他生产经营者，在污染物排放符合法定要求的基础上，进一步减少污染物排放的，人民政府应当依法采取财政、税收、价格、政府采购等方面的措施予以鼓励和支持。

第三十五条 市、县人民政府应当根据大气环境质量改善要求，划定高污染燃料禁燃区。

在禁燃区内的企业事业单位和其他生产经营者，应当在规定的期限内停止使用高污染燃料，改用天然气、液化石油气、电能或者其他清洁能源。

禁止生产、销售、燃用不符合标准或者要求的煤炭。

第三十六条 鼓励城市规划区内发展集中供热，使用清洁燃料。

在燃气管网和集中供热管网覆盖的区域，不得新建、扩建、改建燃烧煤炭、重油、渣油的供热设施；原有分散的中小型燃煤供热锅炉应当限期拆除。

第三十七条 城市建成区应当在国家规定的期限内淘汰每小时10蒸吨以下燃煤锅炉，禁止新建每小时20蒸吨以下燃煤锅炉；城镇建成区不再新建每小时 10 蒸吨以下燃煤锅炉。

第三十八条 县级以上人民政府应当制定扶持政策，支持水能、风能、太阳能、生物质能和地热能等清洁能源的开发利用，扩大天然气利用规模。

省人民政府发展和改革部门应当制定清洁能源发展规划和燃煤总量控制计划，报省人民政府批准后实施。

第四章 工业大气污染防治

第三十九条 大力发展循环经济，鼓励产业集聚发展，按照循环经济和清洁生产的要求，通过合理规划工业布局，引导企业入驻工业园区。

第四十条 钢铁、石油化工、有色金属冶炼、陶瓷、浮法玻璃、再生铅等企业使用的燃煤(焦)窑炉，每小时 20 蒸吨以上的燃煤锅炉，应当配备脱硫装置。除循环流化床锅炉以外的燃煤机组均应当安装脱硝设施，新型干法水泥窑应当实施低氮燃烧技术改造并安装脱硝设施。

排放粉尘的工业企业应当配套建设除尘设施。燃煤锅炉和工业窑炉的除尘设施应当实施升级改造。

第四十一条 禁止高灰分、高硫分煤炭进入市场。新建煤矿应当同步建设煤炭洗选设施，已建成的煤矿所采煤炭属于高灰分、高硫分的，应当在国家和省规定的期限内建成配套的煤炭洗选设施，使煤炭中的灰分、硫分达到规定的标准。

省人民政府发展和改革部门应当会同有关部门，制定商品煤质量管理办法，报省人民政府批准后实施。

第四十二条 县级以上人民政府应当采取有利于煤炭清洁高效利用、能源转化的经济、技术政策和措施，鼓励坑口发电和煤层气、煤矸石、粉煤灰、炉渣资源的综合利用。

第四十三条 锅炉制造企业应当根据国家锅炉大气污染物排放标准和相关要求，在锅炉产品质量标准中标明相应的污染物初始排放控制要求。

第四十四条 工业生产中产生的可燃性气体应当回收利用。不具备回收利用条件而向大气排放的，应当进行污染防治处理。

可燃性气体回收利用装置不能正常作业的，应当及时修复或者更新。在回收利用装置不能正常作业期间确需排放可燃性气体的，应当将排放的可燃性气体充分燃烧或者采取其他减轻大气污染的措施。

第四十五条 下列产生含挥发性有机物废气的生产活动，应当按照国家规定在密闭空间或者设备中进行，并安装、使用污染防治设施：

（一）石油炼制与石油化工、煤炭加工与转化等含挥发性有机物原料的生产；

（二）燃油、溶剂的储存、运输和销售；

（三）涂料、油墨、胶黏剂、农药等以挥发性有机物为原料的生产；

（四）涂装、印刷、黏合、工业清洗等含挥发性有机物的产品使用。

加油加气站、储油储气库和油罐车、气罐车，应当安装油气回收装置并保持正常使用，并每年向当地环境保护行政主管部门报送由具有检测资质的机构出具的油气排放检测报告。

第四十六条 工业涂装企业应当按照规定，使用低挥发性有机物含量涂料，记录生产工艺、设施及污染控制设备的主要操作参数、运行情况，建立记录生产原料、辅料的使用量、废弃量和去向，以及挥发性有机物含量的台账。台账的保存时间不得少于一年。

第四十七条 生产和使用有机溶剂的企业，对管道、设备进行日常维护、维修时，应当减少物料泄漏，并对已经泄漏的物料及时收集处理。

第四十八条 企业应当全面推进清洁生产，优先采用能源和原材料利用效率高、污染物排放量少的清洁生产技术、工艺和设备，淘汰严重污染大气环境质量的产品、落后工艺和落后设备，减少大气污染物的产生和排放。在钢铁、化工、煤炭、电力、有色金属冶炼、水泥等重点行业开展强制性清洁生产审核，实施清洁生产技术改造。

第五章 机动车船大气污染防治

第四十九条 建立和完善机动车、船排气污染防治工作协调机制，采取严格执行标准、实行标志管理、限期治理和更新淘汰等防治措施。

第五十条 县级以上人民政府应当优先发展公共交通事业，规划、建设和设置有利于公众乘坐公共交通运输工具、步行或者使用非机动车的道路、公共交通枢纽站、自行车租赁服务系统、充电加气等基础设施。倡导和鼓励公众使用公共交通、自行车等方式出行。

国家机关、事业单位、国有企业以及公交、环卫等行业应当率先推广使用新能源和清洁能源机动车。

第五十一条 设区的市人民政府根据城市规划和大气环境质量状况，合理控制燃油机动车保有量，限制摩托车的行驶范围，并向社会公告。

第五十二条 机动车和船舶向大气排放污染物不得超过规定的排放标准。

任何单位和个人不得制造、销售、进口、使用污染物排放超过规定排放标准的机动车和船舶。

第五十三条　在用机动车和船舶应当按照国家规定的检验周期进行排气污染检测。

对不符合规定排放标准的机动车和船舶，公安机关交通管理部门、环境保护、海事、渔政等部门不得核发牌证或者环保、安全检验合格标志。

第五十四条　机动车维修单位，应当按照国家有关技术标准进行维修。维修后机动车的污染物排放应当达到规定的标准。

机动车二级维护、发动机总成大修、整车大修等维修，应当经排气污染检测合格后，方可交付使用。

第五十五条　省人民政府环境保护行政主管部门和负责质量技术监督的部门应当加强对机动车环保检验机构的监督管理。

从事机动车排气污染检验的机构，应当按照国家规定的检验方法和技术规范进行检验，如实提供检验报告，并按照规定向当地环境保护行政主管部门联网报送检验信息，不得编造和篡改检验数据和信息。检验机构及其负责人对检验结果承担法律责任。

第五十六条　县级以上人民政府环境保护行政主管部门应当按照国家有关规定，对机动车核发全省统一的环保检验合格标志。根据国家有关规定，环保检验合格标志分为绿色和黄色。未取得环保检验合格标志的机动车，不得上路行驶。

禁止伪造、变造、买卖或者使用伪造、变造、买卖的机动车环保检验合格标志。

对黄色环保标志的机动车实施区域禁行。区域禁行办法由设区的市人民政府制定。

对黄色环保标志的机动车在国家和省规定的期限内强制淘汰。

第五十七条　环境保护行政主管部门会同公安机关交通管理部门，可以对在道路上行驶的机动车的污染物排放状况进行遥感监测。遥感监测取得的数据，可以作为环境执法的依据。

第五十八条　销售机动车、船、航空器使用的燃料，应当符合国家规定的标准。

第五十九条　非道路移动机械大气污染防治，按照国家和省有关规定执行。

第六章　扬尘污染防治

第六十条　省人民政府环境保护行政主管部门会同有关部门，应当制定和完善扬尘控制技术规范和标准。

县级以上人民政府住房和城乡建设、市容环境卫生、交通运输、环境保护等部门应当根据本级人民政府确定的职责加强对施工工程作业的监督管理，并将扬尘污染的控制状况作为环境综合整治考核的内容。

第六十一条 从事房屋建筑、市政基础设施施工、河道整治、建筑物拆除、矿产资源开采、物料运输和堆放、砂浆混凝土搅拌及其他产生扬尘污染活动的相关建设、施工、材料供应、建筑垃圾、渣土运输等单位，应当采取大气污染防治措施，完善污染防治设施，落实人员和经费，全面推行标准化、规范化管理。

第六十二条 建设单位应当在施工前向县级以上人民政府工程建设有关部门提交施工工地扬尘污染防治方案，并保障施工单位扬尘污染防治专项费用。

扬尘污染防治专项费用应当列入安全文明施工措施费，作为不可竞争费用纳入工程建设成本。

第六十三条 施工单位应当按照工地扬尘污染防治方案的要求，在施工现场出入口公示扬尘污染控制措施、负责人、环保监督员、扬尘监管主管部门等有关信息，接受社会监督，并采取下列扬尘污染防治措施：

（一）施工现场实行围挡封闭，出入口位置配备车辆冲洗设施；

（二）施工现场出入口、主要道路、加工区等采取硬化处理措施；

（三）施工现场采取洒水、覆盖、铺装、绿化等降尘措施；

（四）施工现场建筑材料实行集中、分类堆放。建筑垃圾采取封闭方式清运，严禁高处抛洒；

（五）外脚手架设置悬挂密目式安全网的方式封闭；

（六）施工现场禁止焚烧沥青、油毡、橡胶、垃圾等易产生有毒有害烟尘和恶臭气体的物质；

（七）拆除作业实行持续加压洒水或者喷淋方式作业；

（八）建筑物拆除后，拆除物应当及时清运，不能及时清运的，应当采取有效覆盖措施；

（九）建筑物拆除后，场地闲置三个月以上的，用地单位对拆除后的裸露地面采取绿化等防尘措施；

（十）易产生扬尘的建筑材料采取封闭运输；

（十一）建筑垃圾运输、处理时，按照城市人民政府市容环境卫生行政主管部门规定的时间、路线和要求，清运到指定的场所处理；

（十二）启动Ⅲ级（黄色）预警或气象预报风速达到四级以上时，不得进行土方挖填、转运和拆除等易产生扬尘的作业。

第六十四条 生产预拌混凝土、预拌砂浆应当采取密闭、围挡、洒水、冲洗等防尘措施。

鼓励、支持发展全封闭混凝土、砂浆搅拌。

第六十五条 装卸和运输煤炭、水泥、砂土、垃圾等易产生扬尘的作业，应当采取遮盖、封闭、喷淋、围挡等措施，防止抛洒、扬尘。

运输垃圾、渣土、砂石、土方、灰浆等散装、流体物料的，应当使用符合条件的车辆，并安装卫星定位系统。

建筑土方、工程渣土、建筑垃圾应当及时运输到指定场所进行处置；在场地内堆存的，应当有效覆盖。

第六十六条 城市道路保洁作业应当符合下列扬尘污染防治要求：

（一）城市主要道路机动车道每日至少洒水降尘或者冲洗一次，雨雪或者最低气温在 2 摄氏度以下的天气除外；

（二）鼓励在城区道路使用低尘机械化清扫作业方式；

（三）采用人工方式清扫的，应当符合市容和环境卫生作业服务规范。

机场、车站广场、码头、停车场、公园、城市广场、街头游园以及专用道路等露天公共场所，应当保持整洁，防止扬尘污染。

第六十七条 露天开采、加工矿产资源，应当采取喷淋、集中开采、运输道路硬化绿化等防止扬尘污染的措施。开采后应当及时进行生态修复。

已经关闭或者废弃矿山的生态修复，按照《安徽省矿山地质环境保护条例》有关规定执行。

第六十八条 裸露地面应当按照下列规定进行扬尘防治：

（一）待开发的建设用地，建设单位负责对裸露地面进行覆盖；超过三个月的，应当进行临时绿化或者透水铺装；

（二）市政道路及河道沿线、公共绿地的裸露地面，分别由住房和城乡建设、水务、园林绿化部门组织按照规划进行绿化或者透水铺装；

（三）其他裸露地面由使用权人或者管理单位负责进行绿化或者透水铺装，并采取防尘措施。

第七章 其他大气污染防治

第六十九条 县级以上人民政府发展改革、农业等部门应当制定秸秆综合利用方案，推行秸秆还田、秸秆饲料开发、秸秆基料化、秸秆气化、秸秆固化成型燃料、秸秆堆肥、秸秆发电和秸秆工业原料开发等综合利用方式。

县级以上人民政府应当制定秸秆综合利用财政补贴等政策，鼓励、引导秸秆的收集和利用，扶持秸秆收储和综合利用的企业发展。

第七十条 禁止在人口集中地区、机场周围、交通干线附近以及当地人民政府划定的区域露天焚烧秸秆、落叶、垃圾等产生烟尘污染的物质。

设区的市和县级人民政府应当公布秸秆禁烧区及禁烧区乡镇、街道名单，接受公众监督。禁烧区内的乡镇人民政府、街道办事处应当落实秸秆禁烧管理工作。

第七十一条 市、县人民政府应当根据当地实际，规定烟花爆竹的禁售、禁放，或者限售、限放的区域和时间。

鼓励开展文明绿色殡葬、祭祀等活动。

第七十二条 禁止在下列地点燃放烟花爆竹：

（一）文物保护单位；

（二）车站、码头、机场等交通枢纽以及铁路线路安全保护区；

（三）易燃易爆物品生产、储存单位；

（四）输变电设施安全保护区；

（五）幼儿园、学校、文化机构、医疗机构、养老机构；

（六）山林、草原、苗圃等重点防火区；

（七）重要军事设施安全保护区；

（八）市、县人民政府规定的禁止燃放烟花爆竹的其他地点。

前款规定禁止燃放烟花爆竹地点的具体范围，有关单位应当设置明显的禁放警示标志。

第七十三条 饮食服务业的经营者应当依法安装和使用与其经营规模相匹配的污染防治设施。餐饮油烟污染防治设施应当包括：

（一）油烟、废气净化装置；

（二）专门的油烟（气）排放通道；

（三）异味处理设施。

本条例实施前未安装和使用与其经营规模相匹配的污染防治设施的，应当限期治理。

禁止在居民住宅楼、未配套设立专用烟道的商住综合楼、商住综合楼内与居住层相邻的商业楼层内新建、改建、扩建产生油烟、异味、废气的饮食服务项目。

第七十四条 市、县人民政府可以划定禁止露天烧烤区域。

任何单位和个人不得在政府划定的禁止露天烧烤区域内露天烧烤食品或者为露天烧烤食品提供场地。

第七十五条 在机关、学校、医院、居民住宅区等人口集中地区和其他依法需要特殊保护的区域内，禁止从事下列生产活动：

（一）橡胶制品生产、经营性喷漆、制骨胶、制骨粉、屠宰、畜禽养殖、生物发酵等产生恶臭、有毒有害气体的生产经营活动；

（二）露天焚烧油毡、沥青、橡胶、塑料、皮革、垃圾或者其他可能产生恶臭、有毒有害气体的活动。

垃圾填埋场、垃圾发电厂、污水处理厂、规模化畜禽养殖场等应当采取措施处理恶臭气体。

第七十六条 县级以上人民政府园林等部门应当采取措施，调整林木、花草种植品种，限制易产生飞絮的林木、花草大面积种植。

第七十七条 向大气排放含放射性物质的气体和气溶胶，必须符合国家有关放射性防护的规定，禁止超过规定的标准排放。

在国家规定的期限内，生产、进口消耗臭氧层物质的单位必须按照国务院有关行政主管部门核定的配额进行生产、进口。

第八章 法律责任

第七十八条 违反本条例第十条第三款规定的，由县级以上人民政府环境保护行政主管部门责令停止排污或者限制生产、停业整治，处以二十万元以上一百万元以下罚款；情节严重的，报经有批准权的人民政府批准，责令停业、关闭。

第七十九条 违反本条例第十五条第一款规定未经环境保护行政主管部门批准，拆除或者闲置大气污染防治设施的，由审批该建设项目环境影响评价文件的环境保护行政主管部门责令改正，处以五万元以上二十万元以下罚款；拒不改正的，责令停产整治。

第八十条 违反本条例第十六条规定的，由县级以上人民政府环境保护行政主管部门责令停止排污或者限制生产、停产整治，处二十万元以上一百万元以下罚款；情节严重的，报经有批准权的人民政府批准，责令停业、关闭。

第八十一条 违反本条例第十八条第一款规定，有大气污染物排放总量控制任务的企业事业单位，未按照规定监测、记录、保存大气污染物排放数据或者公开虚假大气污染物排放数据的，由县级以上人民政府环境保护行政主管部门责令改正，处以五万元以上二十万元以下罚款；拒不改正的，责令停产整治。

第八十二条 违反本条例第十九条规定，未按规定配备大气污染物排放自动监控设备，或者自动监控设备未稳定运行、数据不准确的，由县级以上人民政府环境保护行政主管部门责令改正，处以五万元以上二十万元以下罚款；拒不改正的，责令停产整治。

第八十三条 违反本条例第二十七条第一款规定的，由县级以上人民政府环境保护行政主管部门责令改正，处以一万元以上三万元以下罚款。

第八十四条 违反本条例第三十五条第二款规定，在禁燃区超出规定期限继续使用高污染燃料的，由县级以上人民政府环境保护行政主管部门组织拆除燃用高污染燃料的设施。

违反本条例第三十五条第三款规定的，由县级以上人民政府产品质量监督、工商行政管理部门按照职责责令改正，没收原材料、产品和违法所得，处货值金额一倍以上三倍以下罚款。

第八十五条 违反本条例第三十六条第二款规定的，由县级以上人民政府环境保护行政主管部门组织拆除。

第八十六条 违反本条例第四十四条第一款、第四十五条、第四十六条规定的，由县级以上人民政府环境保护行政主管部门责令改正，处以五万元以上二十万元以下罚款；拒不改正的，责令停产整治。

第八十七条 违反本条例第五十五条第二款规定，不如实提供检验报告的，由县级以上人民政府环境保护行政主管部门责令改正，没收违法所得，处以五万元以上二十万元以下罚款；拒不改正的，由负责资质认定的部门取消其检验资格。

第八十八条 违反本条例第五十六条第一款规定，机动车未取得环保检验合格标志上路行驶的，由公安机关交通管理部门责令改正；逾期未改正的，处以二百元罚款。

违反本条例第五十六条第二款规定的，由公安机关依照《中华人民共和国治安管理处罚法》关于伪造、变造、买卖国家证明文件的有关规定予以处罚。

违反本条例第五十六条第三款规定，黄色环保标志机动车进入禁行区域的，由公安机关交通管理部门责令改正，处以一百元罚款。

第八十九条 违反本条例第五十八条规定的，由县级以上人民政府工商行政管理部门责令停止销售，没收违法销售的产品；有违法所得的，没收违法所得，处以违法销售金额一倍以上三倍以下罚款。

第九十条 违反本条例第六十二条第二款规定的，由县级以上人民政府住房和城乡建设部门责令停止施工。

第九十一条 违反本条例第六十三条规定，施工单位未采取扬尘污染防治措施，或者违反本条例第六十四条第一款规定，生产预拌混凝土、预拌砂浆未采取密闭、围挡、洒水、冲洗等防尘措施的，由县级以上人民政府住房和城乡建设部门责令改正，处以二万元以上十万元以下罚款；拒不改正的，责令停工整治。

第九十二条 违反本条例第六十五条第一款规定的，由县级以上人民政府环境保护行政主管部门或者其他依法行使监督管理权的部门责令停止违法行为，处以五千元以上二万元以下罚款。

违反本条例第六十五条第二款规定的，由县级以上人民政府环境保护行政主管部门或者其他依法行使监督管理权的部门责令改正，处以五百元以上二千元以下罚款。

违反本条例第六十五条第三款规定的，由县级以上人民政府环境保护行政主管部门责令改正，处二万元以上十万元以下罚款；拒不改正的，责令停工整治或者停业整治。

第九十三条 违反本条例第六十七条第一款规定，露天开采、加工矿产资源，未采取喷淋、集中开采、运输道路硬化绿化等扬尘污染防治措施的，由县级以上人民政府环境保护行政主管部门或者其他依法行使监督管理权的部门责令改正，处以二万元以上十万元以下罚款；拒不改正的，责令停工整治。

第九十四条 违反本条例第七十条第一款规定的，由县级以上人民政府环境保护行政主管部门或者其他依法行使监督管理权的部门责令改正，处以五百元以上二千元以下罚款。

第九十五条 违反本条例第七十二条第一款规定的，由公安部门或者其他依法行使监督管理权的部门责令停止燃放，处以五百元以上二千元以下罚款；构成违反治安管理行为的，依法给予治安管理处罚。

第九十六条 违反本条例第七十三条第一款规定的，由县级以上人民政府环境保护行政主管部门责令改正，处以一万元以上五万元以下罚款；拒不改正的，责令停业整治。

违反本条例第七十三条第三款规定的，由县级以上人民政府环境保护行政主管部门责令改正；拒不改正的，处以二万元以上十万元以下罚款。

第九十七条 违反本条例第七十四条第二款规定的，由城市市容环境卫生管理部门责令改正；拒不改正的，没收烧烤工具和违法所得，处以二千元以上五千元以下罚款。

第九十八条 违反本条例第七十五条第一款规定的，由县级以上人民政府环境保护行政主管部门责令改正，对企业事业单位处二万元以上十万元以下罚款，对个人处二千元以上五千元以下罚款。

第九十九条 企业事业单位和其他生产经营者违反本条例第十五条、第十八条、第四十四条第一款、第四十五条、第六十五条、第七十三条第一款、第七十五条第一款，违法向大气排放污染物，受到罚款处罚，被责令改正，拒不改正的，依法作出处罚决定的行政机关可以自责令改正之日的次日起，按照原处罚数额按日连续处罚。

第一百条 地方各级人民政府、县级以上人民政府环境保护行政主管部门和其他负有环境保护监督管理职责的部门有下列行为之一的，对直接负责的主管人员和其他直接责任人员给予记过、记大过或者降级处分；造成严重后果的，给予撤职或者开除处分，其主要负责人应当引咎辞职：

（一）不符合行政许可条件准予行政许可的；

（二）对环境违法行为进行包庇的；

（三）依法应当作出责令停业、关闭的决定而未作出的；

（四）对超标排放污染物、采用逃避监管的方式排放污染物、造成环境事故以及不落实生态保护措施造成生态破坏等行为未及时查处的；

（五）因工作不力、履职缺位等导致未能有效应对重污染天气的；

（六）篡改、伪造或者指使篡改、伪造监测数据的；

（七）应当依法公开环境信息而未公开的；

（八）将征收的排污费截留、挤占或者挪作他用的；

（九）接到举报后未及时查处或者对举报人的相关信息没有予以保密的；

（十）法律法规规定的其他违法行为。

第一百零一条 违反本条例规定，构成犯罪的，依法追究刑事责任。

第九章 附则

第一百零二条 本条例自2015年3月1日起施行。

二、国家近期出台的大气污染防治重大政策文件

1.《大气十条》实施情况考核办法

国务院办公厅关于印发大气污染防治行动计划实施情况考核办法（试行）的通知

（国办发〔2014〕21 号）

各省、自治区、直辖市人民政府，国务院各部委、各直属机构：

《大气污染防治行动计划实施情况考核办法（试行）》已经国务院同意，现印发给你们，请认真贯彻执行。

国务院办公厅

2014 年 4 月 30 日

大气污染防治行动计划实施情况考核办法

（试行）

第一条 为严格落实大气污染防治工作责任，强化监督管理，加快改善空气质量，根据《国务院关于印发大气污染防治行动计划的通知》（国发〔2013〕37 号）和《国务院办公厅关于印发大气污染防治行动计划重点工作部门分工方案的通知》（国办函〔2013〕118 号）等有关规定，制定本办法。

第二条 本办法适用于对各省（区、市）人民政府《大气污染防治行动计划》（以下称《大气十条》）实施情况的年度考核和终期考核。

第三条 考核指标包括空气质量改善目标完成情况和大气污染防治重点任务完成情况两个方面。

空气质量改善目标完成情况以各地区细颗粒物（$PM_{2.5}$）或可吸入颗粒物（PM_{10}）年均浓度下降比例作为考核指标。

京津冀及周边地区（北京市、天津市、河北省、山西省、内蒙古自治区、山东省）、长三角区域（上海市、江苏省、浙江省）、珠三角区域（广东省广州市、深圳市、珠海市、佛山市、江门市、肇庆市、惠州市、东莞市、中山市等 9 个城市）、重庆市以 $PM_{2.5}$ 年均浓度下降比例作为考核指标。其他地区以 PM_{10} 年均浓度下降比例作为考核指标。

大气污染防治重点任务完成情况包括产业结构调整优化、清洁生产、煤炭管理与油品供应、燃煤小锅炉整治、工业大气污染治理、城市扬尘污染控制、机动车污染防治、建筑节能与供热计量、大气污染防治资金投入、大气环境管理等 10 项指标。

各项指标的定义、考核要求和计分方法等由环境保护部商有关部门另行印发。

第四条 年度考核采用评分法，空气质量改善目标完成情况和大气污染防治重点任务完成情况满分均为100分，综合考核结果分为优秀、良好、合格、不合格四个等级。

终期考核和全国除京津冀及周边地区、长三角区域、珠三角区域以外的其他地区的年度考核，仅考核空气质量改善目标完成情况。

第五条 地方人民政府是《大气十条》实施的责任主体。各省（区、市）人民政府要依据国家确定的空气质量改善目标，制定本地区《大气十条》实施细则和年度工作计划，将目标、任务分解到市（地）、县级人民政府，把重点任务落实到相关部门和企业，并确定年度空气质量改善目标，合理安排重点任务和治理项目实施进度，明确资金来源、配套政策、责任部门和保障措施等。

实施细则和年度工作计划是考核工作的重要依据，要向社会公开，并报送环境保护部。

第六条 各省（区、市）人民政府应按照考核要求，建立工作台账，对《大气十条》实施情况进行自查，并于每年2月底前将上年度自查报告报送环境保护部，抄送发展改革委、工业和信息化部、财政部、住房城乡建设部、能源局。自查报告应包括空气质量改善、重点工作任务、治理项目进展及资金投入等情况。

第七条 考核工作由环境保护部会同发展改革委、工业和信息化部、财政部、住房城乡建设部、能源局等部门负责，考核结果于每年5月底前报告国务院。

第八条 考核结果经国务院审定后向社会公开，并交由干部主管部门按照《关于建立促进科学发展的党政领导班子和领导干部考核评价机制的意见》《地方党政领导班子和领导干部综合考核评价办法（试行）》《关于改进地方党政领导班子和领导干部政绩考核工作的通知》《关于开展政府绩效管理试点工作的意见》等规定，作为对各地区领导班子和领导干部综合考核评价的重要依据。

中央财政将考核结果作为安排大气污染防治专项资金的重要依据，对考核结果优秀的将加大支持力度，不合格的将予以适当扣减。

第九条 对未通过年度考核的地区，由环境保护部会同组织部门、监察机关等部门约谈省（区、市）人民政府及其相关部门有关负责人，提出整改意见，予以督促，并暂停该地区有关责任城市新增大气污染物排放建设项目（民生项目与节能减排项目除外）的环境影响评价文件审批，取消国家授予的环境保护荣誉称号。

对未通过终期考核的地区，除暂停该地区所有新增大气污染物排放建设项目（民生项目与节能减排项目除外）的环境影响评价文件审批外，要加大问责力度，必要时由国务院领导同志约谈省（区、市）人民政府主要负责人。

第十条 在考核中发现篡改、伪造监测数据的，其考核结果确定为不合格，并按照《大气十条》有关规定由监察机关依法依纪严肃追究有关单位和人员的责任。

第十一条 各省（区、市）人民政府可根据本办法，结合各自实际情况，对本地区《大气十条》实施情况开展考核。

第十二条 本办法由环境保护部负责解释。

附件

考核指标

空气质量改善目标完成情况

分值	单项指标名称	单项指标分值
100	$PM_{2.5}$ 或 PM_{10} 年均浓度下降比例 /%	100

大气污染防治重点任务完成情况

分值	序号	单项指标名称	单项指标分值	子指标名称	子指标分值
100	1	产业结构调整优化	12	产能严重过剩行业新增产能控制	2
				产能严重过剩行业违规在建项目清理	2
				落后产能淘汰	6
				重污染企业环保搬迁	2
	2	清洁生产	6	重点行业清洁生产审核与技术改造	6
	3	煤炭管理与油品供应	10	煤炭消费总量控制	0(6)[1]（8）[2]
				煤炭洗选加工	4(0)[1,2]
				散煤清洁化治理	0(2)[1]
				国四与国五油品供应	6(2)[1,2]
	4	燃煤小锅炉整治	10	燃煤小锅炉淘汰	8
				新建燃煤锅炉准入	2
	5	工业大气污染治理	15	工业烟粉尘治理	8
				工业挥发性有机物治理	7

分值	序号	单项指标名称	单项指标分值	子指标名称	子指标分值
100	6	城市扬尘污染控制	8	建筑工地扬尘污染控制	4
				道路扬尘污染控制	4
	7	机动车污染防治	12	淘汰黄标车	7
				机动车环保合格标志管理	2(1)[1, 2]
				新能源汽车推广	0(1)[1, 2]
				机动车环境监管能力建设	1
				城市步行和自行车交通系统建设	2
	8	建筑节能与供热计量	5	新建建筑节能	5(2)[3]
				供热计量	0(3)[3]
	9	大气污染防治资金投入	6	地方各级财政、企业与社会大气污染防治投入情况	6
	10	大气环境管理	16	年度实施计划编制	2
				台账管理	1
				重污染天气监测预警应急体系建设	5
				大气环境监测质量管理	3
				秸秆禁烧	1
				环境信息公开	4

注：1. 子指标分值中括号外右上角标注“1”的，括号内为北京市、天津市、河北省分值。

2. 子指标分值中括号外右上角标注“2”的，括号内为山东省、上海市、江苏省、浙江省、广东省分值。

3. 子指标分值中括号外右上角标注“3”的，括号内为北方采暖地区的分值。北方采暖地区包括北京市、天津市、河北省、山西省、内蒙古自治区、辽宁省、吉林省、黑龙江省、山东省、河南省、陕西省、甘肃省、青海省、宁夏回族自治区、新疆维吾尔自治区。

2. 加强环境监管执法的通知

国务院办公厅关于加强环境监管执法的通知

（国办发〔2014〕56 号）

各省、自治区、直辖市人民政府，国务院各部委、各直属机构：

近年来，各地区、各部门不断加大工作力度，环境监管执法工作取得一定成效。但一些地方监管执法不到位等问题仍然十分突出，环境违法违规案件高发频发，人民群众反映强烈。为贯彻落实党的十八届四中全会精神和党中央、国务院有关决策部署，加快解决影响科学发展和损害群众健康的突出环境问题，着力推进环境质量改善，经国务院同意，现就加强环境监管执法有关要求通知如下：

一、严格依法保护环境，推动监管执法全覆盖

有效解决环境法律法规不健全、监管执法缺位问题。完善环境监管法律法规，落实属地责任，全面排查整改各类污染环境、破坏生态和环境隐患问题，不留监管死角、不存执法盲区，向污染宣战。

（一）加快完善环境法律法规标准。用严格的法律制度保护生态环境，抓紧制（修）订土壤环境保护、大气污染防治、环境影响评价、排污许可、环境监测等方面的法律法规，强化生产者环境保护的法律责任，大幅度提高违法成本。加快完善重金属、挥发性有机物、危险废物、持久性有机污染物、放射性污染物质等领域环境标准，提高重点行业环境准入门槛。鼓励各地根据环境质量目标，制定和实施地方性法规和更严格的污染物排放标准。通过落实环保法律法规，约束产业转移行为，倒逼经济转型升级。

（二）全面实施行政执法与刑事司法联动。各级环境保护部门和公安机关要建立联动执法联席会议、常设联络员和重大案件会商督办等制度，完善案件移送、联合调查、信息共享和奖惩机制，坚决克服有案不移、有案难移、以罚代刑现象，实现行政处罚和刑事处罚无缝衔接。移送和立案工作要接受人民检察院法律监督。发生重大环境污染事件等紧急情况时，要迅速启动联合调查程序，防止证据灭失。公安机关要明确机构和人员负责查处环境犯罪，对涉嫌构成环境犯罪的，要及时依法立案侦查。人民法院在审理环境资源案件中，需要环境保护技术协助的，各级环境保护部门应给予必要支持。

（三）抓紧开展环境保护大检查。2015 年底前，地方各级人民政府要组织开展一次环境保护全面排查，重点检查所有排污单位污染排放状况，各类资源开发利用活动对生态环境影响情况，以及建设项目环境影响评价制度、“三同时”（防治污染设施与主体工程同时设计、同时施工、同时投产使用）制度执行情况等，依法严肃查处、整改存在的问题，结果向上一级人民政府报告，并向社会公开。环境保护部等有关部门要加强督促、检查和指导，建立定期调度工作机制，组织对各地检查情况进行抽查，重要情况及时报告国务院。

（四）着力强化环境监管。各市、县级人民政府要将本行政区域划分为若干环境监管网格，逐一明确监管责任人，落实监管方案；监管网格划分方案要于 2015 年底前报上一级人民政府备案，并向社会公开。各省、市、县级人民政府要确定重点监管对象，划分监管等级，健全监管档案，采取差别化监管措施；乡镇人民政府、街道办事处要协助做好相关工作。各省级环境保护部门要加强巡查，每年按一定比例对国家重点监控企业进行抽查，指导市、县级人民政府落实网格化管理措施。市、县两级环境保护部门承担日常环境监管执法责任，要加大现场检查、随机抽查力度。环境保护重点区域、流域地方政府要强化协同监管，开展联合执法、区域执法和交叉执法。

二、对各类环境违法行为“零容忍”，加大惩治力度

坚决纠正执法不到位、整改不到位问题。坚持重典治乱，铁拳铁规治污，采取综合手段，始终保持严厉打击环境违法的高压态势。

（五）重拳打击违法排污。对偷排偷放、非法排放有毒有害污染物、非法处置危险废物、不正常使用防治污染设施、伪造或篡改环境监测数据等恶意违法行为，依法严厉处罚；对拒不改正的，依法予以行政拘留；对涉嫌犯罪的，一律迅速移送司法机关。对负有连带责任的环境服务第三方机构，应予以追责。建立环境信用评价制度，将环境违法企业列入“黑名单”并向社会公开，将其环境违法行为纳入社会信用体系，让失信企业一次违法、处处受限。对污染环境、破坏生态等损害公众环境权益的行为，鼓励社会组织、公民依法提起公益诉讼和民事诉讼。

（六）全面清理违法违规建设项目。对违反建设项目环境影响评价制度和“三同时”制度，越权审批但尚未开工建设的项目，一律不得开工；未批先建、边批边建，资源开发以采代探的项目，一律停止建设或依法依规予以取缔；环保设施和措施落实不到位擅自投产或运行的项目，一律责令限期整改。各地要于 2016 年底前完成清理整改任务。

（七）坚决落实整改措施。对依法作出的行政处罚、行政命令等具体行政行为的执行情况，实施执法后督察。对未完成停产整治任务擅自生产的，依法责令停业关闭，拆除主体设备，使其不能恢复生产。对拒不改正的，要依法采取强制执行措施。对非诉执行案件，环境保护、工商、供水、供电等部门和单位要配合人民法院落实强制措施。

三、积极推行“阳光执法”，严格规范和约束执法行为

坚决纠正不作为、乱作为问题。健全执法责任制，规范行政裁量权，强化对监管执法行为的约束。

（八）推进执法信息公开。地方环境保护部门和其他负有环境监管职责的部门，每年要发布重点监管对象名录，定期公开区域环境质量状况，公开执法检查依据、内容、标准、程序和结果。每月公布群众举报投诉重点环境问题处理情况、违法违规单位及其法定代表人名单和处理、整改情况。

（九）开展环境执法稽查。完善国家环境监察制度，加强对地方政府及其有关部门落实环境保护法律法规、标准、政策、规划情况的监督检查，协调解决跨省域重大环境问题。研究在环境保护部设立环境监察专员制度。自2015年起，市级以上环境保护部门要对下级环境监管执法工作进行稽查。省级环境保护部门每年要对本行政区域内30%以上的市（地、州、盟）和5%以上的县（市、区、旗），市级环境保护部门每年要对本行政区域内30%以上的县（市、区、旗）开展环境稽查。稽查情况通报当地人民政府。

（十）强化监管责任追究。对网格监管不履职的，发现环境违法行为或者接到环境违法行为举报后查处不及时的，不依法对环境违法行为实施处罚的，对涉嫌犯罪案件不移送、不受理或推诿执法等监管不作为行为，监察机关要依法依纪追究有关单位和人员的责任。国家工作人员充当保护伞包庇、纵容环境违法行为或对其查处不力，涉嫌职务犯罪的，要及时移送人民检察院。实施生态环境损害责任终身追究，建立倒查机制，对发生重特大突发环境事件，任期内环境质量明显恶化，不顾生态环境盲目决策、造成严重后果，利用职权干预、阻碍环境监管执法的，要依法依纪追究有关领导和责任人的责任。

四、明确各方职责任务，营造良好执法环境

有效解决职责不清、责任不明和地方保护问题。切实落实政府、部门、企业和个人等各方面的责任，充分发挥社会监督作用。

（十一）强化地方政府领导责任。县级以上地方各级人民政府对本行政区域环境监管执法工作负领导责任，要建立环境保护部门对环境保护工作统一监督管理的工作机制，明确各有关部门和单位在环境监管执法中的责任，形成工作合力。切实提升基层环境执法能力，支持环境保护等部门依法独立进行环境监管和行政执法。2015年6月底前，地方各级人民政府要全面清理、废除阻碍环境监管执法的“土政策”，并将清理情况向上一级人民政府报告。审计机关在开展党政主要领导干部经济责任审计时，要对地方政府主要领导干部执行环境保护法律法规和政策、落实环境保护目标责任制等情况进行审计。

（十二）落实社会主体责任。支持各类社会主体自我约束、自我管理。各类企业、事业单位和社会组织应当按照环境保护法律法规标准的规定，严格规范自身环境行为，落实物资保障和资金投入，确保污染防治、生态保护、环境风险防范等措施落实到位。重点排污单位要如实向社会公开其污染物排放状况和防治污染设施的建设运行情况。制定财政、税收和环境监管等激励政策，鼓励企业建立良好的环境信用。

（十三）发挥社会监督作用。环境保护人人有责，要充分发挥“12369”环保举报热线和网络平台作用，畅通公众表达渠道，限期办理群众举报投诉的环境问题。健全重大工程项目社会稳定风险评估机制，探索实施第三方评估。邀请公民、法人和其他组织参与监督环境执法，实现执法全过程公开。

五、增强基层监管力量，提升环境监管执法能力

加快解决环境监管执法队伍基础差、能力弱等问题。加强环境监察队伍和能力建设，为推进环境监管执法工作提供有力支撑。

（十四）加强执法队伍建设。建立重心下移、力量下沉的法治工作机制，加强市、县级环境监管执法队伍建设，具备条件的乡镇（街道）及工业集聚区要配备必要的环境监管人员。大力提高环境监管队伍思想政治素质、业务工作能力、职业道德水准，2017 年底前，现有环境监察执法人员要全部进行业务培训和职业操守教育，经考试合格后持证上岗；新进人员，坚持“凡进必考”，择优录取。研究建立符合职业特点的环境监管执法队伍管理制度和有利于监管执法的激励制度。

（十五）强化执法能力保障。推进环境监察机构标准化建设，配备调查取证等监管执法装备，保障基层环境监察执法用车。2017 年底前，80% 以上的环境监察机构要配备使用便携式手持移动执法终端，规范执法行为。强化自动监控、卫星遥感、无人机等技术监控手段运用。健全环境监管执法经费保障机制，将环境监管执法经费纳入同级财政全额保障范围。

各地区、各有关部门要充分认识进一步加强环境监管执法的重要意义，切实强化组织领导，认真抓好工作落实。环境保护部要会同有关部门加强对本通知落实情况的监督检查，重大情况及时向国务院报告。

国务院办公厅

2014 年 11 月 12 日

3. 燃煤环保电价

关于印发《燃煤发电机组环保电价及环保设施运行监管办法》的通知

（发改价格〔2014〕536 号）

各省、自治区、直辖市发展改革委、物价局、环保厅（局）、电力公司，国家电网公司，南方电网公司，华能、大唐、华电、国电、中电投集团公司，国家开发投资公司，神华集团公司：

鉴于加强环保电价和环保设施运行监管是促进燃煤发电机组减少污染物排放、改善大气质量的重要措施，国家发展改革委和环境保护部特制定了《燃煤发电机组环保电价及环保设施运行监管办法》，现印发给你们，请按照执行。

附件 :《燃煤发电机组环保电价及环保设施运行监管办法》

国家发展改革委

环境保护部

2014 年 3 月 28 日

附件

燃煤发电机组环保电价及环保设施运行监管办法

第一条 为发挥价格杠杆的激励和约束作用，促进燃煤发电企业建设和运行环保设施，减少二氧化硫、氮氧化物、烟粉尘排放，切实改善大气环境质量，根据《中华人民共和国价格法》《中华人民共和国环境保护法》《中华人民共和国大气污染防治法》《国务院关于印发大气污染防治行动计划的通知》（国发〔2013〕37 号）等有关规定，制定本办法。

第二条 本办法适用于符合国家建设管理规定的燃煤发电机组 (含循环流化床燃煤发电机组，不含以生物质、垃圾、煤气等燃料为主掺烧部分煤炭的发电机组) 脱硫、脱硝、除尘电价（以下简称“环保电价”）及脱硫、脱硝、除尘设施（以下简称“环保设施”）运行管理。

第三条 对燃煤发电机组新建或改造环保设施实行环保电价加价政策。环保电价加价标准由国家发展改革委制定和调整。

第四条 安装环保设施的燃煤发电企业，环保设施验收合格后，由省级环境保护主管部门函告省级价格主管部门，省级价格主管部门通知电网企业自验收合格之日起执行相应的环保电价加价。

新建燃煤发电机组同步建设环保设施的，执行国家发展改革委公布的包含环保电价的燃煤发电机组标杆上网电价。

第五条 新建燃煤发电机组应按环保规定同步建设环保设施，不得设置烟气旁路通道。新建燃煤发电机组的环保设施由审批环境影响报告书的环境保护主管部门进行先期单项验收。先期单项验收结果纳入工程竣工环保总体验收。

现有燃煤发电机组应按照国家和地方政府确定的时间进度完成环保设施建设改造，由发电企业向负责审批的环境保护主管部门申请环保验收。市级环境保护主管部门验收的，验收结果报省级环境保护主管部门。

第六条 环境保护主管部门应在受理发电企业环保设施验收申请材料之日起 30 个工作日内，对验收合格的环保设施出具验收合格文件。

第七条 燃煤发电机组排放污染物应符合《火电厂大气污染物排放标准》

（GB 13223—2011）规定的限值要求。其中，大气污染防治重点控制区按照相关要求执行特别排放限值；地方有更严格排放标准要求的，执行地方排放标准。火电厂大气污染物排放标准调整时，执行环保电价应满足的排放限值相应调整。

第八条 燃煤发电企业应按照国家有关规定安装运行烟气排放连续监测系统（以下简称"CEMS"），并与省级环境保护主管部门和省级电网企业联网，实时传输数据。CEMS 发生故障不能正常运行时，发电企业应在 12 小时内向所在地市级及省级环境保护主管部门报告，限期恢复正常。

第九条 燃煤发电企业应按环境保护主管部门有关要求，自行或委托有资质的机构在全面测试烟气流速、污染物浓度分布基础上确定最具代表性点位；对所有 CEMS 监测仪表进行日常巡检和维护保养，并确保其正常运行。

第十条 燃煤发电企业应把环保设施作为主体设备纳入企业发电主设备管理系统统一管理，建立相应的管理制度。

第十一条 燃煤发电企业因检修维护、更新改造需暂停环保设施运行的，应在计划停运 5 个工作日前报省级环境保护主管部门批准并报告省级电网企业；环保设施因事故停运的，应在 24 小时内向所在地环境保护主管部门报告。

第十二条 燃煤发电企业应建立机组生产运行、环保设施运行台账，按日记录设施运行和维护情况、CEMS 数据、燃料分析报表（硫分、干燥无灰基挥发分、灰分等）、脱硫剂用量、脱硝还原剂消耗量、喷氨系统开关时间、电场电流电压、除尘压差、旁路挡板门启停时间、环保设施运行事故及处理情况等，运行台账应逐月归档管理。

第十三条 燃煤发电企业应按要求于每季度初 5 个工作日内将上一季度的环保分布式控制系统（以下简称"DCS"）历史数据报送省级环境保护主管部门和环境保护部区域环保督查中心。发电企业必须存储保留完整的 DCS 历史数据一年以上。脱硫脱硝除尘 DCS 主要参数应逐步设置于同一集控室内。

第十四条 省级电网企业应建立辖区内发电企业的监控平台，实时监控发电企业的环保设施 DCS 和 CEMS 主要参数，分析污染物排放情况，并将相关数据提供给省级环境保护主管部门等作为确定各企业污染物排放达标情况的参考依据。

第十五条 燃煤发电机组二氧化硫、氮氧化物、烟尘排放浓度小时均值超过限值要求仍执行环保电价的，由政府价格主管部门没收超限值时段的环保电价款。超过限值 1 倍及以上的，并处超限值时段环保电价款 5 倍以下罚款。

因发电机组启机导致脱硫除尘设施退出、机组负荷低导致脱硝设施退出并致污染物浓度超过限值，CEMS 因故障不能及时采集和传输数据，以及其他不可抗拒的客观原因导致环保设施不正常运行等情况，应没收该时段环保电价款，但可免于罚款。

第十六条 燃煤发电企业通过改装 CEMS 或 DCS 软、硬件设备，修改 CEMS 或 DCS 主要参数，篡改 CEMS 或 DCS 历史监测数据或故意损坏丢失数据库等手段，以及其他原因人为导致数据失实的，经环境保护主管部门核实，由政府价格主管部门没收相应时段环保电价款，并从重处以罚款。无法判断燃煤发电企业人为致使监测数据失真起始时间的，自检查发现之日起前一季度时间起计算电量。

第十七条 环保电价按照污染物种类分项考核。单项污染物超过执行标准的，对相应单项环保电价款予以没收和罚款。

污染物排放浓度小时均值以与环境保护主管部门联网的 CEMS 数据为准。超限值时段根据环保设施 DCS 历史数据库数据核定。

第十八条 省级环境保护主管部门根据日常检查结果、CEMS 自动监测数据有效性审核情况和发电企业上报的 DCS 关键参数，每季度核实辖区内各燃煤发电机组环保设施运行情况，确定发电机组分项污染物的小时浓度均值不同超标倍数的时间段、因客观原因致环保设施不正常运行时间累加值以及认定人为数据作假的事实等，于下季度初 20 个工作日内函告省级价格主管部门。省级环境保护主管部门定期向社会公告所辖地区各燃煤发电机组污染物排放情况。

第十九条 省级价格主管部门负责环保电价款的核算、没收和罚款。省级价格主管部门根据省级环境保护主管部门提供的上季度各燃煤发电机组环保设施运行情况，以及电网企业提供的燃煤发电机组电量核算环保电价款，及时下发没收环保电价款和罚款决定，并抄送省级环境保护主管部门。省级价格主管部门应对上年度本省（自治区、直辖市）燃煤发电企业涉及环保电价的典型价格违法案件进行公告。

第二十条 电网企业应严格执行价格主管部门确定的环保电价，以燃煤发电企业实际上网电量按月支付环保电价款，并及时向省级价格和环保主管部门提供燃煤发电机组污染物排放浓度小时均值超限值时段所对应的日均电量。

第二十一条 国务院环保部门会同其他监管部门依法定期组织对燃煤发电企业环保设施运行情况进行核查，并向社会公告核查中存在问题的发电企业。政府价格主管部门根据国家核查结果对没有达到污染物排放要求的发电企业没收相应环保电价款并处相应罚款。

第二十二条 对燃煤发电企业没收的环保电价款及罚款上缴当地省级财政主管部门，专项用于电力企业环保设施运行奖励、在线监控及联网系统建设维护、环境污染防治、补贴环保电价缺口等减排工作。

第二十三条 燃煤发电企业未按规定安装环保设施及 CEMS，或环保设施及 CEMS 没有达到国家规定要求的，由省级环境保护主管部门按照《环境保护法》《大气污染防治法》《污染源自动监控管理办法》等规定予以处罚。

第二十四条 燃煤发电企业擅自拆除、闲置或者无故停运环保设施及 CEMS，未按国家环保规定排放污染物的，由环境保护主管部门按照《环境保护法》《大气污染防治法》《污染源自动监控管理办法》有关规定予以处罚，并根据《刑法》《最高人民法院、最高人民检察院关于办理环境污染刑事案件适用法律若干问题的解释》《环境保护违法违纪行为处分暂行规定》等有关规定，追究有关责任人的责任。

第二十五条 电网企业拒报或谎报燃煤发电机组超限值排放时段所对应的电量，以及拒绝执行或未能及时执行或不按实际上网电量足额执行环保电价的，按照《价格法》《环境保护法》《大气污染防治法》和《价格违法行为行政处罚规定》等有关规定，由省级及以上价格主管部门会同环境保护主管部门予以处罚。

第二十六条 省级环境保护主管部门未如实或未在规定时间向价格主管部门函告燃煤发电机组环保设施运行情况，由环境保护部通报批评、责令改正，并按照《环境保护法》和《环境保护违法违纪行为处分暂行规定》等有关规定追究有关责任人责任。

第二十七条 省级价格主管部门未按时下发符合条件的燃煤发电企业执行环保电价通知、未足额没收前述应当没收的环保电价款并处相应罚款的，由国家发展改革委通报批评、责令改正，并按照《价格法》《价格违法行为行政处罚规定》等有关规定追究有关责任人责任。

第二十八条 各省（区、市）价格主管部门、环境保护主管部门要会同国家能源局派出机构加强对燃煤发电企业环保设施运行情况及环保电价执行情况的跟踪检查。鼓励群众向各级环境保护主管部门举报燃煤发电企业非正常停运环保设施的行为，经查属实的，环境保护主管部门会同价格主管部门给予适当奖励。支持、鼓励新闻舆论对燃煤发电机组环保设施运行情况进行监督。燃煤发电企业应按照《国家重点监控企业自行监测及信息公开办法（试行）》（环发

〔2013〕81 号）要求，在省级环境保护主管部门组织的平台上及时发布自行监测信息。

第二十九条 省级价格主管部门可会同环境保护主管部门依据本办法制定实施细则。

第三十条 本办法由国家发展改革委会同环境保护部负责解释。

第三十一条 本办法自 2014 年 5 月 1 日起实施。《燃煤发电机组脱硫电价及脱硫设施运行管理办法（试行）》（发改价格〔2007〕1176 号）同时废止。

4.《大气十条》考核实施细则

关于印发《大气污染防治行动计划实施情况考核办法（试行）实施细则》的通知

（环发〔2014〕107 号）

各省、自治区、直辖市人民政府：

按照《国务院办公厅关于印发大气污染防治行动计划实施情况考核办法（试行）的通知》（国办发〔2014〕21 号）要求，环境保护部会同国务院有关部门制订了《大气污染防治行动计划实施情况考核办法（试行）实施细则》。现印发给你们，请认真组织落实。

附件：大气污染防治行动计划实施情况考核办法（试行）实施细则

环境保护部

发展改革委

工业和信息化部

财政部

住房城乡建设部

能源局

2014 年 7 月 18 日

附件

大气污染防治行动计划实施情况考核办法（试行）实施细则

总则

一、为明确和细化《大气污染防治行动计划》（以下简称《大气十条》）年度考核各项指标的定义、考核要求和计分方法，加快落实考核工作，制定本实施细则。

二、对于各项指标的考核要求，《大气污染防治目标责任书》（以下简称《目标责任书》）中有年度目标的，按照《目标责任书》进行考核，否则遵照本实施细则进行考核。

三、依据本实施细则提供的计分方法，对空气质量改善目标完成情况、大气污染防治重点任务完成情况分别评分。京津冀及周边地区、长三角区域、珠三角区域共10个省（区、市）评分结果为两类得分中较低分值；其他地区评分结果为空气质量改善目标完成情况分值。

四、考核结果划分为优秀、良好、合格、不合格四个等级，评分结果90分及以上为优秀、70分（含）至90分为良好、60分（含）至70分为合格，60分以下为不合格。

第一类 空气质量改善目标完成情况

一、考核目的

建立以质量改善为核心的目标责任考核体系，将空气质量改善程度作为检验大气污染防治工作成效的最终标准，确保《大气十条》及《目标责任书》中细颗粒物（$PM_{2.5}$）、可吸入颗粒物（PM_{10}）年均浓度下降目标按期完成。

二、指标解释

考核年度$PM_{2.5}$（PM_{10}）年均浓度与考核基数相比下降的比例。

三、考核要求

（一）考核$PM_{2.5}$省份的要求

2013年度不考核$PM_{2.5}$年均浓度下降比例，2014、2015、2016年度$PM_{2.5}$年均浓度下降比例达到《目标责任书》核定空气质量改善目标的10%、35%、65%，2017年度终期考核完成《目标责任书》核定$PM_{2.5}$年均浓度下降目标。

（二）考核PM_{10}省份的要求

2013年度不考核PM_{10}年均浓度下降比例；2014年度PM_{10}年均浓度下降目标由各地方人民政府自行制定或达到《目标责任书》核定空气质量改善目标的10%；2015年度PM_{10}年均浓度下降比例达到《目标责任书》核定空气质量改善目标的30%；2016年度PM_{10}年均浓度下降比例达到《目标责任书》核定空气质量改善目标的60%；2017年度终期考核完成《目标责任书》核定PM_{10}年均浓度下降目标。

四、指标分值

空气质量改善目标完成情况分值为100分。

五、数据来源

（一）采用国控城市环境空气质量评价点位（以下简称国控城市点位）监测数据。

（二）各省（区、市）$PM_{2.5}$（PM_{10}）年均浓度为其行政区域范围内地级及以上城市（设置国控城市点位的）年均浓度的算术平均值。

六、考核基数

（一）$PM_{2.5}$ 考核基数：2013 年 $PM_{2.5}$ 年均浓度。

（二）PM_{10} 考核基数：以 2012 年 PM_{10} 年均浓度为基础，综合考虑空气质量新老标准衔接进行确定。

七、年度考核计分方法

（一）$PM_{2.5}$ 年度考核计分方法

$PM_{2.5}$ 年均浓度下降比例满足考核要求，计 60 分；未满足考核要求的，按照 $PM_{2.5}$ 年均浓度实际下降比例占考核要求的比重乘以 60 进行计分；$PM_{2.5}$ 年均浓度与上年相比不降反升的，计 0 分。

在完成年度考核要求基础上，超额完成《目标责任书》核定空气质量改善目标 30% 以上（含）的，计 40 分；低于 30% 的，按照超额完成比例占 30% 的比重乘以 40 进行计分。

（二）PM_{10} 年度考核计分方法

1. 对于 PM_{10} 年均浓度要求下降，但考核年度 PM_{10} 年均浓度未达到《环境空气质量标准》（GB 3095—2012）的省（区、市）

PM_{10} 年均浓度下降比例满足考核要求，计 60 分；未满足考核要求的，按照 PM_{10} 年均浓度实际下降比例占考核要求的比重乘以 60 进行计分；PM_{10} 年均浓度与上年相比不降反升的，计 0 分。

在完成年度考核要求基础上，超额完成《目标责任书》核定空气质量改善目标 30% 以上（含）的，计 40 分；低于 30% 的，按照超额完成比例占 30% 的比重乘以 40 进行计分。

2. 对于 PM_{10} 年均浓度要求下降，且考核年度 PM_{10} 年均浓度达到《环境空气质量标准》（GB 3095—2012）的省（区、市）

PM_{10} 年均浓度达到《环境空气质量标准》（GB 3095—2012）要求，计 40 分。PM_{10} 年均浓度下降比例满足考核要求，计 20 分；未满足考核要求的，按照 PM_{10} 年均浓度实际下降比例占考核要求的比重乘以 20 进行计分；PM_{10} 年均浓度与上年相比不降反升的，计 0 分，在此基础上，PM_{10} 年均浓度每上升 1%，扣 1 分。

在完成年度考核要求基础上，超额完成《目标责任书》核定空气质量改善目标 30% 以上（含）的，计 40 分；低于 30% 的，按照超额完成比例占 30% 的比重乘以 40 进行计分。

3. 对于空气质量要求持续改善的海南省、西藏自治区、云南省

PM_{10} 年均浓度达到《环境空气质量标准》(GB 3095—2012)要求，计 70 分；与基准年相比，PM_{10} 年均浓度每上升 1%，扣 1 分。

PM_{10} 年均浓度与考核基数相比下降比例达到 5% 以上（含）的，计 30 分；未达到 5% 的，按照 PM_{10} 年均浓度实际下降比例占 5% 的比重乘以 30 进行计分。

注：广东省 $PM_{2.5}$ 年均浓度下降和 PM_{10} 年均浓度下降分别计分，权重分别为 70% 和 30%，总得分为二者的加权平均值。

第二类　大气污染防治重点任务完成情况

一、考核目的

基于《大气十条》中重点任务措施要求，设立大气污染防治重点任务完成情况指标，通过强化考核，以督促各地区贯彻落实《大气十条》及《目标责任书》工作要求，为空气质量改善目标如期实现提供强有力保障。

二、具体指标

（一）产业结构调整优化

1. 指标解释

遏制产能严重过剩行业盲目扩张、分类处理产能严重过剩行业违规在建项目、淘汰落后产能和搬迁城市主城区重污染企业的情况。

2. 工作要求

该项指标包括“产能严重过剩行业新增产能控制”、“产能严重过剩行业违规在建项目清理”、“落后产能淘汰”、“重污染企业环保搬迁”4 项子指标。具体工作要求如下：

（1）严禁建设产能严重过剩行业新增产能项目。

（2）分类处理产能严重过剩行业违规在建项目。对未批先建、边批边建、越权核准的违规项目，尚未开工建设的，不准开工；正在建设的，要停止建设；对于确有必要建设的，在实施等量或减量置换的基础上，报相关职能部门批准后，补办相关手续。

（3）完成年度重点行业落后产能淘汰任务。其中 2014 年完成国家下达的“十二五”钢铁、水泥、电解铝、平板玻璃等重点行业落后产能淘汰任务。

（4）制定城市主城区钢铁、石化、化工、有色金属冶炼、水泥、平板玻璃等重污染企业环保搬迁方案及年度实施计划，有序推进重污染企业梯度转移、环保搬迁和退城进园。

3. 指标分值

该项指标分值12分，其中产能严重过剩行业新增产能控制、产能严重过剩行业违规在建项目清理、重污染企业环保搬迁各占2分，落后产能淘汰占6分。

4. 计分方法

根据发展改革委、工业和信息化部认定的产能严重过剩行业新增产能控制和违规在建项目分类处理证明材料，考核相关指标完成情况。对于产能严重过剩行业新增产能控制，满足上述工作要求的，计2分，发现一例违规核准、备案产能严重过剩行业新增产能项目的，扣0.5分，扣完2分为止。对于产能严重过剩行业违规在建项目清理，满足上述工作要求的，计2分，发现一例产能严重过剩行业违规在建项目的，扣0.5分，扣完2分为止。

根据地方人民政府提供的重污染企业环保搬迁证明材料，考核相关指标的完成情况，经现场核查证实完成当年环保搬迁任务的，计2分，否则计0分。

根据全国淘汰落后产能目标任务完成和政策措施落实情况的考核结果，对各地淘汰落后产能指标计分。

（二）清洁生产

1. 指标解释

落实《大气十条》中，“对钢铁、水泥、化工、石化、有色金属冶炼等重点行业进行清洁生产审核，针对节能减排关键领域和薄弱环节，采用先进适用的技术、工艺和装备，实施清洁生产技术改造”等要求的情况。

2. 工作要求

2014年，各省（区、市）编制完成钢铁、水泥、化工、石化、有色金属冶炼等重点行业清洁生产推行方案，方案中应包括行政区域内重点行业清洁生产审核和清洁生产技术改造实施计划。重点行业30%以上的企业完成清洁生产审核。

2015年，钢铁、水泥、化工、石化、有色金属冶炼等重点行业的企业全部完成清洁生产审核，完成方案中的40%清洁生产技术改造实施计划。

2016年，完成方案中的70%清洁生产技术改造实施计划。

2017年，完成方案中全部清洁生产技术改造实施计划。

3. 指标分值

该项指标分值6分。2014年，编制完成重点行业清洁生产推行方案占3分，重点行业清洁生产审核占3分；2015年，重点行业清洁生产审核占2分，重点行业清洁生产技术改造占4分；2016年、2017年重点行业清洁生产技术改造占6分。

4. 计分方法

各省（区、市）制定重点行业清洁生产推行方案，每年报送本地区清洁生产审核、清洁生产技术改造情况。满足全部工作要求的，计 6 分。发展改革委、工业和信息化部、环境保护部对地方报送的情况进行审核，组织重点抽查和现场核查。如发现各地区报送重点行业清洁生产情况与现场核查不符，发现一例扣 0.5 分，扣完为止。

（三）煤炭管理与油品供应

1. 指标解释

对于北京市、天津市、河北省、山东省、上海市、江苏省、浙江省、广东省，该指标为煤炭消费总量控制及国四与国五油品供应的情况；对于其他地区，为煤炭洗选加工及国四与国五油品供应情况。其中，北京市、天津市、河北省另外增加散煤清洁化治理指标。

2. 工作要求

该项指标包括“煤炭消费总量控制”、“煤炭洗选加工”、“散煤清洁化治理（仅限北京市、天津市、河北省）”、“国四与国五油品供应”4 项子指标。具体工作要求如下：

（1）煤炭消费总量控制

2014 年，北京市、天津市、河北省、山东省、上海市、江苏省、浙江省和广东省珠三角区域煤炭消费总量与 2012 年持平；2015、2016 年，北京市、天津市、河北省、山东省煤炭消费总量与 2012 年相比实现负增长，上海市、江苏省、浙江省和广东省珠三角区域煤炭消费总量与 2012 年持平；2017 年，北京市、天津市、河北省、山东省分别完成 1300 万吨、1000 万吨、4000 万吨、2000 万吨的煤炭压减任务，上海市、江苏省、浙江省、广东省珠三角区域煤炭消费总量与 2012 年持平。

严格按照《大气十条》要求，北京市、天津市、河北省、山东省、上海市、江苏省、浙江省和广东省珠三角区域新建项目禁止配套建设自备燃煤电站；耗煤项目要实行煤炭减量替代。除热电联产外，禁止审批新建燃煤发电项目；现有多台燃煤机组装机容量合计达到 30 万千瓦以上的，可按照煤炭等量替代的原则建设为大容量燃煤机组。

（2）煤炭洗选加工

2013、2014、2015、2016 年，其他地区新建煤矿同步建设煤炭洗选加工设施，现有煤矿加快建设与改造，逐年提高原煤入选率；2017 年，原煤入选率达到

70%。

（3）散煤清洁化治理

相关地区制定散煤清洁化治理实施方案及年度实施计划，确定洁净煤利用目标与洁净煤替代项目；按照年度计划要求，推进散煤清洁化治理，到2016年，北京市民用洁净煤使用量达到330万吨/年，洁净煤利用率达到100%；到2017年，天津市、河北省民用洁净煤使用量分别达到270万吨/年、1800万吨/年，洁净煤利用率达到90%以上。

（4）国四与国五油品供应

按照《大气十条》的安排，按时供应符合国家第四、第五阶段标准的车用汽、柴油。

3. 指标分值

该项指标分值10分。其中，北京市、天津市、河北省煤炭消费总量控制占6分，散煤清洁化治理占2分，国四与国五油品供应占2分；山东省、上海市、江苏省、浙江省、广东省，煤炭消费总量控制占8分，国四与国五油品供应占2分；其他地区，煤炭洗选加工占4分，国四与国五油品供应占6分。

4. 计分方法

依据地方统计部门提供的数据，确定北京市、天津市、河北省、山东省、上海市、江苏省、浙江省与广东省珠三角区域煤炭消费总量，运用国家统计局提供的数据进行校核，满足工作要求的计6分（其中，北京市、天津市、河北省计4分），否则计0分。

依据地方提供的年度耗煤项目建设清单及其煤炭替代情况，进行综合评估，同时运用环境保护部、发展改革委、能源局的数据进行校核，满足要求的计2分，否则计0分。在日常督查中，发现一例非热电联产的燃煤发电项目、新投产燃煤火电项目未按要求落实煤炭等量替代或新建自备燃煤电站，扣1分，扣完2分为止。

北京市、天津市、河北省提供考核年度散煤清洁化治理情况的证明材料，包括民用洁净煤使用规模、使用比例及使用范围等，据此进行综合评估。全部完成年度治理目标的，计2分；完成90%的，计1.5分；完成80%的，计1分；完成70%的，计0.5分；否则计0分。环境保护部环境保护督查中心在日常督查中，发现一例在地方上报已完成散煤清洁化治理的区域销售、使用高硫高灰分散煤的，扣0.5分，扣完为止。

考核年度原煤入选率达到70%（含）的计4分，达到65%（含）的计3分，达到60%（含）的计2分，否则计0分。

按时供应符合国家第四、第五阶段标准的车用汽、柴油的，北京市、天津市、河北省、山东省、上海市、江苏省、浙江省、广东省计2分，其他地区计6分。随机抽检行政区域内地级及以上城市的20个加油站，抽查达标油品的供应情况，发现一例销售不达标油品的，扣1分，扣完为止。

（四）燃煤小锅炉整治

1. 指标解释

特定规模以下燃煤小锅炉的淘汰情况，及新建燃煤锅炉准入要求的执行情况。

2. 工作要求

该项指标包括“燃煤小锅炉淘汰”、“新建燃煤锅炉准入”2项子指标。具体工作要求如下：

（1）燃煤小锅炉淘汰

2014年，编制地区燃煤锅炉清单，摸清纳入淘汰范围燃煤小锅炉的基本情况；根据集中供热、清洁能源等替代能源资源落实情况，编制燃煤小锅炉淘汰方案，合理安排年度计划，并报地方能源主管部门和特种设备安全监督管理部门备案；累计完成燃煤小锅炉淘汰总任务的10%。

2015年，累计完成燃煤小锅炉淘汰总任务的50%。其中北京市、天津市、河北省、山西省、内蒙古自治区、山东省地级及以上城市建成区，还需淘汰95% 10蒸吨及以下燃煤锅炉、茶浴炉。确有必要保留的，当地人民政府应出具书面材料说明原因。

2016年，累计完成燃煤小锅炉淘汰总任务的75%。

2017年，累计完成燃煤小锅炉淘汰总任务的95%。确有必要保留的，当地人民政府应出具书面材料说明原因。

（2）新建燃煤锅炉准入

严格执行《大气十条》与《目标责任书》的要求，禁止建设核准规模以下的燃煤小锅炉。

3. 指标分值

该项指标分值10分，其中燃煤小锅炉淘汰占8分，新建燃煤锅炉准入占2分。

4. 计分方法

依据污染源普查数据和质检部门锅炉统计数据，核定燃煤小锅炉淘汰清单；依据日常督查、重点抽查和现场核查的结果，核定燃煤小锅炉淘汰比例。完成工作目标的，计 8 分；完成工作目标 80% 的，计 6 分；完成工作目标 60% 的，计 4 分；否则计 0 分。

严格按照《大气十条》相关要求核准新建燃煤锅炉的，计 2 分；在日常督查中，发现一例违规新建燃煤小锅炉，扣 0.5 分，扣完 2 分为止。

中央燃煤锅炉综合整治资金支持城市治理任务完成率低于 90% 的，扣 2 分；低于 80% 的，扣 4 分。

（五）工业大气污染治理

1. 指标解释

各地区工业烟粉尘与工业挥发性有机物治理的情况。

2. 工作要求

该项指标包括“工业烟粉尘治理”、“工业挥发性有机物治理”2 项子指标。具体工作要求如下：

（1）工业烟粉尘治理

火电、钢铁、水泥、有色金属冶炼、平板玻璃等行业国控、省控重点工业企业和 20 蒸吨及以上燃煤锅炉（包括供暖锅炉与工业锅炉）安装废气排放自动监控设施，增设烟粉尘监控因子，并与环保部门联网；加快除尘设施建设与升级改造，严格按照考核年度重点行业大气污染物排放标准的要求，实现稳定达标（部分地区或行业执行特别排放限值）；强化工业企业燃料、原料、产品堆场扬尘控制，大型堆场应建立密闭料仓与传送装置，露天堆放的应加以覆盖或建设自动喷淋装置。

（2）工业挥发性有机物治理

2014 年，制定地区石化、有机化工、表面涂装、包装印刷等重点行业挥发性有机物综合整治方案；完成储油库、加油站和油罐车油气回收治理，已建油气回收设施稳定运行。

2015 年，北京市、天津市、河北省、上海市、江苏省、浙江省及广东省珠三角区域所有石化企业完成一轮泄漏检测与修复（LDAR）技术改造和挥发性有机物综合整治；有机化工、表面涂装、包装印刷等重点行业挥发性有机物治理项目完成率达到 50%，已建治理设施稳定运行。其他地区石化、有机化工、表面涂装、包装印刷等重点行业挥发性有机物治理项目完成率达到 50%，已建治理设施稳定运行。

2016 年，北京市、天津市、河北省、上海市、江苏省、浙江省及广东省珠三角区域有机化工、表面涂装、包装印刷等重点行业挥发性有机物治理项目完成率达到80%，已建治理设施稳定运行。其他地区石化、有机化工、表面涂装、包装印刷等重点行业挥发性有机物治理项目完成率达到80%，已建治理设施稳定运行。

2017年，各地区重点行业挥发性有机物综合整治方案所列治理项目全部完成，已建治理设施稳定运行。

3. 指标分值

该项指标分值15分，其中工业烟粉尘治理占8分，包括重点工业企业废气排放自动监控设施建设1分，重点工业企业稳定达标排放5分，工业堆场扬尘控制2分；工业挥发性有机物治理占7分，包括储油库、加油站和油罐车油气回收2分，重点行业挥发性有机物综合整治5分。

4. 计分方法

（1）工业烟粉尘治理

重点工业企业与20蒸吨及以上燃煤锅炉烟粉尘在线监控设施安装率达到95%，并与环保部门联网，计1分，否则计0分。

依据重点工业企业和20蒸吨以上燃煤锅炉自动监测数据及监督性监测数据核定重点工业企业稳定达标率；95%以上（含）稳定达到烟粉尘排放标准的，计5分，85%以上（含）稳定达标的，计3分，否则计0分。在日常督查和现场核查中，发现一例违法排污或者已建烟粉尘治理设施不正常运行的，扣0.5分，扣完为止。

随机抽查20个以上工业堆场，根据日常督查和现场核查结果，评估堆场扬尘控制情况；90%以上（含）堆场按照要求进行扬尘控制的，计2分；80%以上（含）堆场按照要求进行扬尘控制的，计1分，否则计0分。

（2）工业挥发性有机物治理

根据日常督查、重点抽查和现场核查的结果，核定储油库、加油站和油罐车油气回收的完成情况；90%以上（含）按时完成油气回收并稳定运行的，计2分，否则计0分。

根据日常督查、重点抽查和现场核查的结果，核定重点行业挥发性有机物治理项目的完成和运行情况；按时完成重点行业挥发性有机物治理设施建设并稳定运行的，计5分，否则计0分。

（六）城市扬尘污染控制

1. 指标解释

建筑工地、道路等城市扬尘主要来源的污染控制情况。

2. 工作要求

该项指标包括“建筑工地扬尘污染控制”、“道路扬尘污染控制”2 项子指标。具体工作要求如下：

（1）施工工地出口设置冲洗装置、施工现场设置全封闭围挡墙、施工现场道路进行地面硬化、渣土运输车辆采取密闭措施等。

（2）实施道路机械化清扫，提高道路机械化清扫率。

3. 指标分值

该项指标分值 8 分。其中建筑工地扬尘污染控制占 4 分，道路扬尘污染控制占 4 分。

4. 计分方法

随机抽查 20 个以上建筑工地。建筑工地抽查合格率达到 90%，计 4 分；达到 80%，计 3 分；达到 70%，计 2 分；否则计 0 分。

依据《中国城市建设统计年鉴》相关数据核算各地区道路机扫率。城市建成区机扫率达到 85%，计 4 分；低于 85% 的，以 2012 年为基准年，年均增长 6 个百分点及以上，计 4 分，年均增长 4 个百分点及以上，计 2 分；否则计 0 分。

（七）机动车污染防治

1. 指标解释

对于北京市、天津市、河北省、山东省、上海市、江苏省、浙江省、广东省，该指标为高排放黄标车淘汰、机动车环保合格标志管理、机动车环境监管能力建设、新能源汽车推广及城市步行和自行车交通系统建设的情况；对于其他地区，为除新能源汽车推广外的四项内容。

2. 工作要求

该项指标包括“淘汰黄标车”、“机动车环保合格标志管理”、“机动车环境监管能力建设”、“新能源汽车推广”和“城市步行和自行车交通系统建设”5 项子指标。具体工作要求如下：

（1）按进度淘汰黄标车

2013 年，北京市淘汰 30% 的黄标车；天津市、上海市、江苏省、浙江省、广东省珠三角区域淘汰 20% 的黄标车；其他省（区、市）、广东省其他地区淘汰 10% 的黄标车。

2014年，全国淘汰黄标车和老旧车600万辆，其中京津冀、长三角及广东省珠三角区域淘汰243万辆左右；其他地区淘汰357万辆左右。

2015年，北京市、广东省珠三角区域淘汰全部黄标车；天津市、上海市、江苏省、浙江省累计淘汰80%的黄标车；其他省（区、市）和广东省其他地区累计淘汰90% 2005年底前注册运营的黄标车，累计淘汰50%的黄标车。

2016年，天津市、上海市、江苏省、浙江省累计淘汰90%的黄标车；其他省（区、市）、广东省其他地区累计淘汰70%的黄标车。

2017年，各地区淘汰90%以上的黄标车。

（2）按照《机动车环保合格标志管理规定》联网核发机动车环保合格标志，依据机动车环保达标车型公告核发新购置机动车环保检验合格标志，发标信息实现地市、省、国家三级联网。

（3）按照《全国机动车环境管理能力建设标准》配备省级和地市级机动车环境管理机构、人员、办公业务用房、硬件设备等，并严格落实《中共中央办公厅　国务院办公厅关于党政机关停止新建楼堂管所和清理办公用房的通知》（中办发〔2013〕17号）。

（4）北京市、天津市、河北省、山东省、上海市、江苏省、浙江省、广东省严格按照《财政部 科技部 工业和信息化部 发展改革委关于继续开展新能源汽车推广应用工作的通知》（财建〔2013〕551号）有关规定和工作方案，在公交客运、出租客运、城市环卫、城市物流等公共服务领域，新增及更新机动车的过程中推广使用新能源汽车，完善城市充电设施建设。

（5）结合城市道路建设，完善步行道和自行车道。城市道路建设要优先保证步行和自行车交通出行。除快速路主路外，各级城市道路均应设置步行道和自行车道（个别山地城市可适当调整），主干路、次干路及快速路辅路设置具有物理隔离设施的专用自行车道，支路宜进行画线隔离，保障骑行者的安全。通过加强占道管理，保障步行道和自行车道基本路权，严禁通过挤占步行道、自行车道方式拓宽机动车道，已挤占的要尽快恢复。居住区、公园、大型公共建筑（如商场、酒店等）要为自行车提供方便的停车设施。通过道路养护维修，确保步行道和自行车道路面平整、连续，沿途绿化、照明等设施完备。

3. 指标分值

该项指标分值12分，其中，北京市、天津市、河北省、山东省、上海市、江苏省、浙江省、广东省，淘汰黄标车占7分、机动车环保合格标志管理占1分、机动车环境监管能力建设占1分、新能源汽车推广占1分、城市步行和自行车交通系统建设占 2 分；其他地区，淘汰黄标车占 7 分、机动车环保合格标志管理占 2 分、机动车环境监管能力建设占 1 分、城市步行和自行车交通系统建设占 2 分。

4. 计分方法

黄标车淘汰率满足当年工作要求的，计 7 分；完成当年工作要求 85% 的，计 5 分；完成当年工作要求 70% 的，计 3 分；否则计 0 分。

北京市、天津市、河北省、山东省、上海市、江苏省、浙江省、广东省，机动车环保合格标志核发管理满足工作要求，并实现地市、省、国家三级联网的，计 1 分，否则计 0 分。其他地区机动车环保合格标志核发管理满足工作要求的，计 2 分，未依据机动车环保达标车型公告开展新车注册登记的扣 1 分，发标信息未实现地市、省、国家三级联网的扣 1 分，发标率未达到 80% 的计 0 分。

机动车环境监管能力建设满足工作要求的，计 1 分。

在省级行政区域内，公交客运、出租客运、城市环卫、城市物流等公共服务领域新增或更新的机动车中新能源汽车比例达到 20% 的，计 1 分，否则计 0 分。

在省级行政区域内，对省会城市和随机抽取的 1 个其他县级及以上城市（区）进行抽查，每个抽查城市在不少于 3 个行政区域内，选取总条数不少于 10 条、总长度大于 10 公里的道路路段，应涵盖快速路辅路、主干路、次干路和支路，可根据城市具体情况确定各级道路组成比例，对步行和自行车交通设施进行考核统计，步行道和自行车道配置率（设置步行道和自行车道的道路比例）达 90%，且完好率（步行道和自行车道使用功能完整，路面平整、连续、顺畅，不受机动车或其他设施侵占干扰所占比例）达 80% 的，计 2 分；步行道和自行车道配置率达 80%，且完好率达 70% 的，计 1 分，低于上述比例的，计 0 分。

（八）建筑节能与供热计量

1. 指标解释

各地区新建建筑执行民用建筑节能强制性标准、绿色建筑推广和北方采暖地区供热计量情况。

北方采暖地区包括北京市、天津市、河北省、山西省、内蒙古自治区、辽宁省、吉林省、黑龙江省、山东省、河南省、陕西省、甘肃省、青海省、宁夏回族自治区、新疆维吾尔自治区。

2. 工作要求

该项指标包括“新建建筑节能”、“供热计量”2 项子指标。具体工作要求如下：

（1）新建建筑执行民用建筑节能强制性标准及绿色建筑推广

所有新建建筑严格执行民用建筑节能强制性标准。政府投资的国家机关、学校、医院、博物馆、科技馆、体育馆等建筑，直辖市、计划单列市及省会城市的保障性住房，以及单体建筑面积超过 2 万平方米的机场、车站、宾馆、饭店、商场、写字楼等大型公共建筑，自 2014 年起全面执行绿色建筑标准。

（2）供热计量

北方采暖地区制定供热计量改革方案，按计划推进既有居住建筑供热计量和节能改造；实行集中供热的新建建筑和经计量改造的既有建筑，应按用热量计价收费。

3. 指标分值

该项指标分值 5 分。其中，北方采暖地区新建建筑执行民用建筑节能强制性标准及绿色建筑推广占 2 分，供热计量占 3 分；其他地区新建建筑执行民用建筑节能强制性标准及绿色建筑推广占 5 分。

4. 计分方法

随机抽查 50 个以上考核年度新建建筑。新建建筑在施工图设计阶段和竣工验收阶段执行民用建筑节能强制性标准的比例均达 100%，北方采暖地区计 1 分，其他地区计 3 分；发现一例新建建筑未达到民用建筑节能强制性标准，扣 0.5 分，扣完为止。政府投资的新建公共建筑、直辖市、计划单列市及省会城市的保障性住房以及单位面积超过 2 万平方米的大型公共建筑自 2014 年起执行绿色建筑标准的，北方采暖地区计 1 分，其他地区计 2 分，否则计 0 分。

对北方采暖地区的省级行政区域内所有地级及以上采暖城市，每个城市随机抽查不低于 10 个实行集中供热的新建建筑和经计量改造的既有建筑项目，其中新建建筑不低于 7 个（其中居住建筑不少于 4 个）。所抽查项目 100% 按用热量计价收费，计 3 分；90% 以上（含）的，计 2 分；80% 以上（含）的，计 1 分；否则计 0 分。

（九）大气污染防治资金投入

1. 指标解释

地方各级财政、企业与社会大气污染防治投入的总体情况。

2. 工作要求

建立政府、企业、社会多元化投资机制，保障大气污染防治稳定的资金来源，加大地方各级财政资金投入力度，明确企业治污主体责任。

3. 指标分值

该项指标分值 6 分。

4. 计分方法

地方各级财政、企业和社会大气污染防治投入之和占地区国民生产总值的比例，高于全国 80% 位值（含）的，计 6 分；低于 80% 位值、高于 50% 位值（含）的，计 4 分；低于 50% 位值、高于 20% 位值（含）的，计 2 分；否则计 1 分。

（十）大气环境管理

1. 指标解释

编制实施细则与年度实施计划、建立重点任务管理台账、重污染天气监测预警应急体系建设、大气环境监测质量管理、秸秆禁烧、环境信息公开情况。

2. 工作要求

该项指标包括"年度实施计划编制""台账管理""重污染天气监测预警应急体系建设""大气环境监测质量管理""秸秆禁烧"和"环境信息公开"6 项子指标。具体工作要求如下：

（1）2013 年，制定实施细则，确定工作重点任务和治理项目，完善政策措施并向社会公开。

（2）2014、2015、2016、2017 年，制定年度实施计划，严格按照国家的总体要求制定年度环境空气质量改善目标，确定治理项目实施进度安排、资金来源、政策措施推进要求及责任分工，并向社会公开。

（3）针对产业结构调整优化、清洁生产、煤炭管理与油品供应、燃煤小锅炉整治、工业大气污染治理、城市扬尘污染控制、机动车污染防治、建筑节能与供热计量、大气环境管理等重点任务建立台账，准确、完整记录各项任务及其重点工程项目的进展情况，并逐月进行动态更新。

（4）重污染天气监测预警应急体系建设

按时完成省、市两级重污染天气监测预警系统建设和应急预案制定。对于省、市两级重污染天气应急预案，严格按照相关要求制定和备案，定期开展演练、评估与修订，全面落实政府主要责任人负责制，配套制定部门专项实施方案。

行政区域内单个城市空气质量达到重污染天气预警等级时，及时启动城市重污染天气应急预案；行政区域内多个城市空气质量达到重污染天气预警等级时，应同时启动省级、市级应急预案，推动城市联动、共同应对。

（5）大气环境监测质量管理

根据《环境监测管理办法》（原国家环保总局令第39号）、《关于加强环境质量自动监测质量管理的若干意见》（环办〔2014〕43号），建立完善的环境空气自动监测质量管理体系，对环境空气质量监测站点的布点采样、仪器测试、运行维护、质量保证和控制、数据传输、档案管理等进行规范管理和监督检查，保障监测数据客观、准确。

（6）秸秆禁烧

建立秸秆禁烧工作目标管理责任制，明确市、县和乡镇政府以及村民自治组织的具体责任，严格实施考核和责任追究。对环境保护部公布的秸秆焚烧卫星遥感监测火点开展实地核查，严肃查处禁烧区内的违法焚烧秸秆行为。

（7）环境信息公开

在政府网站及主要媒体，逐月发布行政区域内城市空气质量状况及其排名（直辖市可不排名）；公开新建项目环境影响评价相关信息；按照《关于加强污染源环境监管信息公开工作的通知》（环发〔2013〕74号）和《污染源环境监管信息公开目录》（第一批）的要求，公开重点工业企业污染物排放与治污设施运行信息；同时，按照《国家重点监控企业自行监测及信息公开办法》（试行）及《国家重点监控企业监督性监测及信息公开办法》（试行）的要求，及时公布污染源监测信息。

3. 指标分值

该项指标分值共16分，其中年度实施计划编制占2分，台账管理占1分，重污染天气监测预警应急体系建设占5分，大气环境监测质量管理占3分，秸秆禁烧占1分，环境信息公开占4分。

4. 计分方法

（1）年度实施计划编制

按要求编制实施细则与年度实施计划，并向社会公开的，计2分；实施细则与年度实施计划未向社会公开的，扣1分。

（2）台账管理

管理台账完整、真实，满足工作要求的，计1分；否则计0分。

（3）重污染天气监测预警应急体系建设

各地区人民政府提供开展重污染天气监测预警的证明材料，满足考核要求计1分，否则计0分。

抽查省、市两级重污染天气应急预案，满足考核要求计 1 分，否则计 0 分。

各地区人民政府应提供重污染天气应急预案启动的证明材料，包括各地区人民政府重污染天气应急预案启动情况的材料，及时准确启动达到 80% 的计 1 分，否则计 0 分，环境保护部统计情况作为考核的依据；各地区人民政府重污染天气应急响应信息报送情况的材料，按照环境保护部重污染天气信息报告工作要求报送的计 1 分，否则计 0 分，环境保护部统计情况作为考核的依据；各地区人民政府重污染天气应急措施落实、监督检查和问题整改情况的材料，满足工作要求的计 1 分，否则计 0 分，环境保护部环境保护督查中心对重污染天气应急预案落实情况进行监督检查，作为考核的依据。

（4）大气环境监测质量管理

若发现由于人为干预造假，致使数据失真的现象，作为一票否决的依据，总体考核计 0 分。依据环境保护部环境监测质量监督检查结果及各地区环境监测质量管理总结报告综合评定，满足考核要求的，计 3 分，否则计 0 分。未建立完善的环境空气自动监测质量管理体系，包括气态污染物量值溯源和量值传递体系以及颗粒物比对体系，扣 2 分。

（5）秸秆禁烧

建立并严格执行秸秆禁烧工作目标管理责任制、禁烧区内无秸秆焚烧火点且行政区内秸秆焚烧火点数同比上一年减幅达 30%（含）以上的，或者连续两年行政区内秸秆焚烧火点数低于 10 个的，计 1 分；禁烧区内无秸秆焚烧火点且行政区内秸秆焚烧火点数同比上一年有所减少但减幅未达 30% 的，计 0.5 分；否则计 0 分（秸秆焚烧火点数以环境保护部公布并核定的卫星遥感监测数据为准）。

（6）环境信息公开

各地区人民政府应提供执行环境信息公开制度的证明材料，严格按照工作要求公开各项环境信息的，计 4 分；缺少一项信息公开内容的，扣 1 分，扣完为止。

三、京津冀、长三角、珠三角等重点区域近期出台的大气污染防治重要政策文件

1. 北京市行动计划

北京市2013—2017年清洁空气行动计划

近十几年来，本市连续采取大气污染治理措施，空气中主要污染物浓度逐年下降，但大气污染物排放总量仍然超过环境容量，空气质量与国家新标准和公众期盼依然存在较大差距，大气污染复合型特征突出，城市正常运转和市民日常生活产生的污染物所占比重越来越大，大气污染防治形势十分严峻。为贯彻落实国家《大气污染防治行动计划》，进一步改善空气质量，特制订本行动计划。

一、指导思想和行动目标

（一）指导思想

以科学发展观为指导，以生态文明建设为统领，以保障市民健康为出发点，以防治细颗粒物（$PM_{2.5}$）污染为重点，坚持政府调控与市场调节相结合，污染物总量减排与空气质量改善相匹配，着力推动能源结构和产业结构调整，加快转变经济发展方式，着力完善政府主导、企业施治、公众行动的大气污染防治工作机制，综合运用法律、经济、科技和行政手段，积极推进多种污染物协同减排，努力实现环境建设、经济建设与社会建设协调发展。

（二）行动目标

经过五年努力，全市空气质量明显改善，重污染天数较大幅度减少。到2017年，全市空气中的细颗粒物年均浓度比2012年下降25%以上，控制在60微克/立方米左右。其中：

- 怀柔区、密云县、延庆县空气中的细颗粒物年均浓度下降25%以上，控制在50微克/立方米左右；
- 顺义区、昌平区、平谷区空气中的细颗粒物年均浓度下降25%以上，控制在55微克/立方米左右；
- 东城区、西城区、朝阳区、海淀区、丰台区、石景山区空气中的细颗粒物年均浓度下降30%以上，控制在60微克/立方米左右；
- 门头沟区、房山区、通州区、大兴区和北京经济技术开发区空气中的细颗粒物年均浓度下降30%以上，控制在65微克/立方米左右。

二、八大污染减排工程

坚持污染减排是改善空气质量的根本措施。结合能源消费量大、生活性消耗占比高等特点，立足能源结构优化、产业绿色转型和城市管理精细化要求，重点实施压减燃煤、控车减油、治污减排、清洁降尘等八大污染减排工程。

（一）源头控制减排工程

1. 优化城市功能和空间布局。认真落实北京城市总体规划和主体功能区划，分类推进区域和产业发展，合理控制开发强度，完善功能布局，推动形成有利于大气污染物扩散的城市空间布局。

市规划委、市环保局、市发展改革委、市园林绿化局、市国土局、市住房城乡建设委等部门强化城市空间管制和绿地控制要求，对于城市公共绿地等规划强制性内容，未经法定程序，在建设时其位置和规模不得修改；开展城市环境总体规划研究和编制工作，强化资源、环境约束；研究完善北京地区电网等能源空间布局和中长期发展规划，推动能源清洁化发展和科学化配置；全力推动绿色建筑发展，推进绿色生态示范区和绿色居住区建设。市规划委、市发展改革委、市环保局、市经济信息化委、市交通委、市国土局等部门和各区县政府严格执行规划环境影响评价条例，认真开展综合性规划和专项规划的环境影响评价及审查工作，建立健全规划环境影响评价与建设项目环境影响评价联动机制。

2. 合理控制人口规模。坚持人口资源环境相均衡、经济社会生态效益相统一，合理调控人口规模，优化人口空间布局。市发展改革委、市公安局、市人口计生委、市流管办、市教委、市卫生局等部门综合施策，研究制定人口总量控制措施，大力推进产业结构优化升级，科学配置教育、医疗等资源，创新流动人口服务和管理方式，推进人口管理体系建设，有效疏解核心区人口，减少生活刚性需求增加带来的污染。

3. 严格控制机动车保有量。严格落实国家对北京市提出的限制机动车保有量的要求，综合考虑资源、环境等因素，以环境承载力为约束条件，严格控制机动车规模，减轻机动车保有量过快增长带来的污染排放压力。市交通委、市公安局公安交通管理局研究采取经济手段和必要的行政手段，确保2017年底将全市机动车保有量控制在600万辆以内。

4. 强化资源环保准入约束。市经济信息化委、市发展改革委、市环保局等部门制定严于国家要求的禁止新建、扩建的高污染工业项目名录，原则上禁止建设钢铁、水泥、电解铝、平板玻璃、炼焦、有色金属冶炼、电石、铁合金、沥青防水卷材等高耗能、高污染项目，不再建设劳动密集型一般制造业项目。提高节能环保准入门槛，健全重点行业准入条件，探索建立符合准入条件的企业动态管理机制。

严格执行建设项目环境保护管理条例，对新、改、扩建项目必须进行环境影响评价。实施污染物排放总量控制，将二氧化硫、氮氧化物、颗粒物和挥发性有机物排放总量指标作为建设项目环境影响评价审批的前置条件，对新增大气污染物排放量的建设项目，逐步实施“减二增一”的削减量替代审批制度。市发展改革委严格落实节能评估审查制度。

对禁止建设的工业项目和未通过节能评估、环境影响评价审查的项目，有关部门不得审批、核准和备案，不得提供土地，不得批准开工建设，不得发放生产许可证、安全生产许可证和排污许可证，金融机构不得提供任何形式的新增授信支持，有关单位不得供电供水。对违规建设、投产的污染项目要坚决清理、依法关闭。对未完成大气污染物减排任务的区域和行业实施区域、行业限批，除民生工程外，不得批准建设排放大气主要污染物的项目。

全市新建项目原则采用电力、天然气等清洁能源，不再新建、扩建使用煤、重油和渣油等高污染燃料的项目。2013 年底前，划定城六区范围内的高污染燃料禁燃区；自 2014 年起，按照由城市建成区向郊区扩展的原则，逐步在远郊区县城关镇地区划定高污染燃料禁燃区。禁燃区内逐步禁止原煤散烧。现有燃煤设施按期限完成清洁能源改造，加快推进无煤化进程。

严格重点行业表面涂装生产工艺的环境准入，提高低挥发性有机物含量涂料使用比例，新建机动车制造涂装项目达到 80% 以上，其中小型乘用车单位涂装面积的挥发性有机物排放量控制在 35 克 / 平方米以下；家具制造及其他工业涂装项目达到 50% 以上；包装印刷业必须使用符合环保要求的油墨。推广使用水性涂料，鼓励生产、销售和使用低毒、低挥发性溶剂。

（二）能源结构调整减排工程

坚持能源清洁化战略，因地制宜开发本市新能源和可再生能源，积极引进外埠清洁优质能源，努力构建以电力和天然气为主、地热能和太阳能等为辅的清洁能源体系。2013 年，市发展改革委牵头制定《北京市 2013—2017 年加快压减燃煤和清洁能源建设工作方案》并组织实施。到 2017 年，全市燃煤总量比 2012 年削减 1300 万吨，控制在 1000 万吨以内；煤炭占能源消费比重下降到 10% 以下，优质能源消费比重提高到 90% 以上。

1. 加强清洁能源供应保障。市发展改革委牵头，加快外受电力通道、变电设施、高压环网建设，增强外调电供应保障能力。到2017年，外调电比例达到70%左右，电力占全市终端能源消费量的比重达到40%左右；加快输变电和并网工程建设，实现9个电网分区均有本地电源支撑，全网供电能力得到提升，农村电网得到全新再造，供电能力和电能质量显著提升。

市市政市容委、市发展改革委等部门加强燃气供应保障，2013年，建成大唐煤制气一期工程和唐山液化天然气一期工程；2015年，建成陕京四线，大唐煤制气、唐山液化天然气工程全面竣工投产，10个远郊新城全部接通管道天然气；2016年，开工建设陕京五线，形成多气源、多通道、多方向的供应格局。积极争取国家天然气用气指标，满足本市2017年240亿立方米的用气需求。

2. 实现电力生产燃气化。市发展改革委、市重大项目办加快推进四大燃气热电中心建设。2013年，在东南、西南燃气热电中心投产运行的基础上，西北燃气热电中心建成投产运行2台机组，东北燃气热电中心主体结构封顶，关停科利源热电厂燃煤机组。2014年，西北、东北燃气热电中心建成投产运行，关停高井热电厂燃煤机组。2015年，华能北京热电厂新增燃气发电机组建成投产运行，关停国华、京能热电厂燃煤机组。2016年，关停华能北京热电厂燃煤机组。

3. 推进企业生产用能清洁化。通过污染企业关停退出和清洁能源改造等方式，减少煤炭使用量，基本实现企业生产用能清洁化。市经济信息化委、市环保局等部门和有关区县政府加快实施工业企业燃煤锅炉、窑炉、自备电站等清洁能源替代步伐。2015年，完成19个市级以上工业开发区燃煤设施清洁能源改造。2016年，基本完成全市规模以上工业企业燃煤设施清洁能源改造；城六区及远郊新城建成区的商业、各类经营服务行业燃煤全部改用电力、天然气等清洁能源。

4. 逐步推进城六区无煤化。在核心区近20万户居民实现采暖清洁化的基础上，2013年，东城和西城区再完成4.4万户平房居民采暖“煤改电”工程；剩余2.1万户平房居民的采暖燃煤，通过人口疏解、清洁能源替代等综合措施逐步消除。到2015年，城市核心区实现无煤化；朝阳、海淀、丰台、石景山区政府完成剩余4900蒸吨燃煤锅炉清洁能源改造工程。

5. 推进城乡结合部和农村地区“减煤换煤”。2013年，制定出台“减煤换煤、清洁空气”行动实施方案，按照城市化改造上楼一批、拆除违建减少一批、炊事气化解决一批、城市管网辐射一批、优质煤替代一批的思路和要求，分年度制定并实施行动方案，到2016年，基本实现农村地区炊事气化、无散用劣质煤，并大幅削减民用散煤使用量。

多措并举推进清洁能源采暖。在城乡结合部和农村地区综合推广电力、热泵、太阳能等清洁能源采暖方式，削减散煤使用量。制定出台农村享受峰谷电价优惠政策实施方案，推进农村电网扩容建设，提高电采暖供电能力。到2017年，力争完成20万农户电采暖改造任务；完成50个新型农村社区建设，推行集中供暖和新能源供暖；全市累计新增太阳能集热器面积400万平方米；累计新增热泵供暖面积3500万平方米，其中，利用燃气热电厂余热热泵改造新增供暖面积2000万平方米，发展再生水热泵新增供暖面积500万平方米，实施地热供暖新增供暖面积500万平方米，在远郊新城、重点镇的公共建筑发展浅层地温利用新增供暖面积500万平方米。

6. 推动远郊区县燃煤减量化。各远郊区县政府实施燃煤总量控制。到2017年底，房山、通州、顺义、昌平、大兴等区的燃煤总量比2012年减少35%；门头沟、平谷、怀柔、密云、延庆等区县的燃煤总量比2012年减少20%。

减少远郊区县锅炉用煤。积极开展燃煤锅炉清洁能源改造或协调引入外埠热源，逐步整合、消除区域内的分散燃煤锅炉。到2017年底，基本淘汰远郊区县城镇地区的10蒸吨及以下燃煤锅炉。鼓励推动已建成的燃煤集中供热中心实施清洁能源改造。

7. 建立健全绿色能源配送体系。2013年底前，市发展改革委、市市政市容委组织建立优质煤和瓶装液化气供应渠道，各区县建成绿色能源配送中心，确保优质煤和瓶装液化气供应。严厉打击非法生产、销售劣质煤的行为，集中清理、整顿和取缔不达标散煤供应渠道；采取路检路查等手段杜绝不符合规定标准的散煤和固硫型煤进京销售。

8. 提高能源使用效率。推行节能降耗技术，从源头上降低能源需求，推动减少大气污染物排放。市发展改革委牵头完成国家下达的节能降耗目标，到2017年，单位工业增加值能耗比2012年降低20%左右。市规划委、市住房城乡建设委严格执行新建居住建筑节能75%的强制性标准，推广使用太阳能热水系统、地源热泵、光伏建筑一体化等技术。市市政市容委、市住房城乡建设委、市发展改革委等部门加快推进既有居住建筑供热计量和节能改造，到2015年，累计完成1.5亿平方米符合50%节能标准的既有居住建筑供热计量改造；全面完成“十二五”期间6000万平方米既有居住建筑节能改造任务。市质监局加强对供热计量和重点用能单位能源资源计量器具的监督检查，开展能源计量审查评价工作。市住房城乡建设委推进抗震节能农宅建设，到2017年底力争完成20万户左右。

（三）机动车结构调整减排工程

坚持先公交、严标准、促淘汰的技术路线，加强经济政策引导，强化行政手段约束，使全市机动车结构向更加节能化、清洁化方向发展。到2017年，全市机动车使用汽柴油总量比2012年降低5%以上，减少机动车污染物排放。

1. 大力发展公共交通。市重大项目办牵头加快轨道交通建设，到2015年，全市轨道交通运营里程力争达到660公里。市交通委、市公安局公安交通管理局优化公交网络，完善地面公交快速通勤体系，到2017年，中心城区公共交通出行比例力争达到52%，公共交通占机动化出行比例达到60%以上。市交通委牵头加强自行车道、步行道建设和环境整治，推广公共自行车服务运营。

2. 不断严格新车排放和油品供应标准。2013年，新增的轻型汽油车和新增的公交、环卫等柴油车实施第五阶段机动车排放标准，同时示范运营达到第六阶段排放标准的公交车辆，为实施第六阶段机动车排放标准开展前期准备。2014年底，新增重型柴油车全部实施第五阶段机动车排放标准，其中市域内使用的重型柴油车必须安装颗粒捕集器。2016年，力争实施第六阶段机动车排放标准，并同步供应符合标准的油品，进一步加严油品中的主要环保指标。加快柴油车车用尿素供应体系建设。市环保局、市经济信息化委、市质监局、市工商局等部门加强新生产车辆环保监管，严厉打击生产、销售不达标车辆的违法行为。

不断严格非道路动力机械排放标准。2013年，新增非道路动力机械必须达到第三阶段排放标准；2015年1月起，新增非道路动力机械必须达到第四阶段排放标准。未达到排放标准的非道路动力机械，依法禁止在京销售和使用。

3. 加快淘汰高排放老旧机动车。2013年，市交通委、市商务委等部门制定出台新增和更新汽油出租车强制报废标准和配套政策措施。市公安局公安交通管理局、市环保局等部门通过扩大黄标车禁行范围、增加尾气排放检测频次、加强行业管理和加大执法检查力度等措施，到2015年底淘汰全部黄标车。市环保局、市财政局、市交通委等部门通过经济鼓励等措施，推动淘汰高排放老旧机动车，鼓励更换混合动力汽车和小排量客车，到2017年累计淘汰老旧机动车100万辆。市公安局公安交通管理局、市商务委牵头严格执行国家报废标准，加大对报废解体厂的监管力度。

4. 积极推广新能源和清洁能源汽车。市科委、市交通委、市财政局等部门研究制定鼓励个人购买和使用新能源汽车的相关政策。继续抓好公交、环卫等行业及政府机关的新能源汽车示范应用工作。加快加气站、充电站（桩）等配套设施建设，满足新能源和清洁能源汽车发展需求。2017 年底，全市新能源和清洁能源汽车应用规模力争达到 20 万辆。

5. 促进行业机动车结构调整和污染减排。

调整公交车结构。市交通委等部门研究加快老旧公交车淘汰，缩短使用年限。积极发展新能源和清洁能源公交车辆，每年新增公交车中新能源与清洁能源车比例力争达到 70% 左右。到 2017 年，实现新能源和清洁能源公交车辆比例达到 65% 左右；公交行业车辆油耗比 2012 年减少 40%。

调整出租车结构。2014 年起，新增和更新的汽油出租车全部执行更严格的强制报废标准。鼓励出租车更换三元催化器，更换周期最长不超过两年。到 2017 年，累计报废更新车辆中，电动车、天然气车、混合动力车各达到 5000 辆；出租车行业车辆油耗比 2012 年减少 20%。

调整客运车辆结构。2015 年底前，全部淘汰第三阶段机动车排放标准以下的省际客运、郊区客运和旅游客运车辆，发展新能源和清洁能源旅游车。到 2017 年，郊区客运和五环路内的旅游客运天然气车辆比例力争分别达到 50%、20%，示范运营纯电动旅游车达到 300 辆；郊区客运、旅游客运行业车辆油耗分别比 2012 年减少 20%、5%。

调整渣土车和环卫车结构。市市政市容委牵头，到 2015 年底前，全部淘汰第三阶段机动车排放标准以下的渣土车；大力发展纯电动和天然气环卫车辆，2017 年纯电动环卫车辆比例达到 50%；环卫行业车辆油耗比 2012 年减少 20%。

调整货运车结构。市交通委、市商务委、市公安局公安交通管理局等部门加快组建货物运输“绿色车队”，2015 年底达到 5 万辆。2014 年起，全市物流园区和货物流转集散地使用第三阶段及以上机动车排放标准车辆进行货物运输。加快淘汰老旧邮政车辆，发展新能源和清洁能源邮政车，2017 年城区内邮政配送电动车辆比例达到 50%；邮政行业车辆油耗比 2012 年减少 15%。

调整低速汽车结构。市农委等部门会同相关区县政府，逐步推进皮卡、轻型卡车替换低速汽车，并推广电动车。2014 年，新增和更新低速货车执行与轻型货车同等的节能环保标准。到 2017 年，皮卡及轻型卡车替换低速汽车累计比例达到 60%。

6. 完善管理政策。制定完善小客车分区域、分时段限行政策和外埠车辆管理政策，市公安局公安交通管理局严格依法查处违章车辆。协调加快北京绕城高速公路建设，力争 2017 年建成北京绕城高速公路，减少重型载货车辆过境穿行。

（四）产业结构优化减排工程

进一步提高环保、能耗、安全、质量等标准，加快淘汰落后产能，有序发展高新技术产业和战略性新兴产业，推行清洁生产，建设生态工业园区，不断推动产业结构优化升级，到 2015 年和 2017 年，第三产业比重分别达到 78% 和 79%。

1. 淘汰压缩污染产能。2013 年，市经济信息化委、市环保局、市发展改革委等部门制定发布严于国家要求的不符合首都功能定位的高污染行业调整、生产工艺和设备退出指导目录，并适时更新。2014 年，提前一年完成国家下达的“十二五”落后产能淘汰任务。2015 年至 2017 年，再淘汰一批污染产能。

对水泥、石化等高耗能、高排放行业，市经济信息化委牵头组织实施产能总量控制，鼓励通过兼并重组压缩产能。到 2017 年，全市水泥产能由“十二五”初期的 1000 万吨压缩至 400 万吨左右，保留的产能用于协同处置危险废物。全市炼油规模控制在 1000 万吨。

市住房城乡建设委、相关区县政府组织压缩混凝土搅拌站的数量和规模。2013 年，五环路内未通过治理整合的混凝土搅拌站基本退出；2015 年，全市未通过治理整合的混凝土搅拌站基本退出，全市混凝土搅拌站控制在 135 家左右。

2. 整治小型污染企业。对布局不合理、装备水平低、环保设施差的小型污染企业，市经济信息化委和各区县政府加强综合整治，到 2016 年底，累计调整退出建材、化工、铸造、家具制造等行业的小型污染企业 1200 家；集中整治镇村产业集聚区，到 2017 年，污染得到有效整治。

3. 建设生态工业园区。市经济信息化委明确全市工业开发区、工业园区、产业基地的目录和发展方向，新建工业项目原则上进入相应区域，推动产业集聚发展。对新建工业开发区、工业园区、产业基地依法开展规划环境影响评价，对已有规划环境影响评价的每三年开展一次跟踪评价。

市经济信息化委、市环保局等部门以及相关区县政府加快推进工业开发区环境基础设施建设，鼓励开展生态化、循环化设计和改造。到 2017 年，19 个市级以上工业开发区按照国家《生态工业园区标准》，基本建成生态工业园区。

4. 推行清洁生产。市发展改革委、市经济信息化委、市环保局等部门组织和引导水泥等重点行业企业开展清洁生产审核，实施清洁生产技术改造，鼓励发展节能、降耗、减排的清洁生产项目。到2017年，组织400家以上企业完成清洁生产审核；钢铁、水泥、化工、石化等重点行业的排污强度比2012年下降30%以上。

（五）末端污染治理减排工程

1. 严格环保标准。加快修订重点行业大气污染物排放标准，进一步加严污染物排放限值。2013年，市发展改革委、市质监局、市环保局等部门修订发布低硫散煤及制品标准。2015年底前，市质监局、市环保局制定修订建材、石化和汽车制造等行业大气污染物排放标准，基本建成完善的大气污染物排放标准体系。

严格执行相关行业挥发性有机物排放标准、清洁生产评价指标和环境工程技术规范。加强挥发性有机物面源污染控制，鼓励使用通过环境标志产品认证的涂料、油墨、胶黏剂、建筑板材、家具、干洗剂等产品。

2. 实施氮氧化物治理。2013年，完成京丰燃气热电厂、10座远郊区县燃煤集中供热中心和4条水泥生产线的脱硝治理。2014年底，全市所有水泥生产线完成脱硝治理。2015年，各远郊区县全面完成燃煤集中供热中心烟气脱硝高效治理。不断推进燃气锅炉低氮燃烧技术改造。

3. 开展工业烟粉尘治理。2013年，华能北京热电厂实施烟气除尘深度治理；全市水泥厂和搅拌站的物料储运系统、料库完成密闭化改造。不断推进燃煤锅炉、工业窑炉除尘设施升级改造；严格落实原材料、产品密闭贮存、输送，装卸料采取有效抑尘措施等要求，大型煤堆、料堆要实现封闭储存或建设防风抑尘设施。

4. 加强挥发性有机物治理。到2017年，全市工业重点行业挥发性有机物排放量与2012年相比累计减少50%左右。

不断推进石化、有机化工等行业挥发性有机物综合整治。燕山石化实施泄漏检测与修复技术改造，开展顺丁橡胶尾气治理等污染治理工程。2015年，完成全部有机废气综合治理工程。2016年，原油加工损失率控制在3‰以内；挥发性有机物排放量比2012年减少50%；水煤浆锅炉停运；完成所有燃煤设施清洁能源改造。2017年，燕山地区空气中挥发性有机物浓度比2012年下降30%。

在汽车制造、电子、印刷、家具、建筑等行业，重点抓好挥发性有机物污染控制，推广使用先进涂装工艺技术，优化喷漆工艺与设备，深化涂装有机废气治理，溶剂型涂料涂装工序必须密闭作业，配备有机废气高效收集和回收净化设施。加强其他溶剂使用工艺挥发性有机物的治理。

（六）城市精细化管理减排工程

加强城市精细化管理和监管执法，集中整治点多、量大、面广的施工扬尘、道路遗撒、露天烧烤、经营性燃煤和机动车排放等污染，督促排污单位完善污染防治设施，规范运行管理，切实发挥管理减排效益。到 2017 年，全市降尘量比 2012 年下降 20% 左右。

1. 严格控制施工扬尘污染。推行绿色文明施工管理模式，建设单位、施工单位在合同中依法明确扬尘污染治理实施方案和责任，并将防治费用列入工程成本，单独列支，专款专用。实施扬尘污染防治保证金制度。市住房城乡建设委和各区县政府严格施工扬尘管理，确保施工工地达标率不低于 92%；将施工扬尘违法行为纳入企业信用管理系统，对违法情节严重的，限制参与招投标活动。市住房城乡建设委、市园林绿化局、市水务局、市交通委、市市政市容委等部门加强本行业施工过程中的扬尘管理，督促施工单位落实全封闭围挡、使用高效洗轮机和防尘墩、料堆密闭、道路裸地硬化等扬尘控制措施，切实履行工地门前三包责任制，保持出入口及周边道路的清洁。

市住房城乡建设委组织对 5000 平方米以上的建筑施工工地出入口和粉状物料、建筑土方堆放区安装视频在线自动监控设备，并与城管执法部门联网。城管执法部门充分利用视频监控和现场执法等手段，加大对扬尘污染监管执法力度。

2. 严格控制道路扬尘污染。市市政市容委、市住房城乡建设委、市城管执法局、市公安局公安交通管理局、市交通委等部门加强渣土运输规范化管理，严格执行资质管理与备案制度，城市渣土运输车辆安装卫星定位系统并实现密闭运输。加强对重点地区、重点路段渣土运输的执法监管，杜绝道路遗撒。

市市政市容委大力推广“吸、扫、冲、收”清扫保洁新工艺，增加作业频次，切实降低道路积尘负荷，到 2017 年，全市新工艺作业覆盖率达到 87% 以上；加大检查、考核力度，定期向社会公布环境卫生干净指数。市交通委、各区县政府减少道路施工开挖面积，缩短裸露时间，开挖道路分段封闭施工，及时修复破损道路。市园林绿化局加强道路两侧绿化，减少裸露地面。

市水务局牵头抓好《北京市加快污水处理和再生水利用设施建设三年行动方案（2013—2015 年）》的落实，提高再生水供应量。市市政市容委、市水务局等部门研究再生水冲洗道路的保障机制，加快配套管网和加水站点建设，到2015年，城市主干道基本实现每日再生水冲洗；到2017年，再生水冲洗范围扩展至中心城区和远郊区县建成区的次干路及以上道路，正常作业条件下再生水冲洗使用量力争每日达到30万立方米。

3. 严格控制生活垃圾污染。市市政市容委牵头抓好《北京市生活垃圾处理设施建设三年实施方案（2013—2015年）》的落实，提高生活垃圾处理能力，优化处理方式，有效控制处置过程中的大气污染，到2015年，全市每日新增处理能力18 000吨，焚烧、生化处理比例达到70%以上；实现生活垃圾全密闭化运输，杜绝遗撒；生活垃圾焚烧严格实施尾气治理，确保达标排放；规范卫生填埋作业程序，缩小作业面，并对作业区域进行及时覆盖；收集处理填埋场产生的沼气，减少沼气污染。到2017年，基本完成非正规垃圾填埋场的治理。

4. 严格控制露天烧烤、餐饮油烟等污染。2013年底前，各远郊区县政府按要求划定本区域禁止露天烧烤范围；各区县政府及城管执法部门严格执法，对城市核心区和朝阳、海淀、丰台、石景山区城镇地区公共场所，以及远郊区县政府划定区域内的露天烧烤行为要坚决取缔。严厉打击焚烧垃圾、秸秆和违法使用经营性燃煤等行为。环保部门加强餐饮油烟监管，督促餐饮企业和单位食堂安装使用高效油烟净化设施，并定期清洗维护，确保达标排放。

5. 严格在用车和油品质量监管。严格落实机动车检测等相关管理规定，对未取得环保检验标志的机动车，不予进行机动车安全技术检验，不予办理营运机动车定期审验合格手续，不得上路行驶。

市环保局、市公安局公安交通管理局牵头加大对在用车辆尾气排放抽查力度，强化路检和入户抽查，重点监管夜间行驶的柴油货运车和渣土运输车。

市工商局、市质监局、市环保局等部门强化对油品质量、车用燃油清净性、车用氮氧化物还原剂的监管，定期抽测，严厉打击非法生产、销售不达标油品的行为。

6. 整治违法排污企业。创新执法机制，开展专项治理和联合执法。市环保局和各区县政府运用监督性监测、在线监控、现场检查等手段，加大对污染源单位的执法检查力度，对超标排放、整改措施不落实的排污单位，依法处以罚款、限期改正、停产治理；对偷排偷放、屡查屡犯的违法企业，依法予以关停；对涉嫌环境犯罪的，依法追究刑事责任。

7. 提高环境监测和监管能力。市编办、市财政局、市环保局等部门按照增能力、提效能的原则，加强市、区两级环境监测和监管能力建设，合理增设机构编制，增加仪器装备，加强对大气污染防治政策研究的支持。市环保局和各区县政府加大环境监测、信息、应急、监察等能力建设力度，到 2015 年达到标准化建设要求。

各区县政府落实街道办事处、乡镇政府的环保职责，加强基层环保体制机制建设，健全基层环保监管力量。市有关部门加大投入，不断提高环境执法监管手段的技术含量。2014 年底前，完善空气质量监测网络和重点污染源在线监控体系，重点污染源按要求安装污染物排放在线监控系统，并与环保部门联网。推进环境卫星应用。

（七）生态环境建设减排工程

1. 提高绿化覆盖率。加强植树造林、绿化美化建设，增加森林资源总量，提高森林建设质量，到 2017 年，全市林木绿化率达到 60% 以上。在平原地区，2016 年底完成百万亩造林工程，同时加大荒滩荒地、拆迁腾退地和废弃坑塘治理力度，从源头上减少沙尘污染；加快建设新城滨河森林公园、功能区“绿心”等大尺度城市森林和重点镇生态休闲公园，完善城市绿化隔离带。在山区，继续推进京津风沙源治理、太行山绿化、森林健康经营等工程建设，加强与周边省区市的区域林业建设合作，增强绿色生态屏障功能。在城区，坚持规划建绿，加快推进滨水绿带建设，加大代征绿地回收和建设力度，积极实施屋顶绿化、垂直绿化等立体绿化工程，增加绿化面积。

2. 扩大水域面积。市水务局加强水源科学调配，充分利用高品质再生水等水源补充河湖水系用水，改善生态环境。加大永定河、潮白河、北运河水系综合治理及清洁小流域建设力度，扩大水域面积。到 2017 年，累计增加水域面积 1000 公顷，建设生态清洁小流域 170 条，治理水土流失面积 1750 平方公里。市园林绿化局牵头编制全市湿地保护发展规划，到 2017 年，累计建成 10 个湿地公园和 10 个湿地保护小区。

3. 实施生态修复。市国土局、市安全监管局适度调整非煤矿山的规划和布局。市园林绿化局、市国土局牵头对远郊区县的废弃矿山、荒地实施生态修复和绿化，恢复生态植被和景观，不断推进开采岩面治理。到 2017 年，扬尘污染得到有效控制，生态环境得到明显改善。

（八）空气重污染应急减排工程

统筹兼顾大气污染的长期治理和短期应急，进一步完善空气重污染应急管理，不断强化与周边省区市的空气重污染应急联动。

1. 将空气重污染应急纳入全市应急管理体系，实行政府主要负责人负责制，成立市空气重污染应急专项指挥部，负责空气重污染的应急组织、指挥和处置。市环保局等部门加强空气重污染预警研究，完善监测预警系统，不断提高预测预报的准确性。市空气重污染应急专项指挥部各成员单位、各区县政府的主要负责人对本部门、本区县的空气重污染应急工作负总责。

2. 修订《北京市空气重污染日应急方案(暂行)》，完善应急程序，强化工作措施，综合考虑污染程度和持续时间，增加持续重污染的应急措施，包括机动车单双号限行、重点排污企业停产减排、土石方作业和露天施工停工、中小学校停课以及可行的气象干预等应对措施。开展重污染天气应急演练。

3. 在国家有关部门的协调支持下，会同周边省区市建立空气重污染应急响应联动机制，开展区域联防联控，共同应对大范围的空气重污染。

三、六大实施保障措施

深化改革创新，着力构建充满活力、富有效率的政策法规体系，着力发挥科技支撑作用，着力加强组织领导，为本行动计划的实施提供多方面保障，确保污染减排工程落到实处、收到实效。

（一）完善法规体系

进一步健全完善本市大气污染防治的法规体系，积极推进《北京市大气污染防治条例》的立法工作，固化确有成效的污染防控措施，注重吸收借鉴国内外先进经验，在污染物排放总量控制、区域限批、排污许可、排污交易、应急预警、法律责任等制度设计方面取得新突破，在解决违法成本低、守法成本高等问题上取得明显进展。对恶意排污、造成重大污染危害的企业及相关负责人，公安机关等司法部门研究依法适用治安处罚和刑事处罚等手段。研究探索公益诉讼制度。

（二）创新经济政策

1. 发挥资源价格的杠杆作用。按照“多使用、多付费，多排放、多负担”的原则，完善资源环境价格体系，积极推行激励与约束并举的节能减排新机制，引导企业绿色生产、社会绿色消费。市发展改革委、市经济信息化委、市水务局、市环保局等部门制定水、电、油等资源类产品消耗定额，研究完善差别化、阶梯式的资源价格政策；研究落实国家关于“按照优质优价、排污者付费原则合理确定成品油价格”的要求，制定引导降低机动车使用强度的经济政策；加大惩罚性电价、水价的实施力度。

市发展改革委、市市政市容委等部门推进全市供热价格统一，逐步理顺供热价格，鼓励使用清洁能源采暖；推进瓶装液化气同城同价，建立用户公平负担、鼓励清洁能源应用的价格机制。

市发展改革委牵头，扩大采暖用电享受峰谷电价政策范围，鼓励农村使用电采暖，替代原煤散烧。

2. 发挥税费政策的调节作用。全面落实“合同能源管理”的财税优惠政策，研究推行污染治理设施投资、建设、运行一体化特许经营。

市环保局、市发展改革委等部门加快制定出台适应新形势要求的排污费征收政策。调整二氧化硫、氮氧化物排污收费标准；逐步实施挥发性有机物、工地扬尘、经营性餐饮油烟排污费征收。严格依法征收排污费，做到应收尽收。

市交通委、市发展改革委牵头，会同市公安局公安交通管理局完善区域差别化停车收费制度；会同市环保局等部门根据国家《大气污染防治行动计划》的要求，研究城市低排放区交通拥堵费征收方案，推广使用智能化车辆电子收费识别系统，引导降低中心城区车辆使用强度。

3. 发挥金融手段的约束作用。市环保局、市金融局等部门加快推进排污权交易、绿色信贷和绿色证券等制度的建设与实施，将企业环境信息纳入银行征信系统，对环境违法企业，严格限制企业贷款和上市融资。

4. 发挥财政资金的引导作用。市财政局、市发展改革委加大财政投入，以奖励、补贴和贴息等形式，支持清洁能源改造、污染防治设施建设和升级改造、老旧机动车淘汰、污染企业退出等重点项目，对重点行业清洁生产示范工程给予引导性资金支持。建立企业“领跑者”制度，对能效、排污强度达到更高标准的先进企业给予鼓励。整合能源使用等相关补助政策，提高财政资金使用效率，促进能源结构调整和污染减排。

（三）强化科技支撑

将大气污染防治作为实施“科技北京”战略的重要内容，深入开展大气环境领域科学研究，不断加大对科技基础设施建设的支持力度。市科委、市环保局等部门发挥首都科技资源优势，组织各类科研机构、高等院校、企业和相关单位，深入开展大气污染成因、传输规律、污染源来源解析及治理技术、细颗粒物对人体健康的影响，以及空气质量中长期预报预警技术等研究，每年形成阶段性成果，为科学决策提供有力支撑。

加快先进适用技术的示范推广。重点推广分布式能源、交通节能减排、天然气低氮燃烧和烟气脱硝、新能源与可再生能源利用、挥发性有机物污染治理、家用高效油烟净化、农业氨减排等技术，边研究边应用。大力发展节能环保产业，培育新的经济增长点。加强国际交流合作，学习借鉴国外先进的大气污染防治理念，引进、消化、吸收和再创新先进技术。

（四）加强组织领导

成立北京市大气污染综合治理领导小组，负责组织研究大气污染防治的政策措施，协调解决重大问题；落实区域联防联控工作机制，加强与周边省区市的合作，推进区域大气污染联防联控、联动应急。领导小组办公室负责每月进行工作调度和督促落实。各区县政府成立相应的领导小组，统筹开展辖区大气污染防治工作。

（五）分解落实责任

市政府对本行动计划进行重点任务分解，与各区县政府、市有关部门和企业签订目标责任书；每年制订年度清洁空气行动计划，细化目标、任务和措施；2015 年对行动计划进行中期评估，依据评估结果，适当调整重点任务。

各区县政府对本辖区空气质量改善负责，制定本区县 2013—2017 年清洁空气行动计划和年度实施方案，细化年度减排项目，并逐一分解落实到本区县有关部门、各街道 (乡镇) 和排污单位。区县五年行动计划在 2013 年 10 月底前报市政府备案。

市有关部门要积极争取中央有关部门的政策、资金和技术支持，加强行业管理，对本行业、本领域的大气污染防治工作负责，制定本部门 2013—2017 年清洁空气行动计划实施方案，每年制定年度措施，实施方案在 2013 年 10 月底前报市政府备案。各有关部门要加强协作、互相配合、齐抓共管、形成合力，共同推进全市大气污染防治工作。

（六）严格考核问责

市政府制定考核办法，将细颗粒物指标作为经济社会发展的约束性指标，构建以环境质量改善为核心的目标责任考核体系，将行动计划目标、任务完成情况纳入绩效考核体系。每年初对各区县政府、市有关部门和市属国有企业上年度任务完成情况进行考核，考核结果作为领导班子考核评价的重要内容，适时向社会公布，并实行“一票否决”。

对年度考核不合格的区县政府、市有关部门和市属国有企业，给予通报批评，环保部门会同监察机关、组织部门对其主要负责人进行约谈；对工作不力、行政效率低下、履职缺位等导致未能有效完成任务的，依纪依法追究有关单位和人员的责任。对考核不合格的区县实施环保区域限批，禁止建设除民生工程以外的排放主要大气污染物的建设项目，取消授予环境荣誉称号，取消评优、评先资格。

四、三大全民参与行动

防治大气污染、改善空气质量是全社会的共同责任。要大力弘扬生态文明理念，加快培育首都特色的环境文化，系统开展大气污染防治的知识普及、教育引导、百姓宣讲、公益广告等活动，动员全社会践行绿色环保的生产、生活方式，引导全社会树立关心环保、认知环保、参与环保、践行环保的新风尚，形成保护环境、人人有责，改善环境、人人行动的新局面。

（一）企业自律的治污行动

企业肩负着发展经济和保护环境的双重责任，是污染减排的重要力量。一方面，企业要加强自律，自觉遵守环保法律法规，确保污染防治设施正常运行，污染物稳定达标排放；另一方面，政府要搭建平台，鼓励企业深化环保管理，引进先进治污技术，挖掘节能减排潜力，减少污染物排放。

1. 工业企业。要积极吸收和借鉴国内外同行业污染防治的先进经验，加强污染治理。建材、化工等高污染企业要主动压缩产能、转型升级，走科技含量高、资源消耗少、污染排放低的新型工业化道路。水泥、热力等企业要开展高效脱硝治理，石化、印刷等企业要深化挥发性有机物污染治理，减少能源消耗、降低污染物排放。

2. 建筑施工企业。要认真落实绿色施工管理要求和门前三包责任制，对施工现场道路和裸露地面进行硬化、覆盖，运输车辆应当冲洗干净后上路行驶；建筑垃圾、渣土应当装袋扎口清运或用密闭容器清运；进行拆除、平整场地、清运建筑垃圾和渣土、道路开挖等施工作业时，应当采取边施工、边洒水等防止扬尘污染的作业方式。自觉选用低排放的渣土运输车辆和非道路动力机械，采用洗轮机、防尘墩、密闭化施工等新技术、新措施，积极使用环保型涂料、油漆和溶剂。

3. 运输企业。要积极推行绿色运输，主动购置、使用低排放运输车辆和新能源汽车，加强车辆的维护、保养，做到节油行驶、达标排放，杜绝遗撒。

4. 环卫企业。要采取道路清扫保洁一体化新工艺，推广应用再生水冲刷道路，提高道路洁净度；杜绝露天焚烧落叶、垃圾等违法行为。

5. 餐饮企业。要自觉使用清洁能源，拒绝使用燃煤，杜绝露天烧烤、骑墙烧烤等行为；自觉安装油烟净化设施，加强日常维护，定期清理烟道，确保污染物达标排放。

6. 其他服务业企业。商场、超市、宾馆、休闲度假场所等单位，要积极开展墙面和屋顶绿化、节能改造、夜景照明节电改造、供暖设施清洁能源改造。

（二）公众自觉的减污行动

公众是保护大气环境、推动空气质量改善的实践者。以"同呼吸、共责任、齐努力"为导向，鼓励公众从自身做起、从现在做起、从身边做起、从点滴做起，共同营造绿色生活、减少污染、保护环境的良好氛围。

1. 倡导绿色消费。环保部门要编制《市民绿色消费指南》，鼓励市民做好：绿色饮食，适量烹饪用油，拒绝露天烧烤；绿色家居，选用节能家电、高效照明设备、环保涂料等环保产品；绿色生活，不用散煤，随手关灯、拔插头，减少待机能耗，夏季少用空调多开窗。

2. 鼓励绿色出行。交通、环保等部门要加强宣传，鼓励市民自觉采用公共交通、自行车和步行等绿色出行方式，积极参与"无车日"活动，节油驾驶，停车熄火，及时维修保养车辆。

3. 推进环保创建。教育、环保部门要加强对各级各类学校学生的环境教育。积极开展环境友好型学校、环境友好型社区和生态文明村创建工作，引导公众参与建筑节能、绿化美化、原煤散烧替代等工作。

4. 组织公益活动。环保部门要培育和壮大环保志愿者队伍，发挥非政府组织、知名人士和志愿者队伍的积极性、主动性和创造性，组织系列环保公益活动，丰富公众参与的活动形式和载体，提高公众参与的有效性，带动更多的市民参与污染防治和减排。

（三）社会监督的防污行动

社会监督是政府监管的有力补充。要引导媒体、公众等社会力量依法、有序监督各项大气污染防治减排措施落实。

1. 加强信息公开。利用网络、电视等媒体，及时发布区县空气质量状况及排名。环保部门和企业要按要求主动公开建设项目环境影响评价、企业污染物排放、治污设施运行情况等环境信息，自觉接受监督。

2. 畅通监督渠道。市政府及有关部门要完善12345、12369、12319、96310等热线电话管理，采取聘请大气污染防治特约监督员等措施，鼓励市民监督和举报污染大气环境行为，提出加强大气污染防治的意见和建议，广泛吸纳公众智慧和力量，推动大气污染防治工作不断深入。

3. 鼓励媒体监督。宣传、环保等部门要支持协助媒体深入报道大气污染防治工作进展，报道保护大气环境的典型人物和事迹；科学客观解读空气质量，加强大气污染防治科普宣传；多种形式加强法制宣传，开设专栏、以案说法，报道防治大气污染执法情况，批评违反法律法规严重污染大气环境的行为，开展大气环境保护方面的警示教育。

2. 天津市行动计划

天津市清新空气行动方案

（津政发〔2013〕35号）

为加快以细颗粒物（$PM_{2.5}$）为重点的大气污染治理，切实改善环境空气质量，依照国家《大气污染防治行动计划》（国发〔2013〕37号）、《京津冀及周边地区落实大气污染防治行动计划实施细则》（环发〔2013〕104号），结合我市实际，制定天津市清新空气行动方案。通过实施清新空气行动，到2017年，空气质量明显好转，全市重污染天气较大幅度减少，优良天数逐年提高，$PM_{2.5}$年均浓度比2012年下降25%。各区县同步落实空气质量改善目标，$PM_{2.5}$年均浓度比2012年下降25%。

一、加大综合治理，减少污染排放

（一）实施脱硫和颗粒物治理。2013年底前，实施火电机组拆除脱硫旁路等脱硫升级改造。2014年底前，完成钢铁企业烧结机脱硫治理和钢铁企业脱硫除尘综合升级改造。2014年底前，完成中石化股份天津分公司炼油部催化裂化脱硫治理。2015年底前，完成中国石油天然气股份有限公司大港石化分公司催化裂化脱硫治理。2017年，完成全部石油炼制企业脱硫改造。实施有色金属冶炼企业脱硫治理。

（二）实施脱硝和颗粒物治理。2014年底前，完成20万千瓦及以上火电机组脱硝治理工程并全部投入使用，完成火电机组烟尘提标升级改造。2016年底前，对重点火电企业进一步实施除尘升级改造。2015年底前，实施水泥企业水泥生产线脱硝治理。

（三）实施挥发性有机物综合治理。2014年底前，完成储油库、加油站油气回收治理。积极推进油田开采、原油成品油码头开展油气回收工作。2016年底前，对石化、化工、医药、表面涂装、塑料制品、包装印刷等重点行业企业全面开展综合治理或关停。

（四）严格控制挥发性有机物排放水平。推行石化、化工等重点企业实施泄漏检测与修复技术和在线监测示范项目。推广使用水性涂料，鼓励生产、销售和使用低毒、低挥发性溶剂。

（五）加强建筑工地扬尘污染治理。制定并实施建筑工地扬尘污染治理工作方案，严格落实《天津市建设工程文明施工管理规定》（2006年市人民政府令第100号），将施工扬尘污染控制情况纳入建筑企业信用管理系统，作为招投标的重要依据。施工工地全部严格采取封闭、高栏围挡、喷淋等工程措施，现场主要道路和模板存放、料具码放等场地进行硬化，其他场地全部进行覆盖或者绿化，土方集中堆放并采取覆盖或者固化等措施，现场出入口应设置冲洗车辆设施。建设单位须对暂时不开发的空地实施简易绿化等措施。全市禁止现场搅拌混凝土。施工单位运输工程渣土、泥浆、建筑垃圾及砂、石等散体建筑材料，应全部采用密闭运输车辆，并按指定路线行驶，到2015年底运输车辆安装卫星定位系统。

（六）加强道路扬尘污染治理。制定并实施道路扬尘污染治理工作方案。强化道路保洁，进一步提高作业质量水平，降低道路积尘负荷。2015年，市内六区、环城四区道路机扫水洗率达到70%。

（七）加强拆迁工地扬尘污染治理。制定并实施拆迁工地扬尘污染治理工作方案，全面实施高栏围挡、喷淋等扬尘综合整治，严格落实《天津市治理拆除房屋扬尘管理办法》（津政办发〔2012〕106号）的各项措施和要求。

（八）加强堆场扬尘污染治理。制定并实施堆场扬尘污染治理工作方案，各种煤堆、料堆须全部实现封闭储存或建设防风抑尘墙。

（九）全面开展餐饮油烟污染治理。加强城市环境管理，严格治理餐饮业排污，城区餐饮服务经营场所全部安装高效油烟净化设施，推广使用净化型家用抽油烟机。取缔露天烧烤、马路餐桌原煤散烧。每年集中开展专项整治行动，清理整顿街面非法经营，减少“街头污染”。

（十）全面禁止秸秆焚烧，推进秸秆综合利用。

（十一）实施生态市建设三年行动计划。高标准制定实施生态市建设三年行动计划，充分发挥行动计划的综合平台作用，改善生态环境，增加环境容量，增强调节气候和滞污功能。

（十二）实施清水工程。2013年底前，完成60条河道总长344公里综合治理。2015年底前，完成独流减河、永定新河等河流综合治理。加大再生水回用力度，增加生态用水量，到2016年，再生水年利用率达到30%。

（十三）实施生态修复工程。加强七里海、大黄堡、北大港等湿地生态保护和修复。2016年底前，建成东丽郊野公园、津南郊野公园、西青郊野公园、北辰郊野公园、滨海新区北三河郊野公园、滨海新区官港郊野公园、滨海新区独流减河郊野公园等7个郊野公园。

（十四）实施绿化工程。大规模植树造林，增强环境自净能力。加强山区水源涵养林建设，提高平原地区绿化水平，重点抓好主要道路绿化、主要河道及水库周边绿化、示范小城镇绿化、示范工业园区绿化、美丽乡村绿化等重点造林工程。建成区成片裸露地面实现植被全覆盖。

（十五）严格限制机动车保有量增长速度。鼓励新能源汽车直接上牌。增加机动车使用成本，降低机动车使用强度，缓解城市交通拥堵。

（十六）加快淘汰黄标车。制定实施黄标车治理工作方案，加大黄标车淘汰推动工作力度，实施黄标车淘汰财政补贴。到2015年底，淘汰剩余23.3万辆黄标车，全市基本淘汰29万辆黄标车（2011至2012年已完成5.7万辆黄标车淘汰注销）。黄标车淘汰后，其牌照可保留3年。提高公众淘汰黄标车意识，引导公众拒绝乘坐黄标车。2014年底前，城市建成区全面实施黄标车限行。实行更加严格的外省市机动车转入管制政策。

（十七）提升燃油品质。按照国家统一安排，2013年底前，供应符合国家第四阶段标准的车用汽油，2014年底前，供应符合国家第四阶段标准的车用柴油。2015年底前，供应符合国家第五阶段标准的车用汽、柴油。加快车用尿素供应体系建设。加强油品质量监督检查，严厉打击非法生产、销售行为，加油站不得销售、供应不符合标准的车用汽、柴油。

（十八）加强机动车环保管理。2015年底前，实施国家第五阶段机动车排放标准。自2015年起，低速货车执行与轻型载货车同等的节能与排放标准。研究建立道路机动车排气污染检测系统，开展机动车道路遥感检测。完善机动车环保检验和维修制度，2013年底前，完成3个机动车检测机构的简易工况法和加载减速法环保检测线建设示范项目。2015年底前，完成现有机动车检测机构实施简易工况法和加载减速法环保检测线改造。

（十九）实施补贴等优惠政策。鼓励出租车每年更换高效尾气净化装置，鼓励使用原装生产双燃料出租汽车。配合国家开展缩短公交车、出租车强制报废年限的研究。

（二十）大力推广节能和新能源汽车。实施新能源汽车财政补贴。到2017年底，投入运营6000辆新能源和清洁能源公交车（其中纯电动公交车2000辆），配套建设16座充换电站，每年新增的公交车中新能源和清洁能源车的比例达到60%。到2015年底，投入运营1000辆清洁能源长途班线客车和通勤客车。在农村地区积极推广农用电动车。

（二十一）发展城市绿色交通，鼓励绿色出行。加强步行、自行车交通系统建设，提高绿色出行比例。到2017年，建成投运1、2、3、9号地铁线，5、6号地铁线部分投运，公共交通占机动化出行比例达到60%以上。

（二十二）推动工程机械等非道路移动机械和船舶的污染控制。

二、优化产业结构，促进转型升级

（二十三）严格控制产能严重过剩行业新增产能。新、改、扩建项目要实行产能等量或减量置换。构筑高端化高质化高新化产业结构，发展战略性新兴产业、高技术产业和现代服务业，推进科技型小巨人和楼宇经济发展。

（二十四）加快淘汰落后产能。严格落实《部分工业行业淘汰落后生产工艺装备和产品指导目录（2010年本）》（工产业〔2010〕第122号），全面执行《产业结构调整指导目录（2011年本）》（国家发展改革委令第9号），完成国家下达的淘汰落后产能计划。提前一年完成国家下达的"十二五"落后产能淘汰任务。2013年底前，淘汰落后产能：钢铁行业140万吨（烧结）、水泥229万吨。

（二十五）严格控制钢铁、建材、煤电等行业产能。2017年底前，天津市行政辖区内钢铁产能、水泥（熟料）产能、燃煤机组装机容量分别控制在2000万吨、500万吨、1400万千瓦以内。

（二十六）持续加大落后产能淘汰力度。2015至2017年，结合产业发展实际和环境质量状况，进一步提高环保、能耗、安全标准，进一步深化落后产能淘汰。

三、加快企业改造，推动绿色发展

（二十七）加快国家循环经济试点建设。不断完善循环利用机制，从单个企业循环、产业链循环、产业园区循环、小城镇内部循环、社会再生资源循环利用等多个层面推动绿色发展。大力推广泰达、子牙、北疆、华明、临港等5种具有自身特色的循环经济发展模式。加快推动子牙循环经济产业园建设，实现汽车及电视、洗衣机等废旧家电集约拆解，建成子牙国家"城市矿产"示范基地。国家级开发区、滨海新区工业园区和子牙循环经济产业园率先开展循环经济示范区建设。建设一批资源综合利用示范基地和骨干企业。按照国家标准加快推进生态工业园区建设。

（二十八）加强园区循环化改造。到2017年，50%以上的各类国家级园区和30%以上的各类省级园区实施循环化改造。

（二十九）提高企业清洁生产水平。鼓励企业开展清洁生产审核，发展节能、降耗、减排的清洁生产项目。每年开展50家左右企业清洁生产审核，加大强制性清洁生产审核力度。到2017年，累计完成不少于200家企业清洁生产审核，火电、水泥、石化、化工、钢铁等重点行业排污强度比2012年下降30%以上。到2017年，单位工业增加值能耗比2012年降低20%。

（三十）增强大气污染防治科技支撑。支持企业技术中心、重点实验室、工程实验室、产业技术创新战略联盟建设，开展天津市大气污染防治重点实验室等能力建设。开展城市大气污染机理、多污染物协同控制技术、新型湿法烟气脱硫技术等大气污染治理新技术的研究，推进先进适用大气污染控制技术成果的转化应用，加强$PM_{2.5}$区域背景值研究。培育一批具有国际竞争力的大型节能环保企业，增加大气污染治理装备、产品、服务产业产值。

四、调整能源结构，增加清洁能源

（三十一）削减煤炭消费总量。制定实施天津市煤炭消费总量削减工作方案，到2017年底，净削减煤炭消费总量1000万吨，煤炭占能源消费总量比重降低到65%以下。

（三十二）实施火电机组改燃或关停。重点完成对天津陈塘热电有限公司4台机组（2014年底前）、静海热电厂3台机组（2017年底前）和天津军粮城发电有限公司4台机组（2017年底前）的煤改燃工作。完成对天津碱厂自备电厂4台锅炉（2016年底前）的关停工作。

（三十三）实施自备电站火电机组改燃或关停。2017年底前，基本完成自备电站火电机组的改燃或关停。

（三十四）实施炼化企业燃煤设施改燃。2017年底前，完成现有炼化企业工业用燃煤设施改用天然气或由周边电厂供汽供电。

（三十五）实施燃煤供热锅炉改燃或并网。2016年底前，对中心城区和滨海新区核心区163座465台13755蒸吨采暖供热锅炉实施煤改燃或并网。2015年底前，建成区除必要保留的以外，全部10蒸吨及以下的燃煤供热锅炉完成改燃或并网；2017年底前，建成区全部35蒸吨及以下的燃煤供热锅炉完成改燃或并网，环城四区及滨海新区全部10蒸吨及以下的燃煤供热锅炉完成改燃或并网。

（三十六）实施燃煤工业锅炉改燃或并网。2015年底前，建成区除必要保留的以外，全部10蒸吨及以下的燃煤工业锅炉完成改燃或并网；2017年底前，建成区全部35蒸吨及以下的燃煤工业锅炉完成改燃或并网，环城四区及滨海新区全部10蒸吨及以下的燃煤工业锅炉完成改燃或并网。

（三十七）实施工业园区自备燃煤锅炉改燃或并网。2017年底前，所有工业园区以及化工、造纸、印染、制革、制药等企业聚集的地区取消自备燃煤锅炉，改用天然气等清洁能源，或改由热电厂集中供热。

（三十八）加快基本无燃煤区建设。到 2017 年，力争中心城区、滨海新区建成区建成基本无燃煤区。

（三十九）加强燃煤设施监督执法。组织对全市现役燃煤锅炉进行执法检查，促使燃煤供热设施达标运行。

（四十）增加天然气供应量。落实煤改燃天然气供应和配套管网保障。

（四十一）提高外购电比例。利用特高压等远距离输电技术，提高外购电力能力和外购电量比例。到 2017 年，外购电比例达到 1/3。

（四十二）大力推进清洁能源项目建设。到 2015 年，建成华能天津临港燃气热电联产项目、华电北辰和华电武清天然气能源站等项目。鼓励工业炉窑使用清洁能源。积极推进太阳能等开发利用，建设 60 万千瓦风力和太阳能电站，建设大神堂风电场完善工程、马棚口风电场二期、汉沽洒金坨风电场、大港沙井子三期和四期、北大港风电场一期和二期、龙源造甲城风电场、清河风电场、汉沽风电场、宁河风电场、大港垃圾焚烧发电厂和贯庄垃圾焚烧发电厂等工程。开展风电功率预测预报系统研究、开发、应用，提高风电并网发电效率。

（四十三）加大地热资源利用。2017 年底前，地热资源利用达到 3800 万立方米。

（四十四）禁止使用高硫煤。全市煤炭流通企业禁止向本市用煤单位销售硫分高于 0.5%、灰分高于 10% 的劣质煤，本市用煤单位禁止使用劣质煤。进一步提高洗净煤使用率。组织建立瓶装液化气供应渠道，确保瓶装液化气供应。

（四十五）划定高污染燃料禁燃区。2013 年底前，完成高污染燃料禁燃区划定和调整工作，并向社会公开，禁燃区面积不低于建成区面积的 80%。禁燃区内禁止原煤散烧，现有燃煤设施按期限完成清洁能源改造，加快推进无煤化进程。

（四十六）削减农村原煤散烧。综合施策削减农村炊事和采暖用煤，加大罐装液化气和可再生能源炊事采暖用能供应。

（四十七）推广乡镇、村洁净煤使用。2017 年底前，各区县煤炭经营企业要建立全密闭配煤中心，逐步形成覆盖所有乡镇、村的优质煤供应网络，洁净煤使用率达到 90% 以上。

（四十八）实施建筑节能改造。既有建筑“平改坡”时，根据实际需要同步安装太阳能光伏和太阳能热水器。到 2017 年，对 3660 万平方米具有改造价值的居住建筑实施节能改造，其中，2013 年改造 660 万平方米，2014 至 2017

年每年改造 750 万平方米。加强政府办公和大型公共建筑节能监管体系建设，促使公共建筑按节能方式运行。大力发展绿色建筑和绿色建材，推广使用可再生能源。鼓励实施建筑工业化、住宅产业化的建筑业生产方式，转变传统粗放落后建筑生产模式。2013 年新建绿色建筑达到 500 万平方米，占同期新建筑的 15%，到 2015 年达到 30%。全面推行供热计量收费。

（四十九）推进绿色农房建设，大力推广农房太阳能利用。

五、严格环保准入，优化产业布局

（五十）严格环境影响评价审批。重大能源和各类产业发展规划及所有建设项目必须依法进行环境影响评价。把二氧化硫、氮氧化物、烟粉尘和挥发性有机物等污染物排放是否符合总量控制要求作为环评审批的前置条件，实行排放总量倍量替代。对火电、钢铁、水泥、石化、化工、有色金属冶炼等行业以及燃煤锅炉，严格执行大气污染物特别排放限值。

（五十一）严格环境准入。不再审批钢铁、水泥、电解铝、平板玻璃、船舶、炼焦、有色、电石、铁合金等新增产能项目。新建项目禁止配套建设自备燃煤电站。耗煤建设项目要实行煤炭减量替代。除热电联产外，禁止审批新建燃煤发电项目。禁止新建工业燃煤锅炉，严格控制燃煤供热锅炉房项目审批，建成区禁止新建燃煤供热锅炉。新、改、扩建项目应使用清洁能源。

（五十二）严格节能准入。落实节能评估审查制度，新建高耗能项目单位产品（产值）能耗要达到国际先进水平。

（五十三）优化区域产业布局。落实主体功能区划。根据需要，适时制定实施符合我市功能定位、更高节能环保要求的产业发展指导目录。

（五十四）优化空间规划布局。科学制定并严格实施城市总体规划，将资源环境条件、城市人口规模、人均城市道路面积等纳入城市总体规划。工业企业向工业园区聚集。在城市总体规划确定的建设用地范围外，不得随意设立各类产业园区、新城和新区。新建项目要符合城乡规划的要求。严格城市控制性详细规划的审查，各类建设用地的绿地率要符合国家及天津市的有关要求，发挥郊野公园、楔形绿地等对城市气候的调节作用，改善生态环境。

（五十五）实施重点污染企业搬迁改造。实施陈塘庄热电厂、纪庄子污水处理厂搬迁改造。推动天津市荣程联合钢铁集团有限公司、天津港散货物流中心、天津渤天化工有限责任公司、天津大沽化工股份有限公司等重点污染企业搬迁改造。到 2014 年底，基本完成外环线以内及周边有污染、危险化学品企业搬迁。

六、发挥市场作用，完善环境政策

（五十六）完善环境经济政策。认真执行国家出台的脱硝电价、除尘电价、成品油价格及补贴、排污费征收等相关政策，充分发挥市场机制调节作用，完善资源环境税收价格体系，拓宽投融资渠道。

（五十七）建立财政保障机制。依据计划措施进展，分阶段制定资金保障方案，对黄标车淘汰、民生领域的煤改气、轻型载货车替代低速货车、重点行业清洁生产示范工程等给予引导性资金支持。将环境空气质量监测站点建设及其运行和监管经费纳入各级预算予以保障。

七、健全法规体系，严格依法监管

（五十八）健全环境法律法规标准体系。不断健全完善本市大气污染防治的法规体系。尽快推动修订《天津市环境保护条例》《天津市大气污染防治条例》，2015年，制定天津市总挥发性有机物排放控制标准、天津市在用机动车简易工况法排气污染物排放标准，修订《天津市锅炉大气污染物排放标准》（DB 12/151—2003）等相关大气污染物排放控制标准。

（五十九）加强监管能力建设。开展污染源颗粒物、挥发性有机物监测能力和实验室大气污染物分析能力建设，完成国控重点污染源颗粒物排放在线监测系统建设，开展污染源排放数字化视频监控系统建设，建成机动车环境监控平台，开展油气污染数据库信息平台、机动车监管体系及监管能力建设。开展监管技术与评估能力建设。2015年底前，市和区县环境监测、环境信息、环境监察执法能力应达到国家标准化建设要求。

（六十）加大环境执法力度。加强对二氧化硫、氮氧化物、颗粒物和挥发性有机物等各项污染物排放的日常监督执法和管理。制订方案，坚决清理和关闭违规建设、投产的污染企业及项目。严格依法查处环境违法行为，对偷排偷放、屡查屡犯的违法企业依法予以关停，对涉嫌环境犯罪的依法追究刑事责任，并进行曝光。

八、建立预警体系，实施应急响应

（六十一）建立重污染天气监测预警体系。加强重污染天气预警研究，制定监测预警方案，完善监测预警系统，不断提高预测预报的准确性。重污染天气监测预警系统2013年底前初步建成，2014年底前全面完成建设。实时发布、评价全市所有27个监测子站的6项数据，推进环保部门与气象部门联动与信息共享，联合建立区域大气污染预测预警体系，落实环境空气质量监测预报预警工作，开展化工园区典型有毒有害气体预警体系建设。

（六十二）制定并实施重污染天气应急预案。完成天津市重污染天气应急预案的制定，并组织实施，各区县同步制定实施本行政区域重污染天气应急实施方案。成立天津市重污染天气应急指挥部和专家会商委员会。依据重污染天气预警等级，迅速启动应急预案，实施企业限产限排、机动车限行、建筑工地停工和中小学、幼儿园停课等应对措施，引导公众做好防范。

九、明确治理职责，倡导全民参与

（六十三）明确企业治污主体责任，加强环境信息公开。排污单位、排污者是大气污染治理的责任主体，按照“谁污染、谁治理”的原则，必须严格遵守环保法律法规和标准，积极治理污染，履行社会责任。2013年底前，制定环境信息公开方案，及时发布区县空气质量状况及排名。排污单位要主动公开环境影响评价、污染物排放、治污设施运行情况等环境信息，接受社会监督。

（六十四）倡导全民共同参与。制定宣传方案，大力开展以$PM_{2.5}$为重点的大气污染防治宣传教育，详细解读行动方案措施内容及工作进展和成效。加大社会舆论引导，增强全社会的环保意识，构建“保护环境、人人有责”的环保文化氛围，倡导“同呼吸，共行动，从我做起”的理念。落实企事业单位、社会组织和公民的环保责任，促进绿色消费、适度消费成为全体公民的自觉行动。形成全民关心环保、参与环保、践行环保的良好风气。

十、加强组织领导，实施责任考核

（六十五）健全组织领导机制。建立市人民政府统一领导、环保部门负责、相关部门各司其职的长效工作机制，组织推动各项治理措施的落实，实施联合执法、信息共享、预警应急等大气污染防治工作，通报区域大气污染防治工作进展，研究确定阶段性工作要求、工作重点与主要任务。各有关部门及各区县人民政府严格落实责任分工，密切配合，形成合力。建立联席会议制度，协调解决大气污染防治问题，推进环境空气质量改善。各区县人民政府成立相应的领导小组，统筹开展辖区大气污染防治工作。

（六十六）强化监督考核。实行部门目标责任制管理，签订目标责任书，将大气污染防治任务分解并落实到相关部门、区县人民政府和企业，实施监督检查并考核。建立健全区县目标考核制度，建立一月一排名，一季一通报，一年一考核的监督机制。每年初对上年度任务完成情况进行考核，对各区县人民政府环境空气质量改善情况进行排名，考核、评估结果向市人民政府报告，并通过媒体向社会公布。将资源消耗、环境损害、生态效益纳入经济社会发展评价体系，实行重大生态责任事故一票否决。每年对上一年度实施的各项大气污染防治措施进行环境效益后评估，及时优化和调整各项措施，科学指导环境空气质量改善。

3. 河北省实施方案

中共河北省委　河北省人民政府

关于印发《河北省大气污染防治行动计划实施方案》的通知

各市委、市人民政府，省直各部门，各人民团体，省直管县（市）委、县（市）人民政府：

现将《河北省大气污染防治行动计划实施方案》印发给你们，请认真贯彻落实。

中共河北省委

河北省人民政府

2013 年 9 月 6 日

为贯彻落实国务院关于大气污染防治工作的有关部署，加强大气污染综合治理，改善全省环境空气质量，结合我省实际，本着统筹兼顾、突出重点、标本兼治、综合治理、注重实效的原则，制订本实施方案。

一、指导思想

以科学发展观为指导，大力推进生态文明建设，把良好的生态环境作为改善民生的重要目标，坚持经济发展与环境保护相协调、全面推进与重点突破相结合、属地管理与区域协作相一致、总量减排与质量改善相同步，转变发展方式，优化产业结构，着力解决以细颗粒物 ($PM_{2.5}$) 为重点的大气污染问题，突出抓好重点城市、重点行业、重点企业的污染治理，形成政府统领、企业施治、创新驱动、社会监督、公众参与的大气污染防治新机制，到 2017 年实现全省环境空气质量明显好转的总目标，为首都及周边大气环境质量改善作出重要贡献。

二、工作目标

1. 总体目标

经过 5 年努力，全省环境空气质量总体改善，重污染天气大幅度减少。力争再利用 5 年时间或更长的时间，基本消除重污染天气，全省环境空气质量全面改善，让人民群众呼吸上新鲜空气。

2. 具体指标

（1）到 2017 年，全省细颗粒物浓度比 2012 年下降 25% 以上。首都周边及大气污染较重的石家庄、唐山、保定、廊坊和定州、辛集细颗粒物浓度比

2012 年下降 33%，邢台、邯郸下降 30%，秦皇岛、沧州、衡水下降 25% 以上，承德、张家口下降 20% 以上。

（2）到 2017 年，全省煤炭消费量比 2012 年净削减 4000 万吨。

（3）到 2014 年，提前一年完成国家下达的“十二五”落后产能淘汰任务（淘汰水泥落后产能6100 万吨以上，淘汰平板玻璃产能3600 万重量箱）。到2017 年，全省钢铁产能削减6000 万吨；全部淘汰 10 万千瓦以下常规燃煤机组。2016 年、2017 年，制定范围更宽、标准更高的落后产能淘汰政策，重点行业排污强度下降 30% 以上。

（4）二氧化硫、氮氧化物、颗粒物和挥发性有机物排放总量大幅度削减。到 2015 年，新建和改造燃煤机组、钢铁烧结机完成脱硫治理、拆除旁路；燃煤电厂、水泥完成脱硝治理；燃煤电厂、水泥、钢铁等行业完成除尘升级改造治理；石化行业完成有机废气综合治理。到 2017 年，有机化工、医药、表面涂装、塑料制品、包装印刷等重点行业开展挥发性有机物综合治理。

（5）到 2014 年，各设区市和省直管县 (市) 城市建成区全面实施“黄标车”限行。到 2015 年，全部淘汰 2005 年底前注册营运的黄标车。到 2017 年，全部淘汰黄标车。

（6）到 2014 年，所有加油站、储油库、油罐车完成油气回收治理。

（7）在 2013 年底前，全省供应符合国家第四阶段标准的车用汽油；到 2014 年底前，全省供应符合国家第四阶段标准的车用柴油；到 2015 年底前，全省供应符合国家第五阶段标准的车用汽、柴油。

（8）到 2017 年，全省完成 80% 具备改造价值的老旧住宅供热计量及节能改造。

三、重点工作

（一）加大工业企业治理力度，减少污染物排放

3. 全面整顿燃煤小锅炉。加快热力和燃气管网建设，通过集中供热、“煤改气”、“煤改电”工程建设，到 2015 年，除必要保留的以外，各设区市和省直管县 (市) 城市建成区基本淘汰每小时 10 蒸吨及以下燃煤锅炉、茶浴炉，禁止新建燃煤锅炉；其他地区原则上不再新建每小时 10 蒸吨及以下的燃煤锅炉。到 2017 年，各设区市和省直管县 (市) 城市建成区基本淘汰每小时 35 蒸吨及以下燃煤锅炉，城乡结合部地区和其他远郊区县的城镇地区基本淘汰每小时 10 蒸吨及以下燃煤锅炉。在供热供气管网覆盖不到的其他地区，改用电、新能源或洁净煤，推广应用高效节能环保型锅炉系统。化工、造纸、印染、制

革、制药等企业集聚区，通过集中建设热电联产机组逐步淘汰分散燃煤锅炉。

4. 加快重点行业脱硫、脱硝和除尘改造。全省 25 家电力企业的 65 台约 1400 万千瓦燃煤机组、71 家钢铁企业的 120 台约 18000 平方米烧结机和球团生产设备、4 家石油炼制企业的催化裂化装置，1 家有色金属冶炼企业均要安装脱硫设施，114 台约 4800 蒸吨燃煤锅炉 (每小时 20 蒸吨及以上) 全部实施脱硫改造。除循环流化床锅炉外所有燃煤机组均要安装脱硝设施，99 台约 2800 万千瓦燃煤机组全部配套建成脱硝设施，67 条约 6200 万吨新型干法水泥生产线实施低氮燃烧技术改造及脱硝设施建设。41 家 88 台约 1200 万千瓦燃煤机组、64 家约 18000 万吨钢铁、40 条约 2300 万吨水泥等企业以及 164 台约 5600 蒸吨燃煤锅炉现有除尘设施要实施升级改造。

5. 推进挥发性有机物污染治理。在石化、有机化工、表面涂装、包装印刷等重点行业开展挥发性有机物综合治理，在石化行业开展“泄漏检测与修复”技术改造。推进非溶剂型涂料产品创新，减少生产和使用过程中挥发性有机物排放。推广使用水性涂料，鼓励生产、销售和使用低毒、低挥发性溶剂。到 2013 年，完成挥发性有机物基础数据调查工作。到 2014 年，全省完成 7202 个加油站、82 个储油库和 1500 辆油罐车的油气回收治理。在原油成品油码头积极开展油气回收治理。到 2017 年，对 121 家重点企业开展挥发性有机物综合治理。

（二）深化面源污染治理，严格控制扬尘污染

6. 强化施工工地扬尘环境监管。加强房屋建筑与市政工程施工现场扬尘环境监管，积极推进绿色施工，建设工程施工现场必须全封闭设置围挡墙，严禁敞开式作业，施工现场道路、作业区、生活区必须进行地面硬化。将施工扬尘污染控制情况纳入建筑企业信用管理系统，作为招投标的重要依据。到 2015 年，各设区市和省直管县 (市) 渣土运输车辆全部采取密闭措施，并逐步安装卫星定位系统。对重点建筑施工现场安装视频，实施在线监管。推行道路机械化清扫等低尘作业方式。各种煤堆、料堆应实现封闭储存或建设防风抑尘设施。

7. 严厉整治矿山扬尘。依法取缔城市周边非法采矿、采石和采砂企业。现有企业安装视频，实施在线监管。高速公路、铁路两侧和城市周边矿山、配煤场所等产生扬尘污染的企业必须采取更严格的防治扬尘措施，减少扬尘污染。在取暖期和重污染天气等重点、敏感时段要采取限产限排等措施。

8. 严格治理餐饮业排污。到 2017 年，城区餐饮服务经营场所全部安装高效油烟净化设施，推广使用净化型家用抽油烟机。严禁城区露天烧烤。

9. 加强农村面源污染治理。加强农村面源污染综合整治，改造和提升农村面貌。推广使用绿色环保长效缓释化肥和提高化肥的使用效率，选用高效、低毒、低残留农药，有效减少对环境的污染。积极开发缓释肥料新品种，减少化肥施用过程中氨的排放。全面禁止秸秆焚烧，采用卫星遥感技术确定重点监控区域，监控焚烧行为。推广秸秆综合利用示范工程。严禁城市及周边地区废弃物露天焚烧。

10. 扩大绿化面积。扩大城市建成区绿地规模，继续推进道路绿化、单位居住区绿化、立体空间绿化、绿道绿廊和公园绿地建设。推进城市周边绿化、农村绿化、房前屋后绿化和防风防沙林建设。

（三）强化移动源污染防治，减少机动车污染排放

11. 加强城市交通管理。优化城市功能和布局规划，推广城市智能交通管理，缓解城市交通拥堵。实施公交优先战略，提高公共交通出行比例，加强步行、自行车交通系统建设。优化城际综合交通体系，加强城市周边高速公路 ETC 电子不停车收费系统建设，推进区域性公路网、铁路网建设，合理调配人流、物流及其运输方式。

12. 提升燃油品质。加快石油炼制企业升级改造，车用汽、柴油供应标准实现目标计划。加油站不得销售和供应不符合标准的车用汽、柴油。加强油品质量监督检查，严厉打击非法生产、销售行为。

13. 控制城市机动车保有量。根据城市发展规划和城市环境容量，各设区市和省直管县(市)要合理控制机动车保有量。石家庄市及京津周边城市要严格限制机动车保有量增长速度，通过采取鼓励绿色出行、增加使用成本等措施，降低机动车使用强度。

14. 加快淘汰黄标车。到 2014 年，各设区市和省直管县(市)城市建成区全面实施“黄标车”限行。到 2015 年，淘汰 2005 年底前注册营运的“黄标车”46 万辆；到 2017 年，105 万辆“黄标车”全部淘汰。

15. 加强机动车环保管理。环境保护、工业和信息化、质监、工商等部门联合加强新生产车辆环保监管，严厉打击生产、销售环保不达标车辆的违法行为。按照《河北省机动车环检机构发展规划》，规范管理环检机构审核认证，严把检测质量关。加强在用车年度检验，不达标车辆不得发放环保和安全合格标志，不得上路行驶。推广安装电子环保标志，限制不达标车辆的行驶。2015 年底前，全面实施国家第五阶段机动车排放标准。鼓励出租车每年更换高效尾气净化装置。开展工程机械等非道路移动机械和船舶的污染控制。提高低速

汽车(三轮车、低速货车)节能环保要求，促进产业和产品技术升级换代。自2015年起，低速货车执行与轻型载货车同等的节能与排放标准。

16. 大力推广使用新能源汽车。公交、环卫等行业和政府机关率先推广使用纯电动等新能源汽车。石家庄、唐山、廊坊、保定等重点控制城市每年新增的公交车中新能源和清洁燃料车的比例达到60%以上。采取直接上牌、财政补贴等综合措施鼓励个人购买新能源汽车。到2017年，我省新能源汽车保有量达到5万辆以上。

（四）加快淘汰落后产能，推动产业转型升级

17. 严控“两高”行业新增产能。研究制定全省和各市符合当地功能定位、严于国家要求的产业准入目录，严把新建项目产业政策关，加大产业结构调整力度。不再审批钢铁冶炼、水泥、电解铝、平板玻璃、船舶等产能严重过剩行业和炼焦、有色、电石、铁合金等新增产能项目。新、扩、改建项目实行产能等量或减量置换。

18. 加快淘汰落后产能。结合产业发展实际和环境质量状况，进一步提高环保、能耗、安全、质量标准，分区域明确落后产能淘汰任务，倒逼产业转型升级。按照《部分工业行业淘汰落后生产工艺装备和产品指导目录(2010年本)》《产业结构调整指导目录(2011年本)(修正)》的规定，综合采取经济、法律和必要的行政手段，到2014年，提前一年完成国家下达的“十二五”落后产能淘汰任务(淘汰水泥落后产能6100万吨以上，淘汰平板玻璃产能3600万重量箱)。对未按期完成淘汰任务的市，严格控制国家和省安排的投资项目，暂停对该地区重点行业建设项目办理核准、审批和备案手续。2016年、2017年，制定范围更宽、标准更高的落后产能淘汰政策，再淘汰一批落后产能。到2017年，淘汰10万千瓦以下常规燃煤机组；实施《河北省钢铁产业调整方案》，全省钢铁产能削减6000万吨。

19. 加强小型企业环境综合整治。结合全省县域经济发展和县城改造升级，对布局分散、装备水平低、环保治理设施差的小型工业企业进行全面治理整顿，各设区市和省直管县(市)要制定综合整治方案，实施分类治理，提升改造一批、集约布局一批、搬迁入园一批、关停并转一批。

20. 压缩过剩产能。加大环保、能耗、安全执法处罚力度，建立以提高节能环保标准倒逼“两高”行业过剩产能退出的机制。制定财税、土地、金融等扶持政策，支持产能过剩“两高”行业企业退出、转型发展。发挥优强企业对行业发展的主导作用，通过跨地区、跨所有制、跨行业企业兼并重组，推动压

缩过剩产能。认真清理产能严重过剩行业违规在建项目，对未批先建、边批边建、越权核准的违规项目，尚未开工建设的，不准开工；正在建设的，要停止建设。各设区市和省直管县（市）政府要切实加强组织领导和监督检查，完善产能退出机制，坚决遏制产能严重过剩行业盲目扩张。

（五）加快调整能源结构，强化清洁能源供应

21. 控制煤炭消费总量。按照国家要求，完成节能降耗目标，实现煤炭消费总量负增长。通过逐步提高接受外输电比例、增加天然气供应、加大非化石能源利用强度等措施替代燃煤。到 2017 年，煤炭占能源消费总量比重较 2012 年明显降低，全省净削减 4000 万吨。

22. 禁止新建项目配套建设自备燃煤电站。耗煤建设项目要实行煤炭减量替代。除热电联产外，禁止审批新建燃煤发电项目；现有多台燃煤机组装机容量合计达到 30 万千瓦以上的，可按照煤炭等量替代的原则建设为大容量燃煤机组。

23. 加快清洁能源替代利用。加大天然气、液化石油气、煤制天然气供应。积极有序发展水电，开发利用地热能、风能、太阳能、生物质能，安全高效发展核电。逐步提高城市清洁能源使用比重。

优化天然气使用方式。新增天然气应优先保障居民生活或用于替代燃煤；鼓励发展天然气分布式能源等高效利用项目，限制发展天然气化工项目；有序发展天然气调峰电站，原则上不再新建天然气发电项目。制定煤制天然气发展规划，在满足最严格的环保要求和保障水资源供应的前提下，加快煤制天然气产业化和规模化步伐。到 2017 年，现有工业企业的燃煤设施全部改用天然气或由周边电厂供汽供电，基本完成燃煤锅炉、窑炉、自备电站的天然气替代改造任务。

24. 推进煤炭清洁利用。提高煤炭洗选比例，新建煤矿应同步建设煤炭洗选设施，现有煤矿也要加快建设，2017 年底前，原煤入洗率达到 70% 以上。禁止进口高灰分、高硫分的劣质煤炭，研究出台煤炭质量管理办法。限制高硫石油焦的进口。各市、县（市、区）城市区限制销售高灰分、高硫分的劣质煤炭。

25. 划定城市高污染燃料禁燃区域。扩大城市高污染燃料禁燃区范围，逐步由城市建成区扩展到近郊。结合城中村、城乡结合部、棚户区改造，通过政策补偿和实施峰谷电价、季节性电价、阶梯电价、调峰电价等措施，逐步推行以天然气或电替代煤炭。2013 年底前，各设区市和省直管县（市）完成“高污染燃料禁燃区”划定和调整工作，并向社会公开。各市禁燃区面积不低于建

成区面积的 80%。禁燃区内禁止原煤散烧。

26. 削减农村炊事、采暖和设施用煤。结合全省农村面貌环境改造提升“四清四化”综合整治要求，加大罐装液化气供应和可再生能源炊事、采暖用能供应。推广使用洁净煤、型煤、生物质能等，鼓励开发使用太阳能、地热、水电等清洁能源，改造提升农村炊事、采暖和设施农业燃煤装置和设备。到 2017 年，我省平原地区和有条件的山区建立以县（市、区）为单位的洁净煤配煤中心、覆盖所有乡（镇）村的洁净煤供应网络，洁净煤使用率达到 90% 以上。

27. 提高能源使用效率。严格落实节能评估审查制度。新建高耗能项目单位产品（产值）能耗要达到国际先进水平，用能设备达到一级能效标准。

28. 积极发展绿色建筑。政府投资的公共建筑、保障性住房要率先执行绿色建筑标准。新建建筑严格执行强制性节能标准，推广使用太阳能热水系统、地源热泵、空气源热泵、光伏建筑一体化、“热—电—冷”三联供等技术和装备。

推进供热计量改革，加快既有居住建筑供热计量和节能改造；在有条件的地区，新建建筑和完成供热计量改造的既有建筑取消以面积计价收费方式，实行供热计量收费。加快热力管网建设和改造。到 2017 年，完成 80% 具备改造价值的老旧住宅供热计量及节能改造。

（六）严格节能环保准入，优化产业空间布局

29. 调整生产力布局。按照主体功能区划要求，合理确定重点产业发展布局、结构和规模，重大建设项目原则上布局在优先开发区和重点开发区。所有新、扩、改建项目，须全部进行环境影响评价；未通过环境影响评价审批的项目，一律不准开工建设；违规建设的，要依法进行处罚。加强产业政策在产业转移过程中的引导和约束作用，严格控制生态脆弱或环境敏感地区建设“两高”行业项目。加强对各类产业发展规划环境影响评价，国家确定的产能过剩行业未进行规划环评的，原则上不受理其具体建设项目的环评审批。

30. 强化节能环保指标约束。提高节能环保准入门槛，健全重点行业准入条件，公布符合准入条件的企业名单并实施动态管理。严格实施污染物排放总量控制，将二氧化硫、氮氧化物、烟粉尘和挥发性有机物污染物排放是否符合总量控制要求作为建设项目环境影响评价审批的前置条件。发展改革、工业和信息化、环境保护、工商等部门建立联合准入机制，在重点行业立项、技改、环评审批中，各司其职，严把节能环保准入关。

31. 实行重点控制城市特别排放限值。石家庄、唐山、廊坊、保定市和定州、辛集市新建火电、钢铁、石化、水泥、有色、化工等企业以及燃煤锅炉项

目，要执行大气污染物特别排放限值，邢台、邯郸市在火电、钢铁、水泥行业参照重点控制城市进行管理。对未通过能评、环评审查的项目，有关部门不得审批、核准、备案，不得提供土地，不得批准开工建设，不得发放生产许可证、安全生产许可证、排污许可证，金融机构不得提供任何形式的新增授信和贷款支持，有关单位不得供电、供水。对达不到特别排放限值规定的企业采取限期治理、关停取缔等措施。

32. 优化空间格局。科学制定并严格实施城市规划，强化城市空间管制要求和绿地控制要求，规范各类产业园区和城市新城、新区设立和布局，严禁随意调整和修改城市规划，形成有利于大气污染扩散的城市和区域空间格局。

33. 推进重污染企业搬迁改造。结合化解过剩产能、节能减排和企业兼并重组，有序推进位于城市主城区的钢铁、石化、化工、有色金属冶炼、水泥、平板玻璃等重污染企业环保搬迁改造。到2017年，完成123家重污染企业搬迁。

（七）加快企业技术改造，提高科技创新能力

34. 强化科技研发和推广。加快推进我省重点城市细颗粒物空气质量持续改善与管理技术研究，开展人工控制雾霾天气的试验及研究。围绕大气污染治理重点工作需求，加强脱硫、脱硝、高效除尘、挥发性有机物控制、柴油机（车）排放净化、环境监测，以及新能源汽车、智能电网等方面的技术研发，推进技术成果转化应用。加强大气污染治理先进技术、管理经验等方面的国际交流与合作。

35. 全面推进清洁生产。强化源头污染预防，针对节能减排关键领域和薄弱环节，采用先进适用清洁生产技术、工艺和装备，实施清洁生产技术改造。到2017年，钢铁、水泥、化工、石化、有色金属冶炼等行业完成清洁生产审核，重点行业排污强度比2012年下降30%以上。

36. 大力发展循环经济。鼓励产业集聚发展，实施园区循环化改造，推进能源阶梯利用、水资源循环利用、废物交换综合利用、土地节约集约利用，促进企业循环式生产、园区循环式发展、产业循环式组合，构建循环型工业体系。选择传统产业比较集中的高阳等地，推行节能减排和循环经济试点县建设。推动水泥、钢铁等工业窑炉、高炉实施废物协同处置。大力发展机电产品再制造，推进资源再生利用产业发展。到2017年，规模以上工业单位工业增加值能耗比2012年降低20%以上，在50%以上的各类国家级园区和30%以上的各类省级园区实施循环化改造；主要有色金属品种及钢铁循环再生比重达到40%以上。

37. 加快发展节能环保产业。大力推广先进节能环保装备和产品，扩大节能新能源汽车、光伏发电、地源热泵和新能源装备的国内消费市场，积极培育

节能环保产业新业态、新模式，有效推动节能环保、新能源等战略性新兴产业发展。鼓励外商投资节能环保产业。

（八）建立监测预警应急体系，妥善应对重污染天气

38. 建立健全监测预警体系。各级环境保护部门要加强与气象部门的合作，建立会商机制和重污染天气监测预警体系。到 2013 年，完成省级和石家庄、保定、邢台、邯郸市重污染天气监测预警系统建设；到 2014 年，其他设区市和省直管县（市）完成建设任务。做好重污染天气过程的趋势分析，加强会商研判，提高监测预警的准确度，及时发布监测预警信息。

39. 制定完善环境应急预案。各设区市和省直管县（市）政府要于 2013 年底前制定和完善应对重污染天气应急预案并向社会公布；要落实责任主体，明确应急组织机构及其职责、预警预报及响应程序、应急处置及保障措施等内容，按不同污染等级制定限产停产企业名单、机动车和扬尘管控、中小学校停课及可行的气象干预等应对措施。开展重污染天气应急演练。2013 年 10 月底前，编制完成省级应急预案并报环境保护部备案。

40. 及时采取应急措施。将重污染天气应急响应纳入各级政府突发事件应急管理体系，实行政府主要负责人负责制。成立省环境应急与事故调查中心，根据重污染天气的预警等级，迅速启动应急预案，引导公众做好防范。

四、保障措施

41. 加强组织领导。成立省大气污染防治工作领导小组，由省长任组长，有关分管副省长任副组长，省政府相关部门、各设区市和省直管县（市）政府主要负责人为领导小组成员。领导小组统筹研究制定产业结构和布局调整、能源消费结构调整、淘汰落后产能、重点行业治理、清洁生产技术改造等重大政策和措施；制定考核评估办法，指导、协调地方政府落实实施方案；统一部署全省联防联控工作。领导小组下设综合协调（省环境保护厅为牵头部门）、产业能源控制（省发展改革委为牵头部门）、污染减排（省环境保护厅为牵头部门）、机动车管理（省公安厅为牵头部门）、农业面源整治（省农业厅为牵头部门）、城市综合整治（省住房城乡建设厅为牵头部门）、资金保障（省财政厅为牵头部门）、监督监察（省监察厅为牵头部门）和绩效考核（省委组织部为牵头部门）9 个工作组，分别由分管省领导任组长。领导小组办公室设在省环境保护厅，办公室主任由省环境保护厅厅长担任，副主任由省有关部门分管负责同志担任。各工作组办公室设在相应的职能部门。

42. 明确责任分工。各设区市和省直管县（市）政府对行政区域内大气环

境质量负总责，要根据国家和我省总体部署及控制指标，制定本地大气污染防治实施细则，确定工作重点和年度控制指标，完善政策措施，并向社会公开；要不断加大监管力度，确保任务明确、项目清晰、资金保障。

省政府有关部门要各司其职、各负其责，协调联动、密切配合，制定有利于大气污染防治的投资、财政、税收、金融、价格、贸易、科技等政策，依法做好各自领域的环境保护工作，形成大气污染防治的强大合力。环境保护部门要加强对实施方案落实情况的指导和监督，统一协调监管大气污染防治工作，协调建立周边地区省（市）及省内城市联防联控机制，组织开展大气环境监测、科研，削减各类污染物排放总量，会同监察、组织部门制定监督考核奖惩办法并组织实施；发展改革部门实施煤炭消费总量控制，优化产业布局调整，加快重污染企业搬迁、改造，加大清洁能源利用，大力发展循环经济，完善排污收费、价格与金融贸易政策；工业和信息化部门制订落后产能淘汰计划并组织实施；公安交管部门制定机动车管理措施，“黄标车”、老旧车淘汰、限行方案；住房城乡建设部门推进城市既有居住建筑供热计量及节能改造、城市取暖燃煤锅炉淘汰与改造、城市及房屋建筑与市政工程施工现场扬尘控制、城市绿化；商务部门推动油气回收治理、油品升级供应，配合做好“黄标车”、老旧机动车淘汰工作；国土资源部门推进矿山绿化和生态修复、整治和规范采矿、采石行为；水利部门负责取缔城市周边非法采砂行为，制定小水电发展规划；财政部门加大资金投入，完善财税补贴激励政策；科技部门强化环保科技研发和推广；林业部门加强城市周边生态林建设；农业部门加强农业生产活动对大气造成污染的防治及秸秆综合利用推广和农村新能源利用；纪检监察部门负责对大气污染防治工作落实情况的督导、监察；组织部门负责对各级政府、有关部门领导班子和领导干部履行环保职责进行综合考核评价。

排污企业要按照环保规范要求，加强内部管理，增加资金投入，采用先进的生产工艺和治理技术，确保污染物达标排放，甚至“零排放”；要自觉履行社会责任、接受社会监督。

43. 完善法规政策。结合国家修订《环境保护法》和《大气污染防治法》，尽快修订《河北省环境保护条例》和《河北省大气污染防治条例》，重点健全总量控制、排污许可、应急预警、法律责任等方面的制度，建立健全环保、公安联动执法机制，加大对违法行为处罚力度。建立健全环境公益诉讼制度。出台《河北省机动车排气污染防治办法》《河北省环境治理监督检查和责任追究办法》《河北省环境监管实行网格化管理办法》《河北省排污许可证管理办法》

和《河北省环境监测办法》等。加快出台重点行业排放标准和污染防治技术政策、清洁生产评价指标体系等。

44. 切实完善有利于改善大气环境的经济政策。建立企业“领跑者”制度，对能效、排污强度达到更高标准的先进企业给予鼓励。全面落实“合同能源管理”的财税优惠政策。严格执行烟气脱硫、脱硝电价，现有火电机组采用新技术进行除尘设施改造，给予价格政策支持。实行阶梯式电价。适时提高排污收费标准，将挥发性有机物纳入排污费征收范围。符合税收法律法规规定，使用专用设备或建设环境保护项目的企业以及高新技术企业，可以享受企业所得税优惠。落实鼓励秸秆综合利用的税收优惠政策。加大对工业环保技改的贴息。协调推进属地排污、属地纳税体制。深化节能环保投融资体制改革，鼓励民间资本和社会资金进入大气污染防治领域。引导银行业金融机构加大对大气污染防治项目的信贷支持，探索排污权抵押融资模式，拓展节能环保设施融资、租赁业务。对涉及民生的“煤改气”、“黄标车”和老旧车辆淘汰、轻型载货车替代低速货车等加大政策支持力度，对重点行业清洁生产示范工程给予引导性资金支持。加大对重点区域大气污染治理的支持力度，按照治理成效实施“以奖代补”。加快制定化解过剩产能、企业搬迁补偿方案。加强环境保护、工商、银行、质监和安全监管部门的沟通配合，实行红黑牌和黑名单制，完善绿色信贷和绿色证券政策，严格限制环境违法企业贷款和上市融资。推广排污权交易，完善大气污染物排污许可制度，强化污染物总量控制，对超出许可排污的企业，其超出部分要实行有偿使用。将环境空气质量监测站点建设及其运行和监管经费纳入各级预算予以保障。

45. 提升环境监管能力。启动“智慧环保”建设，构建集环境要素齐全、技术设备先进、基础数据完备、应用系统互联、信息共享利用的智能化全省生态环境执法监控平台，提升综合监管能力和水平。省、市、县公安机关要明确专门机构和人员，严厉打击环境违法行为。环境保护部门要设置独立的大气污染防治监督管理机构，配备专门人员，负责大气污染防治工作。加大环境监测、信息、应急、监察、科研、宣教等能力建设力度，到 2015 年，省、市、县级环境监测、环境信息、环境监察执法、宣教能力应达到标准化建设要求。建设省灰霾重点实验室，加强省气象与生态环境重点实验室建设，支持我省相关科研机构开展大气污染防治关键技术研发。研究利用卫星遥感、无人机等新技术，实现大气环境立体监测体系。到 2014 年 6 月，各县（市、区）全部完成空气 6 项污染物自动监测站建设，实现省级联网。到 2014 年底，全面完成重点污染企业二氧化硫、氮氧化物和颗粒物在线监测能力建设，并与省、市环境保护部门联网，加强挥发性有机物在线监测能力建设。加强机动车排污监管平台建设，环境保护、公安部门实行联网，成立省级机动车排污监控管理办公室与各市机动车监控中心。

46. 加大环境执法力度。创新环境监管机制，强化地方政府环境管理主体责任，市、县(市、区)、乡(镇)层层签订责任状，建立“横向到边、纵向到底”的网格化环境监管模式。环境保护、监察、发展改革、工业和信息化、公安等部门要深入连续开展环保专项行动，推进联合执法、区域执法、交叉执法等执法机制创新，明确重点，加大力度，严厉打击环境违法行为。对偷排偷放、屡查屡犯的违法企业，要依法停产关闭。对涉嫌环境犯罪的，要依法追究刑事责任。落实执法责任，对监督缺位、执法不力、徇私枉法等行为，监察机关要依法追究有关部门和人员的责任。

47. 加强环境信息公开。构建各部门协调一致的信息联合发布平台，规范发布模式，整合信息资源，提升信息公开的实效性、权威性。省环境保护厅负责每月公布各设区市和省直管县(市)环境空气质量排名情况，每月公布环境空气质量最差、最好的各20个县(市、区)名单，主动公开污染源监管信息，配合其他部门联合公布企业环境行为信息；省工业和信息化厅负责公布淘汰落后产能项目名单；省发展改革委负责公布重大产业调整目录和能源结构调整项目；省住房城乡建设厅负责公布城市房屋建筑与市政工程施工现场扬尘和既有居住建筑供热计量及节能改造项目；省公安厅负责公布机动车管理和“黄标车”淘汰信息；省商务厅负责公布油品使用和加油站、储油库油气回收治理进展信息；省国土资源厅负责公布矿山治理相关信息。各市政府负责公布城市环境空气质量状况、应急方案、新建项目环境影响评价、企业污染物排放状况、治理设施运行情况等环境信息，接受社会监督。涉及群众利益的建设项目，要充分听取公众意见。建立重污染行业企业环境信息强制公开制度。

48. 严格考核奖惩。省政府与各设区市和省直管县(市)政府签订大气污染防治目标责任书，将目标任务分解落实到各级政府和企业。将细颗粒物控制目标作为经济社会发展的约束性指标，构建以空气质量改善为核心的目标责任考核体系。省政府制定考核办法，每年初对各市上年度治理任务完成情况进行考核；2015年进行中期评估；2017年进行终期考核。考核和评估结果经省政府同意后，向社会公布，并交由组织部门，按照有关规定，作为对领导班子和领导干部综合考核评价的重要依据。对实施方案完成情况好、大气环境质量明显改善的市、县（市、区）主要负责人，优先提拔任用。对未通过年度考核的市、县（市、区），由环境保护部门会同监察、组织部门约谈有关负责人，提出整改意见，予以督促。对工作不力、履职缺位等导致未能有效应对重污染天气，以及干预、伪造监测数据和没有完成年度目标任务的，要严格进行责任追究，由监察机关依法依纪追究有关单位和人员的责任；对上述有关地区和企业实施建设项目环评、能评限批，取消我省授予的相关荣誉称号。

49. 开展试点示范。开展大气污染防治试点、示范工作，选择重点城市作为大气环境综合治理试点，纳入“以奖代补”政策支持范畴，并逐步扩大试点数量和奖补资金规模。推进循环利用、零排放示范工程，开展县域大气和水环境综合整治试点、“两高”行业企业转型试点、钢铁企业联合重组试点、秸秆综合利用示范工程、排污权确定和有偿使用及质押贷款等试点示范工作。

50. 鼓励公众参与。环境治理，人人有责。要积极开展以防治细颗粒物为重点的多种形式的宣传教育，普及大气污染防治科学知识。倡导文明、节约、绿色的消费方式和生活习惯，引导公众从自身做起、从点滴做起、从身边的小事做起，在全社会树立起“同呼吸、共奋斗”的行为准则，努力改善环境空气质量。各级环境保护部门要建立污染有奖举报制度，落实奖励资金，鼓励公众监督排污企业偷排偷放、车辆“冒黑烟”、渣土运输车辆遗撒、秸秆露天焚烧等环境违法行为。积极推进生态建设示范、环保模范城市、绿色学校、绿色企业、绿色社区、绿色家庭等创建活动。

各设区市和省直管县（市），各有关部门和企业要按照本实施方案的要求，结合本地实际，狠抓贯彻落实，确保环境空气质量改善目标如期实现。

4. 上海市行动计划

上海市人民政府关于印发《上海市清洁空气行动计划（2013—2017）》的通知

各区、县人民政府，市政府各委、办、局：

现将《上海市清洁空气行动计划（2013—2017）》印发给你们，请认真按照执行。

上海市人民政府

2013年11月7日

上海市清洁空气行动计划（2013—2017）

为进一步强化大气污染治理，改善本市环境空气质量，保障人民群众身体健康，根据国务院《大气污染防治行动计划》，结合本市实际，制订本行动计划。

一、指导思想和行动目标

（一）指导思想

深入贯彻落实党的十八大精神，大力推进生态文明建设。围绕创新驱动、转型发展，加快推动优化调整从产业领域扩展到生活方式的转变，加快推动防治方式从末端向源头的转变，加快推动环保管理从单一行政手段向经济、技术、法律、信息等多种手段综合运用的转变。立足当前、谋划长远，突出重点、协同控制，源头预防、强化治理，政府主导、全民参与，下更大的决心，采取更有效的措施，减少污染物排放，改善空气质量，保障人民群众身体健康。

（二）行动目标

以加快改善环境空气质量为目标，以大幅削减污染物排放为核心，深化拓展并加快落实能源、工业、交通、建设、农业、生活等六大领域的治理措施，大力推动生产方式和生活方式的转变，全面推进二氧化硫、氮氧化物、挥发性有机物、颗粒物等的协同控制和减排。

到2017年，重污染天气大幅减少，空气质量明显改善，细颗粒物（$PM_{2.5}$）年均浓度比2012年下降20%左右。

二、主要任务

（一）优化能源结构，深化燃煤污染防治

1. 推进能源结构优化调整。严格控制能源消费总量，降低煤炭消费量，研究明确煤炭消费控制办法和年度控制目标，实施目标责任制管理。禁止新建除煤炭等量替代发电项目和整体煤气化联合循环发电系统以外的燃煤、用煤设施，禁止新建燃重油、渣油或者直接燃用各种可燃废物、生物质的锅炉和窑炉。耗煤建设项目实行煤炭减量替代。禁止销售、使用灰分高于16%、硫分高于本市地方标准的煤炭。落实天然气和外来电供应消纳，加快推进风能、太阳能开发利用，因地制宜地促进生物质能源转化和规范化应用。限制发展天然气化工项目，有序发展天然气调峰电站。提高能源利用效率，严格落实节能评估审查制度，新建高耗能项目单位产品（产值）能耗必须达到国际先进水平。到2017年，实现全市煤炭消费总量负增长。

2. 加快锅炉、窑炉清洁能源替代。完善天然气输配系统，基本实现全市管道燃气天然气化。因地制宜地深化分布式供能系统、燃气空调、燃气锅炉、蓄热式电锅炉和工业集中供热等推广应用。到2015年，完成2500余台燃煤（重油）等高污染燃料的锅炉和300余台窑炉的清洁能源替代或调整关停，基本取消经营性小茶炉、小炉灶等分散燃煤（或其他高污染燃料）设施；到2017年，完成热电联产机组和集中供热锅炉等燃煤设施的清洁能源改造，取消分散燃煤设施。

3. 提升燃煤、燃气设施污染治理水平。实施大气污染物特别排放限值和锅炉、窑炉地方排放标准，加快推进发电机组、锅炉、窑炉等保留燃煤设施的达标治理。完成长兴岛第二电厂烟气脱硫工程建设。关闭各电厂脱硫旁路，研究解决已脱硫电厂"石膏雨"问题。按照机组能耗和污染物排放水平，深化清洁发电、绿色调度，加强燃煤机组除尘脱硫脱硝设施的运行管理，提高稳定运行水平。新建燃气机组采用低氮燃烧工艺或同步建设脱硝设施，现有燃气机组实施低氮燃烧改造。2014 年 6 月底前，完成全市燃煤机组高效除尘改造；2014 年底前，完成剩余 8 家发电企业以及宝钢股份、高桥石化、上海石化共 28 台燃煤机组脱硝工程。2015 年底前，全面完成保留燃煤设施的脱硫、脱硝、除尘设施建设和升级改造。

（二）加快产业结构调整，加强工业污染防治

1. 优化空间布局。科学制定并严格实施城市规划，将资源环境条件、生态用地比例、城市人口规模、人均城市道路面积等纳入城市总体规划，严格城市控制性详细规划绿地率等审查，严格各类产业园区和郊区新城、新区设立和布局，严禁随意调整和修改城市规划，形成有利于大气污染物扩散的城市和区域空间布局。严格按照主体功能区要求，合理确定重点产业发展布局、结构和规模。加快工业区规划及其环境影响评价，推进工业项目按照产业导向向规划工业区块集聚。研究开展城市环境总体规划工作。

2. 严格产业节能环保准入。按照上海城市发展定位和更高的节能环保要求，制定严于国家要求的产业准入名录。禁止新建钢铁、建材、焦化、有色等行业的高污染项目，严格控制石化、化工等项目。严格控制劳动密集型一般制造业新增产能项目。深化污染物排放总量控制，将二氧化硫、氮氧化物、工业烟粉尘、挥发性有机物排放是否符合总量控制要求作为建设项目环境影响评价审批的前置条件，并挂钩区域、行业减排状况和落后产能淘汰进度，进一步加大新改扩建项目主要污染物总量控制力度。严格实施火电、钢铁、石化、水泥、有色、化工等行业大气污染物特别排放限值。加强常态管理和监督检查，杜绝未批先建、未批先开，坚决停建产能严重过剩行业违规建设项目。完善招商引资政策，优化建设项目的发展改革、环保、工商、税务、建设等多部门联动机制。

3. 加大产业结构调整力度。以大气污染减排为重点，进一步提高环保、能耗、安全标准，结合本市实际，制定比国家标准更严、范围更广的劣势企业和

落后产能淘汰政策，并滚动提升。严格按照国家和本市的产业政策及相关标准，加大清查力度，每年公布限期淘汰、调整的企业名单。对未按期完成淘汰任务的区域，暂停对该地区重点行业建设项目办理核准、审批和备案手续。加大重污染劣势企业淘汰力度，提前1年完成国家下达本市的“十二五”落后产能淘汰任务。加快重点区域和企业结构调整，推动吴淞、高桥等地区产业结构调整；完成安亭煤气厂退出转型；按照国家要求，推进本市水泥企业结构调整。以外环线以内、郊区城区及新城、大型居住社区、虹桥商务区及其拓展区、饮用水水源保护区、崇明生态岛等六大区域为重点，加快大气重污染企业的调整关闭。有序推动全市劳动密集型一般制造业的调整和退出。到2015年，完成全市涉汞、挥发性有机物、二噁英等大气污染物排放重点风险企业的关停或工艺调整，全市电镀、热处理、锻造、铸造等四大加工工艺生产点总量明显压缩。到2017年，五年累计完成工业企业结构调整2500项左右。

4. 加快工业挥发性有机物治理。深化重点企业治理，在完成挥发性有机物泄漏检测与修复技术示范和总量控制试点的基础上，到2015年，完成宝钢集团、上海石化、高桥石化、华谊集团、上海化工区、长兴造船基地、各汽车整车制造企业的挥发性有机物废气收集净化治理。分行业推进挥发性有机物综合治理，在纺织印染、皮革加工、制鞋、人造板生产、日化等行业，积极推动低毒、低挥发性有机溶剂的使用；以涂料生产、合成材料、有机化工、设备涂装、电子设备、木材加工和家具制造行业为重点，通过调整优化工艺设计，开展易挥发有机原料、中间产品与成品装卸、储存装置的密闭回收改造，实施生产工艺挥发性有机物废气收集净化治理。到2015年，完成上述行业100家左右重点企业挥发性有机物治理工作；到2017年，全面推进企业挥发性有机物治理，现役工业源挥发性有机物在2012年基础上减排30%以上。

5. 推进其他工业污染减排。加强工业扬尘污染控制，深化电力、钢铁行业的散装原燃料及废料堆场的整治和改造，强化规范运行，到2017年前，大型煤堆、料堆全面实施封闭储存、建设防风抑制墙、喷洒抑尘剂等措施。取缔石材加工企业露天敞开式作业。加快推进金山卫化工石化集中区域废气综合整治；高桥石化完成炼油厂催化烟气脱硫工程等项目；宝钢集团全面实施现有除尘器提标改造，推进氮氧化物提标改造。

6. 大力推进清洁生产和生态创建。以钢铁、建材、石化、化工、水泥、制药、有色、火电等大气重污染行业为主，以“双超双有”企业为重点，加快实施清洁生产审核，五年推进2000家，实现重点行业规模以上工业企业清洁生产全覆盖。结合生态工业园区创建，加快推动循环经济和大气污染治理。到2017年，单位工业增加值能耗比2012年下降20%以上，力争全部国家级和30%以上的市级开发区实施循环化改造。

（三）积极发展绿色交通，加大机动车船污染控制力度

1. 着力优化交通结构。优化城市功能和布局规划，形成合理交通需求。坚持公交优先战略，建设便利、快捷、舒适的公共交通系统。加强步行、自行车交通系统建设。优化港口及货物集疏运体系，提高集装箱水水中转和水铁联运比重。到2015年，轨道交通运营线路总长达到600公里左右；中心城公共交通出行比重达到50%以上，全市达到36%以上；到2017年，全市公共交通出行比重进一步上升。

2. 严格控制机动车保有量和使用强度。研究明确机动车保有量控制方案。继续坚持并完善新增机动车额度总量调控措施，建立基于交通、环境、能源、民生等综合要素的额度控制和评估机制。通过鼓励绿色出行、加强综合交通管理体系建设等措施，降低机动车使用强度。

3. 大力推广新能源汽车。鼓励个人购买和使用新能源汽车，到2015年累计推广2万辆，2017年进一步加快推广。在公交、环卫、出租车等行业和政府机关率先推广使用清洁能源和新能源汽车，新增或更新的公交车中新能源和清洁燃料车的比例达到60%以上。实施集装箱运输车辆清洁能源改造试点，到2017年，完成集装箱运输车辆清洁能源改造400辆以上。同时，加强统筹规划，加快充电桩、加气站等配套设施建设，到2017年，建成5000个充电桩。

4. 提前实施更严格的新车排放标准和油品标准。2013年底前，轻型汽油车和公交、环卫、邮政的重型柴油车实施国Ⅴ排放标准，同时全市供应国Ⅴ汽、柴油；2015年，实施柴油车和重型汽油车新车国Ⅴ标准，低速货车执行与轻型载货车相同的节能与排放标准，同步配套供应相应标准的油品。建设柴油车车用尿素供应体系。加强油品质量监督检查，严厉打击非法生产、销售不合格油品行为。

5. 加快淘汰黄标车和老旧车辆。实施全国统一的机动车环保标志管理。扩大高污染车辆限行范围，2014年7月起，禁止无绿标车辆在外环线及以内区域行驶。到2015年，完成剩余18万辆黄标车淘汰任务。在此基础上，研究出台促进高污染老旧车辆淘汰的工作方案，并加快实施。推进低速农用车的淘汰。已淘汰车辆在本市就地拆解，严禁转出。

6. 加强在用车检测和监管。加大机动车排放路检执法力度，推动落实车辆

维修和污染整治。加快推进简易工况法检测体系建设，加强机动车环保年检，不达标车辆不得发放环保和安全合格标志，不得上路行驶。到2015年，基本建成简易工况法检测站点体系，营运性车辆全部实施简易工况法检测。鼓励出租车根据污染情况加快车辆更新，每两年更换尾气净化装置。试点开展公交车加装排气后处理装置，2014年底前完成200辆试点，并逐步推广到国Ⅲ标准公交车。加强营运性货运车辆的行业管理和污染整治，提高车辆排放的行业准入条件。

7. 加快绿色港口建设。推进港区船舶统一使用低硫油。积极推动船舶使用“岸电”，完成吴淞国际邮轮码头、洋山冠东集装箱码头等岸基供电试点，并加大推广力度。推进港口轮胎式集装箱龙门吊等装卸设备“油改电”试点。2017年底前，推广港口液化天然气内集卡400辆。

8. 开展其他非道路移动源排放控制。建立非道路移动机械登记备案制度，研究出台高污染非道路移动机械污染治理和淘汰更新的工作方案。按照国家要求，实施非道路移动机械国Ⅲ排放标准和船用发动机国Ⅰ排放标准，规范配套油品供应。推进机场航空器使用地面辅助电源试点。

（四）规范建设行业管理，提升污染防治水平

1. 推广绿色建筑。大力推进装配式建筑项目建设。政府投资性建筑、公益性建筑、大型公建保障房、六大重点功能区率先执行绿色建筑标准，新建建筑严格执行强制性节能标准，推广使用太阳能热水系统、地源热泵、空气源热泵、光伏建筑一体化、“热—电—冷”三联供等技术和装备。建筑涂饰推广使用水性涂料，市政行业限制使用溶剂型涂料。

2. 加快绿色工地创建。全面加强建筑工地扬尘污染控制，将扬尘、烟尘和挥发性有机物污染防治方案纳入建筑工地开工审批条件并严格把关。加强监管，推进中心城区、郊区城区和新城、大型居住社区、虹桥商务区及其拓展区、国际旅游度假区、临港新城等集中开发地区的建筑工地全部安装扬尘污染在线监控系统。继续加强拆房工地扬尘污染控制，2015年，全市拆房工地降尘设备安装率达到85%，2017年达到90%。加强建筑工地文明施工管理，到2015年，中心城区文明施工达标率达到98%，郊区达到95%；到2017年，全市文明施工达标率达到98%以上。

3. 强化码头、堆场和商品混凝土搅拌站整治。推进码头、堆场和商品混凝土搅拌站的料仓与传送装置密闭化改造和场地整治。开展商品混凝土搅拌站的布局调整和环境整治工作，到2017年，保留的商品混凝土搅拌站降尘设备安

装率达到100%。开展散货（煤炭、灰渣、砂石料）堆场的扬尘污染整治，到2017年，外港散货堆场降尘设备安装率达到100%，内港散货堆场和其他砂石料堆场降尘设备安装率达到80%以上。

4. 加强道路扬尘污染控制。规范渣土等散装物料运输，加强密闭化、防遗撒管理和执法监管。继续提高道路保洁率和保洁质量，到2014年，城市快速路、高速公路路面机械清扫每天不少于1次，高污染天每天不少于2次；到2015年，中心城区道路冲洗率达到75%以上，郊区县达到45%以上；到2017年，中心城区道路冲洗率达到78%以上，郊区县达到48%以上。

5. 继续大力推进城市绿化和林业建设养护。加快落实《上海市基本生态网络规划》，推进郊区林地和市区绿化建设，大力推广屋顶绿化和立面绿化等立体绿化。加强绿化管理，大幅减少裸露地面。到2015年，新增城市绿地（含外环生态专项）3000公顷、生态公益林4000公顷和立体绿化90公顷；到2017年，累计新增城市绿地（含外环生态专项）4600公顷和立体绿化150公顷，生态公益林进一步增加。

6. 有效控制污水厂大气污染排放。结合城镇污水处理厂提标改造，进一步强化废气治理，规范污泥处理和运输，减少臭气扰民。优化中心城区污水处理厂布局，加强污染整治，使其与周边环境相融合。到2017年，完成曲阳、天山污水厂的臭气污染治理。

（五）强化农业污染治理，减少面源排放

1. 减少农业源氨的挥发。优化夏熟作物种植结构，适度扩大绿肥种植，推广使用配方肥料，深化完善使用长效缓释氮肥。五年累计推广绿肥种植200万亩次。开展畜禽养殖减排工程示范25项。

2. 加强秸秆综合利用。健全长效机制，严格执行秸秆禁烧各项规定。深化完善秸秆综合利用实施方案，完成5个秸秆综合利用示范工程。到2015年，累计完成600万亩次秸秆机械化还田，农田秸秆综合利用率达到90%以上；到2017年，农田秸秆综合利用率达到92%以上。

（六）推进社会生活源整治，加快挥发性有机物等污染治理

1. 深化油气回收治理。2014年底前，完成加油站、储油库、油罐车油气回收治理。2017年底前，完成原油和成品油码头油气回收。建立长效管理机制，继续完善油气回收系统的管理和维护。

2. 推进汽修和干洗行业整治。加强汽车维修行业管理，强化喷涂、干燥作业规范和执法监管，禁止露天喷涂和露天干燥。开展无溶剂回收装置的开启式

干洗设备改造、淘汰工作。

3. 深化油烟气治理。推广使用净化型家用抽油烟机，逐步减少家庭油烟气排放。开展餐饮油烟气高效治理技术试点和推广，加强设施运行监管，到2017年，城市化地区餐饮服务场所全部安装高效油烟净化装置。

三、保障措施

（一）加强组织领导，严格责任追究

1. 分解目标责任。依托市、区县两级环境保护和环境建设协调推进委员会工作机制和环保三年行动计划推进平台，将年度目标任务分解落实到各部门、各区县、各行业和相关企业。加强部门协调联动，环保部门加强指导、协调和监督，有关部门制定有利于大气污染防治的投资、财政、税收、金融、价格、贸易、科技等政策，按照分工，依法做好各自领域的环境保护工作。

2. 强化考核督促。本市建立以空气质量改善为核心的环境保护目标责任考核体系，将细颗粒物控制目标作为经济社会发展的约束性指标。对行动计划实施情况进行年度考核、中期评估和终期考核，考核评估结果经市政府同意后向社会发布，并由干部主管部门作为对区县和部门领导班子、领导干部综合考核以及相关国有企业负责人业绩考核的重要依据。对未通过考核的区县和部门，由市环保局会同市委组织部、市监察局约谈有关负责人，督促整改；对履职缺位、弄虚作假和未完成年度目标任务的，依法依规追究有关单位和人员的责任，并实施区域或单位涉大气污染物排放建设项目的环评、能评限批。

（二）健全法规标准，提升行为底线

1. 强化地方环境法制建设。2014年，按照法定程序修订出台《上海市实施〈中华人民共和国大气污染防治法〉办法》，进一步完善大气污染防治的责任体系和制度体系，重点解决执法难度大和违法成本低的问题。加快推进环境公益诉讼制度的落实。

2. 完善地方环境标准体系。尽快发布生活垃圾焚烧、危险废物焚烧、窑炉的大气污染排放标准，抓紧出台大气污染物综合排放标准和一批行业性挥发性有机物排放标准，推进饮食业油烟排放、机动车排气遥测等标准的研究制定；制定发布挥发性有机物核算、泄漏检测与修复、工业挥发性有机物污染防治、建筑工地扬尘在线监测系统安装使用、码头堆场和商品混凝土搅拌站扬尘污染控制、绿色施工等一批技术规范和生物质成型燃料技术要求。建设发电机组煤耗检测认证体系。

（三）加大执法力度，严格日常监管

1. 严格日常监管和执法。严格执行大气污染物特别排放限值，重点加强对燃煤锅炉和窑炉、挥发性有机物排放源、重污染工业企业和结构调整企业，以及扬尘、油烟等社会生活源的监管。推动联合执法、区域执法、交叉执法等机制创新，强化环境综合整治，严厉打击各类超标排污、非法排污。对偷排偷放、屡查屡犯的，依法责令停产整治，按高限予以重罚。完善举报奖励制度，加强公众参与环保监督。

2. 大力推进执法专项行动。结合转变发展方式专项检查和整治违法排污企业保障群众健康环保专项行动，对大气污染防治法律法规执行和大气环境重点难点问题整改情况进行督察，严厉查处各类环境违法行为和渎职枉法行为。

（四）加大全社会投入力度，强化政策引领

1. 增加资金投入。企业要履行节能环保责任，落实节能环保建设和运行的资金投入，并加大投入力度。深化节能环保投融资体制改革，鼓励民间资本和社会资本进入大气污染防治领域。落实市、区两级政府相关奖励、补贴资金，重点加强对污染企业结构调整、重点行业和重点企业治理示范项目、面源和社会源治理的支持和引导。将大气污染监测监管能力建设、科技支撑和执法监督等经费纳入预算予以保障。

2. 优化价格政策。坚持“谁污染、谁负责，多排放、多负担”的原则。科学分类、合理调整水、电、气等资源类产品的终端价格。落实“领跑者”制度，对能效、排污强度达到更高标准的先进企业给予鼓励和表彰，对能耗高、排污强度大的企业实施差别化的惩罚性电价、气价和水价。明确车辆简易工况法检测收费标准。按照国家要求，适时提高排污收费标准，将挥发性有机物等纳入排污费征收范围。

3. 强化经济政策引导。及时调整完善燃煤（重油）锅炉和窑炉清洁能源替代、产业结构优化调整、黄标车淘汰、秸秆综合利用的激励政策。制定出台电厂超量脱硝、电厂高效除尘改造、清洁能源和新能源车辆推广、工业挥发性有机物污染防治试点整治等的支持政策。

4. 落实绿色发展配套政策。完善政府绿色采购，重点支持使用新能源汽车、水性涂料等环境友好型产品。加快环境污染责任保险试点及推广，重点关注有毒有害废气排放企业和高风险企业。落实绿色信贷和绿色证券，对环境违法企业严格限制企业贷款和上市融资。推进合同能源管理，加快推动环境服务市场化和专业化。

（五）完善能力建设，强化科技支撑

1. 加强监测监管能力建设。进一步完善市、区县两级环境空气质量和环境气象监测网络，完成50余个空气质量监测站点建设。开发环境空气质量分区日报系统。强化空气污染和霾预警预报和分析能力建设，2014年底前建成重污染天气监测预警系统。建设复合型大气污染超级站综合观测网和二噁英检测实验室。以郊区县为重点，进一步强化挥发性有机物和重金属等大气污染源监测能力，完成环境监测特色站一期建设任务。完善环保重点监管企业大气污染物排放在线监控系统，完成国控重点企业在线监测设备扩项。完成“8 2”重点产业园区空气特征污染自动监控系统建设。建立和完善机动车排污监控机构，建设在用机动车环保检测监管平台和道路机动车污染实时监测监控网络体系。整合大气污染源监测监控系统和数据库，构建市与区县联动的信息共享平台。加大环境监测、监察队伍建设力度，充实力量，加强培训，提高能力，完善市、区县、街镇三级监管体系。2015年底前，环境监测、环境信息、环境监察执法能力达到国家和本市标准化建设要求。

2. 提升大气污染应急能力。加快落实《上海市环境空气质量重污染应急方案》，完善重污染应急减排措施和实施细则，严格按照职责分工，做好高污染应对方案的实施和监管，开展重污染天气应急演练，切实做好重污染应急减排工作。建设和完善市级环境应急中心，强化市和重点区大气污染应急监测和应急反应能力建设。

3. 加大科研力度。设立大气污染防治科研专题，聚焦重点管理需求和中长期技术支持。深化重点行业挥发性有机物摸底调查，进一步完善污染物排放清单，推进主要大气污染物排放统计和减排核算研究。深化光化学烟雾和$PM_{2.5}$的污染成因与控制对策研究。加快推进工业挥发性有机物污染防治技术、农业源大气污染成因与对策、空气质量和气象预报预警技术、不同季节和天气形势下高污染预报、应急和调控决策技术等一批重点项目的研究工作。建设国家环境保护复合型大气污染研究重点实验室。

（六）发动市民参与，加强区域协作

1. 进一步加强宣传教育。大力开展多种形式的节能减排和大气环境保护宣传教育，普及大气污染防治的科学知识，大力倡导以节约、绿色和低碳为主题的生产方式、消费模式和生活习惯。培育壮大环保志愿者队伍，支持和帮助公众和其他社会组织参与有利于节能减排和改善环境空气质量的相关活动。

2. 加强政府信息公开。拓展环境空气质量发布渠道，强化发布时效，分步实施预警预报，开展环境空气质量状况分区发布。在主要媒体发布大气污染治理年度目标任务和进展，在政府网站发布建设项目环评、大气污染物排放状况、排污收费和违法企业名录等政府信息，进一步规范和拓展发布渠道，主动接受社会监督和约束。

3. 进一步完善环境信用体系。落实并完善重污染行业企业环境信息强制公开制度，相关企业要严格按规定公布污染物排放和治理设施运行信息，支持和鼓励其他企业主动发布环境保护报告，强化企业自律和社会监督。分步实现企业环境行为与政府部门、金融系统和社会征信体系的对接。

4. 持续推进区域联防联控。在国家统一指导下，依托长三角合作平台，加快完善大气污染联防联控机制，加强区域环境空气质量同步改善目标和措施的对接。主动做好区域内重大项目建设、大气污染排放清单和突发大气污染事故的信息通报和信息共享，建立和实施环评会商和预警应急机制，以机动车污染等为重点加强区域联动执法、联合执法。加强大气污染防治科研和环境监测领域的合作，推进长三角大气污染区域预警平台建设。

5. 江苏省实施方案

江苏省政府关于印发《江苏省大气污染防治行动计划实施方案》的通知

各市、县（市、区）人民政府，省各委办厅局，省各直属单位：

现将《江苏省大气污染防治行动计划实施方案》印发给你们，请认真组织实施。

江苏省人民政府

2014 年 1 月 6 日

江苏省大气污染防治行动计划实施方案

为深入贯彻党的十八大、十八届三中全会精神，加快推进我省大气污染防治工作，根据国务院《大气污染防治行动计划》，结合本省实际，制定本实施方案。

各地、各部门要充分认识当前大气污染的严峻形势，以对人民群众和子孙后代高度负责的态度，在“两个率先”进程中正确处理经济、社会发展和环境保护的关系，把大气污染防治作为重要的民生工程，下更大决心，花更大力气，大力推进产业结构和能源结构调整，深入开展工业废气、机动车尾气、城市扬尘等各类污染物的综合治理，严厉整治环境违法、违规行为，建立健全政府统领、企业施治、市场驱动、公众参与的大气污染防治联防联控新机制，凝聚全省之力改善空气质量，切实保障人民群众身体健康。经过 5 年努力，全省空气质量明显好转，重污染天数控制在较低水平；到 2017 年，各省辖市细颗粒物（$PM_{2.5}$）浓度比 2012 年下降 20% 左右。

一、深化产业结构调整，推进大气污染源头防治

（一）加快淘汰落后产能。提前完成钢铁、水泥等重点行业“十二五”落后产能淘汰任务。2014 年年底前，制定范围更广、标准更高的落后产能淘汰政策，完善淘汰落后产能公告制度和目标责任制，建立提前淘汰落后产能激励机制，鼓励企业加快生产技术装备更新换代，继续淘汰一批相对落后产能。到 2017 年，再淘汰一批火电、钢铁、水泥等行业落后和低端产能。对未按期完成淘汰任务的地区，严格控制大气污染重点行业的投资项目，暂停对该地区重点行业建设项目办理审批、核准和备案手续；对未按期淘汰的企业，依法吊销排污许可证、生产许可证等。对布局分散、装备水平低、环保设施差的小型工业企业进行全面排查，制定综合整改方案，实施分类治理。（责任部门：省经济和信息化委、发展改革委、环保厅。列第一位的为牵头部门，其他有关部门或单位按职责分工负责，下同）

（二）压缩过剩产能。建立以提高节能环保标准倒逼过剩产能退出的机制，制定财税、土地、金融等扶持政策，支持鼓励产能过剩行业企业退出、转型发展。发挥优强企业对行业发展的主导作用，通过跨地区、跨所有制、跨行业企业兼并重组，推动压缩过剩产能。认真清理产能严重过剩行业违规在建项目，对未批先建、边批边建、越权核准的违规项目，尚未开工建设的，不准开工；正在建设的，停止建设。各市、县（市、区）人民政府要切实加强组织领导和监督检查，完善过剩产能退出机制，坚决遏制产能严重过剩行业盲目扩张。（责任部门：省经济和信息化委、发展改革委、环保厅、财政厅）

（三）严控“两高”行业新增产能。2014 年年底前，制定严于国家要求的“两高”产业准入目录和产能总量控制政策措施，坚决遏制“两高”行业扩张产能，各地、各部门不得核准、备案新增产能的“两高”项目。对钢铁、水泥等高耗能高排放行业，实施行业产能等量或减量替代、能耗和污染物排放总量减量替代。新建排放二氧化硫、氮氧化物、烟粉尘、挥发性有机物的项目，实行现役源 2 倍削减量替代。（责任部门：省发展改革委、经济和信息化委、环保厅）

（四）强化节能环保指标约束。提高节能环保准入门槛，健全大气污染重点行业准入条件，公布符合准入条件的企业名单并实施动态管理。严格实施污染物排放总量控制，将二氧化硫、氮氧化物、烟粉尘和挥发性有机物排放是否符合总量控制要求作为建设项目环境影响评价审批的前置条件。要按照国家规定要求严格执行大气污染物特别排放限值。对未通过能评、环评审查的项目，有关部门不得审批、核准和备案，不得提供土地，不得批准开工建设，不得发放生产许可证、安全生产许可证、排污许可证，金融机构不得提供任何形式的新增授信支持，有关单位不得供电、供水。（责任部门：省经济和信息化委、环保厅、国土资源厅、安监局）

二、强化工业污染治理，削减大气污染物排放总量

（五）持续提高清洁生产水平。火电、钢铁、水泥、化工、石化、有色金属冶炼等重点行业应定期开展强制性清洁生产审核，推进各类排放大气污染物的重点行业、企业开展自愿性清洁生产审核，提高企业清洁生产审核中、高费方案的实施率。开展重点企业清洁生产绩效审计，全面评估企业清洁生产改造的效益及清洁生产水平。到2017年，重点行业主要污染物排放强度比2012年下降30%以上。推进非有机溶剂型涂料和农药等产品创新，减少生产和使用过程中挥发性有机物排放。积极开发缓释肥料、有机无机复合肥等新品种，减少化肥施用过程中气态氨的排放。（责任部门：省环保厅、经济和信息化委、农委）

（六）加快工业园区生态化循环化改造。促进企业循环式生产、园区循环式发展、产业循环式组合，构建循环型工业体系，推动水泥、钢铁等工业窑炉、高炉实施废物协同处置。到2015年，70%以上的国家级园区和50%以上的省级园区实施循环化改造；到2017年，80%的省级以上开发区达到生态工业园标准，主要有色金属品种以及钢铁的循环再生比重达到40%左右。（责任部门：省发展改革委、环保厅、商务厅、科技厅、财政厅）

（七）加强重点行业烟气治理提标改造。2014年6月底前，完成燃煤电厂脱硫和除尘设施提标改造，除循环流化床锅炉以外的燃煤机组均应安装脱硝设施。2014年年底前，所有钢铁企业的烧结机和球团生产设备全部安装脱硫设施，完成钢铁烧结及球团、炼钢、炼铁、铁合金、轧钢、焦化等工序除尘设施的提标改造。2015年年底前，石油炼制企业的催化裂化装置全部配套建设烟气脱硫设施，硫黄回收率达到99%以上；有色金属冶炼行业完成生产工艺设备更新改造和治理设施改造，二氧化硫含量大于3.5%的烟气采取制酸或其他方式回收处理，低浓度烟气和排放超标的制酸尾气进行脱硫处理；现役新型干法水泥生产线全部实施低氮燃烧，其中，熟料生产规模在4000吨/日以上的全部实施脱硝改造，综合脱硝效率不低于60%。2017年年底前，所有干法水泥生

产线完成脱硝改造。电子玻璃工业、陶瓷工业大气污染治理按要求完成提标改造。（责任部门：省环保厅、经济和信息化委）

（八）积极推进挥发性有机物污染治理。2015年年底前，完成化工园区以及挥发性有机物重点排放行业污染调查工作，编制挥发性有机物污染源清单，出台全省化工行业废气治理技术规范。加强有机化工、医药、表面涂装、塑料制品、包装印刷等挥发性有机物排放重点行业综合整治，全面推进有机废气综合治理。试点推进一批重点企业完成“泄漏检测与修复”技术体系建设，积极开展原油成品油码头油气回收治理。2017年年底前，石化、化工等行业全面推广“泄漏检测与修复”技术，完成重点化工园区（集中区）和重点企业废气排放源整治工作。按照国家规定时间和排放标准要求，开展涂料、胶黏剂等产品挥发性有机物污染控制工作。加强汽车维修、露天喷涂污染控制，推广绿色汽修技术，使用节能环保型烤漆房，配备漆雾净化装置和有害挥发物净化装置，有效过滤漆雾和有害挥发物。（责任部门：省环保厅、经济和信息化委、交通运输厅）

（九）强化工业污染监督检查和执法监管。强化大气污染源排放监管，重点大气污染源全部纳入环保部门的在线监控系统，实现实时监控目标。将企业大气污染物排放情况、治污设施运行情况纳入企业信息公开和环保信用等级评定的范畴。加大执法力度，严厉打击环境违法行为。对偷排偷放、屡查屡犯的违法企业，依法停产关闭。对涉嫌环境犯罪的，依法追究刑事责任。（责任部门：省环保厅、监察厅、公安厅、经济和信息化委）

三、控制煤炭消费总量，着力优化能源结构

（十）控制煤炭消费总量。把控制煤炭消费总量作为大气污染防治的关键举措，2014年6月底前，制定全省煤炭消费总量控制方案和目标责任管理办法，将煤炭消费总量控制目标分解至各省辖市及重点行业。到2017年，煤炭占能源消费总量比重降低到65%以下，力争实现全省煤炭消费总量负增长。严格控制电力行业煤炭消费新增量，重点削减非电行业煤炭消费总量。新建项目禁止配套建设自备燃煤电站，耗煤项目实行煤炭减量替代。除热电联产外，禁止审批新建燃煤发电项目。2015年年底前，淘汰30万千瓦以下非供热燃煤火电机组；现有多台燃煤机组装机容量合计达到30万千瓦以上的，按照煤炭等量替代的原则建设为大容量燃煤机组。（责任部门：省发展改革委、经济和信息化委、环保厅、统计局）

（十一）大力发展清洁能源。将能源结构调整、清洁能源保障纳入全省煤炭消费总量控制方案，制定清洁能源发展、利用激励政策。着力推进沿海液化天然气（LNG）基地和苏北主干输气管网等基础设施建设，鼓励发展天然气分布式能源等高效利用项目，扩大区外来电规模，大力开发利用风能、太阳能、生物质能、地热能，安全高效发展核电。禁止进口高灰分、高硫分的劣质煤炭，限制进口高硫石油焦。提高洗选煤使用比例，禁止燃用高硫分高灰分煤炭。到2017年，天然气占一次能源比重力争达到12%以上，基本完成燃煤锅炉、工业炉窑、自备燃煤电站的天然气等清洁能源替代改造任务，力争区外来电规模达到1500万千瓦，风电、光伏、生物质发电规模分别达到600万千瓦、200万千瓦、100万千瓦，核电装机规模达到200万千瓦，非化石能源占总能源7.3%。（责任部门：省发展改革委、经济和信息化委）

（十二）提高能源利用效率。2014年6月底前，制定全省节能改造推进计划。严格落实节能评估审查制度，新建高耗能项目单位产品（产值）能耗要达到国际先进水平，用能设备达到一级能效标准。大力实施现有用能大户节能改造，重点抓好火电、钢铁、建材、石化、化工、纺织等重点行业以及年耗能3000吨标准煤以上用能单位节能工作。大力推行合同能源管理，落实相关财税优惠政策。到2017年，实现改造节能超过1000万吨标准煤，单位工业增加值能耗比2012年降低20%左右。（责任部门：省经济和信息化委、发展改革委、质监局）

（十三）积极推广绿色建筑。落实全省绿色建筑行动实施方案，政府投资的公共建筑、保障性住房率先执行绿色建筑标准。新建建筑严格执行强制性节能标准，推广使用太阳能热水系统、地源热泵、空气源热泵、光伏建筑一体化、“热—电—冷”三联供等技术和装备。到2015年，全省城镇新建建筑全部按一星及以上绿色建筑标准设计建造，新增可再生能源建筑应用面积2亿平方米。到2017年，全省建成家庭式光伏电站10万套，分布式光伏建筑电站规模达20万千瓦，20%的城镇新建建筑按二星及以上绿色建筑标准设计建造。（责任部门：省住房城乡建设厅、发展改革委、质监局）

（十四）优化集中供热布局。2014年年底前，组织制定全省集中供热规划，对现有燃煤热电厂进行布局优化调整。沿江8个省辖市除上大压小或淘汰燃煤锅炉新增热源外，不再新建燃煤热电厂；苏北5个省辖市逐步扩大供热范围，适度增加热电厂布点。在现有热电企业密集地区开展综合整治，推进大型发电厂集中供热技术改造及供热管网建设，逐步减少热电企业数量。（责任部门：省发展改革委、经济和信息化委、环保厅）

（十五）全面整治燃煤小锅炉。制定实施全省燃煤锅炉大气污染整治工作方案，各市、县（市）人民政府结合城市高污染燃料禁燃区建设，制定和实施本辖区锅炉整治年度计划。2014 年 6 月底前，制定全省锅炉整治的财政补贴政策。加强供热基础设施建设，淘汰供热管网范围内的燃煤锅炉。供热管网外、天然气管网覆盖范围内的燃煤锅炉，实施天然气改造工程。供热管网、天然气管网覆盖范围以外的 10 蒸吨 / 小时及以下燃煤锅炉，采用生物质成型燃料、电等替代燃煤，10 蒸吨 / 小时以上的燃煤锅炉鼓励使用生物质成型燃料替代燃煤，或实施脱硫和除尘提标改造，确保达标排放。2017 年年底前，基本完成燃煤小锅炉整治任务。城市建成区禁止新建除热电联产以外的燃煤锅炉；其他地区原则上不再新建 10 蒸吨 / 小时及以下的燃煤锅炉。（责任部门：省环保厅、发展改革委、经济和信息化委、农委、财政厅、质监局）

四、大力发展绿色交通，深入治理机动车尾气污染

（十六）加强城市公共交通设施建设。强化公交优先战略，推行城市公共交通、自行车、步行的城市交通模式，降低公共交通出行费用，鼓励城乡居民选择公共交通工具出行。加快城市轨道交通、城市公交专用道、快速公交系统（BRT）等大容量公共交通基础设施建设，推进客运枢纽和换乘体系建设，实现市内公共交通体系与铁路、高速公路、机场等无缝衔接。加强城市步行和自行车交通系统建设，大力发展城市公共自行车网络。加大城市交通拥堵治理力度，推广智能交通管理。通过提供通勤班车、校车服务，实施出租汽车合乘、差别化停车收费政策等措施，鼓励绿色出行，减少机动车上路行驶总量。2014 年年底前，出台绿色循环低碳交通运输体系实施方案。到 2017 年，城市居民公共交通出行分担率达到 24%。（责任部门：省交通运输厅、发展改革委、住房城乡建设厅、公安厅、物价局）

（十七）控制燃油汽车增长和淘汰黄标车。开展大型城市燃油汽车保有量及出行量控制研究，根据城市发展规划，适度控制燃油汽车增长速度和使用强度。2014 年 6 月底前，全省所有省辖市划定黄标车限行区，2014 年年底前，沿江 8 个省辖市各县（市）划定黄标车限行区。加强限行区管理，对违反限行规定的车辆，依法予以处罚。2015 年年底前，淘汰 2000 年 12 月 31 日前注册登记的微型、轻型客车和中型、重型汽油车，淘汰 2005 年年底前注册营运的黄标车，以及 2007 年 12 月 31 日前注册登记的中型、重型柴油车。制定和完善老旧车标准、淘汰办法和老旧车提前报废的奖励及补偿政策，加快淘汰老旧车辆，到 2017 年，再淘汰一批老旧车。（责任部门：省公安厅、商务厅、财政厅、交通运输厅、环保厅）

（十八）推广应用新能源汽车。落实江苏省“十二五”新能源汽车产业推进方案和江苏省新能源汽车推广应用示范方案，制定鼓励使用新能源汽车的补贴政策，研究制定鼓励电动汽车使用的电价政策，引导新能源汽车市场需求有序释放。在出租、公交、环卫、邮政、电力等公共服务领域和政府机关率先推广使用新能源汽车，推进公交车、出租车“油改气”或“油改电”。加快新能源汽车配套基础设施建设，各市、县（市）人民政府规划布局和建设车用加气站、标准化充换电站等公共设施。到2015年，南京、常州、苏州、南通、盐城、扬州等城市共推广使用1万辆以上新能源汽车。（责任部门：省经济和信息化委、发展改革委、财政厅、科技厅、交通运输厅、住房城乡建设厅、物价局）

（十九）加强机动车环保管理。率先实施更高要求的机动车排放标准，禁止省内机动车销售单位销售不符合规定标准的新车，不符合要求的新车不予注册登记；外地转入车辆实施与新车相同的排放标准。加强在用机动车环保定期检验，逐步将摩托车和低速汽车纳入环保定期检验范围，推广使用环保电子卡，实现环保标志电子化、智能化管理。各市、县（市）人民政府出台出租车更换高效尾气净化装置的鼓励政策，研究缩短公交车、出租车强制报废年限，推进城市营运车辆排气污染控制。2015年年底前，各地建成机动车环保标志电子智能监控网络，提高监管效率；开展柴油车车用尿素供应体系建设，重点推进中型、重型柴油车尾气治理。（责任部门：省环保厅、公安厅、交通运输厅、商务厅）

（二十）开展船舶和非道路移动机械污染控制。大力推进内河船舶“油改气”、港口水平运输机械“油改气”和靠港船舶岸电系统建设。到2017年，集装箱码头轮胎式集装箱门式起重机（RTG）全部实现“油改电”或改用电动起重机。积极推进杂货码头轮胎吊和汽车吊“油改电”以及港区水平运输车辆（集卡）的“油改气”技术改造，到2017年，杂货码头装卸设备“油改电（气）”比例达到80%以上。加快推进内河船型标准化，淘汰一批非标船型和老旧船。开展连云港港、太仓港、南通港、南京港等“绿色港口”创建活动，建设绿色船队示范港。积极开展施工机械环保治理和环保标志管理，推进柴油施工机械加装尾气后处理装置。（责任部门：省交通运输厅、环保厅）

（二十一）提升燃油品质。先于国家要求实施油品升级，制定高品质燃油供应保障方案。2014年起，苏北5个省辖市供应符合第四阶段标准的车用汽油。2014年年底前，全面供应符合第四阶段标准的车用柴油。2015年年底前，全面供应符合第五阶段标准的车用汽、柴油。定期开展油品质量监督检查活动，严厉打击非法生产、销售行为，所有加油站严禁销售不符合标准的车用汽、柴

油。（责任部门：省环保厅、发展改革委、工商局、商务厅、质监局、物价局）

五、全面控制城乡污染，开展多污染物协同治理

（二十二）优化城市空间格局。严守生态红线，科学制定并严格实施城市规划，强化城市空间管制和绿地控制要求，规范各类产业园区和城市新城、新区设立和布局，禁止随意调整和修改城市规划，形成有利于大气污染物扩散的城市和区域空间格局。到 2017 年，沿江 8 个省辖市完成城市环境总体规划编制工作，鼓励苏北 5 个省辖市编制城市环境总体规划。优化城市绿地布局，加强公园绿地、防护绿地、城市绿廊、城市湿地及城郊大环境绿化建设，构建城郊乡一体化的绿色生态网络体系，到 2017 年，城市建成区绿地率达到 38% 以上。（责任部门：省住房城乡建设厅、环保厅）

（二十三）加强秸秆综合利用和禁烧。2014 年年底前，完善秸秆机械化还田、收储、成型燃料制造、利用等环节的财政补贴和价格政策，大力推进秸秆机械化还田及能源化、饲料化、基料化、工业原料化等多种形式利用。2015 年年底前，编制新一轮秸秆综合利用规划，试点建立生物质电厂、秸秆利用大户承包县域内的秸秆收集、利用模式，形成秸秆利用与收集责任关联体系。到 2015 年，建成完善的秸秆收贮体系，秸秆综合利用率达 90%，到 2017 年，秸秆综合利用率达 92% 以上。实行秸秆禁烧目标责任制，将秸秆禁烧落实情况与考核、创建等工作挂钩，建立督查巡查和跨区域联动控制工作机制。（责任部门：省农委、发展改革委、环保厅、财政厅、农机局、物价局、气象局）

（二十四）推进高污染燃料禁燃区建设。全面开展禁燃区划定工作，原已划定的高污染燃料禁燃区应根据城市建成区发展状况适时调整，逐步扩大禁燃区范围。高污染燃料禁燃区内禁止燃烧高污染燃料，禁止直接燃用生物质燃料。已建成的使用高污染燃料的各类设施，2014 年年底前，要予以拆除或改用管道天然气、液化石油气、管道煤气、电或其他清洁能源。（责任部门：省环保厅、发展改革委、经济和信息化委）

（二十五）加快城区重污染企业关闭与搬迁改造。全面排查主城区及周边排放大气污染物的重点企业，制定关闭与搬迁改造计划。2017 年年底前，基本完成城市主城区钢铁、石化、化工、有色金属冶炼、水泥、平板玻璃等重污染企业环保搬迁改造。（责任部门：省经济和信息化委、环保厅、住房城乡建设厅）

（二十六）加强城市扬尘综合整治。全面推行“绿色施工”，建立扬尘控制责任制度，建设工程施工现场应全封闭设置围挡墙，严禁敞开式作业，施工现场道路应进行地面硬化。渣土运输车辆应采取密闭措施，安装卫星定位系统，严格执行冲洗、限速等规定，严禁带泥上路。加强城市道路清扫保洁和洒水抑尘，提高机械化作业水平，控制道路交通扬尘污染，到 2017 年，沿江 8 个省辖市城市建成区主要车行道机扫率达到 90% 以上，其他城市建成区主要车行道机扫率达到 80% 以上。加强港口、码头、车站等地装卸作业及物料堆场扬尘防治，大型煤堆、料堆要实现封闭储存或建设防风抑尘设施。积极创建扬尘污染控制区，不断扩大控制区面积。到 2017 年，各省辖市建成区降尘强度比 2012 年下降 15% 以上。（责任部门：省住房城乡建设厅、公安厅、交通运输厅、环保厅）

（二十七）强化油烟污染防治。2014 年年底前，各市、县（市）人民政府制定餐饮服务业布局规划，合理布设、调整餐饮经营点。非商用建筑内禁止建设排放油烟的餐饮经营项目。餐饮经营单位必须安装油烟净化设施；营业面积在 500 平方米以上或者就餐座位数在 250 座以上的餐饮企业，应当安装油烟在线监控设施。推广使用高效净化型家用吸油烟机。开展餐饮行业污染专项治理，重点整治学校、繁华街道、居民住宅集中区和旅游风景区等环境敏感区的餐饮企业。（责任部门：省商务厅、工商局、食品药品监管局、住房城乡建设厅、旅游局、环保厅）

（二十八）开展有机溶剂产品全过程监管。严格执行国家涂料、胶黏剂等产品挥发性有机物限值标准。苏南 5 个省辖市率先推广使用无污染或低挥发性的水性涂料、环保型溶剂等，逐步减少高挥发性油性涂料、有机溶剂的生产、销售和使用。（责任部门：省质监局、经济和信息化委、商务厅、环保厅）

六、强化科技支撑作用，努力提高科学治理水平

（二十九）强化大气污染防治管理应用研究。加强大气污染防治应用技术研究，加强灰霾、臭氧的来源解析、迁移规律和监测预警等研究，大力开展污染数值模拟及城市大气污染预测预报研究。探索开展大气污染与人群健康关系的研究，逐步建设大气污染与健康监测网络。部署开展大气污染源专项调查，2015 年年底前，初步建立全省大气污染源排放清单数据库，逐步完善污染源排放清单长效管理机制，动态更新排放清单。加强污染物排放和清洁生产等标准、大气污染损失评估、环境政策效应等研究。（责任部门：省科技厅、财政厅、环保厅、卫生厅、气象局）

（三十）加强大气污染防治关键技术研发与示范应用。跟踪国际新技术、新进展，针对脱硫、脱硝、高效除尘、挥发性有机物控制、柴油机（车）排放净化、环境监测，以及新能源汽车、智能电网等重点领域，推进关键领域和核心技术创新集成。完善产学研结合体系，建立集关键技术研发、集成应用、成果产业化、产品商业化于一体的大气污染防治科技产业链。培育一批具有国际竞争力的大型节能环保企业，大幅增加大气污染治理装备、产品、服务产业产值。加强大气污染防治技术创新平台建设，建设大气污染控制联合实验室；2017年年底前，建成集大气环境科研和工程技术示范为一体的研究基地。（责任部门：省科技厅、经济和信息化委、环保厅）

（三十一）加强大气污染防治人才培养。建立高层次大气污染防治科研、监测和管理人才培养、引进机制。加强大气污染防治科研人才培养，通过组织开展国家、省大气专项研究，整合高校、科研机构、企业人才资源，打造高水平的大气污染防治研究队伍。加强大气污染监测人才培养，提高全省环境空气质量自动监测系统及大气污染源监控系统人员专业化水平。建立专业化的大气污染防治技术服务团队，加强企业大气污染治理专业人才培养，为企业深化治理、人员培训提供指导和服务。（责任部门：省人力资源社会保障厅、环保厅、科技厅、教育厅、气象局）

七、提升监控预警能力，切实保障公众环境权益

（三十二）完善区域环境质量监测网络。重点建设 1 个省级多参数站、26 个质控站，完善 72 个国控站和 53 个省控站。继续完善市、县空气质量自动监测网络，实现空气质量数据实时传输，满足新标准要求的监测网络实现市、县全覆盖。建成省级空气自动监测质控中心，规范监测行为，强化全过程控制。加强大气环境监测资料、信息共享。推进大气自动监测设施第三方运行维护管理，确保监测数据的科学性和准确性。（责任部门：省环保厅、发展改革委、财政厅）

（三十三）强化大气污染源监测监控。加强国控、省控重点大气污染源特征污染因子监测，完善二氧化硫、氮氧化物、烟尘等自动监控系统建设。积极推进挥发性有机物在线监测工作，重点化工园区安装区域大气污染监测监控系统，对园区大气环境质量和重点企业特征污染物排放实时监控、及时预警。（责任部门：省环保厅、发展改革委）

（三十四）推进机动车环保监管机构和平台建设。全面实施机动车环保检验机构信用等级管理制度，推行机动车电子化、智能化监管体系建设，提高监管水平。2014 年年底前，省辖市全部设立机动车排污监管中心；2015 年年底前，完成“省一市一县”三级机动车污染监控平台建设，实现检测数据实时传输和机动车检测过程实时监控。（责任部门：省环保厅、公安厅、交通运输厅、财政厅、发展改革委）

（三十五）建立重污染天气监测预警体系。加强环保与气象部门的合作，建设省、市大气污染预报预警中心，做好重污染天气过程趋势分析，完善会商研判机制，提高监测预警的准确度，及时发布监测预警信息。2014 年年底前，建成重污染天气空气质量预报预警平台，2015 年年底前，初步形成污染天气预测预报能力。加强重污染天气条件下呼吸道疾病的监测、统计和损失评估工作。（责任部门：省环保厅、气象局、公安厅、卫生厅）

（三十六）完善重污染天气应急保障。将重污染天气应急响应纳入各级人民政府突发事件应急管理体系，实行政府主要领导负责制。各市、县（市）编制重污染天气应急预案并向社会公布，定期开展应急演练。依据重污染天气的预警等级，迅速启动应急预案，采取工业污染源限排限产、建筑工地停止施工、机动车限行等应急控制措施，引导公众做好健康防护。加强重大节日烟花爆竹禁燃限放管理，将大气环境污染影响降低到最小限度。（责任部门：省大气污染防治联席会议各成员单位）

（三十七）实行环境信息公开。定期公布省辖市空气质量排名，各市、县（市）在主要媒体及时发布空气质量状况。建立重点排污企业环境信息强制公开制度，各级环保部门公开新建项目环境影响评价、企业污染物排放、治污设施运行情况等环境信息；重点排污企业根据环境管理的要求，公开企业自行监测的污染物排放数据以及企业污染治理、环境管理等相关信息，接受社会监督。（责任部门：省环保厅）

八、完善政策制度体系，全面提升大气污染防治保障能力

（三十八）健全法规标准体系。研究制定工业废气、机动车排气、非道路移动源、城市扬尘等污染防治地方法规和规章。2017 年年底前，制定江苏省大气污染防治条例、江苏省建筑施工扬尘控制管理办法、江苏省大气污染物排污许可证管理办法；制定锅炉、工业炉窑以及化工、石化、家具制造、表面涂装等相关行业挥发性有机物等地方排放标准。（责任部门：省环保厅、住房城乡建设厅、质监局、法制办）

（三十九）建立排污许可证和排污权交易制度。2014 年，开展排污许可证和排污权交易政策研究，确定排污许可和排污权交易指标种类、许可证发放和排污权交易范围。2015 年，制定出台相关实施方案，对已有的重点行业排污单位、新增大气主要污染物的排污单位启动排污许可证发放和交易试点工作。2016 年，全省推广排污许可证管理，完善排污权交易等相关规定，在电力、钢铁、水泥、石化等行业全面实施《二氧化硫排污权有偿使用和交易管理试行办法》。

（责任部门：省环保厅、财政厅、物价局）

（四十）建立多元化投入机制。拓宽投入渠道，建立“政府引导、市场运作、社会参与”的多元化投入机制，鼓励民间资本和社会资本进入大气污染防治领域，引导金融机构加大对大气污染防治项目的信贷支持。探索排污权抵押融资模式，拓展节能环保设施融资、租赁业务。各市、县（市）人民政府要对涉及民生的“煤改气”项目、黄标车和老旧车辆淘汰、轻型载货车替代低速货车、重污染企业关闭和搬迁改造、农作物秸秆综合利用、燃煤锅炉整治、重点行业污染治理提标改造、挥发性有机物治理、大气污染防治基础研究和能力建设等加大政策、资金支持力度，对重点行业清洁生产示范工程给予引导性资金支持，将空气质量监测站点建设运行、执法监督等经费纳入各级财政预算予以保障。各级公共财政每年用于环境保护和生态建设支出的增幅应高于经济增长速度、高于财政支出增长幅度。逐步加大省级财政对大气污染防治的支持力度。省基本建设投资也要加大对大气污染防治的支持力度。（责任部门：省财政厅、环保厅）

（四十一）深化资源环境价格改革。逐步完善天然气发电上网和居民阶梯电价政策，2016 年年底前，制定和实施居民阶梯气价政策。在省行业主管部门对水、电等资源类产品制定企业消耗定额基础上，建立企业“领跑者”制度，对能效、排污强度达到更高标准的先进企业给予鼓励。对能耗超过国家和地区规定限额标准的行业及企业，加大差别化电价和惩罚性电价实施力度。利用价格杠杆鼓励燃煤发电企业进行脱硝、除尘改造，落实电力行业除尘电价政策。（责任部门：省物价局、发展改革委、经济和信息化委）

（四十二）深入开展排污收费改革。实行差别化排污收费政策，逐步扩大污染物排污费征收范围，适时开征工业粉尘排污费，2014 年年底前，修订完善《江苏省城市施工工地扬尘排污费征收管理试行办法》，2015 年年底前，研究制定挥发性有机物排污费征收管理办法。（责任部门：省物价局、财政厅、环保厅）

九、加强区域联防联控，完善大气污染防治责任体系

（四十三）完善区域协作机制。进一步完善大气污染防治联席会议制度，及时调整联席会议成员单位，市、县（市）人民政府要建立联席会议制度。每年定期召开联席会议，协调解决区域突出环境问题，组织实施环评会商、联合执法、信息共享、预警应急等大气污染防治措施，通报区域大气污染防治工作进展，研究确定阶段性工作要求、工作重点和主要任务。积极参与长江三角洲区域大气污染防治协作机制，建设区域联动的重污染天气应急响应体系。加强大气污染治理先进技术、管理经验等方面的国际交流与合作。（责任部门：省大气污染防治联席会议各成员单位）

（四十四）明确各方大气污染防治责任。各级人民政府对本行政区域内的大气环境质量负总责，应全力推进大气污染防治各项工作，确保完成目标任务。各有关部门要密切配合、协调力量、统一行动，形成大气污染防治的强大合力。企业是大气污染治理的责任主体，要按照环保规范要求，采用先进的生产工艺和治理技术，确保排放达标。（责任部门：省大气污染防治联席会议各成员单位）

（四十五）分解目标任务。省人民政府与各省辖市人民政府签订大气污染防治目标责任书，各省辖市人民政府应按照国家和省部署要求，制定本辖区实施细则。省大气污染防治联席会议各成员单位根据本方案，编制“蓝天工程”年度计划，分解目标任务，落实责任单位和责任人。（责任部门：省大气污染防治联席会议各成员单位）

（四十六）强化考核评估。构建以环境质量改善为核心的目标责任考核体系，对省辖市人民政府年度“蓝天工程”计划完成情况进行考核。2015年，进行中期评估，并依据评估情况调整治理任务。2017年，对实施方案及各地实施细则完成情况进行终期考核。考核和评估结果经省人民政府同意后，向社会公布并送交干部主管部门，按照《关于建立促进科学发展的党政领导班子和领导干部考核评价机制的意见》《江苏省市县党政主要领导干部环保工作实绩考核暂行办法》等规定，将考核和评估结果作为领导班子、领导干部综合考核评价的重要依据。（责任部门：省大气污染防治联席会议各成员单位）

（四十七）严格责任追究。对未通过年度考核的，由省人民政府约谈地方人民政府及其相关部门主要负责人，提出整改意见，予以督促。对因工作不力、履职缺位等导致未能有效应对重污染天气的，以及干预、伪造监测数据和没有完成年度目标任务的，监察机关依法依纪追究有关单位和人员的责任，环保部门对有关地区和企业实施建设项目环评限批，取消省级环境保护荣誉称号。（责任部门：省大气污染防治联席会议各成员单位）

十、同呼吸共奋斗，合力推进“蓝天工程”

（四十八）广泛开展宣传教育。制定大气污染防治宣传方案，细化工作措施，分年度组织实施。深入开展新闻报道，详细解读大气污染防治措施内容，跟踪报道工作进展和成效。在相关企业开展大气污染防治政策、法律、法规普及教育，引导企业自觉履行环保社会责任。举办知识竞赛、论坛讲座、环保创建、公益

活动等系列主题活动，提升公众大气环境保护意识。（责任部门：省委宣传部，省环保厅、广电局）

（四十九）深入推进公众参与。支持各社会团体和群众组织开展大气环境保护公益活动，引导、培育和扶持环保社会组织健康有序发展，促进环保社会组织及环保志愿者依法、理性、有序参与大气环境保护。建立政府与公众、企业有效沟通的协调机制，完善大气环境信息公开、违法行为有奖举报等制度，拓宽群众监督渠道，切实保障公众环境知情权、参与权和监督权。倡导文明、节约、绿色的消费方式和生活习惯，在全社会树立“同呼吸、共奋斗”的行为准则，共同改善空气质量。（责任部门：省环保厅）

6. 浙江省实施方案

浙江省人民政府关于印发浙江省大气污染防治行动计划（2013—2017 年）的通知

（浙政发〔2013〕59 号）

各市、县（市、区）人民政府，省政府直属各单位：

《浙江省大气污染防治行动计划（2013—2017 年）》已经省政府常务会议审议通过，现印发给你们，请认真组织实施。

浙江省人民政府

2013 年 12 月 31 日

浙江省大气污染防治行动计划（2013—2017 年）

为切实改善环境空气质量、保障人民群众身体健康、努力建设美丽浙江，根据《国务院关于印发大气污染防治行动计划的通知》（国发〔2013〕37 号），制订本行动计划。

一、总体思路与目标

以能源和产业结构调整、机动车排气污染防治、工业废气污染整治、城乡废气治理等为突破口，坚持源头治理、综合防治，倡导绿色低碳生产生活方式，建立政府统领、企业施治、市场驱动、公众参与的大气污染防治新机制。通过五年时间的努力，全省环境空气质量明显改善，重污染天气大幅减少；到 2017 年，全省细颗粒物（$PM_{2.5}$）浓度在 2012 年基础上下降 20% 以上。

二、重点任务

（一）调整能源结构

1．控制煤炭消费总量。制订煤炭消费总量控制方案，耗煤项目实行煤炭减量替代，到2017年，力争实现煤炭消费总量负增长。新建项目禁止配套建设自备燃煤电站。除热电联产外，禁止审批国家禁止的新建燃煤发电项目；现有多台燃煤机组装机容量合计达到30万千瓦以上的，可按照煤炭等量替代的原则建设为大容量燃煤机组。实施低硫、低灰分配煤工程，推进煤炭清洁化利用，洁净煤使用率达到90%以上。

2．创建高污染燃料禁燃区。全省县以上城市建成区开展“高污染燃料禁燃区”创建工作，禁燃区内不再审批新增燃烧高污染燃料工业锅炉，已建成的使用高污染燃料的各类设施要限期拆除或改造使用清洁能源。2014年底前，天然气覆盖到的设区市城市建成区基本建成高污染燃料禁燃区；2015年底前，县以上城市建成区基本建成高污染燃料禁燃区；2017年底前，县以上城市建成区，除集中供热锅炉外，全面禁止使用高污染燃料。

3．推进工业园区集中供热和煤改气。制订工业园区（产业集聚区）集中供热建设方案，积极推行大电厂集中供热模式，建设和完善热网工程。2015年底前，全省工业园区（产业集聚区）基本实现集中供热；2017年底前，全省工业园区（产业集聚区）全面实现集中供热，热网覆盖区域内分散燃煤锅炉全面淘汰。

2015年底前，杭州、宁波、湖州、嘉兴、绍兴等市淘汰10蒸吨/小时以下的燃煤锅炉，其他地区淘汰6蒸吨/小时以下的燃煤锅炉；2017年底前，全省基本淘汰10蒸吨/小时以下的燃煤锅炉，基本完成燃煤锅炉、窑炉、10万千瓦以下自备燃煤电站的天然气改造任务，在供热、供气管网不能覆盖的地区改用电或其他清洁能源。

4．发展清洁能源。制订天然气开发利用方案，加快推进天然气管网设施、汽车加气站建设，2015年底前，实现县以上城市供气管网全覆盖，天然气年供应量力争达到150亿方左右；到2017年，天然气年供应量达到240亿方左右。加快推进风电、太阳能、生物质能、浅层地热能等可再生能源利用，到2015年，全省可再生能源占能源消费总量4%左右。安全发展核电，加快三门核电工程建设，到2017年，全省核电装机容量达到890万千瓦。

5．提高外购电比例。加大省外电源合作开发力度，建立稳定的外来电基地，提高长期外购电比例，到2015年，实现“外电入浙”2000万千瓦左右；到2017年，实现“外电入浙”3000万千瓦左右，外购电比例提高到30%左右。

6．严格节能措施。严格落实节能评估审查制度，新建高耗能项目单位产品（产值）能耗要达到国际先进水平，用能设备达到国家一级能效标准。积极发展绿色建筑，新建建筑要严格执行强制性节能标准，推广使用太阳能热水系统、地源热泵、空气源热泵、光伏建筑一体化、“热—电—冷”三联供等技术和装备。

（二）防治机动车污染

1. 加强机动车管理。深入实施《浙江省机动车排气污染防治条例》，建立机动车排污监管平台，严格新车和转入车辆环保准入，强化车辆登记、检测、维修、报废全过程管理。鼓励出租车每年更换高效尾气净化装置。加快推进公交车、出租车、低速汽车（三轮汽车、低速货车）升级换代，限制低速汽车在城市中心区域行驶，加快淘汰老旧汽车。2014 年底前，全面建成机动车环保检测和监管体系，实施机动车环保标志管理，全面实行黄标车区域限行；2015 年底前，全省全面淘汰黄标车。

2. 提升燃油品质。2013 年底前，供应国Ⅳ标准的车用汽油；2014 年底前，供应国Ⅳ标准的车用柴油；2015 年底前供应国Ⅴ标准的车用汽、柴油。加强油品质量监督检查，严厉打击非法生产、销售行为。

3. 大力发展清洁交通。采取财政补贴等措施，大力推广清洁能源汽车，公交、环卫等行业和政府机关要率先使用纯电动等新能源汽车，全省每年新增或更新的公共汽车中清洁能源汽车的比例达到 30% 以上，其中杭州、宁波、温州、湖州、嘉兴、绍兴、金华、台州等国家和省确定的大气污染防治重点城市达到 50% 以上。全省在用营运公交车每年完成清洁能源改造 10% 左右。

4. 实施道路畅通工程。实施公交优先战略，加快推进轨道交通建设，加强步行道、自行车交通系统建设，倡导拼车、通勤班车出行。提高公共交通出行分担率，到 2017 年，设区市中心城区公共交通出行分担率达到 30% 以上，杭州、宁波、温州等市力争分担率更高。采取高峰限行、鼓励绿色出行、加快推进 ETC 工程等措施，降低机动车使用强度，促进道路畅通。交通拥堵严重的城市，可实施机动车总量控制，严格限制机动车保有量增长速度。力争城市机动车总运行时间削减 10% ～ 20%。

（三）治理工业污染

1. 实施脱硫脱硝工程。2014 年底前，全省基本完成热电企业脱硫工程建设，镇海炼化催化裂化装置完成脱硫设施建设并投运。2015 年底前，所有钢铁企业的烧结机和球团生产设备、石油炼制企业的催化裂化装置、有色金属冶炼企业都要安装脱硫设施，全省所有燃煤锅炉和工业窑炉完成脱硫设施建设或改造。

2015 年底前，所有火电机组（含热电，下同）、水泥回转窑完成烟气脱硝治理或低氮燃烧技术改造设施建设并投运，所有火电机组氮氧化物排放浓度应在2014年7月1日前达到《火电厂大气污染物排放标准》（GB13223—2011）规定的浓度限值。2017年底前，所有新建、在建火电机组必须采用烟气清洁排放技术，现有60万千瓦以上火电机组基本完成烟气清洁排放技术改造，达到燃气轮机组排放标准要求。

2．治理工业烟粉尘。火电、钢铁、石化、水泥、有色、化工等六大行业以及燃煤锅炉项目统一执行国家新标准，杭州、宁波、湖州、嘉兴、绍兴等环杭州湾地区执行大气污染物特别排放限值，未达标的必须按国家标准规定期限完成升级改造。2014年7月1日前，所有火电机组（65蒸吨/小时以上锅炉）要完成提标改造并严于国家标准要求。2015年底前，全省燃煤锅炉和工业窑炉基本完成除尘设施建设或改造，全面消除烟囱冒黑烟现象。

3．实施挥发性有机废气治理。加快实施《浙江省挥发性有机物污染整治方案》，2013年底前，完成印染行业定型机废气整治和加油站油气回收工作。2015年底前，完成方案确定的重点整治工程建设，完成重点污染源、重点行业集聚区的综合整治与验收，VOCs排放量削减18%。2017年底前，完成印染、炼化化工、涂装、合成革、生活服务、橡胶塑料制品、印刷包装、木业、制鞋、化纤等10个主要行业的VOCs整治，基本建成VOCs污染防控体系，VOCs排放量削减20%以上。

（四）调整产业布局与结构

1．严格产业准入。将二氧化硫、氮氧化物、烟粉尘和挥发性有机物排放是否符合总量控制要求，作为建设项目环境影响评价审批的前置条件。全省禁止新建20蒸吨/小时以下的高污染燃料锅炉，禁止新建直接燃用非压缩成型生物质燃料锅炉。原则上城市建成区不新建以生物质为燃料的锅炉，城市建成区以外，鼓励以压缩成型生物质为燃料的锅炉项目建设。坚决遏制产能严重过剩行业盲目扩张，产能过剩行业新、改、扩建项目要实行产能等量或者减量置换。新建高耗能项目单位产品（产值）能耗要达到国际先进水平。

2．优化区域布局。加快对城市建成区内钢铁、石化、化工、有色金属冶炼、水泥、平板玻璃等大气重污染企业实施搬迁改造，推动工业项目向园区集中。设区城市建成区于2014年底前、县以上城市建成区于2015年底前，基本完成大气重污染企业关停或搬迁工作。2017年底前，全省县以上城市建成区全面完成大气重污染企业关停或搬迁工作。

3．淘汰落后产能。结合产业发展实际和环境质量状况，进一步提高环保、能耗、安全、质量等标准，分区域明确落后产能淘汰任务。2014年底前，完成“十二五”落后产能淘汰任务。2017年底前，按照《浙江省淘汰落后产能规划（2013—2017年）》，全面完成落后产能淘汰任务。淘汰产能目录向社会公布。

4．推行清洁生产。2015年底前，对全省钢铁、水泥、化工、石化、有色金属冶炼等重点行业进行清洁生产审核；到2017年，以上重点行业的排污强度较2012年下降30%以上。推进非有机溶剂型涂料和农药等产品创新，减少生产和使用过程中挥发性有机物排放。

5．发展循环经济。鼓励产业集聚发展，实施园区循环化改造，构建循环型工业体系，到2017年，全省单位工业增加值能耗比2012年降低20%，70%以上的国家级园区和50%以上的省级园区实施循环化改造。主要有色金属品种以及钢铁的循环化再生比重达到40%以上。

（五）整治城市扬尘和烟尘

1．控制施工扬尘。研究制订扬尘污染管理办法。建立健全扬尘管理机制，积极创建绿色工地，实施施工工地封闭管理，做到施工现场围挡、工地砂土覆盖、工地路面硬化、拆除工程洒水、出工地运输车辆冲净且密闭、暂不开发的场地绿化、外脚手架密目式安全网安装“七个100%”落实，建立对违法违规企业的长效制约机制，施工单位因扬尘污染受到行政处罚的，作为不良行为录入“浙江省建设市场行政监察管理信息系统”，并在浙江省建设信息港予以公示。

2．控制道路扬尘。渣土运输车辆应采取密闭措施，逐步推行卫星定位系统。强化道路扬尘治理，逐步减少城区裸露地面积，探索建立城乡一体的道路路面保洁机制，着力提高城镇道路机械化清扫率，到2015年、2017年，全省县以上城市道路机械化清扫率分别达到45%以上、50%以上。

3．控制餐饮油烟。禁止在未经规划作为饮食服务用房的居民楼或商住楼内新建从事产生油烟的餐饮经营活动。所有产生油烟的餐饮企业、单位须安装油烟净化装置，并建立定期清洗制度，确保净化装置高效稳定运行。2014年底前，设区市市区全面完成餐饮油烟治理；2015年底前，县以上城市城区全面完成餐饮油烟治理，建立定期清洗和长效监管机制。

4．建设烟尘控制区。禁止露天焚烧生活垃圾、工业边角料。严格控制露天烧烤。加大烟花爆竹禁燃力度，严禁在规定时间、规定地点外燃放烟花爆竹。对有烟粉尘排放的港口、物流露天堆场、露天煤堆场等实施封闭管理，确实无法封闭的，应建设防风抑尘设施。2015年底前，全省全面建成烟控区。

5．控制装修和干洗废气污染。严格执行挥发性有机溶剂含量限值标准，推广使用水性涂料，鼓励生产销售和使用低毒、低挥发性溶剂。民用建筑内外墙体涂料强制使用水性涂料，家庭装修倡导使用水性涂料。干洗企业严格执行国家《洗染业管理办法》，新开洗染店或新购洗染设备的，必须为全封闭式干洗机并增加压缩机制冷回收系统；在用干洗设施要进行治理，强制回收干洗溶剂。2015 年底前，全面完成干洗业废气治理。

（六）控制农村废气污染

1．禁止秸秆焚烧。制订秸秆及农作物废弃物综合利用实施方案，加快推进秸秆及农作物废弃物综合利用，鼓励秸秆资源化、商品化。力争到 2017 年，基本实现秸秆还田和多元化利用，秸秆综合利用率达到 90% 以上。建立健全禁止露天焚烧秸秆的长效监管机制，充分利用卫星遥感加强秸秆焚烧监控，严防随意露天焚烧秸秆。

2．控制农业氨污染。积极推行测土配方施肥和减量增效技术，大力推广有机肥，引导农民科学施肥，着力提高肥料利用率，减少农田化肥使用量和氨挥发量。

3．实施采矿粉尘和废弃矿山治理。2015 年底前，所有采碎石场要落实扬尘、粉尘控制措施。对已关闭废弃矿山开展矸石山和危岩治理，并进行土地复垦和植被恢复，到 2017 年底，已关闭废弃矿山治理率达到 90% 以上。低丘缓坡、林地开发要及时植树复绿。

4．实施绿化造林工程。大力开展植树造林，深入实施"1818"平原绿化行动，加强生态公益林、防护林建设，增强森林生态功能。到 2015 年，全省完成新造林 260 万亩，森林覆盖率达到 61% 以上。

三、保障措施

（一）明确政府责任。各级政府对本行政区域内的大气环境质量负总责。省政府与各市政府签订目标责任书，将目标任务分解落实到各地政府。各市、县（市、区）政府于 2014 年 3 月底前制订本地区的实施细则，并逐年制订实施大气污染防治年度计划。各有关单位要各负其责，制订实施各专项行动实施方案。

（二）严格督查考核。严格实施《环境空气质量管理考核办法》，考核结果作为当地政府领导班子政绩评价的重要依据，并与建设项目审批以及财政资金奖惩结合，考核结果要公开发布，接受公众监督。2015 年省政府对本行动计划实施情况进行中期评估，对推进工作不力、没有完成阶段性任务的有关政府负责人实行约谈。

（三）完善政策法规。修订《浙江省大气污染防治条例》，制订《浙江省重点工业行业挥发性有机废气污染物排放标准》等地方排放标准。研究制订高耗能、高污染和资源性行业准入条件和产业准入目录。制订实施餐饮油烟、工地及道路扬尘、矿山粉尘等管理规范。

（四）强化激励机制。创新有利于大气污染防治的财政、物价、信贷、用地等政策措施，实施二氧化硫、氮氧化物及烟粉尘减排电价，完善天然气价格政策，有效推进节能环保和清洁能源利用。各级财政要加大投入，对脱硫脱硝工程、火电清洁化改造、燃煤锅炉淘汰、煤改气、有机废气污染治理、黄标车淘汰、机动车油改气、"两高"行业企业退出等给予引导性资金支持。

（五）强化监管执法。积极开展各类执法检查，始终保持打击各类环境违法行为的高压态势。加强对火电厂用煤总量、煤质以及餐饮、干洗、露天焚烧废弃物等生活源的监管。各地对未完成整治的企业，要从新项目准入、排污许可证核发、各类评优及资金补助等各方面予以制约；对拒不执行责令停产、停业、关闭或者停产整治等决定继续违法生产的企业，要依法予以强制执行；对涉嫌环境犯罪的，要依法追究刑事责任。对未通过能评、环评审查的项目，有关部门不得审批、核准、备案，不得提供土地，不得批准开工建设，不得发放生产许可证、安全生产许可证、排污许可证，金融机构不得提供任何形式的新增授信支持，有关单位不得供电、供水。

（六）加强预警应急。各地要将重污染天气应对工作纳入突发事件应急管理体系，省和各设区市政府要及时制订《天气重污染应急预案》，建立重污染天气监测预警体系，细化大气重污染源清单。加快大气复合污染监测、评价、监管、信息、应急、监察及机动车排污监控等能力建设，健全环境空气质量监测信息发布和预报制度。加强环境空气质量、空气污染气象条件的监测预报和重污染天气预警应对工作，依据重污染天气的预警等级，迅速启动应急预案，并视情况渐次实施大气重污染源限产限排和停工停产，以及机动车限行、扬尘管控等措施，防止大气污染的蔓延。

（七）加强区域协作。落实长三角区域大气污染联防联控机制，加强与周边省市的协作，组织实施联合检查执法、资源信息共享、监测预警应急等大气污染防治措施，协调解决跨区域大气环境突出问题，及时通报大气污染防治工作进展，提高跨区域大气污染应急联动、协作处置的能力。各地要结合实际，建立相应的重污染天气防治跨区域联防联控机制。

（八）强化科技支撑。开展大气复合污染防治重大科技攻关，加强区域大气复合污染特征、形成机制、来源分析、健康影响、大气污染预报和治理技术等方面的基础性研究。大力引进培养新兴产业、生态环保产业的高层次创新人才和团队。发展环保公共科技创新服务平台，积极开发推广脱硫脱硝、高效除尘、VOCs治理等关键技术，创新发展清洁能源，大力发展环保产业，以重点示范工程建设带动重点行业节能环保水平提升。

（九）动员社会参与。积极开展多种形式的宣传教育，普及大气污染防治的科学知识，不断增强全社会大气污染防治意识。加强信息公开、畅通举报渠道，创设有利于公众参与监督的各种载体。引导公众从自身做起、从点滴做起，积极参与环保行动，形成文明、节约、绿色的消费方式和生活习惯，共同改善空气质量。

7. 安徽省实施方案

安徽省人民政府关于印发安徽省大气污染防治行动计划实施方案的通知

（皖政〔2013〕89号）

各市、县人民政府，省政府各部门、各直属机构：

现将《安徽省大气污染防治行动计划实施方案》印发给你们，请结合实际，认真贯彻执行。

安徽省人民政府

2013年12月30日

安徽省大气污染防治行动计划实施方案

为贯彻落实《国务院关于印发大气污染防治行动计划的通知》（国发〔2013〕37号）精神，切实加强大气污染防治，努力改善空气质量，保障广大人民群众身体健康，结合我省实际，制订本实施方案。

一、总体目标

到2017年，全省空气质量总体改善，重污染天气较大幅度减少，优良天数逐年提高，可吸入颗粒物（PM_{10}）平均浓度比2012年下降10%以上（各市大气污染防治目标任务详见附件）。力争到2022年或更长时间，基本消除重污染天气，全省空气质量明显改善。

二、主要任务

（一）加强工业大气污染治理

1. 提升脱硫脱硝效率。2014年6月底前，除循环流化床锅炉以外的燃煤机组（含自备电厂）均应安装脱硝设施。2014年底前，所有钢铁、石化、有色金属冶炼、陶瓷窑炉、浮法玻璃、再生铅企业及每小时20蒸吨以上的燃煤锅炉完成脱硫设施建设；取消燃煤电厂烟气旁路，对不能稳定达标的脱硫设施进行升级改造；日产4000吨以上的新型干法水泥窑完成低氮燃烧技术改造并安装脱硝设施。2017年底前，其他新型干法水泥窑完成低氮燃烧技术改造并安装脱硝设施。

2．严控颗粒物排放。2014年底前，对颗粒物排放不能稳定达标的火电、水泥、钢铁等重点企业及每小时20蒸吨以上的燃煤锅炉完成除尘设施升级改造；矿山、混凝土搅拌站要建设和改造除尘设施，达不到除尘要求的一律停产整治或坚决关闭。加强矿区和运输道路管理，规范废弃物堆放，落实防尘抑尘措施。继续加强全省非煤矿山集中整治和生态修复。

3．治理挥发性有机物污染。将控制挥发性有机物排放列入建设项目环境影响评价重要内容。2015年底前，完成重点行业挥发性有机物污染源清单编制工作。开展石化、有机化工、表面涂装、包装印刷等行业挥发性有机物专项整治和石化行业“泄漏检测与修复”技术改造，推广使用水性涂料，鼓励生产、销售和使用低毒、低挥发性有机溶剂，加强汽车维修露天喷涂污染控制，积极开发缓释肥等新型肥料，减少化肥施用过程中氨的排放。

4．持续推行清洁生产。推进钢铁、化工、石化、煤炭、电力、有色金属冶炼、水泥等重点行业强制性清洁生产审核，推广先进适用技术、工艺和装备，实施清洁生产技术改造，高效利用资源能源，实现企业节能降耗、减污增效。2015年底前，完成重点行业第一轮清洁生产审核。到2017年，全省钢铁、水泥、化工、石化、有色金属冶炼等重点行业排污强度比2012年下降30%以上。

（二）强化城市大气污染防治

5．全面整治燃煤小锅炉。2017年底前，除保留必要的应急和调峰燃煤采暖锅炉外，各市建成区和有条件的县城要完成每小时10蒸吨及以下燃煤锅炉淘汰工作，禁止新建每小时20蒸吨及以下燃煤锅炉；其他城镇建成区不再新建每小时10蒸吨及以下的燃煤锅炉。加强锅炉行业管理，对违规新建的锅炉不予检验、登记并依法拆除。着力推进城市和工业园区集中供热、供气和煤改气、改电、改热水配送等工程建设，鼓励余热、余压、余能综合利用，推广应用高效节能环保型锅炉。

6．强化城市扬尘治理。推进建筑、建造方式转变，开展建筑工地、道路、港口码头、物料堆场扬尘综合整治。强化扬尘污染防治责任，严格实行网格化管理，施工企业要在开工前制定建筑施工现场扬尘控制措施，对施工现场实施封闭围挡、道路硬化、材料堆放遮盖、进出车辆冲洗、工程立面围护、建筑垃圾清运等措施。落实港口码头、物料堆场、储煤场防风抑尘措施。增加城市道路施工洒水频次，限制鼓风式除尘器，推广吸尘式除尘器或吹吸一体式除尘设备。安装渣土运输车辆 GPS 定位系统，严格实施密闭运输，落实冲洗保洁措施。推行城区道路机械化清扫等低尘作业方式，2017 年底前，各市基本实现机械化吸尘保洁作业。

7. 加强餐饮油烟治理。2014 年底前，各市、县政府要制定餐饮服务业布局规划，合理布设餐饮经营点。严格新建餐饮服务经营项目环保要求，未经审批的非商用建筑内禁止建设排放油烟的餐饮经营项目。推广使用净化型家用抽油烟机，餐饮服务经营场所和单位食堂要安装油烟净化装置并正常运行。城市环境敏感区域严禁露天烧烤，推广无炭烧烤。

8. 建设高污染燃料禁燃区。全面开展高污染禁燃区划定工作，并根据城市建成区发展状况适时调整扩大禁燃区范围。2014 年底前，将高污染燃料禁燃区内已建成使用高污染燃料的各类设施予以拆除或改用清洁能源。各地要出台相关规定，加强烟花爆竹燃放管理。

9. 加强城市生态建设。充分考虑产业、人口、交通、环境承载力，科学规划城市发展规模，引导人口合理分布。编制城市环境总体规划，强化城市生态、绿地空间管控，形成有利于大气污染物扩散的城市空间格局。在城市规划区禁止新建废气污染严重的建设项目，已建的要实行搬迁、改造。到 2017 年，各市基本完成主城区重污染企业搬迁、改造。积极创建园林城市、环保模范城市，到 2015 年，力争创建 10 个绿色生态示范区；到 2017 年，全省城市建成区绿化覆盖率达到 44%，建成绿道 3000 公里以上，争取 6 个以上的市成功创建环保模范城市。

（三）推动机动车污染防治

10. 大力发展公共交通。鼓励城乡居民绿色出行，倡导城市公共交通、自行车、步行为主的城市交通模式。加强城市步行和自行车交通系统建设，大力发展城市公共自行车网络。加强停车场建设，推广智能交通管理，发展快速公交和轨道交通。以智能公交建设为载体，加快建设公众出行信息服务、车辆运营调度管理、安全监控和应急处置等信息系统。2017 年底前，各市城市公共交通分担率达到 40% 以上。

11. 提升燃油品质。2013 年底前，供应符合国家第四阶段标准的车用汽油；2014 年底前，供应符合国家第四阶段标准的车用柴油；2017 年底前，供应符合国家第五阶段标准的车用汽、柴油。严把车用成品油生产和流通准入审查关。2014 年底前，完成加油站、油罐车和储油库油气回收治理，新建、改建、扩建的油库、加油站及新投运的油罐车，同步实施油气回收治理。

12．严格机动车环保管理。建立省、市、县三级机动车排气污染监管中心，对机动车排气污染防治工作实施统一监管。2014 年 6 月底前，基本建成覆盖全省的机动车排气检测站点；2015 年底前，全面实行轻型机动车排气“工况法”检测。对排气不达标车辆，不得发放环保合格标志，不予核发车辆检验合格标志，并强制履行报废手续。2015 年底前，在用机动车环保标志发放率达到 90% 以上。推广使用环保电子卡，实现环保标志电子化、智能化管理，2017 年底前，建成机动车环保标志电子智能监控网络。加速淘汰黄标车，2014 年底前，各市要实施“黄标车”区域限行措施，依法处罚违反限行规定的车辆，形成“黄标车”全省连片限行格局；2015 年底前淘汰 2005 年底前注册营运的“黄标车”；2017 年底全部淘汰黄标车。2014 年底前，制定市级机动车保有量控制规划，限制城市机动车过快增长，转入的机动车执行新车标准。

13．加强机动车污染治理。机动车生产销售企业不得生产、进口、销售不符合排放标准的车辆。加快柴油车选择性催化还原系统配备和车用尿素供应体系建设。鼓励出租车更换高效尾气净化装置，研究缩短公交车、出租车强制报废年限。开展船舶和非道路移动机械污染控制。有序推进液化天然气动力船舶试点改造、港口水平运输机械“油改气”和靠港船舶岸电系统建设。有效开展施工机械环保治理和环保标志管理，推进柴油施工机械加装尾气后处理装置。

14．推广应用新能源汽车。加快开发新能源适用车型，重点开发城市公共交通等商用车产品。支持新增公交车使用新能源和清洁燃料，鼓励公共服务领域优先采购节能与新能源汽车，支持合肥、芜湖做好国家新一轮新能源汽车推广应用示范工作。制定新能源汽车充电设施总体发展规划，按统一规范标准配备安装充电设施。鼓励电网公司、投资机构、节能服务企业等参与新能源汽车充电与维修、电池维护与回收等基础设施建设和运营。到 2015 年底，全省累计建设充电站 58 个、充电桩 5 万个。

（四）加快产业结构调整

15．优化产业布局。坚定不移实施主体功能区制度，划定生态红线，充分发挥主体功能区规划在国土空间开发方面的基础性和约束性作用。严格按照主体功能区定位，制定全省重大生产力布局调整意见和主导产业投资导向目录，严禁在生态脆弱或环境敏感区建设“两高”项目。

16．建设生态工业示范园区。优化园区空间布局，科学确定产业定位和发展方向。完善配套政策措施，促进园区内企业各种原料、产品、副产物、排放废物交换循环利用，大幅提高企业主要原材料产出率、资源循环利用率，努力建成资源节约型和环境友好型生态工业示范园区。

17．严控“两高”行业产能。制定并执行高于国家要求的“两高”产业准入目录和产能总量控制政策措施。不再审批钢铁、水泥、电解铝、平板玻璃、船舶等产能严重过剩行业新增产能项目，新、改、扩建项目要制定产能置换方案，实行产能等量或减量置换。清理和坚决停建产能严重过剩在建违规项目，充分发挥市场和节能环保倒逼机制，进一步压缩过剩产能。

18．加快淘汰落后产能。建立完善淘汰落后产能公告、目标责任和激励等制度，鼓励各地和企业提前淘汰落后产能。2014年底前，完成全省“十二五”落后产能淘汰任务；2016年、2017年，实施范围更广、标准更高的落后产能淘汰措施。对未按期完成淘汰任务的地区和企业，暂停该地区重点行业建设项目办理核准、审批和备案手续，依法吊销企业排污许可证、生产许可证等。加强小型工业污染企业环境综合整治，实施集约布局、改造升级、关停并转、分类治理。严格依法取缔小化工、小石灰窑、小冶炼、小矿山、小选矿等环境违法企业。

19．严把节能环保准入关。严格实施主要污染物排放总量控制，将二氧化硫、氮氧化物、烟粉尘和挥发性有机物排放是否符合总量控制要求作为建设项目环境影响评价审批的前置条件。实行主要污染物排放许可证管理和大气污染物排放量等量削减制度。根据环境质量改善的需要，执行大气污染物特别排放限值。严格执行建设项目环境影响评价和环境管理“三同时”制度，实施规划环评和项目环评联动，所有新、改、扩建项目必须履行环境影响评价和节能评估审查。对未通过能评、环评审查的项目，有关部门不得审批、核准、备案，不得提供土地，不得批准开工建设，不得发放生产许可证、安全生产许可证、排污许可证，金融机构不得提供任何形式的新增授信支持，有关单位不得供电、供水。

20．大力发展循环经济。鼓励产业集聚发展，实施园区循环化改造，推动园区废物交换利用、能量分质梯级利用、公共服务平台等基础设施建设，促进企业循环式生产、园区循环式发展、产业循环式组合，构建循环型工业体系。推进循环经济发展“百千万”示范工程，加快资源综合利用示范基地和骨干企业建设，建成一批循环经济示范企业、园区及循环经济基地。到2017年，全省单位工业增加值能耗比2012年降低20%左右，50%以上的国家级开发区和30%以上的省级开发区实施循环化改造。

21．加快发展节能环保产业。着力推进重大节能环保技术装备的开发和产业化应用。鼓励企业、高校和科研院所发展环保新兴产业，培育一批具有竞争力的大中型节能环保企业。依托合肥、芜湖、马鞍山、蚌埠等市产业基础，打造节能环保装备研发制造产业基地，大幅增加大气污染治理装备、产品、服务产业收入，有效推动节能环保产业快速发展。

（五）调整优化能源结构

22．加快发展清洁能源。加快开发利用生物质能、风能、太阳能、地热能等新能源，安全高效发展核电。加快芜湖、合肥等国家新能源示范城市及休宁等绿色能源示范县建设。推广生物质成型燃料、非粮生物质液体燃料等农林生物质剩余物能源化利用，努力建成全国低风速连片风电示范基地和新能源产业基地。推进桐城、宁国抽水蓄能电站前期工作，打造长三角地区抽水蓄能电站绿色储能基地。开展西气东输五线安徽段前期工作，加快天然气管网建设，推进城镇和沿江地区液化天然气储存配气设施建设，到2017年基本实现所有市、县管道供气。加快燃煤锅炉、工业窑炉、自备燃煤电站的天然气等清洁能源替代。发展天然气分布式能源，推进淮南煤制天然气项目前期工作，促进页岩气资源、煤矿瓦斯（煤层气）勘探开发。

23．优化能源消费结构。制定全省煤炭消费总量中长期控制目标，合理控制煤炭消费总量。加强煤炭需求侧管理，逐步降低煤炭消费强度，控制其过快增长势头。加强对重点耗能行业和企业的监督监测，实行单位产品能耗限额管理。充分利用余热、余压、余能生产电力和热力，鼓励焦炉气综合利用，实现能量梯级利用。到2017年，全省非化石能源消费总量占能源消费总量达到6%以上。

24．加强煤炭使用管理。大力推广洁净煤技术，到2017年，原煤入选率达到85%以上。以煤炭洗选加工和清洁发电、现代煤化工为重点，减少煤炭运输和煤炭直接燃烧利用。鼓励按煤炭品种、用途合理分级利用，控制将炼焦用煤、优质无烟煤、优质化工用煤作为动力煤直接燃烧。禁止进口高灰分、高硫分的劣质煤炭。

25．提高能源使用效率。提高煤炭转化利用效率和电煤在煤炭消费中的比重。新建高能耗项目单位产品（产值）能耗达到国内先进水平，用能设备达到一级能效标准。加快现役燃煤机组技术改造，提高大容量、高参数、节能环保型机组比重，新建燃煤电厂应为60万千瓦级以上超超临界机组。支持煤电联营和煤电一体化开发，鼓励建设坑口、港口、负荷中心电站。继续实施农村电网改造升级工程，加速推进电网智能化建设。加强节能发电调度管理，按机组能耗和污染物排放水平由低到高依次调用燃煤发电机组。继续推进电力节能降耗，到2015年，省内火电供电煤耗下降到每千瓦时310克，电网线损率下降到7.65%以下。

26．加强废弃物综合利用。禁止露天焚烧秸秆、沥青、油毡、橡胶、塑料、皮革、垃圾、假冒伪劣产品以及其他产生烟尘的物质。全面推进秸秆机械化粉碎还田和饲料化、能源化等综合利用，做好生物质能电厂秸秆收集工作，到2015年，秸秆综合利用率力争达到80%以上。加强秸秆焚烧监管，强化市、县、镇、村四级秸秆禁烧责任，将秸秆禁烧落实情况与农业相关奖补政策、环保工作考核和农村生态创建等挂钩，建立督查巡查和跨区域联动工作机制。

27．大力发展绿色建筑。加快实施绿色建筑行动，推动政府投资的公共建筑率先执行绿色建筑标准，鼓励保障性住房、房地产项目按绿色建筑标准建设。加快既有建筑节能改造，新建建筑严格执行强制性节能标准，推进可再生能源建筑一体化应用，推动区域供冷供热、分布式能源、太阳能、浅层地热、生物质能等规模化应用。到2015年，全省太阳能光热建筑一体化应用面积达到6000万平方米。

三、保障机制

（一）落实工作责任

28．明确政府责任。建立由省政府常务副省长任第一召集人、省政府分管副省长任召集人、省有关单位负责人参加的省大气污染防治联席会议制度，统筹协调全省大气污染防治工作。办公室设在省环保厅。联席会议定期研究大气污染防治工作重点，强化协调联动，督促落实防治措施，协调解决突出问题。各市、县政府对辖区内大气环境质量负总责，主要领导是第一责任人，分管领导直接负责。建立“属地管理、分级负责，谁主管、谁负责”的责任体系，建立相应的议事协调机构，抓紧制定实施细则，明确工作举措，确保完成上级政府下达的目标任务。

29．强化企业治污。督促企业按照节能环保规范要求，严格内部管理，加大资金投入，采用先进的生产工艺和治理技术，确保达标排放，努力建设资源节约型、环境友好型企业；自觉履行环境保护的社会责任，主动公开企业环境信息，接受社会监督。

30．严格考核问责。省政府与各市人民政府签订大气污染防治目标责任书，将可吸入颗粒物指标作为经济社会发展的约束性指标。省政府制定考核办法，对各市大气污染防治工作情况实施年度考核，考核结果经省政府同意后向社会公布，并交干部主管部门作为对领导班子和领导干部综合考核评价的重要依据。对未通过年度考核的，由省环保部门会同组织、监察等部门约谈市政府及其相关部门负责人，提出督促整改意见。对因工作不力、履职缺位等导致未能有效应对重污染天气的，以及干预、伪造监测数据和没有完成年度目标任务的，省监察部门要依法依纪追究有关单位和人员的责任，省环保部门要对有关地区和企业实施建设项目环评限批，取消有关环境保护荣誉称号。

（二）完善经济政策

31．发挥市场机制调节作用。坚持“谁污染、谁负责，多排放、多负担，节能减排得收益、获补偿”的原则，推行激励与约束并举的节能减排新机制。全面落实“合同能源管理”的财税优惠政策，完善促进环境服务业发展的扶持政策，推行污染治理设施投资、建设、运行一体化特许经营。完善绿色信贷和绿色证券政策，推进环境污染责任保险工作，建立企业环境信息征信系统，实施差别化信贷融资政策。严格高耗能、高污染企业上市环保核查，对环境违法企业严格限制贷款和上市融资。积极推进大气污染物排放指标有偿使用和排污权交易工作，建立排污指标回购和收储机制。

32．完善价格税收政策。完善和落实脱硝、除尘电价政策。对国家限制类、淘汰类以及列入省政府关停企业的高耗能、高污染行业实行差别电价、用水定额和超定额加价。完善峰谷电价、季节性电价政策，通过合理价差引导群众改变生活方式，推动节能产品应用。加大排污收费征收力度，做到应收尽收。适时提高排污收费标准，将挥发性有机物和建筑施工扬尘纳入排污费征收范围。落实国家有关促进大气环境保护的消费税、出口退税、资源税、企业所得税优惠等政策。

33．加大投入力度。科学运用规划、投资、产业等措施，建立健全节能环保投融资机制。鼓励民间资本、社会资本投入大气污染防治，引导金融机构加大防治项目信贷支持。探索排污权抵押融资模式，拓展节能环保设施融资、租赁业务。扩大政府采购节能环保产品范围，提高节能环保产品采购比例。各级财政要加大环保投入，支持大气污染治理，加大涉及民生的“煤改气”项目、黄标车和老旧车辆淘汰、轻型载货车替代低速货车、环保能力建设等政策支持力度，将空气质量监测站点建设、运行和监管经费纳入各级财政预算，对重点行业清洁生产示范工程给予引导性资金支持。省财政统筹整合主要污染物减排等专项，设立大气污染防治专项资金，加大省级基本建设投资对大气污染防治的投入。

（三）推动法治建设

34．推动建立和完善法规规章制度。推进制定、颁布机动车排气污染防治管理等地方性法规、政府规章。各地要结合实际，抓紧修订或出台地方法规、规章和管理办法等，使大气污染防治工作有法可依、有章可循。

35．强化环境执法监管。推进联合执法、区域执法、交叉执法，建立企业违法排污行为举报奖励制度。深入开展环保专项行动，严厉打击环境违法行为。对超标排放、整改措施不落实的，依法实施限期改正、停产治理和关闭；对偷排偷放、屡查屡犯的违法企业，要依法停产关闭并开展后督查；对违反治安管理处罚法和刑法的环境违法行为的，依法给予治安处罚或追究刑事责任；对执法不力、监督缺位、徇私枉法等行为，依法追究有关部门和人员的责任。加强环境法律法规和政策执行的监督。强化环境监察执法机构环境执法监督职能，加强环境监测、信息、应急、监察等能力建设。

36．实行环境信息公开。省环保部门每月在省级主流媒体、互联网上公布各市环境空气质量排名等信息。各地要及时发布大气污染防治举措、城市环境空气质量、重污染天气预警信息、新建项目环境影响评价、排污收费、企业污染物排放状况、治污设施运行情况、监督执法处罚等环境信息，接受社会监督。严格执行重污染行业企业环境信息强制公开制度。

（四）强化应急保障

37．建立监测预警体系。2014 年底前，所有国控空气监测站点，按新标准形成空气质量自动监测能力并实现联网。2015 年底前，完成县级城市空气质量自动监测站建设，建成全省空气质量监测网络，加强监测数据质量管理。因地制宜建设环境空气质量和气象综合观测站，实现气象、环保信息共享。加快重点污染源在线监控体系和机动车排污监管平台建设。鼓励监测监控设施实行第三方运营。建设省、市重污染天气监测预警系统，完善会商研判机制，及时统一发布重污染天气预警信息。到 2015 年，完成省及合肥市重污染天气监测预警系统能力建设。

38．加强重污染天气应急管理。市、县政府要将重污染天气应急响应纳入突发事件应急管理体系，实行政府主要领导负责制。编制重污染天气应急预案并向社会公布，落实责任主体，明确应对措施。依据区域性重污染天气预警等级，迅速启动应急预案，引导公众做好卫生防护，定期开展应急演练。

（五）加强科技支撑

39. 促进科技研发和推广。2014 年底前，完成合肥等重点城市细颗粒物源解析研究工作。建立省大气污染控制联合实验室，加快研究我省大气污染监测预警、综合防控等技术。开发烟气治理、有机废气净化、机动车尾气净化技术，支持燃煤汞污染、挥发性有机物等大气污染物控制技术研究，加快高效除尘器、环境监测等设备开发及产业化应用。

（六）广泛宣传教育

40. 推动社会参与。广泛开展大气污染防治宣传教育，普及大气污染防治科学知识。倡导文明、节约、绿色、健康的生活方式，引导公众从自身做起、从点滴做起、从身边的小事做起，在全社会牢固树立生态文明观念和“同呼吸、共奋斗”的行为准则，共同改善空气质量。

8. 广东行动方案

广东省人民政府关于印发《广东省大气污染防治行动方案（2014—2017 年）》的通知

各地级以上市人民政府，各县（市、区）人民政府，省政府各部门、各直属机构：

现将《广东省大气污染防治行动方案（2014—2017 年）》印发给你们，请认真组织实施。

广东省人民政府

2014 年 2 月 7 日

广东省大气污染防治行动方案（2014—2017 年）

为贯彻落实《国务院关于印发大气污染防治行动计划的通知》（国发〔2013〕37 号）和省政府与环境保护部签署的《广东省大气污染防治目标责任书》，持续改善全省环境空气质量，制定本行动方案。

一、工作目标

到 2017 年，力争珠三角区域细颗粒物年均浓度在全国重点控制区域率先达标，全省空气质量明显好转，重污染天气较大幅度减少，优良天数逐年提高，全省可吸入颗粒物年均浓度比 2012 年下降 10%，珠三角地区各城市二氧化硫、二氧化氮和可吸入颗粒物年均浓度达标；珠三角区域细颗粒物年均浓度比 2012 年下降 15% 左右，臭氧污染形势有所改善；与 2012 年细颗粒物年均浓度相比，广州、佛山（含顺德区）、东莞市下降20%，深圳、中山、江门、肇庆市下降15%；珠海、惠州市细颗粒物年均浓度不超过35微克/立方米；珠三角地区以外的城市环境空气质量达到国家标准要求，可吸入颗粒物年均浓度不超过60微克/立方米、细颗粒物年均浓度不超过35微克/立方米。

二、重点工作任务

（一）深化工业源治理，推进脱硫脱硝工作

1. 深入推进电厂污染减排。加强电厂二氧化硫减排工作，新建火电机组不得设置脱硫旁路，2014年底前全省现役燃煤机组脱硫设施全部取消烟气旁路；推动炉内脱硫工艺燃煤机组改造，更新改造不能稳定达标排放的脱硫设施，到2015年全省所有12.5万千瓦以上燃煤火电机组综合脱硫率达到95%以上。推进电厂降氮脱硝工程，推广燃气机组干式低氮燃烧技术，2014年底前全省12.5万千瓦以上现役燃煤火电机组（不含循环流化床锅炉发电机组）全部完成低氮燃烧和烟气脱硝改造，不能稳定达标排放的循环流化床锅炉发电机组要增加烟气脱硝设施，综合脱硝效率达到85%以上。从2014年7月1日起，珠三角地区所有燃煤机组执行《火电厂大气污染物排放标准》（GB13223—2011）烟尘特别排放限值，其他地区执行烟尘排放限值。

2. 全面推动锅炉污染整治。严格按照《广东省人民政府办公厅关于印发广东省“十二五”后半期主要污染物总量减排行动计划的通知》（粤府办〔2013〕47号）等要求，推进工业锅炉污染治理工作，完成治理任务。积极推行工（产）业园区集中供热，2014年4月底前编制完成全省工业园区和产业集聚区集中供热规划，取消集中供热范围内在用的高污染燃料锅炉，加快推进东莞、肇庆、中山等市集中供热项目规划建设。2015年底前，珠三角地区有用热需求的工（产）业园区基本实现集中供热，全省集中供热量占供热总规模的30%左右；2017年底前，全省有用热需求的工（产）业园区和珠三角地区有用热需求的产业集聚区全部实现集中供热，全省集中供热量占供热总规模的80%左右。

3. 强化其他行业污染综合治理。推进水泥行业降氮脱硝工程及高效除尘设施建设，2000吨/日以上规模的现役新型干法水泥熟料生产线按要求完成低氮燃烧和烟气脱硝改造，2000吨/日以下（不含本数）规模的现役新型干法水泥熟料生产线逐步实施低氮燃烧改造。2015年底前，规模大于70万平方米/年且燃料含硫率大于0.5%的建筑陶瓷窑炉、平板玻璃生产企业必须改用清洁能源或安装烟气脱硫及高效除尘设施。实施钢铁烧结机、球团设备及石油石化催化裂化装置烟气脱硫，综合脱硫效率达到85%以上；2014年底前全省所有石油催化裂化装置完成脱硫，2015 年底前全省所有钢铁烧结机完成脱硫，2017 年底前全省所有钢铁烧结机完成脱硝。

（二）削减挥发性有机物，着力控制臭氧污染

1. 推进工业源挥发性有机物排放治理。重点加大石油炼制与化工行业挥发性有机物（VOCs）的综合治理力度，全面推广泄漏检测与修复（LDAR）技术，2015 年底前珠三角地区所有石油炼制企业应用 LDAR 技术，2017 年底前全省所有石油炼制企业、有机化工和医药化工等重点企业全面应用 LDAR 技术。强化石油炼制有机废气综合治理，工艺排气、储罐、废气燃烧塔（火炬）、废水处理等生产工艺单元应安装废气回收或末端治理装置。2015 年底前珠三角地区石油炼制与化工企业完成有机废气综合治理，2017 年底前其他地区石油炼制与化工企业完成有机废气综合治理。

2. 实施典型行业挥发性有机物排放治理。涂料、油墨、胶黏剂、农药等生产企业应采用密闭一体化生产技术，统一收集挥发性有机物废气并净化处理，净化效率应大于 90%。鼓励生产使用符合环保要求的水基型、非有机溶剂型、低有机溶剂型产品，提高环保型涂料使用比例。深化印刷、家具、表面涂装（汽车制造业）、制鞋、集装箱制造、电子设备制造等行业挥发性有机物排放达标治理工作，2015 年底前珠三角地区完成重点企业治理任务，2017 年底前其他地区完成重点企业治理任务。加强油类（燃油、溶剂）储存、运输和销售过程中挥发性有机物的排放治理，储罐及运载工具应安装密闭收集系统，2014 年底前全省加油站、储油库、油罐车以及化工企业储罐区完成油气回收治理及油气回收在线监控系统建设。

3. 开展生活源挥发性有机物排放控制。在建筑装饰装修行业推广使用符合环保要求的水性或低挥发性建筑涂料、木器漆和胶黏剂，逐步减少有机溶剂型涂料的使用。各地应建立涂料产品政府绿色采购制度，在政府投资的工程中优先采用水性或低挥发性产品。在服装干洗行业淘汰开启式干洗机，推广使用配备制冷溶剂回收系统的封闭式干洗机。加强餐饮油烟污染治理，2015 年底前，珠三角地区城市建成区内所有排放油烟的餐饮企业和单位食堂安装高效油烟净化设施，设施正常使用率不低于 95%；2017 年底前，其他地区城市建成区所有排放油烟的餐饮企业和单位食堂安装高效油烟净化设施。推广使用高效净化型家用吸油烟机。各城市主城区内不得从事露天烧烤或有油烟产生的露天餐饮加工。各地级以上市至少选择一个典型区域开展规模化餐饮企业在线监控试点，建立长效监管机制。

（三）发展绿色交通，减少移动机械设备污染排放

1. 加强城市交通管理。实施公交优先发展战略，优化布设公交线网，加强步行、自行车交通系统建设，提高公共交通、步行、自行车出行比例，合理控制机动车保有量。大力实施新能源汽车推广应用示范工程，广州、深圳市每年新增公交车中新能源与清洁能源车辆比例力争达到60%以上。加快各行业老旧车辆更新，推广使用新能源和清洁能源车辆。大力发展绿色货运，推广甩挂运输，从2015年1月1日起珠三角地区物流园区和货物流转集散地使用符合国Ⅲ以上排放标准的车辆进行货物运输。

2. 提高新车环保准入门槛。加强新车登记注册和外地车辆转入管理，严格按国家环保达标车型目录进行新车登记和转移登记。逐步提高新车排放标准，经国家批准后在珠三角地区提前实施国Ⅴ轻型汽油车排放标准、在全省提前实施国Ⅴ柴油车排放标准。全面实施道路运输车辆燃料消耗量限值标准和准入制度，不符合限值标准的新购车辆不得进入道路运输市场。

3. 加强在用车辆污染防治。加强机动车环保监管能力建设，全面落实机动车环保定期检测与维护制度，建立完善机动车环保检测监管信息系统，各地机动车环保管理数据须与省环境保护厅联网。2014年底前各地机动车环保定期检测率应达到80%以上。加大机动车停放地抽检、道路抽检力度。加快机动车环保检验合格标志发放工作，2014年底前全省环保检验合格标志发放率应达到90%以上，未取得环保合格标志的车辆以及排气超标的车辆不得上路行驶。2015年底前完成全省超期未年检车辆清查专项行动，在检验有效期届满后连续3个机动车检验周期内未取得机动车检验合格标志的，依法予以强制报废。研究缩短出租车强制报废年限，鼓励每年更换高效尾气净化装置。

4. 加快"黄标车"淘汰。对达到强制报废年限而未办理报废手续的车辆依法强制注销并公告牌证作废。全面推行"黄标车"限行措施，到2015年底珠三角地区各城市"黄标车"限行区面积占城市建成区面积的比例不低于40%，其他城市限行区面积比例不低于30%。在限行区域内推广设立电子执法系统，对进入限行区的"黄标车"进行实时抓拍并依法处罚。各地要加大"黄标车"提前淘汰补贴力度，确保到2015年全省淘汰2005年底前注册的营运"黄标车"、基本淘汰珠三角地区所有"黄标车"，到2017年基本淘汰全省范围的"黄标车"。

5. 加快油品质量升级。从2014年起，全省全面供应粤Ⅳ车用汽油和国Ⅳ车用柴油；抓紧发布粤Ⅴ油品标准，2014年底前珠三角地区全面供应粤Ⅴ车用汽油；2015年6月底前，全省全面供应粤Ⅴ车用汽油和国Ⅴ车用柴油。加

强油品质量监督检查，加油站不得销售和供应不符合标准的车用汽、柴油。

6. 推进船舶、港口及其他机械设备减排。推动粤港澳合作控制远洋船舶污染排放。珠三角地区新建邮轮码头须配套建设岸电设施，新建10万吨级以上的集装箱码头须配套建设岸电设施或预留建设岸电设施的空间和容量。2017年底前，全省原油、成品油码头完成油气综合治理。改善港口用能结构，加快流动机械、运输车辆和港口内拖车“油改电”、“油改气”进程，鼓励开展船舶液化天然气（LNG）燃料动力改造试点。2017年底前，基本完成沿海和内河主要港口轮胎式门式起重机（RTG）的“油改电”工作。从2014年1月1日起实施国Ⅰ船用发动机排放标准，2017年底前工作船和港务管理船舶基本实现靠港使用岸电。加强非道路移动机械排放管理，开展施工机械环保治理，推进大气污染物后处理装置安装工作。

（四）强化面源整治，控制扬尘和有毒气体排放

1. 加强施工及道路扬尘污染治理。推广施工扬尘污染防治技术，建立扬尘源动态信息库和颗粒物在线监控系统。积极推进绿色施工，督促施工单位落实施工现场封闭围挡、设置冲洗设施、道路硬底化等扬尘防治措施，严禁敞开式作业。各城市主城区内施工工地渣土和粉状物料应逐步实现封闭运输并配备卫星定位装置。总建筑面积在10万平方米以上的施工工地须规范安装扬尘视频监控设备。积极推行城市道路机械化清扫等低尘作业方式，推广“吸、扫、冲、收”清扫保洁新工艺，增加道路冲洗保洁频次，切实降低道路扬尘负荷。加大不利气象条件下道路保洁力度，增加洒水次数。

2. 整治堆场扬尘污染。散货物料堆场应封闭存储或建设防风抑尘设施。1000吨级以下（不含本数）码头要使用干雾抑尘、喷淋除尘等技术降低粉尘飘散率，1000吨以上码头还要完成防风抑尘网建设和密闭运输系统改造。对长期堆放的废弃物，应采取覆绿、铺装、硬化、定期喷洒抑尘剂或稳定剂等措施。积极推进粉煤灰、炉渣、矿渣的综合利用，减少堆放量。2015年底前珠三角地区重点港区完成扬尘污染综合治理任务，2017年底前珠三角地区所有港区、其他地区重点港区完成扬尘污染综合治理任务。

3. 严控有毒气体排放。按要求分阶段对再生有色金属生产、炼钢生产、废弃物焚烧和遗体火化等重点行业实施二噁英减排示范工程，对垃圾焚烧发电厂每年定期开展二噁英监督性监测。禁止露天焚烧可能产生有毒有害烟尘和恶臭的物质或将其用作燃料。把有毒空气污染物排放控制作为建设项目环评审批的重要内容。研究制订燃煤排放汞、铅等有毒有害物质的控制标准。

（五）严格环境准入，控制大气污染物增量

1. 严格实施环评制度。健全规划环评与项目环评的联动机制，严格重大项目环评管理，将细颗粒物和臭氧达标情况纳入规划环评和相关项目环评内容。未通过环评审查的项目，严禁开工建设和运营。

2. 强化污染物总量控制。完善建设项目主要污染物排放总量管理办法，将二氧化硫、氮氧化物、烟粉尘和挥发性有机物排放是否符合总量控制要求作为环评审批的前置条件。加快制订可吸入颗粒物、挥发性有机物排放总量管理配套政策。对未完成大气主要污染物减排任务的地区实行区域限批，除民生工程外，一律暂停审批排放相应大气污染物的项目。

3. 实行污染物削减替代。对排放二氧化硫、氮氧化物的建设项目，珠三角地区实行现役源 2 倍削减量替代，其他地区实行现役源 1.5 倍削减量替代。对排放可吸入颗粒物和挥发性有机物的建设项目，珠三角地区逐步实行减量替代，其他地区实行等量或减量替代。

4. 提高重点行业大气排放标准。按照环境保护部《关于执行大气污染物特别排放限值的公告》（2013 年第 14 号）要求，珠三角地区火电、钢铁、石化、水泥、有色金属冶炼、化工等行业及燃煤锅炉建设项目执行国家大气污染物特别排放限值，粤东、粤西地区的钢铁、石化等行业建设项目执行国家大气污染物特别排放限值。

（六）优化产业布局，引导产业集聚发展

1. 调整产业发展格局。制订主体功能区产业发展指导目录，建立健全适应主体功能分区的重点行业准入机制，实施差别化产业政策，科学引导全省产业合理发展和布局。重点加强对钢铁、石化、火电等重污染企业规划选址的科学论证，对各地环境敏感地区及城市建成区内已建的钢铁、石化、化工、水泥、平板玻璃、有色金属冶炼等重污染企业和污染排放不能稳定达标的其他企业，于 2017 年底前基本完成环保搬迁和提升改造工作。

2. 推进产业集聚发展。坚持集聚发展和区域统筹协调，珠三角地区优先发展现代服务业，加快发展先进制造业，大力发展高新技术产业；粤东地区加快改造提升传统产业，适度发展重化产业；粤西地区重点发展临港重化工业和现代服务业；粤北地区优先发展生态旅游业，适度发展资源型产业和低污染产业。严格落实产业园区项目准入和投资强度要求，积极促进产业向园区集中。珠三角以外的地区新建的钢铁、石化、水泥、平板玻璃、有色金属冶炼以及化工、陶瓷等项目，原则上应进入依法合规设立、环保设施齐全的产业园区。

（七）发展绿色经济，淘汰压缩污染产能

1. 大力发展循环经济。着力推进特色产业园区循环化改造，推进能源梯级利用、废物交换利用、土地节约集约利用，促进企业循环式生产、园区循环式发展、产业循环式组合，构建循环工业体系。推动钢铁、水泥等工业炉窑、高炉实施废物协同处置，推进再生资源利用产业发展。到 2017 年，单位工业增加值能耗比 2012 年降低 20% 以上，50% 以上的各类国家级园区和 30% 以上的各类省级园区实施循环化改造，主要有色金属品种以及钢铁的循环再生比重达 40% 以上。

2. 全面推行清洁生产。对钢铁、水泥、石化、化工、有色金属冶炼等重点行业进行清洁生产审核，针对节能减排关键领域和薄弱环节，实施清洁生产先进技术改造。到 2017 年，重点行业排污强度比 2012 年下降 30% 以上。推进非有机溶剂型涂料和农药等产品创新，减少生产和使用过程中挥发性有机物排放。积极开发缓释肥料新品种，减少化肥施用过程中氨的排放。

3. 培育绿色环保产业。制订实施全省环保产业发展规划，建立健全有利于环保产业发展的政策体系。加强节能环保和绿色低碳技术国际交流合作，大力推动环保技术、产业发展，积极发展以节能降耗、污染治理和环境监测为重点的环保装备制造业。推进大气污染治理设施建设和运营的专业化、社会化、市场化，推行环境监测社会化，推进大气污染第三方治理，积极培育环保上市公司和骨干企业。

4. 严控高污染行业新增产能。制订严于国家要求的禁止新、扩建高污染工业项目名录，明确资源能源节约和污染物排放等指标。建立高污染行业产能数据库，严格限制“两高”（高耗能、高排放）行业新增产能，新、改、扩建项目实行产能等量或减量置换。珠三角地区禁止新、扩建钢铁、石化、水泥（以处理城市废弃物为目的的除外）、平板玻璃（特殊品种的优质浮法玻璃项目除外）和有色金属冶炼等重污染项目，禁止新、扩建燃煤燃油火电机组和企业自备电站。实施严格的节能评估审查制度，新建高耗能项目单位产品（产值）能耗须达到国内先进水平、用能设备达到一级能效标准，珠三角地区新建项目单位产品（产值）能耗须达到国际先进水平。

5. 加快淘汰落后产能。提前一年完成国家下达的重点行业“十二五”落后产能淘汰任务，结合广东省产业发展实际和空气质量状况，制订范围更宽、标准更高的 2015—2017 年淘汰政策和配套措施，进一步加快淘汰落后产能。对不能按期淘汰的企业，依法予以强制关停。对未按期完成淘汰任务的地区，暂停办理该地区火电、钢铁、水泥、石化等项目的核准、审批、备案等手续。

6. 压缩治理过剩产能。以节能环保标准促进“两高”行业过剩产能退出，制订扶持政策推动“两高”行业过剩产能企业转型发展，鼓励行业优强企业跨地区、跨所有制形式兼并重组，进一步压缩过剩产能。抓紧清理产能过剩行业违规在建项目，公布违规企业名单，制订限期整改方案。尚未开工的违规项目，一律不得开工；正在建设的要责令立即停止建设。

（八）调整能源结构，增加清洁能源供应

1. 实施煤炭消费总量控制。实行煤炭消费总量中长期控制目标责任管理，到 2017 年煤炭占全省能源消费比重下降到 36% 以下，珠三角地区实现煤炭消费总量负增长。实施新建项目与煤炭消费总量控制挂钩机制，耗煤建设项目实行煤炭减量替代。通过燃用洁净煤、改用清洁能源、提高燃煤燃烧效率等措施，削减重点行业煤炭消费总量。加强外受电通道能力建设，完善电网空间布局，逐步提高接受外输电比例。

2. 扩大天然气供应范围。按照高污染燃料禁燃区全覆盖、重点工业园基本气化的目标，加快推进气源工程建设。完善全省天然气主干管网规划和各城市燃气管网规划，加快天然气管道项目建设，2015 年底前天然气管网通达珠三角地区有用气需求的工业园区，2017 年底前通达全省有用气需求的工业园区和珠三角地区产业集聚区。力争到 2017 年底，天然气供应能力达到 500 亿米^3，形成多源多向的燃气供应输配体系。到 2017 年底，珠三角地区基本完成燃煤锅炉、工业窑炉、单机 10 万千瓦以下自备燃煤电站的天然气等清洁能源改造任务。新增天然气优先保障居民生活或用于替代燃煤锅炉、窑炉，鼓励发展天然气分布式能源高效利用项目，限制发展天然气化工项目。

3. 推广使用其他清洁能源。积极有序发展水电，安全高效发展核电，加快开发地热能、风能、太阳能、生物质能、潮汐能等新能源和可再生能源。到 2017 年，运行核电机组装机容量达到 960 万千瓦以上，非化石能源消费比重提高到 20% 以上。合理布局一批生物质能发电项目，建设高环保标准的垃圾焚烧发电设施，结合垃圾填埋场、畜禽养殖场、废水处理设施等建设沼气利用工程。

4. 提升工业燃料品质。严格控制煤炭硫分、灰分，火电厂燃煤含硫量控制在 0.7% 以下，工业锅炉和窑炉燃煤含硫量控制在 0.6% 以下、燃油含硫量控制在 0.8% 以下。提高洗选煤在煤炭消费中的比例。禁止进口高灰分、高硫分的劣质煤炭，限制进口高硫石油焦。应用推广煤炭清洁利用技术。

5. 强化高污染燃料禁燃区管理。从 2014 年起，国家环境保护模范城市建成区和珠三角地区城市建成区均应划定为高污染燃料禁燃区，其他城市禁燃区面积应达到城市建成区面积的60%以上；2017年底前，全省所有城市建成区均应划定为高污染燃料禁燃区，并逐步将禁燃区范围扩展到近郊。禁燃区内禁止燃烧原（散）煤、洗选煤、水煤浆、蜂窝煤、焦炭、木炭、煤矸石、煤泥、煤焦油、重油、渣油、可燃废物，禁止直接燃用生物质等高污染燃料，禁止燃用污染物含量超标的柴油、煤油、人工煤气等燃料，禁止新、改、扩建燃用高污染燃料的锅炉、窑炉和导热油炉等燃烧设施，已建成的不符合要求的各类燃烧设施要在2014年底前拆除或改造使用清洁能源。

（九）加大环境执法力度，提升环保监管效能

1. 加强监管能力建设。完善省、市、县、乡镇（街道）四级环境监管体系，加强环境监察队伍建设，提升环境监管能力。2014年底前，完成省、市两级机动车排污监管平台建设任务。强化污染源监督性监测工作，把20蒸吨以上锅炉、典型行业挥发性有机物排放企业等纳入监督性监测范畴，试点实施重点企业挥发性有机物在线监测。

2. 加大监督检查力度。各地环境空气质量指标纳入环境保护考核评价指标体系，按照国家对大气污染防治工作的考核要求，定期督查各地工作进展情况，并对社会公开。对工作责任不落实、项目进度滞后、环境空气质量不合格的地区予以约谈问责。

3. 从严整治环境违法行为。完善现场巡查、交叉执法、联合执法、抽查稽查等环保执法方式，加强环境保护部门与相关部门的执法联动和信息共享，健全环境违法违纪案件查处协作机制。突出监管重点，对各地重点环境问题进行挂牌督办，强力整治大气污染。坚决取缔小炼油、小锅炉等无证经营企业，重点打击重污染企业超标排放、施工扬尘管理不规范、生产销售不合格油品等行为。探索开展企业环境信用评价工作，完善环保信用体系建设。

4. 完善执法衔接机制。严格执行《最高人民法院、最高人民检察院关于办理环境污染刑事案件适用法律若干问题的解释》（法释〔2013〕15号），建立环境保护部门和公安部门执法联动机制，完善环境污染刑事案件的移送、受理、立案及重大案件会商、督办制度，依法加大对重大环境违法犯罪案件的综合惩处力度，严惩环境污染违法犯罪行为，进一步增强环境执法的震慑力。

三、保障措施

（十）完善协调和预警应急机制

1. 完善防控协调机制。进一步健全全省大气污染联防联控工作机制和粤港

澳区域合作机制，定期召开全省大气污染防治工作会议，协调解决重大环境问题和跨市大气污染纠纷，指导各地、各有关部门建立统一的大气污染防治政策。各地之间要建立统一规划、统一监测、统一监管、统一评估、统一协调的大气污染联防联控协商合作机制。珠三角地区各市要针对细颗粒物和臭氧等突出问题，加强协调联动。各有关部门要通力合作，按各自职责全力支持大气污染防治工作。

2. 健全监测预警体系。完善全省大气环境监测网络，所有地级以上城市国控大气监测站按要求开展监测。环境保护、气象部门要加强合作，建立健全大气重污染监测预警体系，共同推进空气质量预报工作。定期开展重污染天气预警演练，2014 年底前分别完成省、珠三角区域、广州市大气重污染监测预警系统建设任务，2015 年底前珠三角地区其他城市完成大气重污染监测预警系统建设任务。

3. 完善应急处置机制。省环境保护厅要尽快牵头制订并组织实施珠三角区域大气重污染应急预案，并及时向社会公布。各地级以上市要抓紧制订本地区大气重污染应急预案，明确责任主体、组织机构、工作职责、预警及响应程序、保障措施等，并及时向社会公布。各地政府要将大气重污染应急处置纳入本地区突发事件应急管理体系，实行主要负责人负责制。建立完善监测预报—专家会商—上报审批—响应执行的区域大气污染预测预警机制，当预报可能出现重污染天气时，各地政府要及时采取应急响应措施，组织各有关方面按要求开展工作。

（十一）完善地方性法规和技术标准体系

1. 完善法规规章。及时修订《广东省排污许可证管理办法》，加快推进《广东省大气污染防治条例》制订工作，完善总量控制、排污许可、应急预警、责任追究等制度，实现行政执法与刑事司法的有机衔接，按照“谁污染、谁负责，多排放、多负担”原则完善环境污染损害赔偿制度。

2. 健全标准体系。加强广东省地方标准的制、修订工作，加快修订广东省大气污染物排放限值标准，制订低硫散煤及制品、涂料、油墨等产品中有害物质的限量标准，明确生物质成型燃料大气污染物排放标准和重点行业挥发性有机物排放标准，建立重点行业挥发性有机物排放核算体系，强化能耗、安全标准硬约束。

3. 强化技术支撑。加强对灰霾、臭氧形成机理、来源解析、迁移规律等的基础研究，开展大气污染与人群健康的暴露—反应关系研究。支持广东省国家环保重点实验室建设，鼓励环保企业建设工程技术研发中心、工程研究中心（实验室）。积极开发脱硫脱硝、高效除尘、挥发性有机物控制、柴油机（车）排放净化、环境监测等方面的产品、设备，推广一批解决区域复合型大气污染问题的先进实用技术。

（十二）完善环境经济政策

1. 完善资源环境价格体系。发挥资源价格杠杆作用，引导企业绿色生产、社会绿色消费。研究制订差别化、阶梯式的资源价格政策，对已采用新技术进行除尘设施改造的现有火电机组，实行电价支持政策。实行油品优质优价政策，鼓励炼油企业加快油品质量升级步伐。

2. 加大财税支持力度。省和各地级以上市统筹安排污染防治资金，采取"以奖代补"、"以奖促防"、"以奖促治"等形式，支持开展大气污染防治工作。全面落实合同能源管理财税优惠政策，积极探索污染治理设施投资、建设、运行一体化特许经营模式。完善排污费征收及减排扶持政策，逐步开征挥发性有机物、工地扬尘、加油站、经营性餐饮油烟排污费。

3. 创新环保金融政策。建立绿色信贷、绿色证券和环境污染责任保险等制度，将企业环境信息纳入银行征信系统，严格限制环境违法企业获得贷款或上市融资。加快推进二氧化硫等排污权、碳排放权有偿使用与交易试点工作。

（十三）完善全社会参与机制

1. 及时公开环境信息。从 2014 年起，由省环境保护厅每月定期公布各地级以上城市的空气质量状况及排名，全省所有国控、省控空气质量监测站点实时向社会公众发布空气质量信息。各地要建立重污染行业企业环境信息强制公开制度，及时主动公布新建项目环评审批、排污收费、监督执法处罚、重点企业污染物排放、治污设施运行等信息，定期发布重点污染源环保信用评级结果。

2. 动员全民参与。积极开展多种形式的宣传科普和教育培训，普及大气污染防治的科学知识，倡导文明、节约、绿色的消费方式和生活习惯，提高公众参与大气环境保护的积极性。通过开通举报专线电话、聘请大气污染防治特约监督员等措施，鼓励公众监督和举报大气环境污染行为，支持环保社会组织和环保志愿者开展社会监督活动。

各地级以上市政府要根据本行动方案抓紧制订本地区具体实施方案，分解落实工作任务，并于每年 3 月 31 日前向省政府报送上年度大气污染防治工作进展情况。

四、典型经验

1. 兰州市典型经验

摘掉“黑帽子”，实现“兰州·蓝”——兰州大气污染防治的经验做法

十几年来，大气污染成为兰州久治不愈的顽疾。自 2003 年国家正式公布重点监控城市大气污染指数起，兰州市就基本在全国污染最严重的 10 个城市之列，戴上了“世界上大气污染最严重城市之一”的“黑帽子”、“黑锅盖”。当地人形象地说：“太阳和月亮一个样，鼻孔和烟囱一个样。”大气污染成为危害民生的“心肺之患”。

究其原因，一方面，城市环境“先天不足”：两山夹一河、冬季无风的特殊地理环境给治污带来了巨大的先天障碍；另一方面，环保与经济发展“后天失调”：产业结构以重化工为主，环保投入不足。

长期以来，兰州的大气污染呈工业、燃煤、扬尘及机动车尾气混合型特征。其中，工业废气占到污染物排放总量的约 35%，扬尘约占 34%，机动车尾气约占 20%，低空生活污染约占 11%（图附 4-1）。

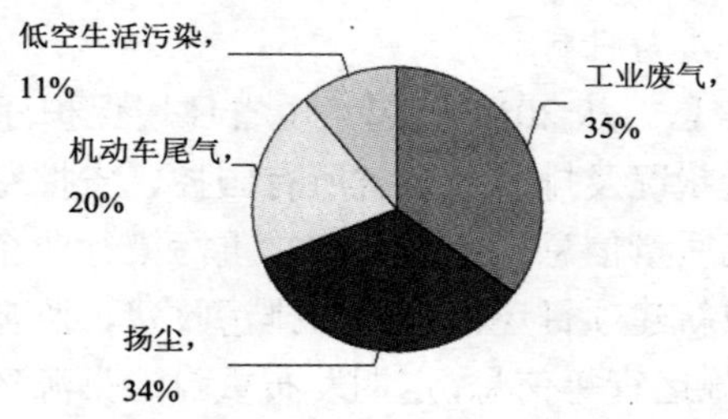

图附 4–1　兰州市大气污染源贡献

近年来，兰州市经过不懈努力，“戏剧般地”实现了空气质量的大幅度改善。2011 年，兰州市空气优良天数为 242 天；2012 年，兰州市空气优良天数为 270 天；2013 年，兰州市空气优良天数为 299 天；2014 年，兰州市空气优良天数为 313 天，创 2001 年有监测记录以来全年天气优良率指标最好成绩。

兰州的“黑帽子”终于被摘去，还被国家环保部明确评价为“两个最快”：“全国环境空气质量改善最快的城市”，“全国重点监测城市中综合污染指数下降最快的城市”。

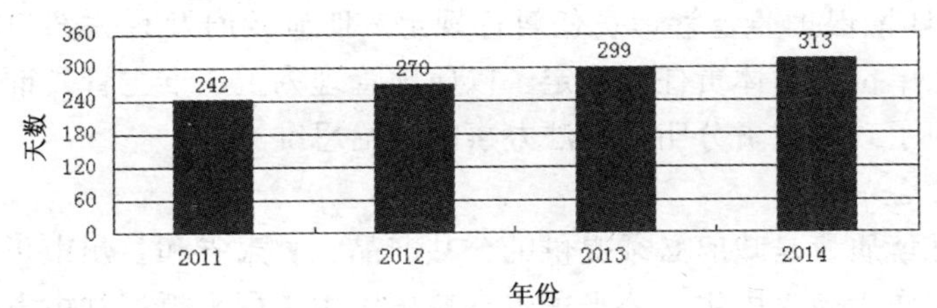

图附 4–2 兰州市空气质量优良天数变化

“好空气”给老百姓带来了最直接的收益——健康。据甘肃省和兰州市卫生疾控部门统计，2013 年至 2014 年冬季采暖期，全市城乡居民呼吸系统疾病就诊病例同比下降 27.3%，就医费用下降 47.4%。

“好空气”还带来了人气和商机，最终受益的也还是老百姓。2013 年兰州中川机场旅客吞吐量增幅居全国省会城市第一位，全市接待国内外游客人数增长 28%，招商引资到位资金增长 70.8%，生产总值增幅排在全国省会城市第四位。

取得这样的成绩，兰州市的经验值得总结和深思。

环境法治是基础

兰州市制定具有法律约束力的工作方案，加快“治霾”相关立法，这就使得治理工作从一开始，就在法治轨道内有序前行并不断加速。

兰州市结合全国《大气十条》和《大气污染防治行动计划》，制定了 2013—2017 年五年治污计划和分年度工作方案，分类排出攻坚重点、具体治理措施、责任单位和责任人以及完成时限。

甘肃省人大常委会专门制定出台了《关于进一步加强兰州大气污染防治的决定》。

兰州市自 2013 年以来先后修订制定了《实施〈大气污染防治法〉办法》《兰州市煤炭经营监督管理条例》《兰州市环境保护监督管理责任暂行规定》等 6 部地方性环保法规。

《兰州市实施〈大气污染防治法〉办法》大幅度提高违法成本，增加了对恶意排污、造成重大污染危害的企业及其相关责任人追究刑事责任的内容，让企业“不敢违法”。

《兰州市煤炭经营监督管理条例》针对燃煤污染治理，采取了煤炭消费总量控制、设立“高污染燃料禁燃区”等有力措施；规范城区煤炭供销体系，管控煤炭质量。

《兰州市环境保护监督管理责任暂行规定》明确政府及有关部门的监管责任，各企事业单位的主体责任；确定了以属地管理为主、谁主管、谁负责的监管原则，体现了政府权责分明、依法办事的法治思维。

责任落实是关键

良好的环境质量是政府必须提供的公共产品。甘肃省和兰州市正视自身的责任，把治污作为最大民生、公平民生、普惠民生工程来抓。甘肃省委省政府将兰州大气污染治理纳入全省21项重点工作，专项安排上亿元支持资金。各级财政支持资金合计接近8亿元，有效发挥了杠杆作用，撬动了50多亿元社会资金参与大气污染治理。

兰州市将大气污染治理真正作为"一把手"工程，由市委、市政府主要领导挂帅，设立工业、燃煤、机动车尾气、二次扬尘和生态增容减污5个专项治理工作组，相关职能部门全面参与；成立督查考核组，形成追责的硬约束，对大气污染治理不力的干部进行效能问责，依纪处理、诫勉谈话，2013年以来已经对58名干部进行了问责处理。

企业等排污者是环境保护的第一责任主体，必须督促其严格守法，深度减排。兰州市综合执法组对违反国家环保法律法规的企业及时约谈、挂牌督办和限期整改，对违法违规现象公开曝光，倒逼企业履行环保责任。在冬季采暖期，为确保大型热电厂等主要用煤企业落实"限负荷、限煤量、限煤质、限排放"，兰州市采取"一竿子插到底"的执法模式，环保、工信、质监等部门24小时驻厂监察。通过"严管"，2013年至2014年冬季采暖期工业动力减少用煤135万吨。

扬尘和机动车尾气治理的责任也得到有效落实。政府牵头，在扬尘污染治理及空气清新方面，重点实施机械化清扫、挥发性有机物治理等10个项目；在机动车尾气治理及监管能力建设方面，重点实施黄标车淘汰、空气监测子站建设等7个项目，采取了24小时管控高污染车辆、重污染天气下机动车单双号限行等措施。

结构优化是根本

兰州市重点实施燃煤锅炉改造等455个项目，大力推进"煤改气"。坚持"凡煤必改、应改尽改"的原则，完成了市区1130台、7411蒸吨燃煤锅炉的天然气改造，占城区原有燃煤锅炉总量的60%。两年来共减少生活用煤260万吨，减少污染物排放4.34万吨。通过这一"换血式"的煤改气治理，终结了煤散烧锅炉在主城区的供热历史。

对于依靠原有技术能力难以有效落实环保责任的污染企业，兰州市实施了“改、停、关、搬”综合举措，实施了444个项目。对火电、石化、钢铁、水泥等重点行业的13家重点工业排放源企业，实施了80多项火电行业脱硫烟气旁路封堵、除尘、脱硫、脱硝以及水泥行业脱硝等深度治理改造项目。关闭淘汰了10余家环境污染严重的落后产能企业，在采暖期间，还强制200多家铸造、砖瓦等重度污染企业停产减污。以兰州新区建设为契机，进一步推动70余家工业企业“出城入园”。

公众参与是保障

网格管理，全民参与。兰州市将市区划分为1482个网格（楼院、小区），实行网格化管理。由网格长、网格员、巡查员、监督员“一长三员”对污染源进行全天候、全方位、不间断巡查管控，横向到边、纵向到底、不留空白、不留死角，对发现的问题按照日常、一般、较大、重大四类进行处置上报，可以现场查处的问题第一时间解决到位。许多民众自觉参与，作为环保志愿者，在单元楼内义务宣传大气污染防治政策。

公众环境意识提高，主动全面参与到大气污染治理行动中来，这是兰州经验中最让人欣喜的，因为满足老百姓呼吸清洁空气的愿望，是“治霾”的出发点和落脚点，也是政府、企业等各方面采取行动并努力取得实效的动力之源。

2. 乌鲁木齐典型经验

以煤改气为支撑，打好治霾“攻坚战”——乌鲁木齐的大气污染防治经验

乌鲁木齐市曾经是“著名”的污染城市，2004年乌鲁木齐空气环境质量优良天数为258天，仅占全年天数的71%。空气污染在全国前三位的“高位”上徘徊，“黑锅盖”严重影响了当地人民群众生产生活。经过几年的努力，乌鲁木齐市大气污染防治取得重大进展，已经在全国74个空气质量重点监控城市中，排在空气质量最好的前20位左右。

2012年，乌鲁木齐市空气质量达标292天，较2011年增加16天，采暖期二氧化硫的浓度较2011年同期下降46.9%。2013年全市空气质量优良天数达304天，优良率达83%以上。2014年空气优良天数310天，比上一年多6天，优良天数率达85%，创下历年来的最好成绩（图附4-3）。2014年6月，乌鲁木齐市成为全国5个达标天数比例为100%的城市之一。

空气质量的改善赢得了民心。2012年，乌鲁木齐市市民对大气污染防治

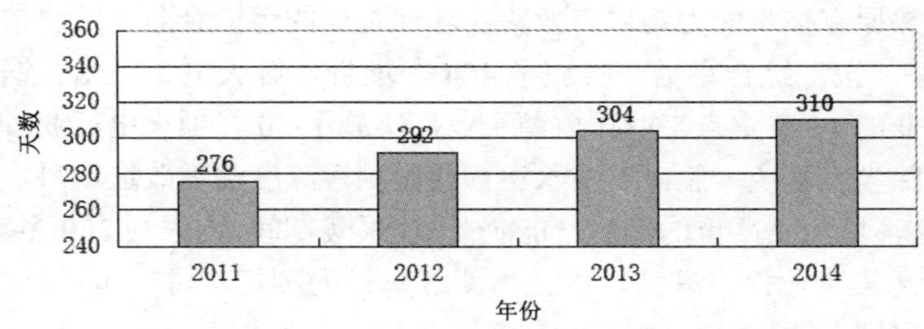

图附 4–3　乌鲁木齐市空气质量达标天数（2011—2014）

工作的满意率达 96.9%。这样的成绩来之不易，是各方共同努力的结果，总结乌鲁木齐市经验，对于全国大气污染防治工作都具有重要启示作用。

在建章立制上下工夫

建立一套稳定的、相对完善的制度措施，是确保“治霾”不偏向、不走形的前提。新疆维吾尔自治区、乌鲁木齐市通过制定实施规划、工作方案，并推进相关立法，统一了“治霾”的认识和努力方向，明确各方面责任，为大气治理工作提供了长效、畅通的渠道。

自治区出台了《关于加强乌鲁木齐区域大气污染防治工作若干意见》，要求加大投入，强化大气污染区域联防联控，加快对“工业、尾气、供热、扬尘”四大污染源的治理，对乌鲁木齐中心城区 20 家化工、建材等污染企业，提出了明确的搬迁时间表。

自治区制定了《大气污染防治乌鲁木齐区域限制产业发展名录》，全面提高产业准入门槛，在乌鲁木齐城市规划确定的主要进风道区域内一律不得新建有大气污染物排放的项目和高层建筑。

自治区人大常委会审查批准了《乌鲁木齐市大气污染防治条例》（以下简称《条例》）。修订后的《条例》共 8 章 61 条，从总则、大气污染防治的监督管理、防治高污染燃料产生的大气污染、防治机动车排气污染、防治扬尘污染、防治油烟废气及恶臭污染、法律责任等方面作了新的明确规定。特别是提高了处罚额度，强化了法律责任。对于排放含有硫化物和氮氧化物气体的石油炼制、合成氨生产、有色金属冶炼、钢铁冶炼、碳素生产、建材、煤化工等企业，未配备脱硫、脱硝或者低氮燃烧装置或者采取其他降低硫化物和氮氧化物排放的措施的，由环境保护行政主管部门责令限期建设配套设施，可以处 2 万元以上 20 万元以下罚款。

乌鲁木齐市在积极落实自治区有关部署的同时，出台了《2014 年乌鲁木齐大气污染防治工作实施方案》等重要文件。

为狠抓各项规划、防治措施、法律和制度的落实，乌鲁木齐市成立了以市人大常委会主任为组长，以市人大环资委、市环保局环境监察大队成员为组员的大气污染治理督查组。2012 年至今，市人大常委会共牵头成立联合督查组 30 余次，及时纠正各类污染行为 100 余起。

在“煤改气”等重大工程上下工夫

在中央和自治区党委的支持下，乌鲁木齐市 4 年累计投资 332 亿元，先后实施了 110 个大气污染治理项目。特别是重点实施煤改气工程，目前，中心城区清洁能源供热面积已达 100%，成为全国首个气化城市。

其中，2012 年投资 121 亿元，开展了国内最大规模、建设速度最快的“煤改气”工程，减少燃煤消耗 500 万吨，减排二氧化硫 3.5 万吨、烟尘 1.7 万吨；2013 年，继续加大大气污染防治，共计投入 137 亿元，继续实施了“煤改气”工程，主城区周边电厂、企业自备电厂关停，重点污染企业搬迁，机动车尾气、扬尘防治等 46 个大气污染项目。

2014 年，乌鲁木齐市投入 122 亿元，继续巩固煤改气成效。实施 16 个治理改造项目，包括推进米东区大气污染治理和齐县燃煤锅炉天然气改造项目，米东区已经实施清洁能源改造企业 119 家。这些周边区域将实现行政区域内清洁能源全覆盖，所有餐饮单位不得燃用原煤，以实现乌鲁木齐市清洁能源全覆盖。乌鲁木齐市还完成了 4 家公用电厂、5 家自备电厂脱硝和脱硫除尘设施改造升级，以及 5 家重点企业污染治理项目。

在这些工程支撑下，四项主要污染物中化学需氧量、氮氧化物、二氧化硫三项指标提前完成“十二五”减排任务。监测数据显示，2014 年 1—9 月二氧化硫日均质量浓度为 0.025mg/m^3，较 2013 年同期下降 16.7%；二氧化氮日均质量浓度为 0.065 mg/m^3，较 2013 年同期 0.067 mg/m^3 有所下降。

乌鲁木齐市的努力也得到国家有关部委的肯定，成为进一步获得国家财政等支持的基础和推力。2014 年国家发改委中央预算内资金支持乌鲁木齐市 39 项大气污染防治建设项目，主要包括：供热系统节能、企业循环经济和清洁生产、建筑节能以及烟气脱硝工程等。项目总投资 26 亿元，其中国家补助资金 5 亿元，企业自筹资金 21 亿元。据测算，这些项目将实现年节约标准煤 31 万吨，减排二氧化碳 64.75 万吨、二氧化硫 5 930.07 吨、氮氧化物 4 241.14 吨。

2015 年 1 月，国家节能减排财政政策综合示范城市建设 2015 年奖励资金首批预拨乌鲁木齐 2.5 亿元。作为全疆首个列入的示范城市，今年起 3 年内，乌鲁木齐市将获 15 亿元奖励资金。乌鲁木齐市政府有关负责人表示，将围绕产业低碳化、交通清洁化、建筑绿色化、服务集约化、主要污染物减量化、可再生能源利用规模化 6 个方面，实施示范项目 228 个，总投资 664.7 亿元。

在标准倒逼上下工夫

在机动车污染防治中，乌鲁木齐市以提高标准、淘汰落后为重要抓手，措施有力、见效显著。机动车污染排放成为乌鲁木齐空气污染的重要来源，其中仅占机动车总量 8% 的“黄标车”排污量却高达机动车排放总量的 60%。2013 年初，乌鲁木齐市开始淘汰“黄标车”；7 月 1 日起，对新落户的车辆及外埠转入车辆全面实施国四标准；11 月 1 日起，封存淘汰公务用“黄标车”，实施“黄标车”限行和“无标车”禁行措施，推广使用国四标准燃油，强化汽车尾气检测、二手车落户环节管理。乌鲁木齐市力争在 2015 年，完成所有 4.4 万辆“黄标车”和 2005 年底前注册运营老旧车辆淘汰。

标准也成为火电行业减排的重要推力。2014 年 7 月 1 日起，乌鲁木齐市 14 家火电企业执行史上最严格污染物排放标准，污染物排放量在原有基础上减少 50% 左右。火电厂主要排放的污染物是烟尘、二氧化硫和氮氧化物，老标准执行的是 $100mg/m^3$、$200mg/m^3$、$300mg/m^3$ 的浓度，新标准分别提升为 $20mg/m^3$、$50mg/m^3$、$100mg/m^3$。火电企业不能达到大气污染物排放新标准的，环保部门将会要求企业限期整改，限期整改后仍然不能达标的，将按照相关规定对企业从重进行处罚。乌鲁木齐市还要求重点工业企业必须达到行业标准特别排放限值或最严格排放要求。

在联防联控上下工夫

在国家支持层面，环保部支持实施《乌鲁木齐市大气污染治理建设项目规划》，支持新疆加强乌鲁木齐、昌吉、阜康、五家渠大气污染联防联控。

自治区层面，采取“分区控制”，不断强调要持续做好乌鲁木齐区域（乌鲁木齐市、昌吉市、阜康市、五家渠市）大气污染联防联控工作。

乌鲁木齐市贯彻环保部、自治区部署，与昌吉、五家渠强化联防联控，对联防联控区域内所有工业企业一律采取最严格的环保措施，通过加大重点行业的监管、加快推进污染企业搬迁、机动车尾气治理等举措，取得明显成效。

鸣　谢

本书参考以下政府及其部门网站发布的信息：全国人大常委会、国务院、环保部、发展改革委员会、财政部、工业和信息化部、最高人民法院；北京、天津、河北、山东、山西、河南、内蒙古，上海、浙江、江苏、安徽，广东等省份及其下属市、区县和有关部门；中国环境监测中心、环保部宣教中心等。同时也参考了这些网站转引的中央或者地方主流媒体的相关报道。

本书还参考了以下媒体网站发布的信息：人民网、新华社、《经济日报》，网易、新浪、百度新闻，《北京日报》《天津日报》《河北日报》《燕赵都市报》《大众日报》《山西日报》、大河网、《解放日报》《浙江日报》《新华日报》《安徽日报》《南方日报》等。

本书还参考了以下社会组织和机构的研究成果和活动报道：公众环境研究中心、国际自然资源保护协会、绿行齐鲁行动研究中心、中国人民大学环境政策与环境规划研究所、阿拉善 SEE 生态协会、自然之友、环友科技、自然大学等。

在此，谨对以上网站、媒体、社会组织和机构表示衷心的感谢！